최신

내연기관공학(Ⅱ)

조진호 편저

學研社

머•리•말

1994년 엔진기술자를 위한 잡지 「내연기관」의 후속으로 「엔진 테크놀로지」지가 창간되었다. 이 분야에서 가장 제1선에서 활약을 계속하고 있는 선배여러분에 의해 엔진의 뿌리(근본)를 끊으면 안 된다는 숭고한 정신과 열의를 실현하게 되었다. 이후 격월간으로 2005년 호수 38호까지 마칠 수 있었다.

매호에서 주목할 만한 기술을 테마로 선정하여 최신동향을 독자에게 제공할 수 있는 특집을 마련하였으며 엔진요소 기술강좌의 타이틀로 엔진을 구성하는 요소부품, 제어시스템에 대하여 해설을 곁들인 기사를 연재하였다. 이것은 엔진을 공부하는 사람뿐 아니라 실제로 엔진의 설계, 개발, 생산에 종사하는 기술자 여러분을 대상으로 그 분야에 있어서 톱 레벨의 기술을 갖고 있는 기업에도 집필을 의뢰한 것이나 기초지식부터 시작하여 최신동향에 이루기까지 압축된 내용을 수록한 것이다.

이에 따른 기술자 또한 경우에 따라서는 베테랑에도 유용한 정보를 묻혀지지 않도록 수록한 것이다. 그것으로 단행본으로 편집, 출판함으로써, 이 잡지의 독자 이외 기술자에게도 폭넓게 전달할 수 있었다. 이 기획은 「엔진테크놀로지」 창시자의 생각에도 적절하다고 믿어 의심치 않는다. 이러한 취지에 맞추어 단행본으로 창간함에 쾌히 승낙한 집필자 여러분에게 감사의 말씀을 드린다.

편집함에 있어서 가능한 한 잡지에 기재된 원문에 충실토록 하였다. 기재시에는 테마마다의 하나의 호로 완결된 구성을 하기 위하여 내용은 머리말을 시작으로 하여 논문형식으로 게재된 것이 많고, 통상의 전문서

적에 비하여 chapter의 구성에 위화감을 갖지 않도록 한다고 생각을 하였다.

이러한 「요소기술강좌」에서 요소가 끝난 후 더욱이 별도로 저자에게 집필을 하여 연재를 계속하고 있다. 즉, 1테마에 2회분씩 게재를 하고 있다. 본 단행본에서는 각각 기초로부터 배우도록 기사를 편집자 독단으로 선택하였다.

본서는 2권으로 구성되어 있으며, 당초계획으로는 구성부품관계와 제어시스템 관계로 나눌 예정이었으나 엔진기술은 대단히 많은 가지치기가 많아서 단순히 구분함을 어려워서 이렇게 2권으로만 구성을 하였다. 최신동향을 다양한 엔진기술전반의 이해함에 참고서로서 본서를 활용해주기를 바란다.

본 학습서는 자동차에 대한 기본적인 것을 알려주고 있다.

저자는 자동차에 관한 종사만 근 30년 이상 하였으나 본서만큼 세세히 가려움을 긁어주는 책을 만들지는 못하였으나, 앞으로 향후 자동차산업의 무궁한 발전을 위한 초석으로 삼았으면 좋겠다.

이를 바탕으로 좀더 훌륭한 한국의 자동차 산업의 발전을 꾀하고 앞으로 세계시장에서의 자동차산업의 위상을 높일 것을 바란다.

앞으로 한국의 자동차산업에 대한 발전가능성은 무궁무진하다. 여기서는 소위 차체에 대한 소성변형은 크게 언급하지 않았으나 모든 기본모델에서 차체에 대한 소성변형에서부터 출발하므로 다음에 출간되는 책에서는 소성변형 및 그에 미치는 모든 조건에 대하여 연구검토하기로 하고 이번에는 엔진과 그 요소기술에 대하여 논의한 것으로 일단 만족키로 하

고 본 책을 출간케 되었으며, 미흡하나마 자동차 종사자, 학생, 앞으로 자동차에 관심이 많은 사람들이 읽어보시고 좋은 조언을 부탁드립니다. 물론 책에서 틀린 부분이 있을 수도 있으나 그때는 주저 없이 조언을 부탁드리며 아울러 이 책의 내용은 일본의 격월지 「내연기관」을 참조하여 작성되었으나 향후 우리나라에서도 자동차산업에 대한 활발한 발전을 거듭하여 독자적인 이론으로 새로운 자동차산업에 도전할 수 있도록 함이 바람직하겠다. 이상으로 본 책의 내용에 대한 간략한 소개를 마치며 향후 우리가 나아갈 방향에 대해 많은 조언을 부탁드린다.

편저자 씀

차례

제37장 디젤 파티큘레이터 필터(Diesel Particulate Filter) / 346

제38장 블로바이 처리 시스템 (The Crankcase Emission Control System) / 368

Chapter 20 가솔린엔진 점화제어용 부품 (ignite, spark coil)

1. 머리말

21세기를 향하여 세계 자동차 메이커는 사회적인 요구에 부응하여 지구온난화 방지나 대기오염방지를 목적으로 하여 연료소비의 대폭적인 저감과 배출가스에 포함되어 있는 유해물질의 획기적으로 경감이 달성될 수 있는 자동차의 개발 및 기능이 요구되고 있으며 그에 따른 각종 부품에 있어서도 그러한 것이 달성될 수 있는 기능을 요구하고 있다.

가솔린엔진 제어시스템에 사용되고 있는 점화제어용 부품은 엔진의 연소실에서 가솔린을 착화시키는 점화플러그, 점화플러그에 몇 만 볼트의 고전압을 공급하는 점화코일, 점화코일에서 발생하는 고전압을 제어하는 이그나이터, 이그나이터의 통전시간 및 점화타이밍 등을 제어하는 엔진 제어유닛으로 된 점화시스템으로 구성되어 있다. 본편에서는 이 점화시스템을 구성하는 주요부품인 이그나이터 및 점화코일에 대한 기술내용을 소개한다.

2. 점화시스템의 구성

점화시스템에는 점화코일에 발생된 수만 볼트의 고전압을 기계적인 배전기구에 의하여 각 실린더의 점화플러그에 배전하는 디스트리뷰터 방식과 점화플러그마다에 대응하는 코일에 분배, 실린더 타이밍에 맞추어 배전제어하는 전자배전방식의 2가지 방식이 있다. 지향하는 방향으로서는 오랜 수명으로 고전압 배전기구로부터 전파노이즈가 저감되고 점화시기의 자유도가 있으며 최적의 점화시기제어 등에서 유리한 전자배전방식이 주류를 이루고 있다.

그리고 전자배전방식에는 그림 20-1에서와 같은 개별 착화방식과 그림 20-2에서와 같은 동시착화방식이 있다. 최근에는 고전압배선부를 간략하게 하는 목적으로 점화코일을 점화플러그의 직상, 즉 바로 위에 배치하는 코일온 플러그의 개별착화방식이 많이 사용되는 경향에 있다.

3. 이그나이터

이그나이터는 엔진제어유닛에서 출력되는 점화코일 통전신호에 동기하여 점화코일의 1차측에 통전하고, 점화차단신호에 동기하여 수 암페어까지 증폭된 1차 코일 전류를 급속차단시키고 이 차단 타이밍과 동기한 점화코일의 2차측에 몇 만 볼트의 고전압을 발생시키는 장치이다. 근년에는 이그나이터는 점화코일과의 배선 간략화 등을 도모하기 위하여 점화코일에 내장되도록 되어 있다.

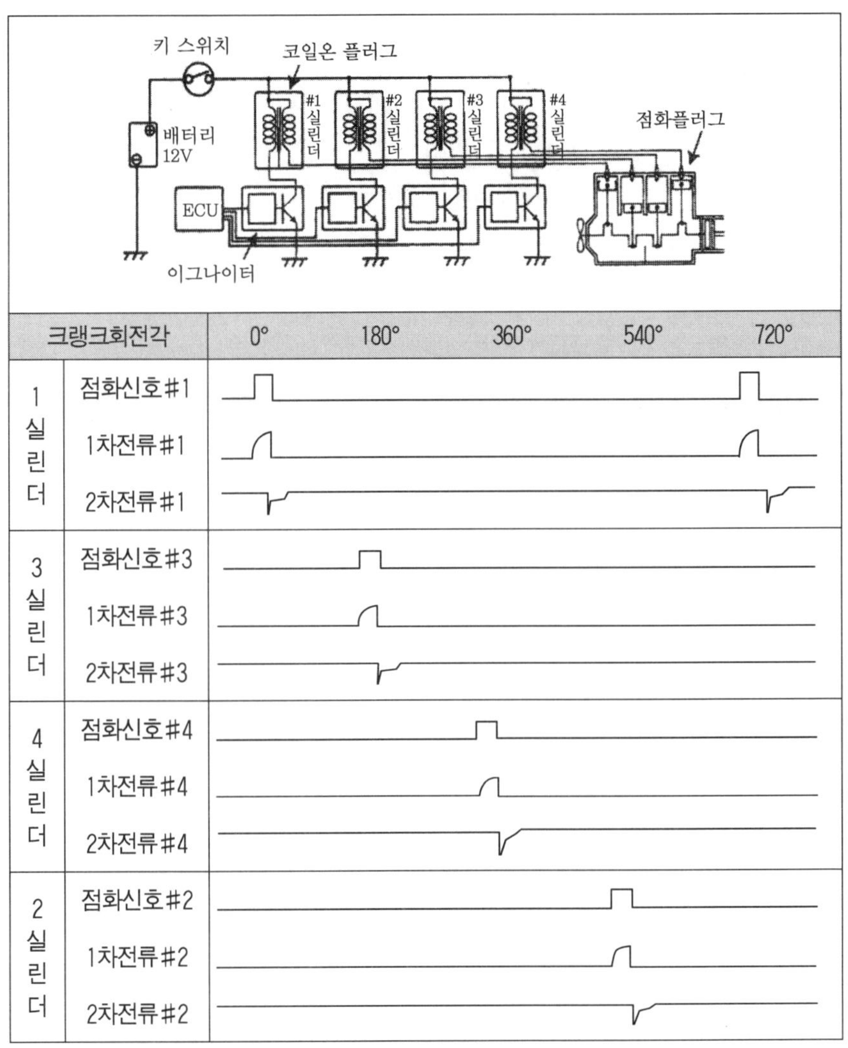

그림 20-1. 점화시스템(개별 착화방식)

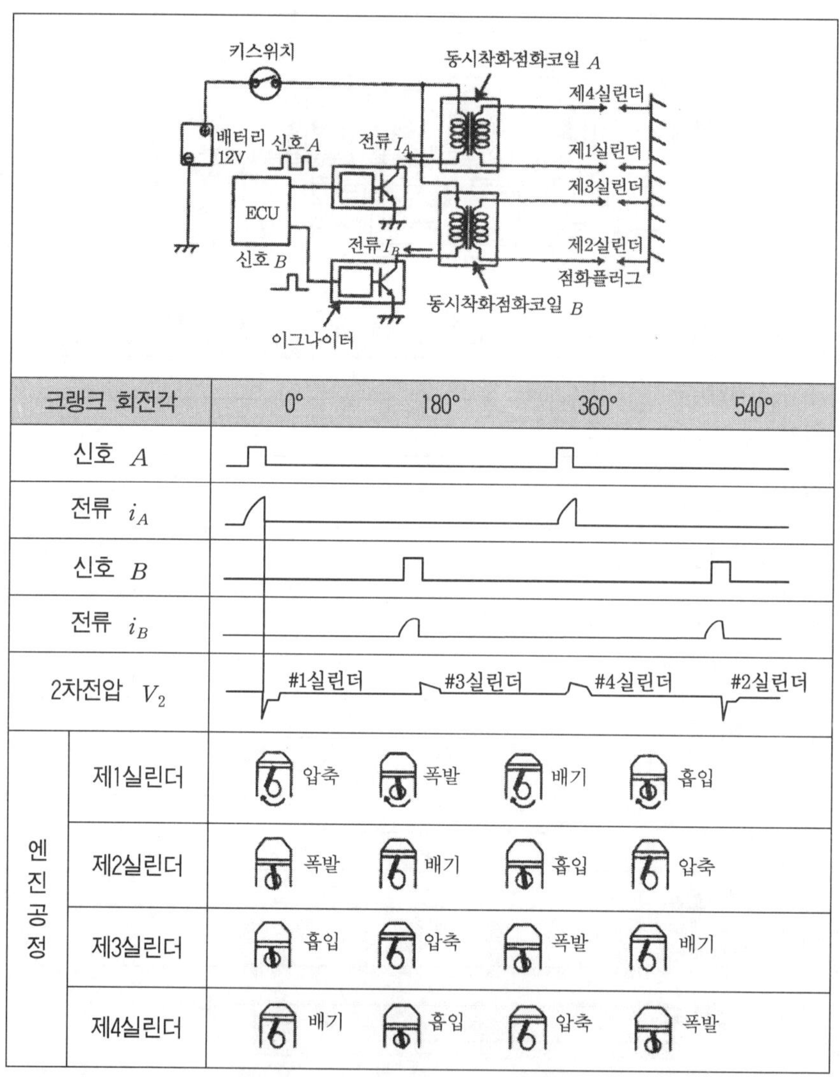

그림 20-2. 동시착화방식의 동작시스템

3.1 이그나이터의 역사

점화코일의 통전 차단제어는 캠샤프트에 연동하여 기계적으로 ON-OFF를 동작하는 기계식 접점을 사용하고 있었으나 차단시의 접점아크에 의한 점화코일의 출력전압의 안정성이나 접점 손상에 의한 내구성에 문제가 있었다.

그 때문에 점화코일의 출력전압의 안정화 및 메인터넌스프리를 목적으로 하여 1970년대 전반에 G.M., 크라이슬러(현 다이믈러 크라이슬러)가 트랜지스터를 사용한 무접점 점화장치인 이그나이터를 전면 채용한 이래 세계 각국의 자동차 메이커가 이그나이터를 채용한 이래 현시점에는 가솔린 엔진차의 거의 대부분이 이그나이터를 사용하고 있다.

초기의 이그나이터는 캠축에 연동하여 동작하는 캠센서의 출력신호를 입력으로 하여 점화코일의 통전시간 및 1차 코일전류의 차단을 이그나이터 내부에 구성되어 있는 전자회로로 제어하고 있었다.

3.2 이그나이터 실제 장착 회로의 동작원리

이그나이터는 세계의 각각 회사에서 제품화되고 있으나 기능 구성 및 실제장착 구조가 각기 다르게 되어 있다. 그 때문에 기본구성으로서 설명이 어려운 점도 있어서 여기서는 거의 공통으로 사용되고 있는 실제장착 회로기술인 과전류 대책으로서 다음과 같은 것이 있다.

① 전류제어회로 및 이그니션이 독특하게 불꽃방전시에 점화코일 1차측에 발생하는 고주파, 고전압 서지대책을 실시하고 있다.

② 파워 디바이스에 대하여 소개한다.

3.2.1 전류제어회로의 동작원리

파워 디바이스의 가장 일반적인 공통기술로서 과전류보호제어를 들 수 있다. 과전류보호는 파워 디바이스에 규정 이상의 전류가 흐를 경우 국부적인 전류집중에 의하여 발생하는 핫스포트 등에 의한 파괴를 방지하기 위한 것이다.

전류제어는

A) 과전류를 검출하여 부하통전을 검출, 부하통전을 정지시키는 제어,
B) 통류전류를 검출하여 통류펄스듀티를 가변하는 초퍼(Chopper)제어,
C) 통류전류의 검출에 의하여 파워 디바이스를 불포화상태로 하여 통류전류를 소정의 값으로 고정하는 불포화제어 등의 제어가 실용화되어 전장부품에 채용되고 있다.

여기서는 이그니션용 파워 디바이스에 거의 공통으로 채용되고 있는 불포화제어에 대하여 간이회로를 베이스로 설명한다.

전류제어 트랜지스터 1개로 파워 디바이스(본 실시 예에서는 파워 디바이스로서 하이폴러 파워 트랜지스터를 사용)의 전류를 제한하는 이그나이터 회로구성을 그림 20-3에 나타낸다.

실제의 이그나이터는 이 실시예와 같이 단순회로구성으로부터 모노리직(monolithic) IC(intergrated Circuit)기술에 의하여 높은 정확도를 목표로 하는 제어회로까지 여러 가지의 전류제어회로가 사용되고 있으나 여기서는 동작원리를 알기 쉬운 단순한 회로를 보여준다. 동작파형은 그림 20-4에서와 같다. 엔진제어유닛으로부터 점화코일 1차 전류의 통전신호가 입력되면 파워 트랜지스터가 도통, 점화코일 1차측(a)에 나타내는 1차 전류 i_1이 흐른다.

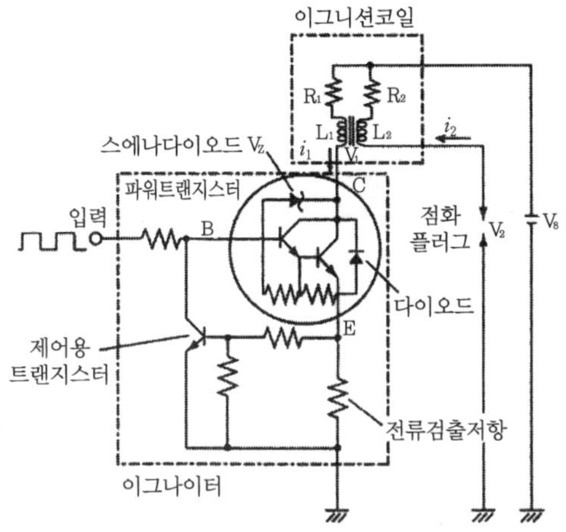

그림 20-3. 이그나이터 회로구성(하이폴러 트랜지스터 사용)

이때 1차 전류 i_1은

$$i_1 = (VB_{-v})/R_1 \times (1 - \exp(-R_1 \times t/L)) \quad \cdots\cdots\cdots\cdots \quad 20\text{-}1$$

R_1 : 점화코일 1차 저항
L_1 : 점화코일 1차 인덕턴스 때의 에미터정수(L_1/R_1)로 할 수 있다.

1차 전류 i_1이 통전되면 파워 트랜지스터의 이미터(emitter)(그림 20-3 중 E)에 접속된 전류검출저항의 이미터전압이 서서히 상승하여, 설정값 ICL=약 6(A)가 되면 제어용 트랜지스터가 도통하여 파워 트랜지스터의 베이스(그림 20-3중 B) 전류를 저감시킨다. 그 결과 파워 트랜지스터가 포화상태로부터 불포화상태로 되고 1차 전류 i_1이 6A로서 일정하게 제어된다. 이때의 파워 트랜지스터의 콜렉터(Collector) 이미터 전압은 (b)와 같이 된다.

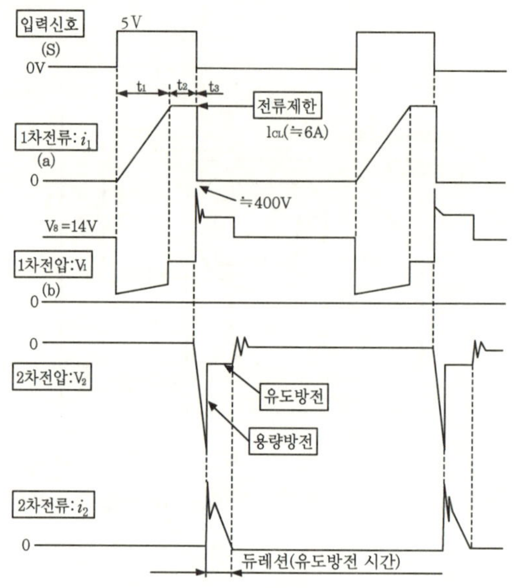

t_1 : 과도영역(≒2ms)
t_2 : 전류제한영역(≒5ms)
t_3 : 차단영역(≒0.01ms)

그림 20-4. 동작파형

영역 t_2의 전류제한시는 1차 인덕턴스(Inductance) L_1과 같이 1차 지연과 파워 트랜지스터의 증폭률의 관계에서 불포화 제어되는 시점에서 전류가 발진하게 된다. 그 때문에 피드백 루프의 일순 주파수 응답해석을 하여, 충분한 게인(gain)여유가 있다는 것을 확인하고 실용화하는 것이 중요하다.

이 피드백 루프의 1단을 개방시킨 상태에서의 1순 전달의 위상, 게인 주파수 응답의 한 예를 그림 20-5에 나타낸다.

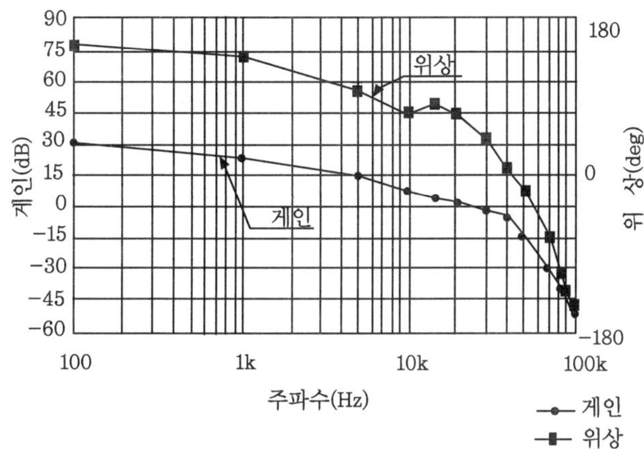

그림 20-5. 1순회 주파수 응답 특성

그리고 불포화상태에서는 에너지 소비가 수백mJ에도 달하는 경우가 있으므로 파워 트랜지스터의 방열에 관해서는 엔진 제어유닛쪽에서 통전 시간의 필요최소한의 제어를 실시함과 동시에 파워 트랜지스터의 정션(Junction : 접합) 온도가 규정값(150℃ 및 175℃의 대체로 2종류가 있다) 이하가 되도록 충분한 방열구조를 고려할 필요가 있다.

3.2.2 파워 디바이스(Power device)

이그나이터에 사용되는 대표적인 파워 디바이스는 그림 20-3의 회로 구성중의 하이폴러 트랜지스터 및 그림 20-6에 등가회로로서 나타낸 IGBT의 2종류가 있다. 근년 엔진제어유닛의 출력전류를 대폭적으로 적게 하고 또한 고온시에도 10A가량의 대전류를 소형 팁사이즈로 통류될 수 있는 IGBT가 급격하게 보급하기 시작하고 있다.

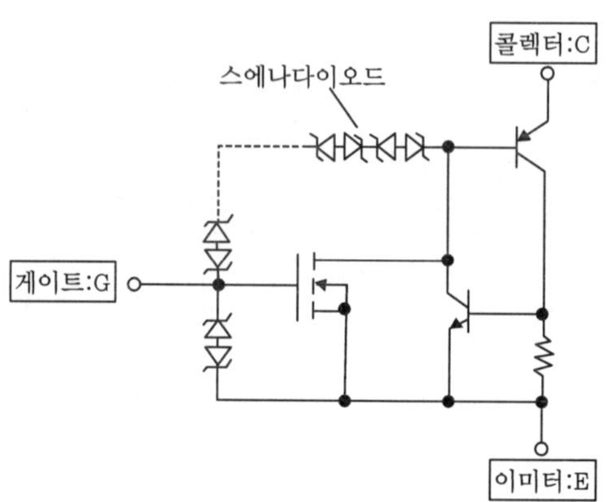

그림 20-6. GBT 등가회로

그림 20-4에 나타내는 동작파형으로부터도 알 수 있는 것과 같이 점화코일의 2차 코일측에서의 불꽃방전시에는 점화코일의 1차와 2차간의 부유용량에 축적된 에너지가 2차측의 용량방전과 동시에 수백 MHz, 수백V의 서지로서 파워 디바이스의 콜렉터에 중첩된다. 이 서지에 대하여 보호가 없으면 소자파괴에 이르는 경우가 있으며, 이 때문에 쌍방 공히 그림 20-3에서는 C－B간(그림 20-6에서는 C－G간), 서지를 흡수하는 스에너 다이오드를 구성한다.

이들의 C－B간(IGTB는 C－G간), 스에너 다이오드는 위에서 기술한 바와 같은 과대서지에 대하여 서지전압을 억제하는 동시에 스에너 전류에 의해 자기바이어스를 걸어서 디바이스 자체를 동작시키는 데 따라 과대에너지를 흡수한다.

그리고 IGBT는 온전압이 낮고 고압화하기 쉬운 메리트를 가지는 반면 PnPn의 사이리스터 구조를 가지기 때문에 이그나이터 특유의 서지전류에 대하여 래치업을 일으키지 않도록 하는 연구가 필요하다.

3.3 제품의 구성

종래의 전형적인 이그나이터의 구조인 실리콘 케이블 봉지형의 한 예를 그림 20-7에, 최근 사용하기에 이른 몰드 수지봉지형 이그나이터의 한 예를 그림 20-8에 나타낸다.

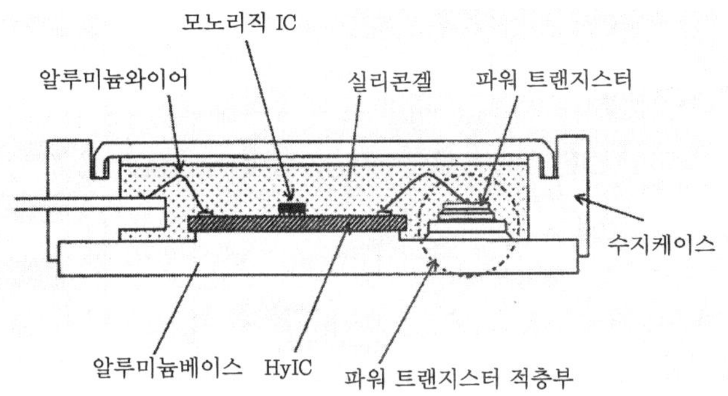

그림 20-7. 실리콘겔 봉지형 이그나이터

실리콘 겔 봉지형의 예는 모노리직 IC, 저항 및 콘덴서 등의 전자부품을 탑재한 회로를 형성한 HyIC를 방열용의 알루미늄베이스 위에 접착하고 응력완화적층 구조상에 마운트된 파워트랜지스터에 알루미늄 와이어로 접속되어 있다. 이들의 회로전체를 수지케이스에 수납하고 실리콘 겔을 충진함으로써 엔진룸내의 가혹한 환경으로부터 보호하고 있다.

그림 20-8은 1GBT 구조로 아이소레이션에 자기분리방식을 채용하는 것으로서 저코스트로 파워부와 전류제어회로부를 일체화될 수 있도록 실용화가 가능하게 된 예이다. 몰드수지 봉지형은 반도체와 같은 모양의 생산설비로 생산이 가능하게 되고 생산효율도 대폭적으로 향상되었다.

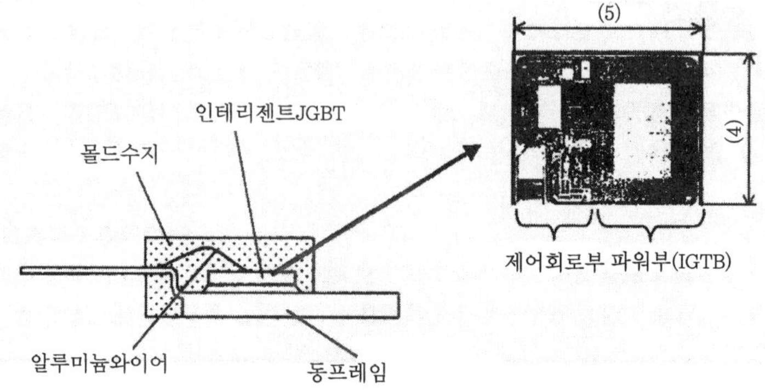

그림 20-8. 몰드수지봉지형 이그나이터

수지, 납땜재 및 리드재의 선정 등에 이그나이터 특유의 과제도 있으나 몰드수지 봉지형이 앞으로는 주류가 되어갈 것으로 생각된다. 모양은 다르나 쌍방이 공통과제는 3, 2, 1항에서도 기술한 방열성이다.

대표적인 파워 디바이스의 적층구조를 그림 20-9에 나타낸다. 이그나이터용 파워 디바이스는 자기발열과 엔진에 실제장착이라고 하는 환경조건으로부터 방열과 열응력완화의 요구를 동시에 만족할 필요가 있다. 그림 20-9(a)의 실리콘겔 봉지형은 종래부터 사용되어져 오고 있는 파워 디바이스인 저열 팽창률의 Si(실리콘)을 Mo(몰리브덴), Al_2O_3(알루미나)을 거치는 것으로 고열 팽창차를 완화하는 구조로 된 것으로 고열전도, 고열팽창의 특성을 가진 Al(알루미늄)의 실제장착이 가능하게 하고 있다.

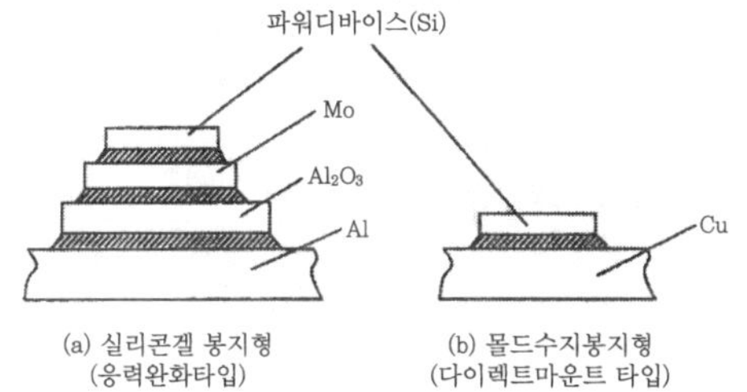

기호	명칭	선팽창계수(/℃)
Si	실리콘	3×10^{-6}
Mo	몰리브덴	4.9×10^{-6}
Al_2O_3	알루미나	7.2×10^{-6}
Al	알루미늄	23.6×10^{-6}
Cu	구리	3×10^{-6}

그림 20-9. 파워 디바이스 적층구조

그림 20-9(b)의 몰드수지봉지형은 파워 디바이스를 열전도가 좋은 Cu(구리)에 다이렉트로 마운트하고 있으나 연구하여 내열사이클성이 높은 땜납재를 채용, 에폭시수지로 패킹함으로써 패케이지 전체로 열의 응력 밸런스를 맞추는 등 방열성 및 접합수명을 개선시켰다.

일반적으로 사용되고 있는 발열원, 각 부재의 열저항 및 열용량을 고려한 적층 구조의 열저항해석 모델을 그림 20-10에, 적층구조에 있어서 각 부위의 온도분포를 그림 20-11에 나타낸다. 이 시뮬레이션에서는 정상발열에 더하여 3, 2, 1항에서 설명한 전류제어시의 과도 발열도 고려한 것이고 전류제어시의 과도에너지에 의한 순간적인 온도상승이 설계상의 중요한 포인트임을 나타내고 있다.

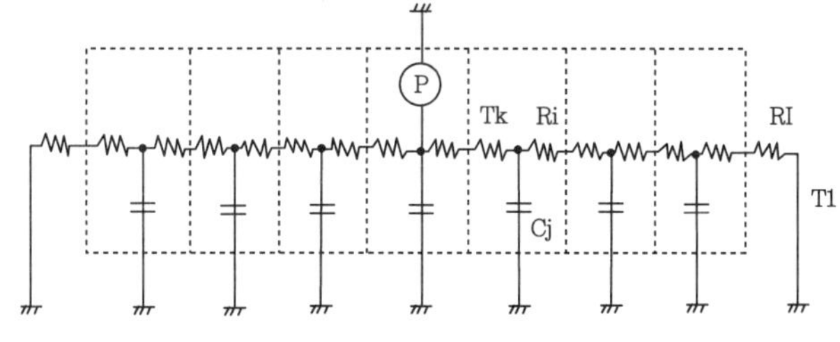

P : 파워소자촙 발열량
Ri : i번째의 열저항
Cj : j번째의 열용량
Tk : k번째의 온도

그림 20-10. 열저항해석 모델

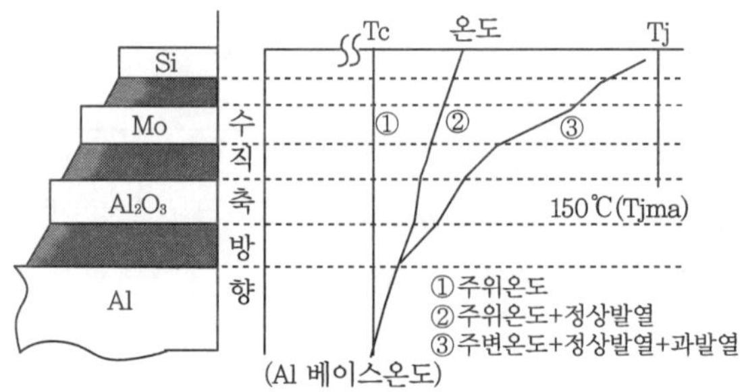

그림 20-11. 적층구조에서의 온도분포

그림 20-9(b)의 몰드수지봉지형의 응력분포를 3차원 시뮬레이션에 의해 해석한 예를 그림 20-12에 나타낸다. 본 해석에는 에폭시몰드하기 전의 상태이나 열팽창률이 다른 Cu(구리)의 리드프레임과 파워 디바이스의 Si(실리콘)과의 사이에 응력이 집중되고 있는 양상을 잘 알 수 있다. 이상과 같이 전기적 특성 이외에 구비되어야 할 성능이 다수 있음을 이해할 것으로 생각된다.

그림 20-12. 몰드수지봉지형의 열응력 분석해석 예

4. 점화코일

점화코일은 점화플러그에 직접 혹은 하이텐션코드로 접속되어 엔진제어 유닛(ECU)으로부터 신호를 받아 이그나이터의 1차전류통전, 차단제어에 의하여 고전압을 발생시켜 점화플러그에 불꽃 방전을 일으키는 것이다.

4.1 점화코일의 역사

자동차용 가솔린엔진의 점화장치로서 점화코일이 사용되게 된 것은 통들이 코일이라 불리우는 개자철심형이 최초이다. 이 타입은 내측에 2차 코일을, 바깥쪽에 1차 코일을 배치하고 있고 고전압의 절연은 오일을 충진함으로써 확보하고 있다.

그 후 1970년대의 후반부터 자기효율이 좋고 소형, 경량의 폐자로철심 타입으로 바뀌어졌다. 이 타입은 1차측을 안쪽에, 2차측을 바깥측에 배치하고 2차 권선은 분할된 슬리트를 가진 보빙에 권선되어 있고 절연은 에폭시수지 등의 열경화성 수지를 함침시킴으로써 확보하고 있다. 그후 이 폐자로 형이 베이스가 되고 2 실린더분의 점화를 담당하는 동시 착화 코일 각 실린더의 점화코일에 직접 장착되어진 개별점화코일(이하 코일 온 플러그라 부른다)가 개발되어 왔다.

그리고 최근에는 엔진룸의 소형화, 고집적화에 대응한 플러그홀 장착형의 점화코일(이하 플러그홀 코일이라 한다)도 생산되고 있다.

이상을 종합하면 점화코일의 종류는 그림 20-13과 같이 된다.

종류	캔들이코일	폐자로코일 (디스트리뷰터용)	동시착화코일	코일온 플러그	플러그홀 코일
구조					
특징	• 오일 절연 • 차체부착 • 내진성/내열성에 어렵다. • 이그나이터 별체	• 고체 절연 • 내진성/내열성이 양호 • 차체부착/디스트리뷰터 내장 • 이그나이터 일체 타입유	• 고체 절연 • 차체/엔진 • 2실린더에 1코일 • 이그나이터 일체 타입유	• 고체 절연 • 엔진부착 • 각 실린더에 1코일 • 하이텐션코드 불요 → 저에너지로스 • 소형/경량 • 이그나이터 내장 타입유	• 고체절연/오일절연 • 엔진부착 • 각 실린더에 1코일 • 소형/경량 • 플러그 홀 내장 장착 → 탑재성 향상 • 이그나이터 내장 타입유

그림 20-13. 점화코일의 종류

4.2 동작원리

점화코일의 동작원리를 그림 20-14에 나타내는 등가회로를 써서 설명한다. 2차측의 갭이 개방된 무부하상태에 있어서 파워 트랜지스터가 오프되어 1차전류가 차단되었을 때의 회로방정식은 다음과 같이 나타내어진다.

$$\left.\begin{aligned} & L_1\frac{di_1}{dt}+R_1 i_1+V_1+M\frac{di_2}{dt}=E_1 \\ & L_2\frac{di_2}{dt}+R_2 i_2+V_2+M\frac{di_1}{dt}=0 \\ & i_1=C_1\frac{dV_1}{dt},\quad i_2=C_2\frac{dV_2}{dt}+\frac{V_2}{R_s} \end{aligned}\right\} \cdots\cdots\cdots\cdots\cdots\cdots \text{20-2}$$

L_1, L_2 : 1차, 2차 인덕턴스
V_1, V_2 : 1차, 2차 전압
i_1, i_2 : 1차, 2차 전류
E_1 : 배터리 전압
M : 점화코일의 1차, 2차 권선간의 상호 인덕턴스
R_1, R_2 : 1차, 2차 회로의 직류저항
C_1 : 1차 콘덴서 정전용량
C_2 : 2차회로의 등가병렬 정전용량
R_s : 2차회로의 병렬 누설저항

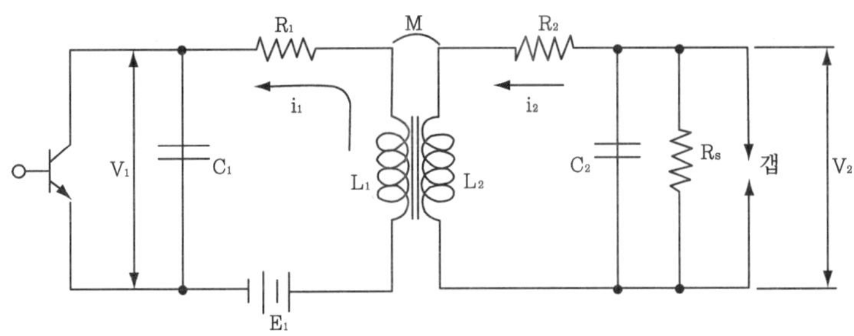

그림 20-14. 점화코일의 등가회로

점화코일의 1차, 2차 권선간의 결합계수 k는 통상 0.95 정도로 비교적 크고, 즉 조밀하게 결합되어 있다. 그리고 $k=1$과 근사치로 하여 2차무부하 전압을 구한다.

$k=1$인 경우 다음의 관계가 성립한다.

$$\frac{L_2}{L_1} = n^2 \quad \cdots\cdots 20\text{-}3$$

$$M = \sqrt{L_1 L_2} \quad \cdots\cdots 20\text{-}4$$

$$V_1 = \frac{V_2}{n} \quad \cdots\cdots 20\text{-}5$$

n : 권수비

그리고 2차측의 정전용량 C_2를 1차측에 등가로 옮겨서 생각하면 전등가 1차 정전용량 C'라고 하면

$$C' = C_1 + n^2 C_2 \quad \cdots\cdots 20\text{-}6$$

가 되고 회로방정식은 (2)식에서

$$R_1 = 0,\ R_2 = 0,\ C_2 \to 0,\ C_1 \to C'$$

로 된 것으로 나타내어진다. 이로부터 V_2에 대한 방정식을 구하고 또한

$$C = C_2 + \frac{C_1}{n^2} = \frac{C'}{n^2} \quad \cdots\cdots 20\text{-}7$$

이 되고, 다음 식이 된다.

$$\frac{d^2 V_2}{dt} + \frac{1}{R_s C}\frac{dV_2}{dt} + \frac{V_2}{L_2 C} = 0 \quad \cdots\cdots 20\text{-}8$$

회로가 진동적, 즉

$$R_s^2 < \frac{L_2}{4C}$$

라 하고 또 초기조건을

$t=0$에서 $V_2=0$, $i_1=I_1$

으로 하여 위 식을 풀면 2차 무부하 전압은 다음 식으로 표현된다.

$$v_2=\frac{I_1}{n\omega C}e^{-\rho t}\sin\omega t=V_{2.0}\frac{\omega_0}{\omega}e^{-\rho t}\sin\omega t \quad \cdots\cdots 20\text{-}9$$

여기서

$$\rho=\frac{1}{2R_sC} \quad \omega=\sqrt{\omega_0^2-\rho^2} \quad \omega_0=\frac{1}{\sqrt{L_2C}}$$

$$V_{2.0}=\sqrt{\frac{L_1}{C}}I_1=\sqrt{\frac{L_1}{C_2}}\cdot\frac{I_1}{\sqrt{1+\mu}} \quad \mu=\frac{L_1C_1}{L_2C_2} \quad \cdots\cdots 20\text{-}10$$

$V_{2.0}$ 및 ω_0는 $R_s=\infty$로 회로손실이 없는 경우의 2차전압의 파고치 및 각속도이다. 이 경우에는 1차전류 I_1에 의하여 축적된 전자에너지는 완전히 1차 및 2차의 정전에너지로 변환되어 다음의 관계가 된다.

$$\frac{1}{2}L_1I_1^2=\frac{1}{2}C_2V_1^2+\frac{1}{2}C_2V_2^2 \quad \cdots\cdots 20\text{-}11$$

따라서, 식 20-5, 식 20-11식에 의하여 2차전압 V_2는

$$V_2=I_1\sqrt{\frac{L_1}{C_1(1/n)^2+C_2}} \quad \cdots\cdots 20\text{-}12$$

가 된다.

4.3 동작타이밍

다음에 점화코일의 동작타이밍에 대하여 설명한다.

기본적인 동작은 그림 20-4에 나타내는 것과 같이 ECU로부터의 입력신호 S에 의하여 이그나이터가 온 상태로 되고 코일의 1차측에 1차전류 i_1이 통전된다. 그리고 1차전류가 5~8A로 되고, 충분한 에너지를 1차측에 축적된 후 전류가 급격하게 차단된다. 이때 자속변화에 의하여 코일의 1차측에 약 400V의 역기전력 v_1이 발생한다. 이 전압이 1차와 2차의 권선이 배로 증폭되어 3만~4만의 2차전압 v_2가 발생된다.

앞에서 설명한 바와 같이 최근 주류로 되어 있는 전자배전방식에 의하여 구체적으로 설명한다.

그림 20-1에 나타내는 개별 점화방식에서는 각 실린더의 점화플러그마다 1개의 코일온 플러그가 쓰여지고 엔진의 운전조건에 최적인 통전시간, 점화신호가 ECU로부터 각 코일에 공급되는 데 따라 각 실린더의 점화플러그에 불꽃방전을 발생시킨다. 여기에 나타내는 4실린더의 경우 180°마다 ECU로부터 점화신호가 공급되어 점화동작이 이루어진다.

또 하나의 전자배전방식인 동시착화방식에는 2차측의 양단으로부터 고전압이 나오는 동시 착화코일이 사용된다. 그림 20-2에 나타낸 점화회로로 설명하면 동시 착화코일 A의 1차전류 i_A가 차단되면 2차코일에 2차전압 v_2가 유기된다. 이때 제1실린더가 압축행정이면 제4실린더는 배기행정이므로 제1실린더만 점화가 이루어진다. 동시 착화코일 B의 전류 i_B가 차단된 경우에도 같은 동작이고 2차코일에 2차전압 v_2가 유기되어 제2실린더와 제3실린더의 점화플러그에 불꽃방전을 발생시킨다. 이상의 동작을 번갈아 가면서 되풀이하는 데 따라 각 실린더에 점화한다.

4.4 제품의 구성

본 편에서는 그림 20-15에 나타내는 코일온 플러그를 예를 들어서 구조를 생각한다.

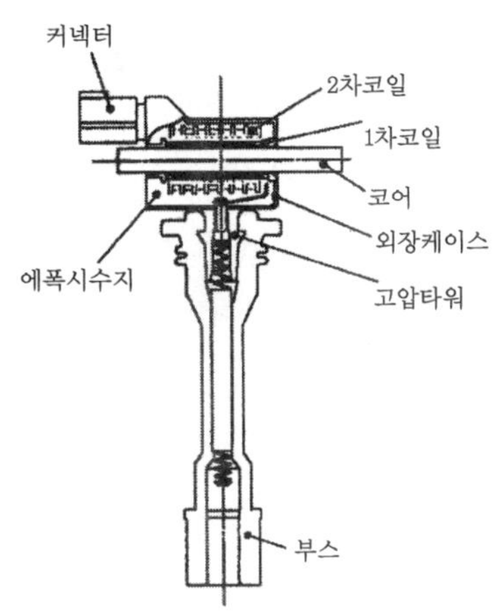

그림 20-15. 부스단면

1차 코일은 비교적 굵은 에나멜(enamel) 전선(∅0.4~0.6)을 100~200 턴정도) 2차코일은 극히 가느다란 에나멜전선(0.04~0.05)를 10000~20000 턴정도 열가소성수지로 성형된 보빙에 권선하고 있다. 코어는 판두께 0.25~0.5의 규소강판을 적층하여 형성하고 있다. 1차 코일에 전류(6~8A)가 흐르는 데 따라 이 코어와 1차 코일로 구성된 자기회로에 에너지가 축적되고 상호유도작용에 의하여 2차측에 발생하는 에너지로 변환된다.

한편 코일은 자기 스스로 고전압을 발생하기 때문에 절연성도 확보할 필요가 있다.

다음 이 절연구조에 대하여 설명한다.

2차측은 3만~4만V의 고전압을 발생하기 때문에 1차 코일과 2차 코일

사이, 2차 코일과 외장케이스 사이에는 반드시 에폭시수지(열경화성 수지)를 개재시켜서 절연한다.

이전의 점화코일은 오일로 절연한 것이 있었으나 내진성, 밀폐성, 내열성 등에 우수한 에폭시수지절연에 대신하여 왔다.

또한 배전기용 코일이나 동시 착화 코일은 코일의 출력을 하이텐션코드로 점화플러그에 유도되나, 코일온 플러그는 코일의 일부인 부트가 직접 점화플러그에 부착되도록 되어 왔다. 따라서 하이텐션코드 등 고전압 배선부에 있어서의 에너지 손실이 적기 때문에 코일의 소형화가 용이하다.

그리고 최근에는 그림 20-16에 나타내는 것과 같은 플러그홀 내에 코일을 장착함으로써 엔진레이아웃상의 우위성을 겨냥하여 플로그홀 코일도 각사에서 개발되어 서서히 증가하고 있다. 이 타입은 장착위치가 플러그홀 내에 있으므로 종래의 코일에 비하여 열적인 환경이 엄하다. 그래서 그림 20-17에서와 같은 3차원 열응력해석을 활용하여 구조설계에 피드백시키고 있다.

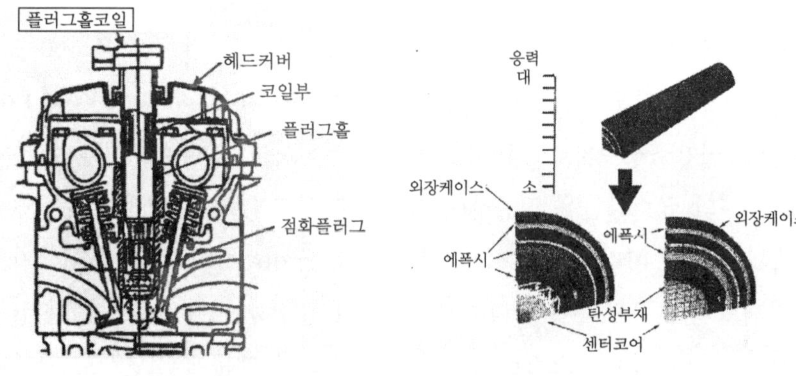

그림 20-16. 플러그홀 코일 실기상태

그림 20-17. 응력해석의 예

Chapter

21 스파크 플러그, 글로 플러그

1. 머리말

스파크 플러그, 글로 플러그는 공히 내연기관이 세상에 나온 이래 언제나 엔진의 중앙부에 앉혀져, 연료에 불을 붙이는 기본적인 일을 하는 것으로 가장 중요한 사명을 띠고 있는 부품이다. 더구나 단지 불을 붙이는 작용을 하는 것이 아니고 엔진의 특성에 적지 않은 영향을 미치는 외에 엔진의 진화에 상응하여 여러 가지의 개량이 이루어져 왔다.

근년 지구자원, 환경문제에 대한 관심이 높아지는 데 더하여 연비, 배출가스 규칙이 강화됨에 따라 엔진에서는 급격한 기술혁신이 진척되고 있고, 스파크 플러그, 글로 플러그의 담당하는 역할도 한층 중요하게 되었다.

여기서는 스파크 플러그, 글로 플러그의 기본구조, 기능을 설명하고 이와 함께 현재의 앞선 기술, 앞으로의 동향에 대하여 소개한다.

2. 스파크 플러그

배기가스 정화와 연비향상을 목적으로 한 기술개발에 대하여 스파크 플러그의 특성과 점화의 방법이 연소에 직접 관련되기 때문에 스파크 플러그는 엔진과 밀착하여 개발이 진행되어 왔다. 즉, 기계적, 열적, 전기적, 화학적으로 충분히 안정된 기본특성을 소유함은 물론, 근년 특히 불꽃방전 그리고 엔진에 대한 탑재가 복잡해지고 그 탈착이 곤란하며 메인터넌스 푸리(장수명확보) 대응도 요구되고 있다.

그들은 엔진요구에 대응하기 위하여 현재로는 여러 가지의 종류가 설정되어 있다. 자동차용 스파크 플러그를 기초로 그 기능이나 기술동향에 대하여 설명한다.

2.1 점화플러그의 기능

2.1.1 점화시스템

점화플러그는 그림 21-1에서와 같은 점화시스템의 구성부품으로 되어 있다. 엔진ECU는 회전속도, 부하 등으로부터 가장 적절한 점화시기를 제어한다.

이그나이터는 엔진ECU의 점화신호에 의하여 점화코일의 1차전류의 통전, 차단을 제어한다. 점화코일은 1차측의 단속에 의하여 2차측에 고전압을 발생시킨다. 그리고 점화플러그의 갭(gap)부에서 불꽃방전을 발생시킨다.

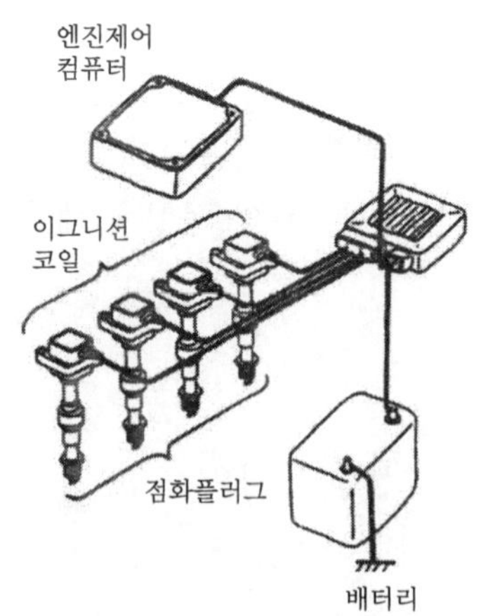

그림 21-1. 점화시스템

점화플러그의 역할은 갭부에서 발생된 불꽃방전에 의해 혼합기를 착화시키는 것이 역할이다.

2.1.2 점화플러그의 구조

점화플러그는 세계의 어느 엔진에도 지장없이 사용할 수 있도록 외형 형상이나 부착부위의 치수가 KS, ISO 등의 규격에 규정되어 있는 제품이다. 대표적인 점화플러그의 구조를 그림 21-2에 나타낸다. 그리고 필요성을 설명한다.

1) 절연체

고전압의 절연유지가 역할이고, 고온절연성, 열전도성이 우수하고, 열충격이나 기계적 강도가 높을 것이 요구된다. 이들의 특성을 만족하는 재료로서, 고순도 알루미나(순도 95% 이상)가 사용되고 있다.

2) 글라스실부

절연체내부의 중심전극과 단자 사이에 글라스 분말과 금속분말을 충진하여 열간 프레스(글라스 분말의 용융고착)에 의하여 중심전극을 봉착한다. 현재는 불꽃 방전에 의한 전파잡음의 발생억제를 위하여 저항체를 내부에 삽입한 플러그가 주류로 되어 있다.

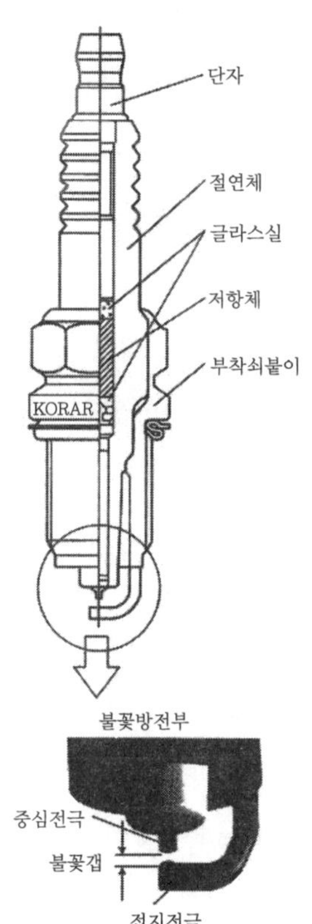

그림 21-2.
점화플러그의 구조

3) 불꽃방전부

중심전극, 접지전극, 절연체로 되어 있고 연소실내에 돌출되어 있고, 점화코일에서 발생된 고전압을 방전하는 불꽃 갭부를 형성한다. 전극형상, 갭의 간극, 불꽃방전성, 착화성능에 영향을 미친다. 그리고 수명, 내구성 확보에 의하여 내소모성이 우수한 재료가 사용된다.

2.1.3 점화플러그의 기본특성

점화플러그의 기본특성은 열특성, 불꽃방전성, 착화성, 내소모성에 대하여 설명한다.

1) 열특성

불꽃방전부는 연소실내에 돌출되어 있고, 항상 고온, 고압의 연소가스에 노출되어 있으나, 엔진의 운전 중 항상 적정온도범위로 유지시킬 필요가 있다. 불꽃방전부의 극단적인 온도상승은 혼합기가 정규의 온도범위에 의하여 앞서 자기착화하는 프리 이그니션을 유발하여 최악의 플러그 불꽃방전부의 용손, 피스톤 구멍내기 등의 문제를 발생한다. 역으로 발화부의 온도가 지나치게 낮으면 카본이 발화부 절연체에 부착되어 절연불량에 의한 시동곤란, 주행시의 가속불량 등이 발생한다. 플러그의 고온측의 성능을 내 프리 이그니션성, 저온측의 성능을 내 카본 오손성이라 한다.

불꽃방전부의 온도는 엔진의 성능, 즉 연소온도와 플러그 자체의 열특성(발화부 절연체 길이 등)의 관계에 의하여 결정된다. 엔진설정에 있어서는 점화플러그의 적합성 평가를 실시함에 있어서 불꽃방전부가 적정한 온도범위가 되도록 선정할 필요가 있다.

점화플러그의 선정 기준은 열값이다. 열값은 내 프리 이그니션성의 서

열을 나타내는 척도이고 고출력엔진 대응의 고열값 플러그(냉형), 내카본 오손성에 우수한 저열값 플러그(열형)가 있다.

프리이그니션이나 카본오손의 평가는 KS자동차용 점화플러그의 엔진 적합성 시험법에 규정되어 있고 각 자동차 메이커는 KS에 준하는 평가를 실시, 적합여유도를 확보한 플러그를 채용하고 있다.

2) 불꽃방전성

방전의 메커니즘을 그림 21-3을 이용하여 설명한다. 점화코일에서 발생된 고전압은 갭부에 전계를 발생시킨다. 이때 갭부에 존재하고 있는 정이온은 −극, 전자는 +극으로 이동한다. 이동중의 전자는 중성 원자에 충돌한 전자를 방출시켜, 정이온이 발생된다(α 작용). 한편, 정이온은 −극에 충돌하여 −극에서 2차전자를 방출시킨다(γ 작용). 이와같은 반복운동에 의해 갭 사이에는 전자, 정이온이 증가하여 도통상태가 되고 점화코일의 에너지가 한꺼번에 방출되어 불꽃방전이 발생된다.

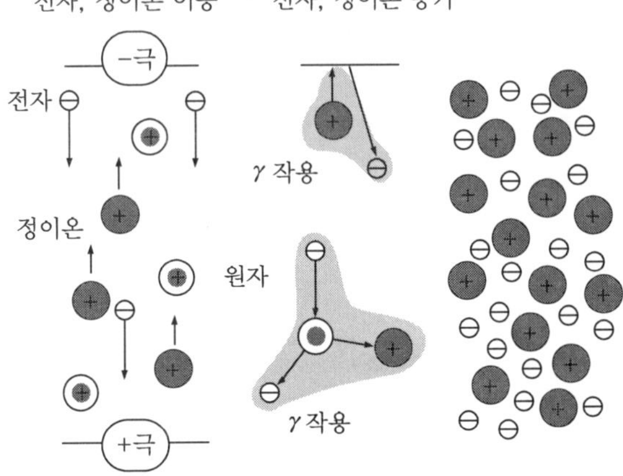

그림 21-3. 불꽃방전 메커니즘

불꽃방전 전압은 엔진요인에 대한 영향이 크고, 엔진쪽의 요구특성으로서 일반적으로 요구전압이라 부른다.

연소개선 수법으로 고 압축비화, 고 가급압화, 희박혼합기 연소 등의 운전조건은 불꽃방전성을 악화시켜, 요구전압이 상승된다. 요구전압이 코일의 발생전압이나 절연체부의 내전압을 초월하면 엔진의 실화를 발생시키기 때문에 그 상승억제가 중요하다.

점화플러그의 요구전압 저감책은 전계를 강화하는 데 있고, 불꽃갭의 축소, 전극의 직경을 지극히 작게 하는 등이 유효한 수단이다. 그림 21-4에 요구전압이 가장 높아지는 조건(급가속)에서의 요구전압 측정결과를 나타낸다. 본예에서는 중심전극의 세경화(∅2.5 → ∅0.4)에서 6~7kV, 또 불꽃갭축소(1.3 → 0.9)에서 5~6kV의 전압저감을 도모할 수 있다.

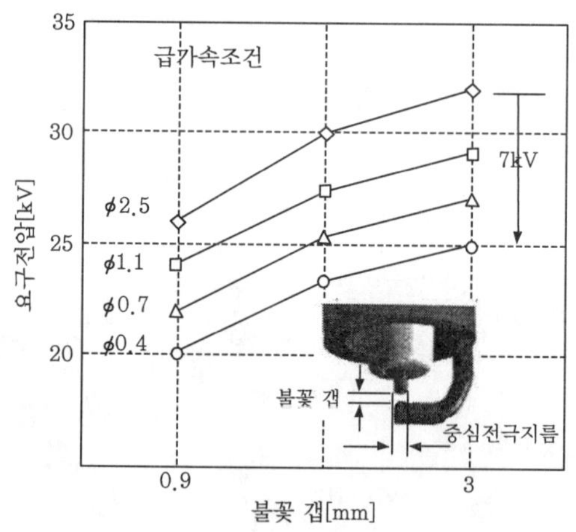

그림 21-4. 요구전압

3) 착화성

불꽃갭에서 방출된 에너지는, 혼합기중의 탄화수소를 연소시켜 화염핵을 형성한다. 화염핵은 불꽃에너지를 받아 성장하게 되고, 성장과정에서 혼합기와 전극과의 접촉으로 냉각작용을 받아 그 성장이 억제된다.

연소개선 수법인 희박연소, 대량EGR화, 스월(swirl) 강화 등은 화염핵의 형성이나 성장을 저해하는 요인이고, 점화플러그에는 새로운 착화성 향상이 구해지고 있다.

점화플러그의 착화성 향상책은, 냉각작용의 저감이고, 불꽃 갭의 확대와 전극의 세경화가 유효하다. 플러그전극의 세경화 효과를 증명하기 위하여, 가시화장치를 사용, 희박혼합기 중에서의 화염전파상황을 관찰한 예이다(그림 21-5).

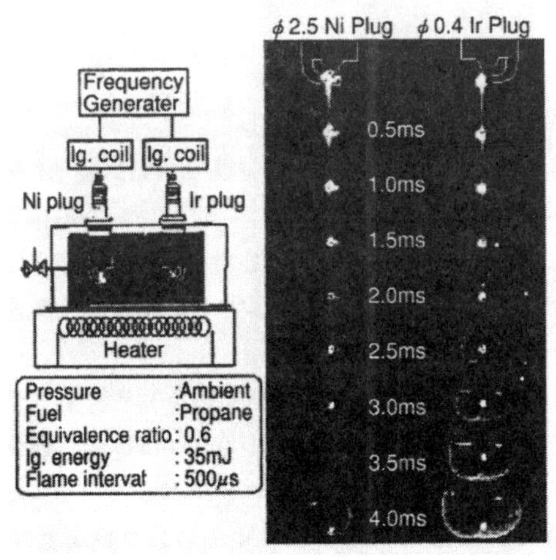

그림 21-5. 화염핵의 성장(가시화 장치)

세경전극은 희박연소하에 있어서도, 재빠른 화염전파가 가능하게 되고 확실한 착화를 가능하게 할 수 있다.

4) 내소모성

불꽃방전성과 착화성의 향상은, 갭의 간극에 관하여는 서로 상반하는 사항이고, 엔진에 따라 최적의 설정이 필요하다. 한편 전극의 세경화는 양 특성에 대하여 유효한 수단이다. 다만, 전극소모(갭확대)가 가속되기 때문에 내소모성에 우수한 재료를 사용할 필요가 있다.

전극소모는 불꽃에너지에 의하여 방전부가 국소적으로 용융비산하는 불꽃소모와 고온연소가스 분위기에서의 산화소모에 의하여 이루어진다(그림 21-6). 내소모성을 향상시키기 위해서는 양쪽을 개선할 필요가 있다.

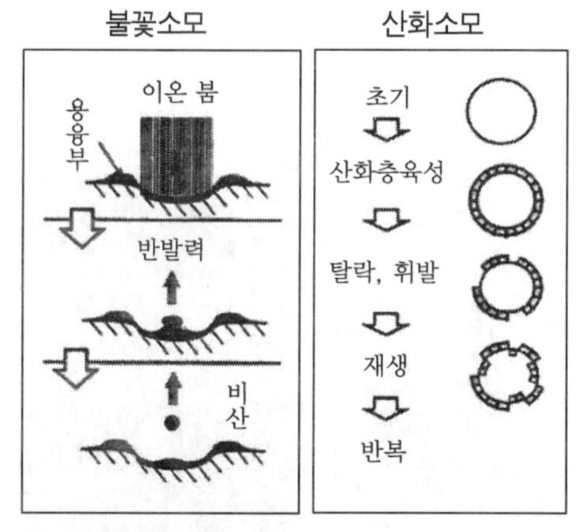

그림 21-6. 소모 미카니즘

불꽃소모에 대하여 고융점 재료가 유효함이 판명되고 있고, 종래의 전극재의 Ni(융점 1,450℃) 합금을 초월하는 고융점 재료로서 또한 내산화성에 뛰어난 재료의 검토가 이루어져 왔다. 고융점 재료인 경우에도 텅스텐이나 몰리브덴은 산화소모가 현저하여 사용이 어려우나 귀금속재는 내산화성이 우월한 백금합금(융점 1,770℃)이나 이리듐(iridium)합금(융점 2,450℃)의 개발에 의하여 내소모성이 대폭적인 향상이 도모된다(그림 21-7).

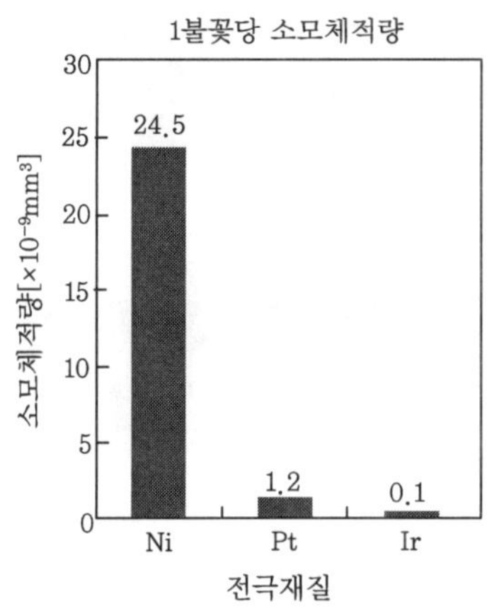

그림 21-7. 각종 전극재의 소모성 비교

2.2 현재의 점화플러그

점화플러그에 대한 요구는 여러 가지가 많고 엔진의 요구에 맞추어서 그 종류와 형상이 설정되어 있으며, 대표적인 플러그를 설명한다. 그리고 불꽃방전부를 그림 21-8에 나타낸다.

2.2.1 플러그의 형태

1) 니켈 플러그

전극재로서 내열성이 우수한 Ni기의 합금이 사용되고 자동차, 2륜 범용 엔진용으로 널리 채용되고 있다.

전극경은 ∅2.3~2.5mm로 플러그의 교환수명은 2~5만km이다. 착화성

향상에서 전극의 냉각작용을 저감할 목적으로 중심, 접지전극에 홈을 마련한 플러그도 사용되어 있다.

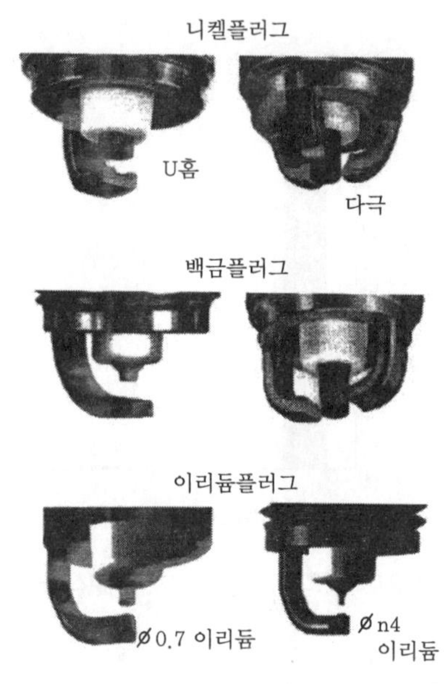

그림 21-8. 불꽃방전부 형상

그리고 접지전극이 복수로 설치된 다극플러그로 사용되고 있다. 소모의 분산화에 의한 내마모성의 향상 등이 목적이다.

2) 백금 플러그

배출가스 규제대응에 의한 착화성 향상과 엔진에의 탈착의 곤란화에 의한 고성능, 장수명플러그가 요구되었다. 중심, 접지전극의 불꽃방전부에 귀금속 재료인 백금을 사용, 고성능, 장수명 플러그(전극 지름 Ø1.1 mm, 수명 10만km)으로서 1982년부터 고급차, 고성능차, 플러그 교환이 곤란한 차량을 주체로 채용되어 왔다.

3) 이리듐 플러그

저연비, 저에미션화 대응과 북미지역에서의 노-메인터넌스(10만 마일 무교환) 요구에 대응하기 위하여 백금합금을 초월하는 신소재의 연구가 진전되어 왔다. 내소모성이 비약적으로 향상된 이리듐합금의 개발에 의하여 1997년에 전극지름 ∅0.7mm로 백금 플러그의 2배 이상의 수명을 가진 이리듐 플러그가 상품화되었다. 또한 1998년에는 극세전극경 ∅0.4mm로 백금 플러그와 동등한 수명을 갖는 초고성능, 장수명 플러그가 상품화되었다. 앞으로 장수명 플러그가 주류를 이뤄 광범위하게 채용될 것으로 예상되어진다.

2.2.2 엔진의 동향과 대응

현재의 엔진은 환경보호, 자원의 허실로부터 에미션의 저감 및 연비향상의 요구와 쾌적운전의 추구를 위하여 엔진의 출력성능향상 요구의 양립이 요구되고 있다.

1) 연비향상과 에미션 저감기술

연비향상으로서 린번, 실린더내 분사엔진 등이 개발되어 있다. 과제는 희박혼합기나 고압축비에서의 확실한 연소이고 연소를 촉진하는 스월 강화, 화염전파거리의 단축, 2점점화 등이 채용되고 있다.

에미션의 저감에는 대량 EGR, 분무의 미립화에 의한 유해배기가스 성분 생성의 저감, 촉매의 조기활성을 위한 배기온도 상승 등의 대응이 필요하고 점화시기를 늦추어지게 하는 지각화나 2차 공기의 도입 등의 연소개선이 채용되고 있다.

2) 점화플러그의 대응기술

이들의 연소개선기술은 불꽃방전성의 악화에 의한 요구전압상승이나 화염핵의 형성, 성장이 억제되어 착화성확보에는 엄격한 환경이다. 종래의 점화플러그 기술에서는 대응에 한계가 있었으나, 고성능(극세경)과 장수명의 양립이 도모되는 이리듐 플러그는 연소개선이 가능한 점화플러그이다.

이리듐 기술을 활용한 예로서 직분엔진용 플러그를 소개한다. 직분엔진은 균질연소와 성층연소를 부하조건에 따라 변환되는 특징을 가진다(그림 21-9). 중저부하역에서는 불꽃방전부 근방에 분무를 모아서 점화하는 성층 연소에 의하여 초희박연소를 실현하고 있다.

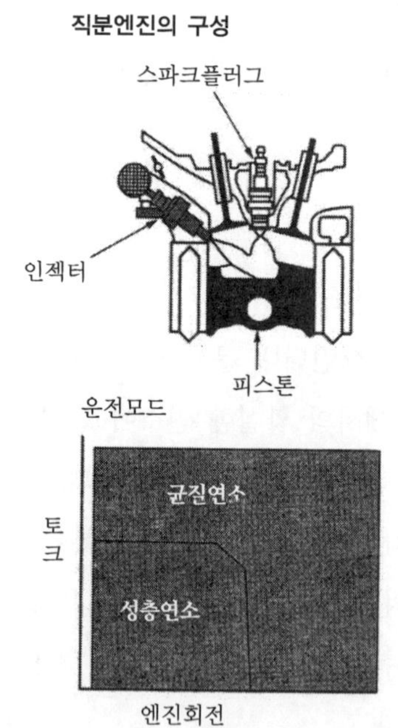

그림 21-9. 직분엔진의 구성과 운전모드

고속, 고부하역에서는 분사시기를 빠르게 하여 균질혼합기의 연소에 의하여 출력성능을 확보하고 있다.

균질연소의 과제는 포트분사와 같으나 성층연소역을 달성시키기 위해서는 아래와 같은 과제를 들 수 있다.

① 불꽃방전부 근방에 과농혼합기 연소에 의하여 생기는 카본오손대책
② 가연혼합기의 시간적 변동이나 위치적 변동(그림 21-10)에 대한 착화성능의 확보
③ 과밀한 실린더헤드 주변의 정비성 악화에 대응하기 위한 메인터넌스 기간의 연장

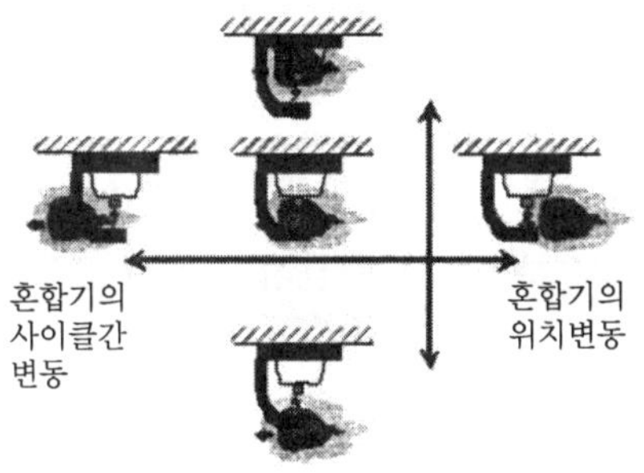

그림 21-10. 혼합기 위치 변동

그림 21-11은 직분 엔진용 이리듐 플러그를 나타낸다. 주 방전부를 이리듐 전극으로 하고 새로히 사이드 전극을 절연체부에 대향하는 위치에 설치한다.

방전은 통상 중심전극과 접지전극의 주 방전부에서 이루어진다. 그러나 애자 표면에 카본이 부착되어 절연이 나빠지면 사이드 전극으로의 방전이 발생하여 절연체부의 카본을 소실한다. 주 방전부의 이리듐 전극은

혼합기 변동에 대한 착화성의 확보와 양호한 불꽃방전특성과 내소모성으로부터 메인터넌스 기간의 연장을 가능하게 한다. 그리고 주 방전부와 사이드 방전부를 근접시키는 데 따라 방전 위치의 달라지는 데 따른 착화성에의 영향을 억제할 수 있다.

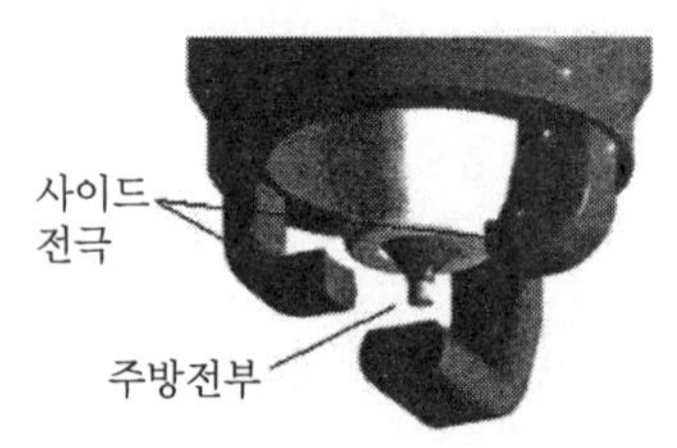

그림 21-11. 직분엔진용 이리듐플러그

2.3 금후의 동향

금후의 점화플러그에 대한 기대는 소형화와 연소검출 기능의 부가이다.

소형화는 엔진냉각성 향상이나 밸브경 확대라고 하는 엔진설계의 자유도 향상에 기여하는 기술이다. 그리고 장래에는 초소형화에 의한 다점점화도 예상되고 현재와 같은 동등한 기능, 성능을 가진 소형 플러그에 대한 연구가 활발하게 진행되고 있다.

연소검출은 점화플러그에 센서기능을 부가, 실린더 각각의 연소제어를 도모하는 것으로 현재 이온전류에 의하여 노킹, 실화, 프리 이그니션을 검출하는 시스템이 채용되고 있다. 그리고 연소압력은 검출항목으로서 위의 항목에 추가되었고 토크제어에의 적용도 가능성이 있다. 압력검출의 고정확도나 압력센서 내장타입의 개발이 앞으로 진행될 것으로 예상된다.

3. 글로 플러그

환경문제에 대하여 관심이 높은 가운데 한국이나 일본에서는 디젤차에 대한 부정론이 크게 야기되고 있다.

한편, 유럽에서는 신차의 4할이 디젤차이고 이러한 붐은 미국에서도 긍정적으로 검토되어 판매가 신장되고 있다. 이것은 디젤차가 지구온난화의 원인이 되는 이산화탄소(CO_2) 배출량이 적으며, 저연비로 환경에 우수하다는 이미지가 정착되어 있기 때문이다.

그리고 엔진 메이커의 여러 회사는 디젤엔진으로부터 배출되는 배기가스의 클린화를 목표로 지향하고 고압・다단분사로 NO_x와 같은 입자모양물질을 동시에 연소시키는 시스템과 소형, 값이 저렴한 DPF의 개발 등을 진척시켜서 앞으로도 디젤차의 수요는 증가될 것이다.

이제부터 디젤엔진의 시동보조장치로서 글로 플러그의 시스템, 기능의 기본적인 설명을 하고 최근의 기술에 대하여 소개한다.

3.1 글로 플러그 시스템

3.1.1 제어 시스템

디젤엔진은 공기의 압축열에 의하여 연료에 착화를 한다. 냉간시에는 열손실이 크고 압축열만으로는 착화가 어려워지고 엔진시동이 곤란하게 된다. 시동보조장치로서의 글로 플러그제어 시스템은 엔진의 냉간 시동시 및 시동 후의 난기시에 확실히 연료가 착화됨에 따라 글로 플러그의 통전을 ON으로 하고 착화원을 형성, 시동 후 또는 엔진 난기 후는 통전을 OFF로 하는 통전 제어시스템이다.

이 글로 플러그의 통전제어시스템은 1980년까지는 컨트롤에 의한 전자제어시스템이었다. 그러나 1990년대부터는 1개의 릴레이에 의한 자기

제어 시스템으로 간소화되었다.

그림 12-12는 글로 플러그 제어시스템의 배선도, 그림 21-13은 승온 특성의 개요를 나타낸 것이다. 현재 가장 광범위하게 채용되고 있는 자기 제어시스템은 종래의 시스템에 필요로 하였던 포화온도제어용의 외부 레지스터나 서브릴레이, 릴레이 회로의 허니스에서의 무효전력이 없다. 전력화의 절약화와 간소한 시스템에 의한 코스트저감도 달성하고 있다.

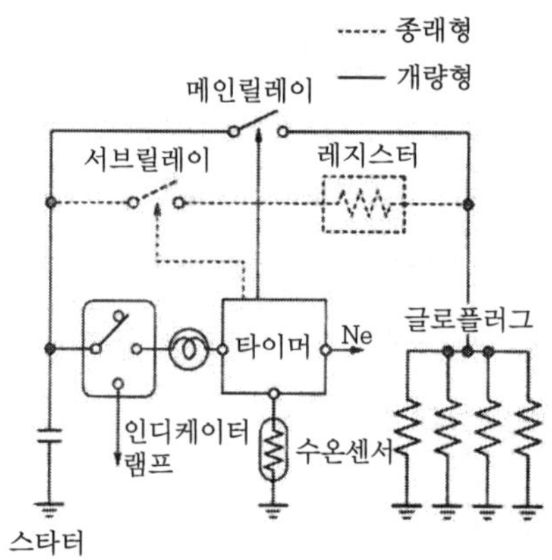

그림 21-12. 시스템 배선도

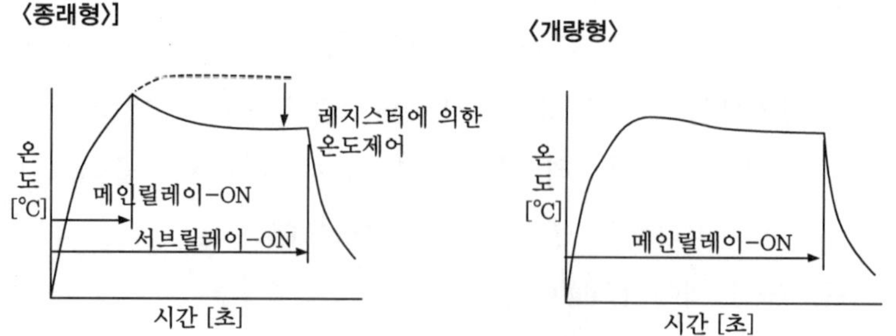

그림 21-13. 승온특성의 개요

3.1.2 글로 플러그의 기능

글로 플러그는 통전에 의해 연소실에서 발열, 냉간시에 있어서의 연료의 착화원이 되어 원활하게 엔진을 시동시킨다. 그리고 시동 후도 엔진이 난기될 때까지는 안정된 연소를 유지시키기 위한 착화원으로서 기능을 한다(애프터 글로). 최근에는 지구환경문제로부터 디젤차의 배기가스 규제를 생각하여 장시간 애프터 글로로 시동 후의 흰 연기, 에미션, 엔진진동, 소음의 저감이 시도되고 있다.

〈IDI-부실타입〉

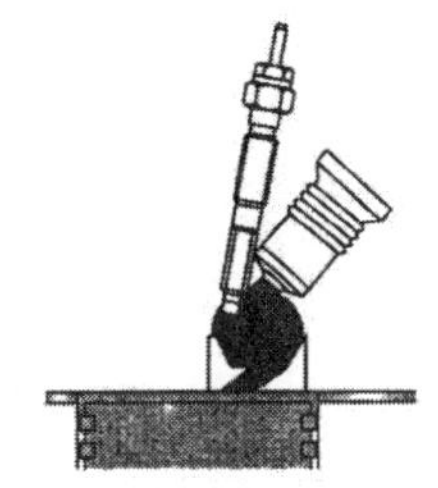

〈DI-직분타입〉

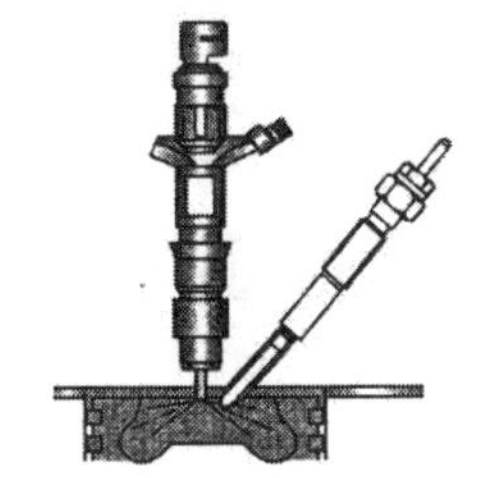

그림 21-14. 장착상태

3.1.3 구 조

그림 21-14에 글로 플러그의 엔진에 대한 장착상태를 나타낸다. 히터부는 연소실에 돌출되고 대체로 분무의 중심에 지정되는 위치에 설정된다.

이것은 고압의 분무를 직접 닿게 하면 글로 플러그가 냉각되어 버리기 때문에 오히려 착화성이 악화되기 때문이다.

글로 플러그의 구조는 대표예로 그림 21-15에 나타낸 것과 같이 발열부, 센터샤프트, 하우징으로 구성되어 있다.

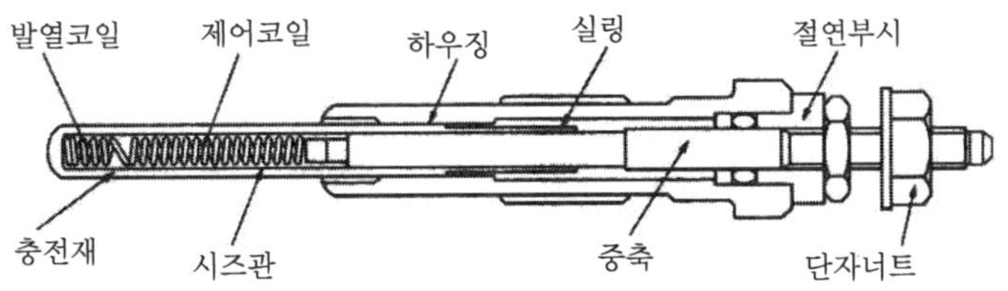

그림 21-15. 금속 글로 플러그

금속 글로 플러그의 발열선을 피복하고 있는 시즈관은 스테인리스 등의 내열, 내식성 합금으로 되어 있다. 발열코일, 제어코일을 고온, 고압의 연소실로부터 격리되어 있다. 그리고 전기적 절연성과 열전도에 뛰어난 산화마그네슘(MgO)의 충전에 의해 단락방지와 열전도율을 높이고 있다.

하우징은 엔진헤드에 장착하기 위한 부착나사가 있고 엔진의 가스누설 방지의 시이트면을 감당하고 있다. 통전을 위한 센터샤프트는 부시에 하우징과 절연되어 있다. 조립은 하우징에 발열부의 시이즈관을 압입하여 고정한다.

또한 근년에는 발열체에 내열성, 내구성에 뛰어난 특성을 가진 세라믹 히터를 채용한 글로 플러그가 보급되고 있다. 이 세라믹 글로 플러그는 고강도의 절연성 세라믹 내부에 도전성 세라믹을 매설, 소성된 세라믹히터를 사용하는 것이 특징이다. 글로 플러그는 시스템 코스트의 저감 및 온도특성의 향상을 위하여 내열재료, 발열 코일의 개발에 의하여 개량되어 왔다. 다음은 현재 주류를 이루고 있는 글로 플러그의 상세를 설명한다.

3.2 현재의 글로 플러그

3.2.1 자기제어 글로 플러그

자기제어 금속 글로 플러그도 그림 21-16과 같이 시즈관 속에 저항온도변화율이(Rt)이 작은 Fe-Cr 또는 Ni-Cu 선을 사용한 발열코일과 저항온도변화율이 큰 Co-Fe 선을 사용한 제어 코일의 2종류의 저항선이 매설되어 있다.

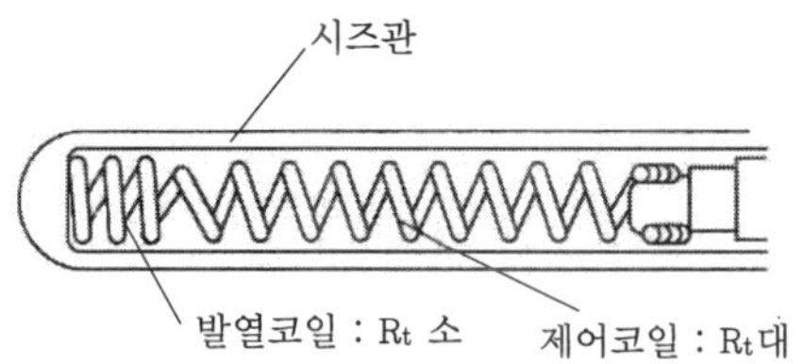

그림 21-16. 자기제어형 글로 플러그

저온시 발열코일의 저항치는 제어코일의 몇 배이기 때문에 통전초기는 발열코일에 전력이 집중, 선단부가 급속히 적열하기 시작하고 글로 플러그의 요구특성인 선단부에서의 속열성이 확보된다. 그리고, 제어코일은 자기발열과 발열코일측으로의 열전도에 의해 온도가 서서히 상승되어진다. 제어코일은 그림 21-17에 나타내는 것과 같이 저항온도변화율(Rt)이 큰 재료로 구성되어 있기 때문에 온도상승에 동반하여 저항치가 증대된다. 그 결과 글로플러그의 전체저항치가 증대, 전류가 억제되는 데 따라 선단부의 온도상승은 급격히 억제된다.

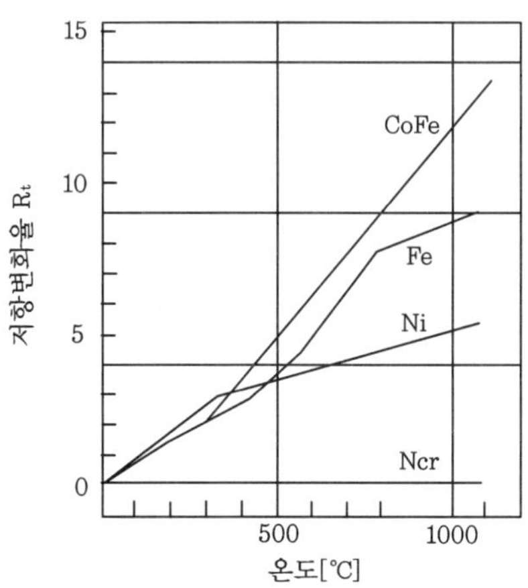

그림 21-17. 히터선의 저항온도특성

이에 의하여 글로 플러그 자신이 온도특성을 억제하여 외부 레지스터 등과의 제어회로의 폐지를 가능하게 하여 대폭적인 시스템의 간소화가 도모되고 있다.

3.2.2 세라믹 글로 플러그

그림 21-18에 세라믹 글로 플러그의 구조를 나타낸다. 세라믹 히터는 도전성세라믹으로 된 발열체와 텅스텐제의 리드와이어를 절연성 세라믹으로 된 텅스텐제의 리드와이어를 절연성 세라믹으로도 절연체에 내포하는 형으로 만들어 금속파이프를 거쳐서 하우징과 결합되어 있다.

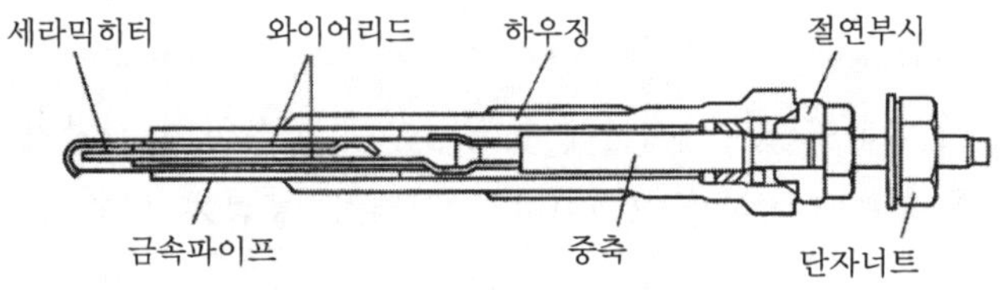

그림 21-18. 세라믹 글로 플러그

발열체 및 절연체의 주성분은 우수한 고온강도와 연소가스 중의 산화환원 작용이나 연료중에 포함되어 있는 황화성분에 대하여도 양호한 내식성을 갖춘 질화규소를 채용하고 있다. 또 고온(1700℃ 이상), 고압(45MPa)의 열간 프레스법으로 소성하여 세라믹스를 치밀화시킨 우수한 내열·내식성을 확보하고 있다.

승온특성을 금속 글로 플러그와 비교하여 나타낸다(그림 21-19). 세라믹 글로 플러그는 빠른 승온이 가능하여, 800℃ 도달시간은 약 3초이다. 그리고 포화온도는 금속 글로 플러그에 비교하여 200℃ 이상 높고 애프터 글로에 의한 백연저감 등에 유효한 특성을 갖고 있다. 또한 전류도 적고 불필요한 전력의 소모를 도모하고 있다.

글로 플러그는 연소실내의 고온, 고압하에서의 연료분무의 직격이나 연소에 직접 접촉되기 때문에 내열성, 내열충격성이 요구된다.

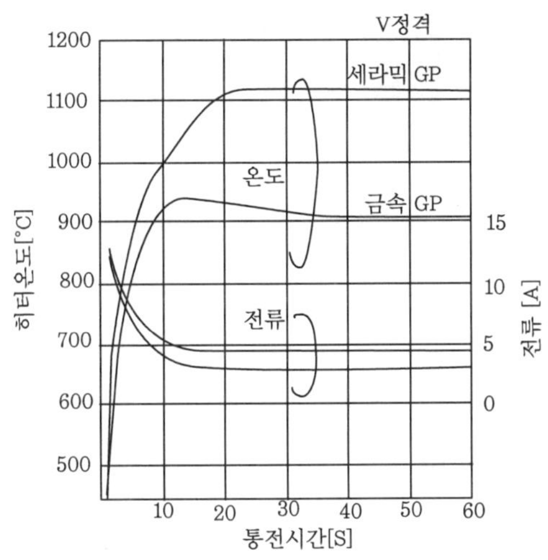

그림 21-19. 승온 특성

그림 21-20은 발열체와 절연체를 모델화한 조성도이다. 절연체와 발열체를 입경을 제어한 같은 종류의 재료로 구성하고 있기 때문에 조성비의 변경으로 용이하게 선팽창계수의 합쳐지는 것을 가능하게 하고 소자에 작용하는 열응력의 극소화를 도모하고 있다.

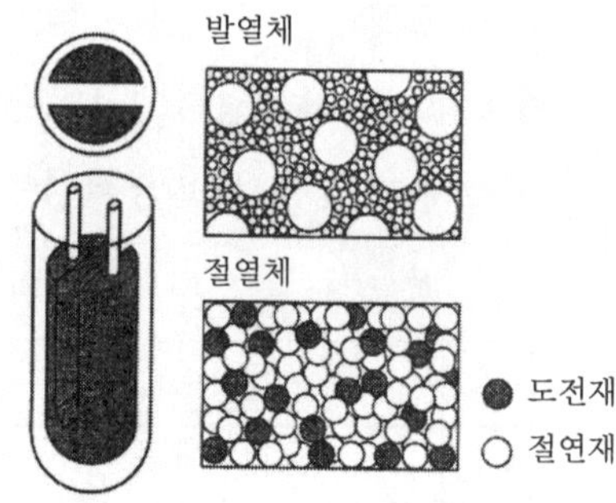

그림 21-20. 조성모델도

이상과 같이 기술을 짜넣는 세라믹 글로 플러그에는 다음의 장점이 있다.

① 속열성의 향상 및 고온설정에 의하여 시동성의 향상, 시동 후의 백연저감에 유효하다.
② 고내열 히터재의 적용으로 고온내구성의 향상에 의하여 장시간 애프터 글로가 가능하다.
③ 저항변화율이 큰 재료의 적용에 의하여 글로 플러그 자체로 포화온도의 자기제어가 가능하고 금속 글로 플러그와 동일한 시스템으로 하는 것이 가능하다.

이와 같은 장점에 의하여 세라믹 글로 플러그는 디젤엔진의 새로운 착화성 향상의 유효한 수단으로서 기대되고 있다.

3.3 금후의 동향

디젤엔진은 지구환경의 청정화에 우수한 점이 많아서 점차로 그 수요가 증가될 것으로 보인다. 그렇게 되기 위해서는 소형·고출력화라고 하는 기본제원의 향상은 처음부터 배출가스의 새로운 크린화와 저코스트화가 절대조건이다.

엔진의 소형·고출력화에 대하여는 엔진의 강도 확보를 위하여, 글로플러그의 장착 스페이스는 제한되어 있어서 세경화가 요구되고 있고 현재 주류의 M10의 부착나사에서 M8로 바뀌고 있다.

크린화에 대하여는 열손실이 큰 저온시의 연소를 안정화시키는 것이 과제이고 글로 플러그의 고온화가 요구되고 있다. 그 때문에 고내열재료자체의 개발과 파워트랜스 통전시스템 등의 글로 플러그 제어 시스템이 검토되고 있다.

그리고 글로플러그가 연소실에 직접 돌출되는 것을 활용하고 연소압센서와 복합화하여 엔진의 연소를 정밀제어를 시킨다고 하는 고기능화도 장래적으로는 실현시켜 나가야 할 것이다.

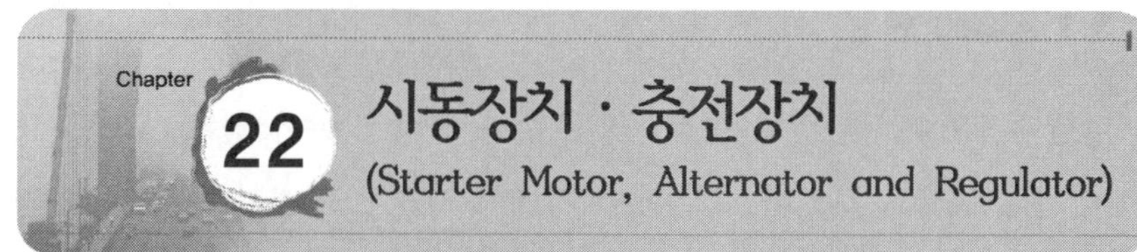

시동장치 · 충전장치 (Starter Motor, Alternator and Regulator)

1. 머리말

자동차가 출현하여 약 100년, 그 사이에 연비, 편리함, 쾌적성 향상 등이라고 하는 사회적 요구에 상응하는 자동차는 많은 변화가 이어져왔다.

제22장에서 소개하는 엔진시동장치(starter), 충전장치(alternator and regulator)도 예외는 아니고 그때마다의 최신기술을 도입하여 연비향상요구에 대하여 경량화를 쾌적성, 편리함 향상(보기류 증가에 의한 엔진룸내의 과밀화, 소비전력의 증가)에 대하여 소형화, 고출력화를 위하여 현재에 이르고 있다.

이 장에서는 현재의 스타터와 얼터네이터, 레귤레이터의 기본원리, 구조, 동작, 향후의 동향에 대하여 소개한다.

2. 시동장치

자동차용 내연기관(엔진)에는 가솔린을 공기와 혼합, 압축시켜서 전기불꽃에 의하여 착화시키는 가솔린엔진과 공기를 압축시켜 고온으로 된 상태에서 경유를 그 속에 분사하여 착화시키는 디젤엔진이 있다. 어느 엔진에 대하여도 시동시키기 위해서는, 외부로부터 크랭크축을 일정회전속도 이상 구동할 필요가 있고, 자동차의 경우는 일반적으로 축전지를 동력원으로 하는 직류모터와 엔진의 플라이휠의 외주에 열박음되어 있는 링기어에 물려서 동력을 전달하는 기구부로 구성되는 스타터가 사용된다.

쾌적성에서 요구되는 차량공간의 확대나 각종 새로운 전장품의 증가 등 엔진룸내의 과밀화에 따른 탑재 스페이스 감소에 의하여 스타터에는 소형경량화가 요구되고 있다. 고회전 타입의 모터를 사용, 내부의 감속기어로 모터회전을 감속시키고 높은 토크를 출력시키는 감속형 스타터도 약 30여년 이전부터 실용화되고 있다.

감속형 스타터의 실용화 이후도 수지화, 신재료의 채용, 신기술개발, 설계, 제조 기술의 향상 등으로 차량의 요구에 맞추어서 소형, 경량화를 이룩하고 있다.

2.1 구성과 기능

스타터의 대표적인 구성을 그림 22-1에 나타낸다. 스타터는 기본적으로 아래와 같은 기능상 3개 부분으로 대별된다.

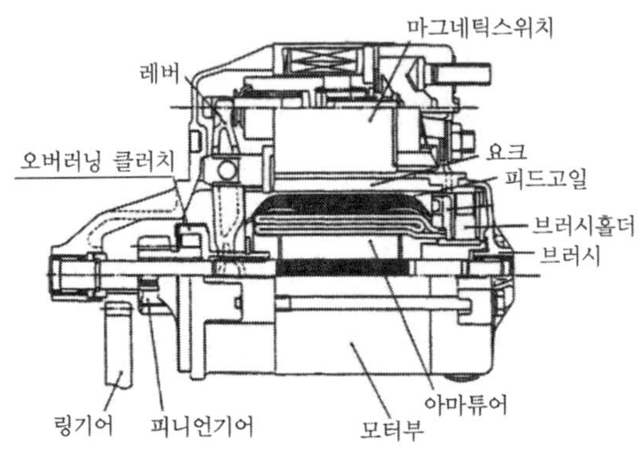

그림 22-1. 스타터 구조도

2.1.1 모터부

배터리로부터 뒤에 기술하는 마그네틱스위치를 거쳐서 모터부에 전원이 공급되어 브러쉬를 경유하여, 회전자인 아마튜어와 고정자인 요크에 통전된다. 양자에 권선된 코일에 전류가 흐르는 것으로 자계가 발생, 프레밍의 좌수법측에 의하여 아마튜어는 회전, 엔진시동을 하게 된다.

2.1.2 클러치부

스타터의 피니언기어와 엔진쪽의 링기어의 기어비는 8~15정도이고 스타터의 토크를 큰 감속비로 다시 증대시켜, 엔진의 기동에 필요한 토크를 확보하고 있다. 오버러닝 클러치(이하 클러치)에는 엔진을 구동시킬 때 모터에 발생된 회전력을 피니언에 전달하는 기능이 있다.

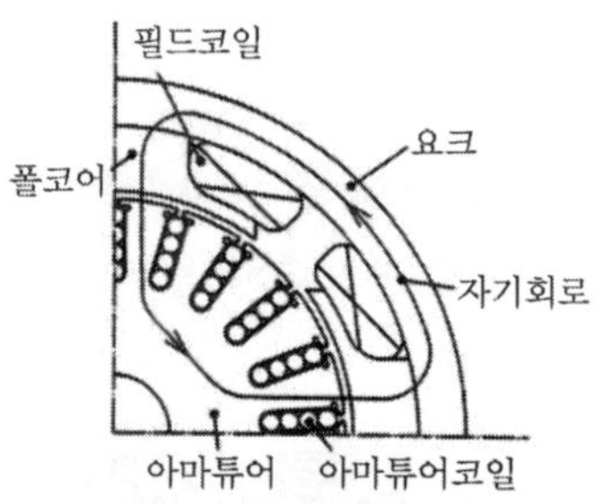

그림 22-2. 모터자기회로

한편 엔진착화 후도 잠시동안 이그니션 스위치가 ON의 상태가 이어지면 클러치는 엔진회전속도가 스타터 회전속도를 상회할 때는 공전, 엔진으로부터의 구동력을 아마튜어에 전하지 않는 기구를 가지고 있다. 이것에 의하여 아마튜어가 피니언과 링기어의 감속비분의 높은 회전속도로 돌게 되고 원심력에 의하여 파괴되는 원인이 되는 것을 방지하고 있다.

클러치에는 여러 가지 종류가 있으나 현재의 주류는 그림 22-3에 나타내는 롤러식 클러치이다.

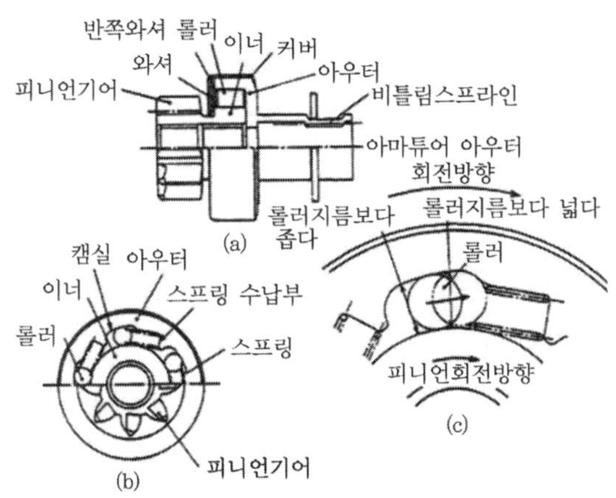

그림 22-3. 클러치

롤러식 클러치는 아우터에 형성되어 있는 전달되지 않는 기구를 가지고 있다. 피니언과 일체의 이너부와의 사이에 쐐기 형상을 구성하는 캠실과 그 속에 롤러와 롤러를 쐐기실의 좁은 쪽으로 밀어넣어 아우터의 회전력은 롤러를 거쳐 이너, 피니언의 순으로 전달된다. 그리고 엔진의 착화 후 엔진전 선속도(피니언 기어)가 스타터(아마튜어) 회전속도를 상회하면 구동시와는 역으로 롤러가 스프링 힘에 항거, 캠실의 쐐기형상의 넓은 쪽으로 이동한다. 이렇게 하여 아우터와 이너의 결합이 해제되어 엔진의 회전력을 모터에 전달하는 것을 방지하고 있다.

2.1.3 스위치부

스타터는 시동시만 엔진의 링기어에 피니언을 결합, 엔진의 착화 후는 조속하게 피니언을 이탈시켜야만 한다. 마그네틱 스위치는 레버를 거쳐서 피니언기어를 전진시켜 엔진쪽의 링기어에 물리도록 하는 기능과 동시에 마그네틱 스위치내의 접점을 닫음으로써 모터부에 전류를 흐르게 하는 기능을 가진다. 또한 엔진착화 후의 피니언 이탈, 보존유지하는 역할도 다하고 있다.

스타터의 물림에는 여러 가지 방식이 있으나 엔진착화 후의 피니언 이탈, 홀딩하는 역할도 하고 있다.

스타터의 물림에는 여러 가지의 방식이 있다. 그러나 현재 승용차용으로 주로 사용되고 있는 전자밀어넣기식의 마그네트 스위치 그림 22-4에 대하여 아래와 같이 설명한다.

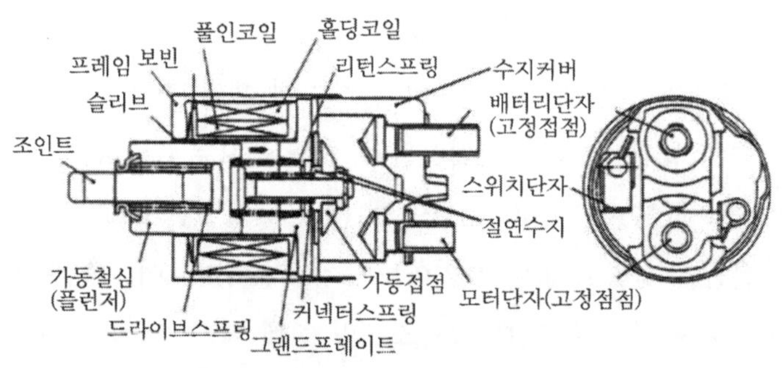

그림 22-4. 마그넷 스위치

마그넷 스위치는 통전에 의하여 자속을 발생하는 코일(풀린코일, 홀딩코일)과 자기회로를 구성하는 플런저, 프레임, 그랜드 프레이트 및 모터로의 통전을 개폐하는 고정접점, 가동접점으로 구성되어 있다.

코일에 전류가 흐르면 플런저는 그랜드플레이트와의 사이의 공간 갭을 없게 하는 방향으로 흡인, 그랜드프레이트에 접촉된 시점에서 이동이 멈추어진다.

플런저에는 레버와 조립된 조인트부가 있고 레버의 다른 쪽 끝은 클러치와 연결, 플런저의 흡인에 의하여 이동이 되고 레버 중간지점의 지점을 축으로 회전, 클러치를 앞쪽으로 밀어내어, 코일로의 통전이 해제되면 리턴스프링에 의한 플런저의 리턴으로 클러치를 원래의 위치로 신속하게 되돌려서 보존 유지한다.

그리고 플런저의 다른 쪽에는 가동접점이 절연체를 거쳐서 조립되어 있고, 플런저의 흡인에 동반하여 그림 중의 오른쪽 방향으로 이동, 배터리에 접속된 단자(배터리 단자)와 모터에 접속된 단자(모터 단자)에 접속되면 모터에 통전된다.

스타터의 결선도를 그림 22-5에 스타터의 작동상태를 그림 22-6에 나타낸다.

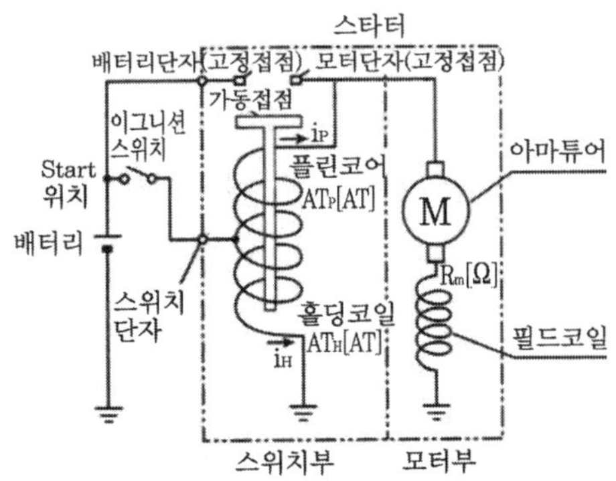

그림 22-5. 스타터 결선도

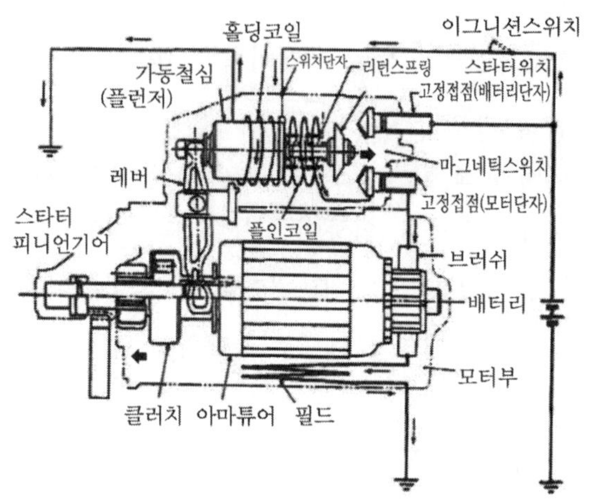

그림 22-6. 스타터의 작동

이그니션 스위치를 스타터의 위치로 하면 스위치 단자에 전압이 오르게 되어, 마그네트 스위치의 코일에 통전되어 앞에서 기술한 바와 같이 플런저가 흡인되면서, 이동된다. 플런저의 이동에 연동하여 레버를 거쳐서 피니언이 전진, 링기어와 물린다. 한편, 플런저의 이동에 보다 가동 접점이 배터리와 모터단자에 단락하여 모터에 통전을 개시한다. 모터의 회전력은 아마튜어 샤프트 끊어져 비틀려 있는 스플라인을 거쳐서 이것과 결합한 클러치에 전달되고 피니언이 링기어에 전달, 엔진을 시동한다.

스타터는 배터리로부터 주어지는 전기에너지를 기계에너지인 회전력으로 변화시키는 도구로 그림 22-7에 직류모터의 회전원리를 나타낸다.

필드(고정계자)라 불리우는 고정된 자계의 N극, S극에 장방향으로 회전하는 아마튜어 코일이 놓여져 있고, 아마튜어 코일 a~b, c~d는 각각 그 전류가 흐르는 방향이 역방향이고 회전에 의하여 고정계자의 자속을 직각으로 끊는다. 그런 단자 a, b는 각각 서로 절연된 둥근모양의 도채편

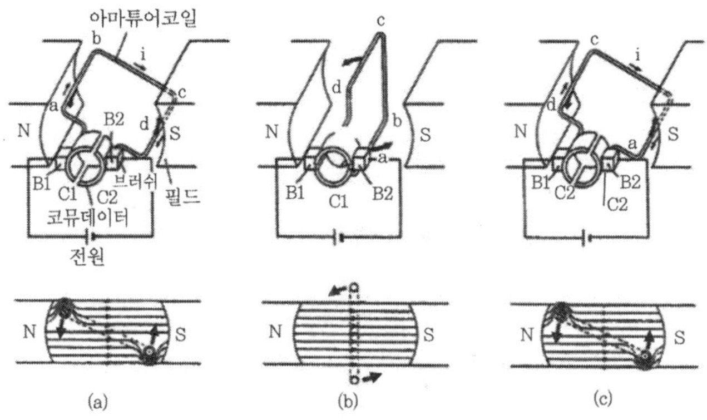

그림 22-7. 모터의 회로원리

C_1, C_2로 구성된 코뮤데이터(정류자)에 접속되어, 전원의 플러스 단자, 마이너스 단자에 접속된 브러쉬 B_1, B_2가 코뮤데이터에 접속되어 있다. 전원 E로부터 브러쉬를 거쳐서 아마튜어 코일에 전류가 흐르면 아마튜어 코일에는 자계가 발생, 반시계방향으로 회전한다. 필드의 자계를 어긋나게 하여 플레밍의 왼손법칙에 의해 아마튜어 코일은 반시계방향으로 회전한다. (b)까지 회전하면 브러쉬가 코뮤데이터 편의 양방에 닿아가면서 같은 전위로 되기 때문에 아마튜어 코일에 전류가 흐르지 않게 되나 관성회전으로 (c)의 위치까지 도달된다. 이렇게 되면 브러쉬와 코뮤데이터의 상대위치가 달라지고, (a) 경우와 같이 플레밍의 왼손법칙에 의해 반시계방향으로 회전한다. 전원이 접속되어 있는 한 이들의 동작을 되풀이하여 회전운동이 속행된다.

스타터의 경우와 같이 엔진을 회전시키는 데는 토크가 필요하므로 일반적으로는 큰 토크가 얻어지는 직권방식을 채용하고 있다. 그리고 토크는 작아도(모터는 소형경량이고) 고회전 타입의 모터를 감속시키는 데 따라 큰 토크를 발생시켜 모터의 크기를 대폭으로 저감시킨 감속형의 스타터가 최근에 주류로 되어 있다.

그림 22-8은 감속부에 유성치차방식을 사용한 유성치차형 스타터이다.

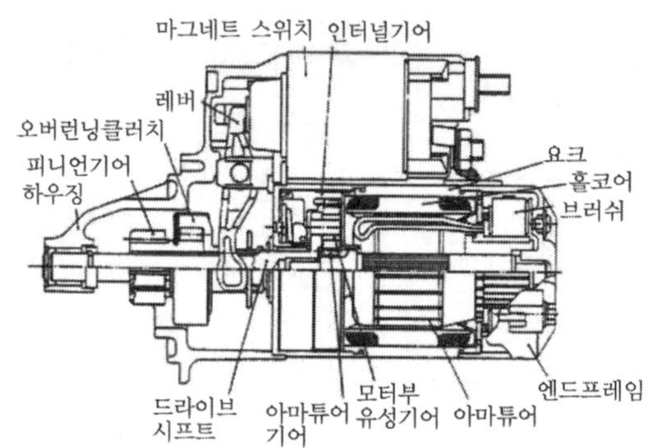

그림 22-8. 내치감속형 스타터 구조도

외관상은 비 감속형과 유사하나 아마튜어와 클러치 사이의 같은 축에 감속부가 설치되어 있다. 감속부는 그림 22-9에 나타내는 것과 같이 아마튜어 샤프트의 선단에 마련된 아마튜어 기어와 드라이브 샤프트에 마련된 축에 지지되어 있으며 3개의 행성톱니바퀴(Planetary gear) 및 인터널 기어로 구성되어 있다. 아마튜어의 회전과 함께 아마튜어 기어가 회전하면 고정된 인터널 기어와 아마튜어 기어가 회전하면 고정된 인터널 기어와 아마튜어 기어 사이의 행성톱니바퀴(Planetary gear)가 축의 둘레를 자전하면서 인터널 기어내를 공전한다. 이 공전에 의하여 드라이브샤프트는 감속되어 회전하고 드라이브샤프트 위에 비틀린 스플라인에 물려있는 클러치 기어로부터 피니언기어에 회전력을 전달되는 구조로 되어 있다.

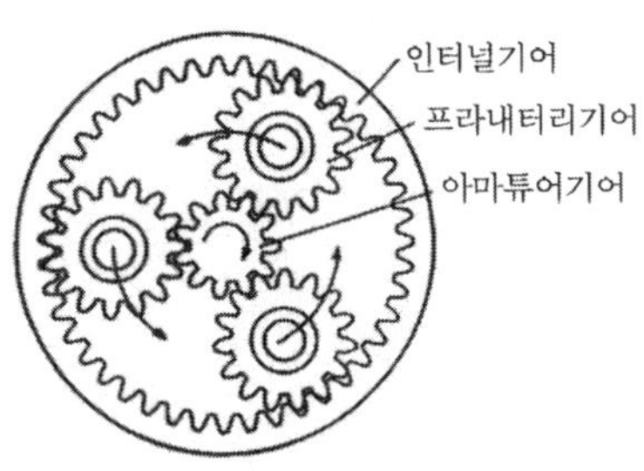

그림 22-9. 감속부

2.2 금후의 동향

요즈음 세계적 규모에서 지구환경보전의 요구가 높아지고 있다. 자동차에 있어서도 자원화의 절약, 환경개선의 관점에서 배기가스저감, 연비개선이 중요한 과제로 되어 있고, 촉매의 대형화나 흡배기의 개선, 저연비이고 고효율의 직분엔진 개발 등 내연기관 자체의 개량이 진척되고 있다. 그리고 쾌적성, 안전성의 향상에서 새로운 전장품이 개발되어, 엔진룸내에는 과밀화되고 이들 차량동향에 대하여 스타터에는 점차적으로 소형, 경량화 그리고 저소음화가 요구되고 있으며, 소형, 경량화에는 앞에서 기술한 바와 같이 고감속비에 의한 모터소형화가 좋으나, 감속비가 커지면 아마튜어의 관성도 커지고 충격이나 소리의 증대를 초래한다. 그리고 내부의 마찰판에 의한 슬립이나 고무 등의 탄성체를 활용한 스타터가 채용되어가고 있다.

내연기관 자체의 개량외에 최근에는 신호대기나 건널목의 정차시에 자동적으로 엔진을 정지시키고 발진시에 엔진을 재시동하는 아이들링스톱시스템에 의하여 배출가스 저감과 연비개선을 도모하는 것도 이루어지고 있다.

스타터에는 시동시간단축, 시동시의 소음 저감, 그리고 사용횟수 증가에 대하여 수명향상이 요구되고 있으나 특히 시동시의 소음저감이 과제라 할 수 있다. 스타터에 있어서의 영원한 테마는 소형, 경량, 고출력화를 계기에 최근의 동향으로부터 정숙한 추구를 해나갈 수 있다.

3. 충전장치

충전장치는 얼터네이터와 레귤레이터에 의해 구성되고 배터리의 충전 및 램프류, 에어컨 등 전기부하에의 전력을 공급하고 있다. 얼터네이터는 벨트를 거쳐 엔진에 의하여 구동되고, 기계에너지를 전기에너지로 변환시키는 발전기이다. 한편 엔진의 회전속도는 자동차의 주행상황에 따라 시시각각으로 변화하므로, 얼터네이터의 회전속도도 또한 변화한다. 그리고 거기에 동반되는 출력가능한 전력도 변화한다. 따라서 레귤레이터는 얼터네이터의 발전전압을 제어하는 데 따라 각종 전기부하에 대한 필요한 전력을 공급함과 동시에 배터리에 적정한 충전을 하고 있다.

3.1 구 성

3.1.1 얼터네이터

얼터네이터는 회전계자형의 교류발전기이고 다이오드에 의하여 교류를 직류로 정류하여 출력하고 있다. 자동차용 발전기로서 초기에 사용되어오던 회전전자형의 다이나모(직류발전기)에 대하여 1960년대의 소형이고 제품단가가 저렴하면서 신뢰성이 높은 실리콘 다이오드의 실용화에 의해 얼터네이터로 변환되어 고출력이 가능하게 되었다.

그후, 카 일렉트로닉스 발전에 의하여 각종의 전기부하(전자제어 연료분사장치, 전자제어 서스팬션 등)의 증대에 대응하여 얼터네이터에는 다시 고출력화가 요구되었다. 한편, 공기저항 저감이나 운전의 용이성(Drivability)의 향상을 위하여 보디의 슬랜트 노즈화나 차실내공간이 확대되고 또한 각종의 새로운 전장품의 증가에 의하여 엔진룸에는 점차 과밀화되어 스페이스의 제약으로부터 얼터네이터에는 소형화도 요구되고 있다.

이들의 요구에 대하여 자기회로의 개선 등 여러 가지 개선이 더해졌다. 그중에서도 지금까지 냉각팬을 프레임밖에 1매 배치한 외성형이었던 것에 대하여 프레임 내에 2장의 냉각팬을 배치한(내선형)이 등장하게 되면서 고출력화를 위한 필수의 냉각성 향상과 소형화를 동시에 달성하는 것이 가능하게 되고 이후 이러한 방식의 내선형이 세계의 주류로 되어 있다.

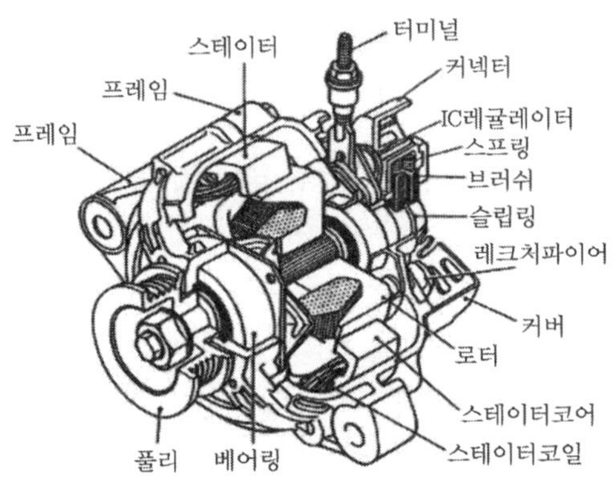

그림 22-10. 내선형 얼터네이트의 예

모터는 계전회전자이고 엔진에 의하여 벨트를 거쳐서 회전구동되는 풀리에 체결, 회전한다. 그림 22-11에 나타내는 것과 같이 로터코일에 플런저와 슬립링을 거쳐서 계자전류가 흐르게 되면, 랜델형이라 하는 1쌍의 폴코어는 전자석이 되고, 복수의 손톱모양의 자극에는 원주방향으로

교호로 N극과 S극이 형성된다. 그리고 폴코어의 양쪽벽의 외면에는 팬이 고정되고 로터의 회전에 의하여 그림 22-12에 나타내는 방향으로 냉각풍이 흐르게 된다. 스타터는 그림 22-13에 나타내는 것과 같이 적층 강판에 의하여 형성된 스테이터 코어에 복수의 슬로트에 스테이터 코일이 감겨져 있다. 스테이터 코어의 안둘레(내주)는 로터의 폴코어외주와 최소의 갭을 주어서 대향하고 있고 로터와 자속의 출입구로 되어 있다.

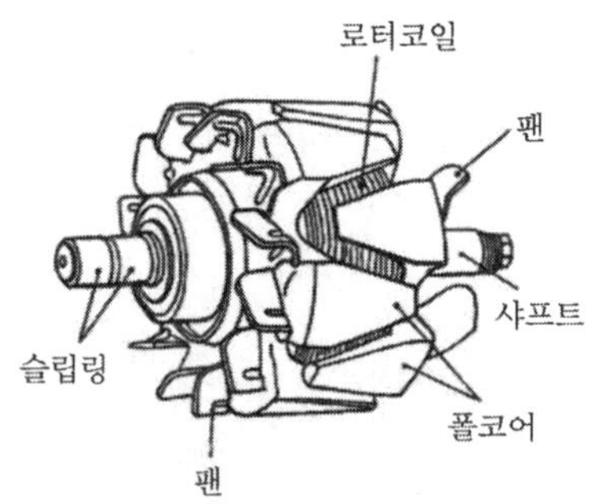

그림 22-11. 로터 예

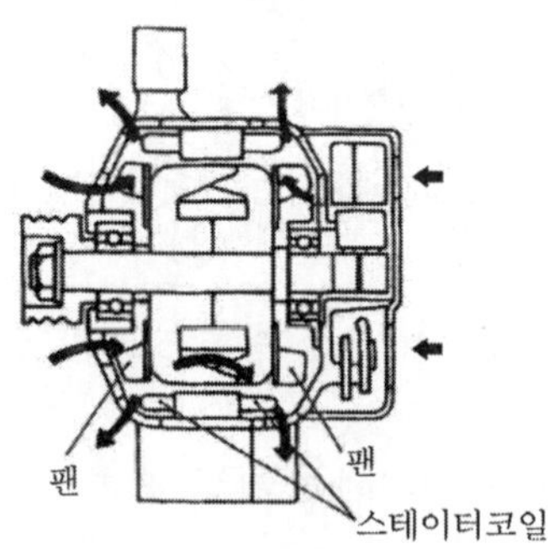

그림 22-12. 냉각풍의 흐름

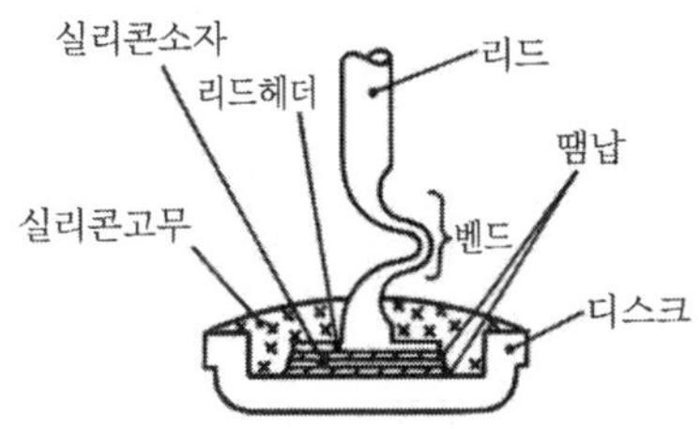

그림 22-13. 포템다이오드

스테이터 코일은 큰 출력전류가 흐르기 때문에 얼터네이터의 속에서도 발열을 하며 단위가 상당히 큰 부위이다. 따라서 내열성의 높은 절연피막으로 코일까지의 절연을 하고 또한 스테이터코어와의 사이에도 고내열성의 절연 필름 등을 배치하여 코일과 코어와의 단락을 방지하고 있다.

주발모양인 한 쌍의 프레임은 롤러를 회전하기 위한 전후에 배치된다. 한쌍의 베어링을 각각 지지하고, 스테이터를 모터와 같은 축이 되도록 보존, 유지하고 있다. 그리고 양프레임은 그림 22-12에 나타낸 냉각풍의 통풍구나 엔진에 볼트 등을 사용하여 부착하기 위한 복수의 스테이터를 가진다. 그리고 재질은 경량, 고강도이고 복잡한 현상을 실현하기 위하여 알루미늄 다이캐스트가 일반으로 사용되고 있다.

3상전파정류기는 스테이터 코일의 출력선으로부터의 교류를 직류로 정류하기 위하여, 복수대의 정극, 부극의 다이오드에 의하여 정류회로를 형성하고 있다. 대표적인 다이오드로서 그림 22-13에 나타내는 포템형 다이오드는 실리콘 소자를 동디스크위에 리드헤더를 납땜한 후 다시 구리를 리드헤더에 납땜하여, 이것을 실리콘 고무로 밀봉하여 소자를 보호하고 있다.

그리고 실리콘 고무가 아닌 실리콘 소자를 열경화 수지에 의하여 봉지성형하여 보다, 밀봉성이나 강도를 높인 몰드형 다이오드도 있다. 그리고 다이오드는 도통하는 방향으로 전류가 흐르는 사이는 실리콘 소자의 순

방향 저항에 의하여 발열한다. 그러므로 이들의 다이오드는 정극, 부극의 각 극성마다에 히트싱에 납땜이나 프레스압입 등에 의하여 접합되어 방열된다. 그리고 정류 후의 출력을 잡아내어 외부의 전원선에 접속시키는 터미널은 정극의 히트싱에 접합되어 있다. 그리고, 커버는 3상전파정류기를 외부로부터 보호하면서, 통풍창으로부터 냉각풍을 잡아넣는다.

브러쉬는 스프링에 의하여 로터의 스프링과 접속력을 유지함으로 접동접속하고 로터코일계자 전류를 흐르게 한다. 브러쉬에는 고유저항의 저감과 마멸량의 저감 때문에 금속흡재가 사용되고 있다. 또한 접동부에는 오일과 물 등이 많이 통과되고 브러쉬와 스프링의 마모가 급속하게 진행되기 때문에 이 부분은 커버 등 각종 실부재 또는 래비린스(미로)구조 등으로 보호를 하여야 한다.

3.1.2 레귤레이터

레귤레이터는 로터코일의 계자전류를 단속하는 것으로서, 발전전압을 제어하고 있다. 1970년대 중반부터 레귤레이터에서 IC레귤레이터로 변환함으로써 수명이 오래 사용함과 함께 소형화되어 얼터네이터에 내장되도록 되었다.

그림 22-14는 IC레귤레이터의 구조를 나타낸 것이다. 세라믹 기판에 도체나 저항회로를 인쇄한 후 각종제어를 하고 가스템 IC, 트랜지스터, 다이오드, 팁 콘덴서 등을 초음파용접이나 납땜하고 하이브리드(혼성IC)를 형성한다. 세라믹 기판에는 방열핀이 접합되어 있다. 수지제의 케이스에는 레귤레이터와 얼터네이터 및 외부와의 전기접속을 위한 터미널이 인서트성형되어, 외부 커넥터와 접속된 커넥터는 케이스에 일체 성형되어 있다. 케이스내의 하이브리드 IC나 터미널, 및 접속부는 실리콘 겔 등

의 수지에 의하여 피복하는 데 따라 외부로부터의 물이나 이물질의 침입이 방지되고 있다.

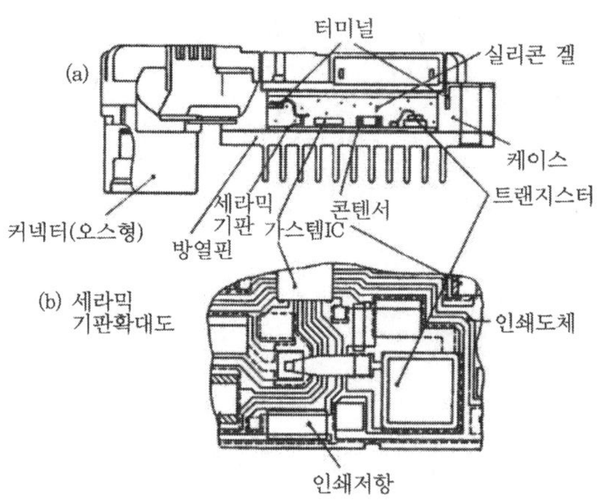

그림 22-14. IC 레귤레이터

3.2 동작원리

3.2.1 얼터네이터

그림 22-15에 회로구성을 나타낸다. 로터 랜텔형 폴코어의 손톱모양의자극은 로터코일에 직렬로 접속되는 레귤레이터내의 트랜지스터 T_1을 켜는데 따라 계자전류를 흐르게 하면, 앞에서 기술한 바와 같이 N극과 S극에 자화된다.

그리고 N극에서 출발한 자속은, 대향하고 있는 스테이터 코어의 속을 나와서, 소정의 주방향 거리 떨어진 S극으로 되돌아간다. 이 로터가 회전하면, 스테이터 코어의 속을 통과하고 있던 자속도 회전하므로 자속이 스테이터 코일을 열로 자른다. 이때 전자유도작용에 의하여 스테이터 코일에는 교류기전력이 발생한다.

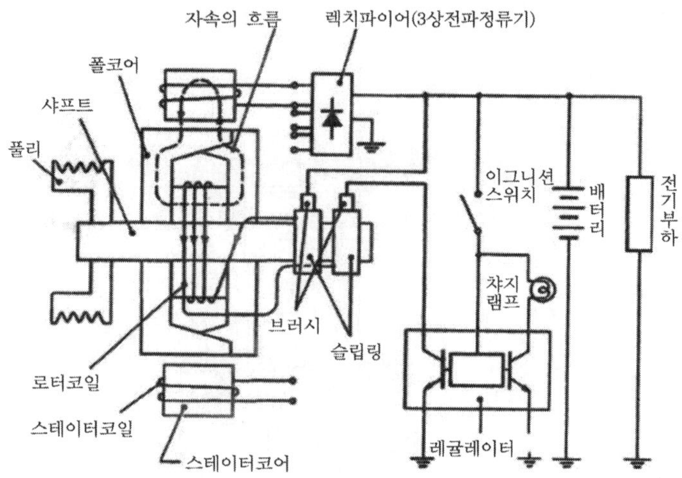

그림 22-15. 얼터네이터의 회로구성

그림 22-16에 교류기전력의 발생원리를 나타낸다. 1쌍의 N극과 S극을 가지는 로터를, 회전하는 사이에 자속의 흐름을 표시하는 화살표에 의해 이동하여 최초의 상태로 되돌아가서 스테이터 코일 내의 교류기전력의 1사이클이 완료된다.

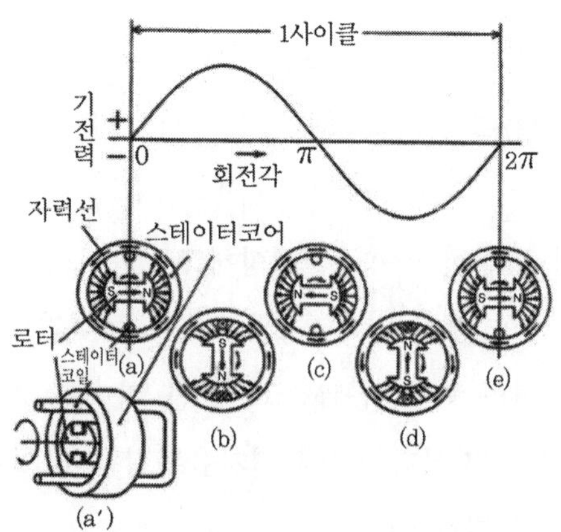

그림 22-16. 교류기전력의 발생원리

그림 22-17에 나타내는 것과 같이 스테이터 코일을 각각 2π/3 비켜나는 위치에 3개를 배치하면 각 기전력의 위상이 2π/3 비켜져서 3상교류를 얻는다. 얼터네이터의 경우는 3상교류를 6개의 다이오드를 사용, 그림 22-18의 3상전파 정류회로를 형성한 렉치파이어(3상전파정류기)에 의하여 직류로 변환한다.

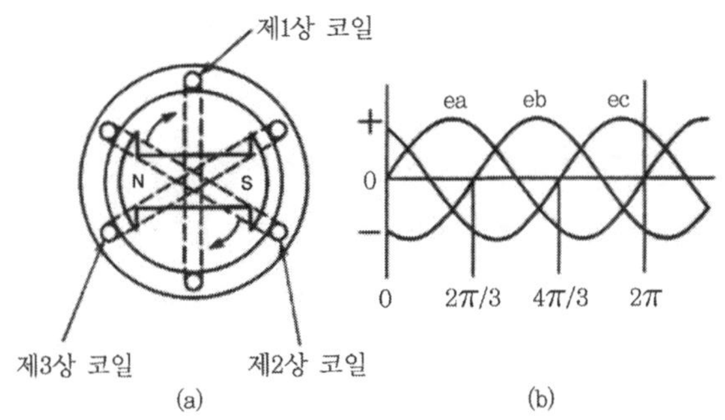

그림 22-17. 3상교류

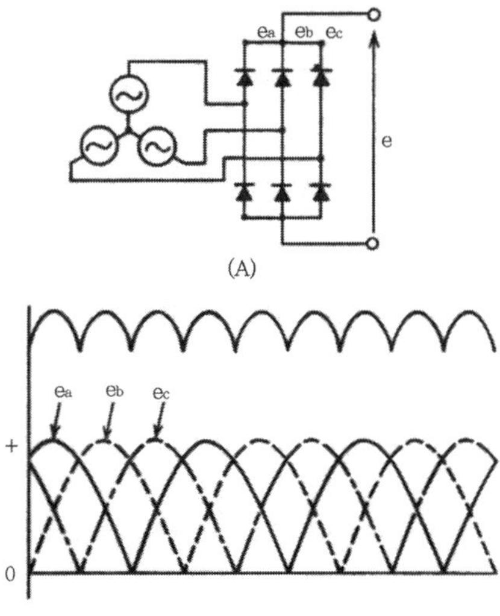

그림 22-18. 3상 전파정류

3상교류를 사용하는 이점은 먼저 3개의 기전력을 합성하면 항상 제로이므로 회로를 간략화 할 수 있다. 예를 들면 그림 22-18에 나타낸 각 상을 1개소에서 결선하는 Y결선에 의하면, 각 상으로부터의 행방과 귀로의 합계 6개가 필요한 곳을 3개로 끝맞출 수 있다. 그리고 3상교류이면 그림 22-18에 나타내는 것과 같이, 정류하여 얻어진 직류에 포함되는 변동분이 작고, 보다 고품위인 직류를 얻을 수 있다.

또한 앞에서 기술한 다이나모는 전자유도작용에 의하여 기전력을 얻는 점에서는, 얼터네이터와 같다. 그러나 다이나모는 회전하고 있는 전기자로부터의 출력을 브러시와 코뮤데이터에 의하여 기계적으로 정류하여 얻어내고 있다. 따라서 코일의 동재에 대하여 저항값이 큰 브러시의 발열에 의한 수명저하나, 전류를 단속하기 위한 회전속도를 높일 수 없어서 고출력화가 어렵고, 회전계자형의 얼터네이터로 전환되었다.

3.2.2 레귤레이터

레귤레이터의 기본동작은 전압조정과 챠지램프의 구동이다. 전압조정의 동작원리를 그림 22-19에 나타냈다.

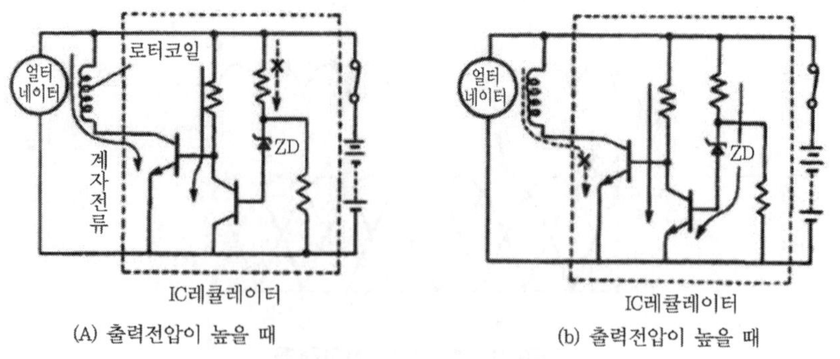

그림 22-19. 전압 조정의 원리

출력전압이 낮으면 제너다이오드(ZD)에 걸리는 전압이 제너전압 이하에서 통전이 되지 않으면 로터코일에 직렬 접속되어 있는 트랜지스터가 작동되어 계자전류가 흘러서 발전되므로 출력전압은 상승한다.

다음에, 출력전압이 높아지면 제너전압 이상이 되어 반대방향특성에 의해 다이오드가 도통함과 트랜지스터가 꺼져서 계자전류가 흐르지 않게 되므로 출력전압도 저하하게 된다. 이에 따라 소정의 전압폭의 사이에서, 상승과 하강을 반복하므로 전압조정이 되는 것이다. 또한 챠지램프의 구동은 레귤레이터가 이그니션 스위치를 넣으면 신호와 얼터네이터가 발전되지 않는 상태를 검출함에 따라서 그에 맞는 회로를 작동시킴으로써 램프가 점등된다.

얼터네이터가 발전을 개시하면 그것을 발전전압의 상승 등에 의해 검지하고, 그에 맞는 회로를 끊으면 램프를 소등시킨다.

또, 얼터네이터의 고장에 의한 발전저하가 발생되면, 다시 램프가 점등되면서 경보가 되는 것이다.

또, 경보기능으로 얼터네이터의 고장 이나, 충전선 이외 배터리의 전압이상 등을 검지하여 램프를 점등시키는 레귤레이터도 있다.

3.3 금후의 동향

근래의 환경보호에 대한 대응에서 자동차의 배출가스의 규제가 강화되고 아이들 회전속도의 저항 및 경량화에 의한 연비향상이 필요하다. 그리고 쾌적성이나 안정성의 향상으로부터 전기 부하의 증가나 차실내의 정숙화도 필요로 하고 있다. 그리고, 이들 차량 동향에 대응하여 얼터네이터에는 점점 소형화, 경량화, 고출력화, 고효율, 저소음이 요구되고 있다.

고출력, 고효율을 위해서는 냉각성의 향상이 필수사항이다. 이 냉각성 향상을 달성하기 위해서는 수냉방식의 얼터네이터가 일부에서 채용되기 시작하였다. 구체적으로는 종래의 공냉방식에 더하여 발열이 큰 스테이터나 3상전파정류기 등의 주위에 배관을 마련하여 냉각액을 흐르게 하는 것이다.

그리고 통풍구가 없는 프레임을 사용, 프레임을 둘러싸는 별개의 부재를 마련하는 등 하여 프레임의 외벽전체에 냉각액을 흐르게 한다.

수냉방식뿐인 것도 있으나 후자의 경우 얼터네이터가 밀폐되므로 차음성의 향상에 의한 저소음의 효과도 있다.

또한 스테이터 코일의 발열 자체를 감소시키기 위하여 전기저항치를 저하시키는 것도 연구되고 있다. 예를 들면 그림 22-20에 나타내는 것과 같이 스테이터 코일의 단면 형상을 둥근 것으로부터 스로트(slot) 형상에 따라 평각으로 하고, 스로트내의 허실되는 스페이스를 감소시켜 코일의 단면적을 증가시키는 것이다. 혹은 직접 발전에 기여하지 않는 스로트 이외의 건널부의 코일 깊이를 짧게 하는 것도 있다.

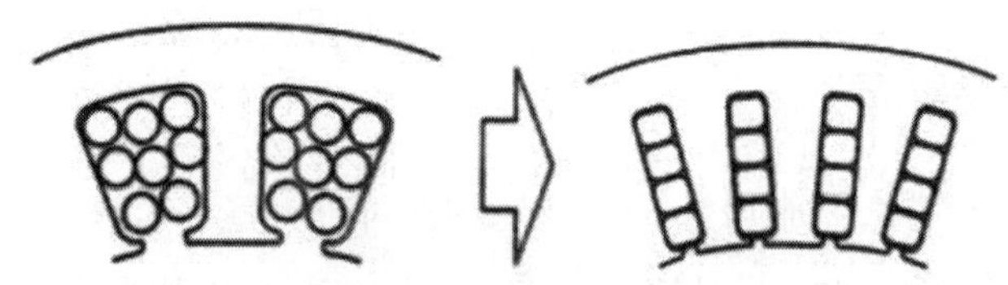

그림 22-20. 스테이터코일의 평각화

또 효율향상의 일환으로, 스테이터 코일의 와전류손실을 저감하기 위하여, 적층되어 있는 강판의 두께는 점차 엷어지는 경향에 있다. 그리고 발전기 특유의 자기소음을 저감하기 위하여 로터, 스테이터의 자기회로를 개량이나 프레임의 강성 및 엔진에의 부착구조도 포함하여 진동전달계의 개량, 나아가서는 얼터네이터의 회로를 연구하는 등 앞으로도 계속될 것으로 생각된다.

그리고 고출력화에 따라 로터의 관성력이 증가되면, 엔진의 회전속도가 저하될 때 로터의 관성력에 의하여 벨트측의 장력과 느슨한 쪽이 역전하여 벨트 미끄럼에 의한 이음이나 벨트 수명 저하를 낳게 된다. 이것을 방지하기 위하여 구동방향에만 로크하여 구동력을 전달한다. 1방향 클러치 풀리를 조합시킨 얼터네이터가 유럽을 중심으로 증가되어 가고 있다.

또한 엔진의 아이들회전 속도의 저하에 따라 엔진의 파워가 아직 낮은 상태에서는 전기부하를 추가 작동하였을 때 얼터네이터의 발전량이 증가되면 구동에 필요한 파워도 급증하고 그 결과로서 엔진의 정지나 회전속도가 불안정하게 되는 가능성이 높아진다. 그러므로 그와 같은 문제를 일으키지 않도록 레귤레이터가 얼터네이터의 발전량을 보다 미세제어할 것이 필요한 것으로 예상된다.

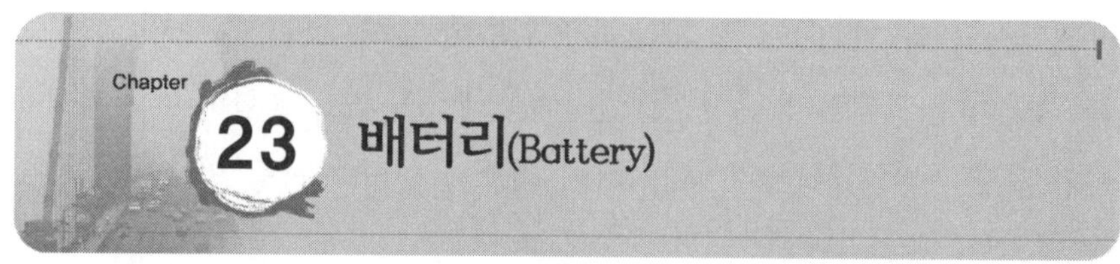

Chapter 23 배터리(Battery)

1. 자동차의 동향

21세기 자동차는 다시 크게 변화해 가고 있다. IT혁명에 의하여 고도의 내비게이션 시스템, 자동요금수수 시스템 등이 도입되어 보다 안전운전을 확보하는 자동운전지원 등이 가능해질수록 인테리젠트화가 발전, 안정성, 쾌적성, 편리성에 대한 요구가 높아져가고 있다.

한편 20세기 부(負)의 유산, 지구온난화, 환경파괴, 대기오염 등의 억제, 개선이 요구되고 있고 배기가스 억제기술의 개발, 연비향상을 향한 시스템 개발, 화석 연료에 대신하는 대체에너지의 개발 등이 적극적으로 발전되어 에콜로지카의 개발이 전개되고 있다.

카 일렉트로닉스의 발전과 전동화의 확대는 배터리에 대한 부담을 급증시켜 수명개선을 향한 새로운 동력시스템(PEV, HEV)에 대응가능한 고성능 배터리를 개발하고 있다.

2. 배터리의 역할

카 배터리에 쓰여지고 있는 전지는 스타트(S), 라이트(L), 이그니션(I)에 사용되므로 SLI배터리(이후 배터리라 한다)라 불리워지고 있다.

배터리의 용량은 시동성, (특히 저온시의 특성)과 전장품의 전기부하에 의하여 결정된다.

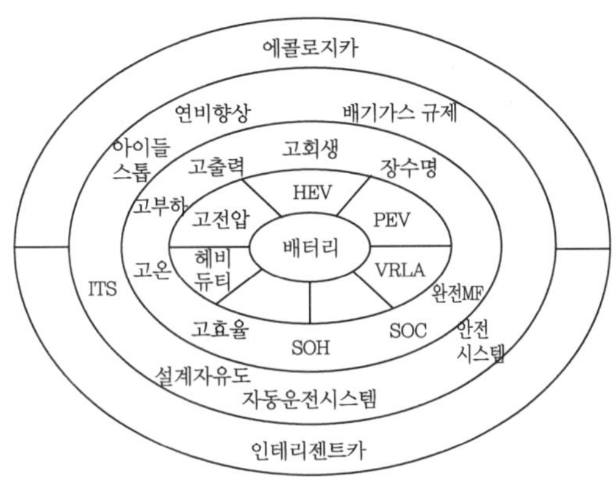

그림 23-1. 카 배터리의 요망

자동차의 엔진을 시동시키기 위해서는 먼저 일정회전속도 이상으로 크랭크 샤프트를 회전시킬 필요가 있고 1910년대에 스타터(직류모터)와 배터리의 조합에 의한 시동장치가 발명되었다.

그리고 전력공급은 배터리와 얼터네이터(alternator 3상 교류 발전기)를 조합한 전원시스템에 의하여 이루어졌다. 얼터네이터의 발전능력은 엔진의 회전속도에 의존한다. 전기부하가 얼터네이터의 발전량보다도 큰 경우는 배터리로부터 보충되고 발전량이 많은 경우는 배터리를 충전한다. 안정된 동작 전압을 확보하기 위하여 레귤레이터가 내장되어 있다.

3. 배터리의 역사

배터리의 기원은 1859년 프랑스의 Plante가 2장의 납판을 묽은 황산에 침적하여 충・방전을 반복, 기전력의 발생을 확인함으로써 시작되었다.

이미 140년의 긴 역사를 가지고 있다.

1881년에는 Faure가 현재의 납전지의 원형이 되는 베스트식 극판을 개발하였다. 그리고 튜돌식 극판, 크랫트식 극판도 이 시대에 개발되었다.

일본에서는 1880년대에 공부성 전신국 전기 시험소에서 납전지의 연구가 이루어졌다. 그 후 1890년대에 공장의 비상용 전원이나 잠수함용 등을 목표로 생산이 시작되었다. 자동차용 납전지는 자동차 보급이 시작된 1930년대에서부터이다.

특히 일본 정부가 전지의 수입이 불가하게 되고 국내생산에 박차를 가하여 생산량이 대폭으로 증가함과 특성도 향상되었다. 당시에는 후판의 베스트극판과 목재세퍼레이터를 조합하여, 전조에 에보나이트를 사용, 6V의 모노블록전지가 주력이었다.

그리고 가솔린 자동차가 생산되기보다도 빠르게 1899년에 납전지를 탑재한 전기자동차가 수입된 것은 흥미있는 일이다.

1950년대 자동차의 확대와 함께 배터리도 소형, 경량, 고성능화를 요구하게 된다. 그리고 전장품도 6V에서 12V까지 이행되어 왔다. 1960년대에는 폴리프로필렌(polypropyleme)제의 수지전조로 바뀌어왔다.

1970년대에는 소비자용 전지에 제어밸브식 납전지(VRLA)가 개발되어 왔다. 1980년대에 되어서 자동차용에도 일부 차종에 VRLA가 탑재되었다.

4. 전지반응기구

납전지는 정극활물질에 2산화납(PbO_2)과 부극활물질에 해면모양의 납(Pb)이 쓰여져 있다. 전해액에 희황산을 사용하면, 아래식에 나타내는 충방전 반응을 일으키게 된다.

(+)　　(−)

$$PbO_2 + 2H_2SO_4 + Pb$$

$$= PbSO_4 + 2H_2O + PbSO_4$$

정극 : $PbO_2 \cdot (S) + 3H^- + HSO_4^-$

$\Leftrightarrow PbSO_4(S) + 3H^+ + HSO_4^-$

$\Leftrightarrow PbSO_4(S) + 2H_2O - 2e^-$

부극 : $Pb(S) + HSO_4^-$

$\Leftrightarrow PbSO_4(S) + H^+ + 2e^-$

반응기구에는 여러 가지 설이 있으나 최근의 견해로는 윗식이 제안되어 많이 활용되고 있다. 부극은 Pb가 전자를 방출하고 Pb이온으로 되어서 전해액 중의 황산이온과 반응하여 황산연을 생성한다.

정극에서는 전자를 받아들여 황산 이온과 반응하여 황산연이 되고 동시에 물을 생성한다. 양극 공히 방전반응에 의해 황산연을 생성, 전해액 중의 황산은 소비되어 비중(농도)이 저하된다. 어느 반응도 가역반응이고 충전에 의해 원래의 2산화납과 납과 납으로 되며 충전말기에는 가스 발생 반응도 일어난다.

정극 : $H_2O \rightarrow 2H^+ + 1/2O_2 + 2e^-$

부극 : $2H^+ + 2e^- \rightarrow H_2$

납전지의 기전력은 아래식에 나타낸다. 셀당 2.03V이다.

$$E = 2.04 + 0.05915 \ln aH_2SO_4 / aH_2O$$

5. 납전지의 구조와 공정

5.1 구성부품

전지의 구성부품은 정극판, 부극판, 세퍼레이터로 구성되는 극판군과 전해액의 묽은황산 및 이들을 보지하는 전조, 뚜껑액전, 그리고 전류를 취출시키는 스트랩(군의 동극전합부의 연결체) 셀간 접속체극주·단자 등으로 구성되어 있다. 그림 23-2에 커팅단면도를 나타낸다.

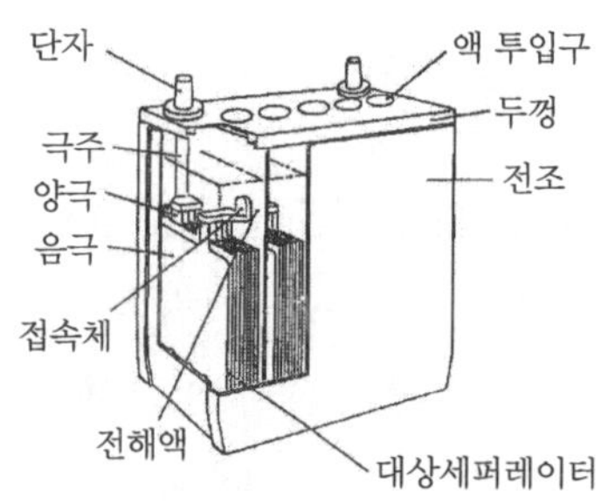

그림 23-2. 배터리의 커트단면도

5.1.1 극 판

현재 납전지에 쓰여지고 있는 극판은 베스트식(자동차용 등 주력극판)과 크래드식(주로 대형장수명용)이다.

크래드식은 원통형체의 글라스섬유 튜브에 활성물질을 충전하고 그 중심부에 집전체가 되는 납합금제 심금을 삽입시켜 구성시킨 것으로 이 튜브를 나란하게 하여 심금의 상부에서 연결, 극판으로 된다.

베스트식 극판은 격자 모양으로 성형된 집전체에 활성물체를 충진시킨 극판이다. 비교적 간단한 조작으로 생산되며 얇게 만들기 쉽기 때문에 출력특성을 요구하는 자동차용 배터리에 적합하다.

극판은 활성물질과 집전체로 구성되어 있다. 활성물질은 전기화학반응을 하는 물질로서 정극은 2산화납(PbO_2), 부극은 해면모양의 납(Pb)이다. 집전체는 납합금제의 격자체로 충방전에서 발생되는 전자의 통로이다.

5.1.2 세퍼레이터

세퍼레이터는 극판군을 구성할 때 정극과 부극이 접촉하지 않도록 극판 사이에 격리판이 있고 내산성, 내산화성이 요구된다. 고성능화를 도모하기 위하여 전기저항의 작은 구조체로 진화를 계속하고 있다. 다공성 고무, 펄프종이, 펄프종이와 글라스섬유매트의 복합체 등이 사용되어온 근년에는 폴리에틸렌의 다공성시트가 주력으로 되어 채용되고 있다. 두께가 0.2~0.5mm의 시트에 보강판을 마련, 극간과 전해액을 확보하고 있다. 그리고 극판 사이드에서의 단락, 혹은 탈락된 활성물질에 의한 단락을 방지하기 위하여 극판을 싸놓은 대상세퍼레이터를 사용하는 것이 일반적이다.

5.1.3 납부품

극판군중의 동극집전부는 납합금제의 스트랩에 의하여 일체로 용접되어 있다.

스트랩에는 셀간 접속체 또는 극주가 접속되어 전기가 단자를 통하여 받아낼 수 있도록 구성된다. 그림 23-3에 예를 나타낸다.

일반적으로 스트랩에 쓰여지는 합금은 납-안티몬 합금이다. 기계적 강도가 크고 용접성이 우수하다. 격자에 납-칼슘계합금(격자합금에 대하여는 뒤에 다시 기술한다)이 사용되는 경우 이종합금의 용접이 되고 합금경계에서 침식되기 쉬워서 용접조건 등 충분한 배려가 필요하다.

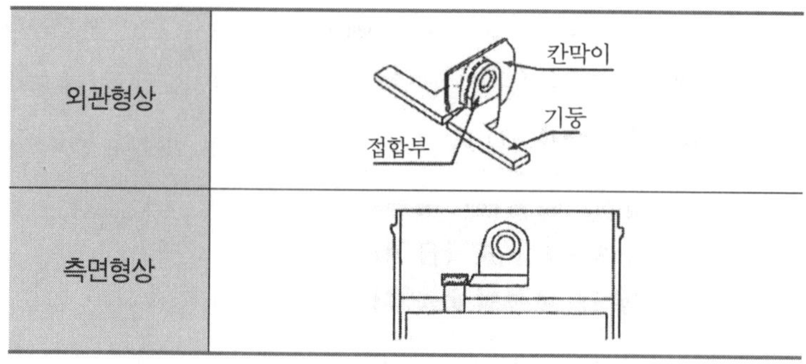

그림 23-3. 스트랩부

5.1.4 전 조

근년의 자동차용 납전지는 6셀 일체 구조의 모노블록 구조로 되어 있고 단자 전압은 12V로 되어 있다. 극판군을 삽입하는 전조재료에는 옛날에는 에보나이트가 사용되고 있었다. 그 후 ABS 수지 등이 채용되었으나 배터리용에는 폴리프로필렌(Poly propylene) 수지 전조가 사용되고 있다.

5.1.5 전해액

납전지의 전해액에는 묽은황산이 사용되고 있고 Lead Acid Battery라 불리우고 있다.

완전충전상태의 황산농도는 SG 1.30(납전지의 황산 농도는 일반으로 비중으로 표시된다. 약 40WT%) 전후가 사용되고 있다. 황산은 활물질과 반응, 소비되므로 방전말기에는 SG1.10 이하의 낮은 비중이 된다.

5.2 공 정

5.2.1 극판 공정(極板工程)

베스트식 극판을 사용한 대표적인 배터리의 제조공정의 한 예를 소개한다. 그림 23-4에 공정 플로우 차트를 나타낸다.

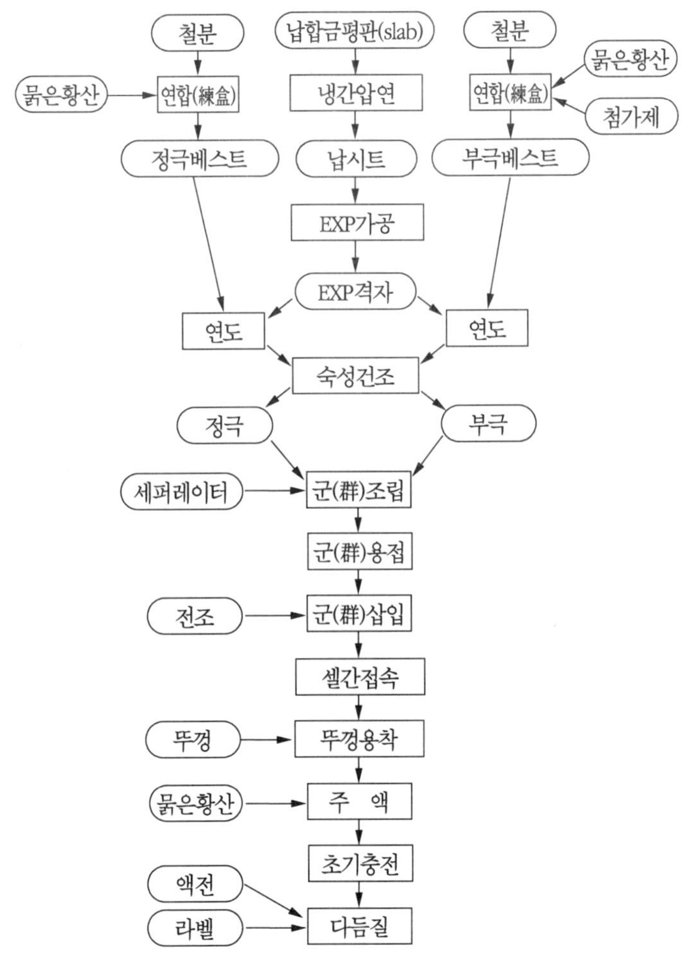

그림 23-4. 공정 플로우 차트

극판은 연분[산화연(PbO)의 분말]과 황산과 물을 개어서 합한 베스트를 격자에 도착(塗着)하며 숙성, 건조하여 만든다.

기본조성은 정극, 부극 공히 동일하다. 숙성, 건조에 의하여 3염기성 황산납($3PbO-PbSO_4H_2O$)이 주 성분이 된다. 일반으로 부극판에는 첨가제로서 카본, 황산 바륨, 리그닝 등이 첨가된다.

5.2.2 조립공정

숙성건조된 정극판은 폴리에틸렌 세퍼레이터에 싸서 가공을 한다. 포장된 정극판 n매와 부극판 n+1매를 상호로 조합하여, 극판군을 만든다.

다음에 정극, 부극의 집전부(귀부)를 용접하여 정·부 1대의 스트랩을 구성한다.

이 극판군을 폴리프로필렌제의 전조에 삽입, 전조다듬질한 개구부를 통하여 인접하는 셀의 서로 다른 극성끼리의 접촉제를 저항용접으로 접촉한다. 그 후 전조와 뚜껑의 접착면을 열판으로 용융상태로 하여 바로 압착하여 용착한다. 이 뚜껑 용착 공정에서 전지의 조립이 완료된다.

5.2.3 초기 충전공정

최후에 묽은황산을 주액하고 외부전원에서 통전하여 초기충전을 한다. 정극은 2산화연으로 산화하고 부극은 납으로 환원한다.

극판을 미리 화성(化成)하여 충전상태의 극판을 사용, 극판군을 구성, 조립하는 방법도 있으나 현재는 극판군을 전조에 삽입한 상태에서 충전을 하는 전조화성이 주력이다.

6. 카 배터리의 변천

6.1 안티몬 합금격자

배터리의 소형, 경량, 고성능화가 추진되고 있는 중에 기술개발의 큰 흐름은 메인터넌스 프리(Maintenance free)화이다. 격자합금의 개발은 공법도 큰 변화를 가지고 왔다. 또 요구부하가 급증하고 사용환경도 고온으로 되면서 헤비듀티에의 대응이 요구된다. 배터리의 기술추이를 그림 23-5에 나타낸다.

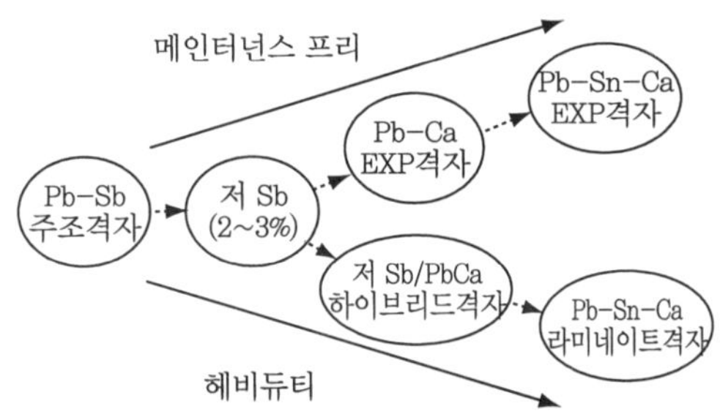

그림 23-5. 배터리의 추이

베스트식 극판의 격자에는 당초 순납을 사용하였으나 강도가 약하므로 안티몬 합금이 사용되게 되었다. 납-안티몬 합금은 11.2%에 공정점이 있고 4~8%가 쓰여지고 있다.

격자는 격자모양의 주형속에 용융된 납, 안티몬 합금을 주입하여 만드는 주조식 격자가 채용되어 왔다. 주조성을 좋게 하기 위하여 Sn을 약 0.1% 첨가하거나 0.3% 이하의 As를 첨가하여 내식성의 향상을 도모한다. 납, 안티몬 합금은 기계적 강도가 강하여, 작업효율을 개선하여야만 한다. 그러나 안티몬은 수소 과전압이 낮고 레귤레이터(전압제어)에 의하여 충전하면 충전 전류가 커지는 경향이 있고 물의 전기분해가 일어나기 쉬워져서 전해액의 감소가 빠르고 자기방전이 많아지므로 번잡한 보수작업이 필요하게 된다.

따라서 사용하는 안티몬의 양을 삭감하여 2~3%의 저안티몬 합금이 사용되게 되었다.

6.2 칼슘 합금 격자

안티몬 합금의 과제를 개선하기 위하여 새로운 격자합금이 검토되어 수소 과전압이 높은 납-칼슘계합금이 개발되었다. 납-칼슘 합금격자를 채용하면 자기방전특성, 액감(전해액 감소) 특성을 대폭적으로 개선할 수 있다. 그러나 납-칼슘 합금의 주조격자는 산화부식이 크고 또 사이클 수명도 짧다고 하는 결점이 있다.

이것은 납-칼슘 합금의 금속결정이 크고 산화부식이 결정입계를 침식, 격자골이 절단되어 무질서하게 되기 때문이다. 그리고 충방전 사이클을 반복하면 격자표면과 활성물질간의 밀착성이 저하되어 박리현상이 발생, 방전을 하게 되면 격자와 활성물질과의 계면이 반응하여 황산납의 부도체층이 형성되어 방전반응이 진행되지 못해 조기용량저하가 일어난다.

그러므로 납-칼슘-주석 합금 혹은 납-칼슘-주석-은합금 등이 개발되어 내식성의 향상이 도모된다.

또한 종래부터 사용되어 오던 주조 공법도 개선하게 되어 납-칼슘-주석합금에 적합한 공법이 검토되었다. 그 결과 냉간 압연에 의해 압연 결정을 형성된 납합금시트에 양 사이드에서 짜넣은 것을 넣어 잡아당겨 늘리는 방법으로 익스펜드팽창격자(이하 EXP 격자로 표기한다)가 개발되었다(그림 23-6).

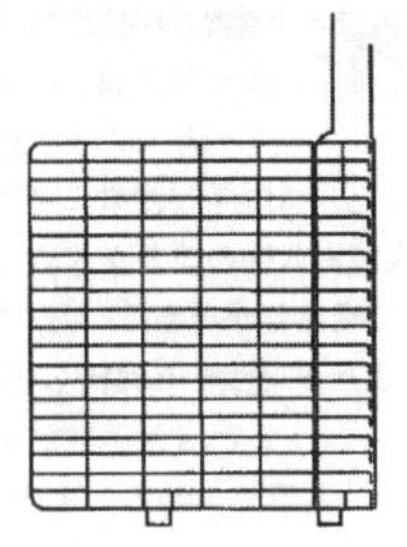

(a) Convention Cast(Pb-Sb-Alloy)

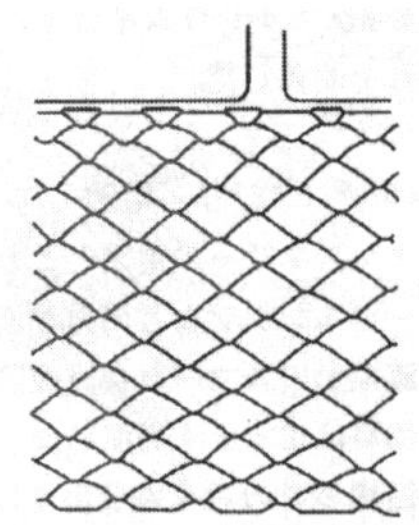

(b) Expand Grid(Pb-Ca Alloy)

그림 23-6. 격자형상

익스팬드 공법에는 래시프로식과 로터리식이 있다. 레시프로식은 프레스기에 블랭킹형을 설치, 프레스의 승강에 납합금 시트의 단면부터 내부에, 순차적으로 절단함과 동시에 롤러를 사용하여 넓히는 공법이다.

그림 23-7에 확장(Expand) 공법을 나타낸다. 이 납-칼슘계 합금의 격자 개발로 부식에 의한 격자 골절을 개선한다.

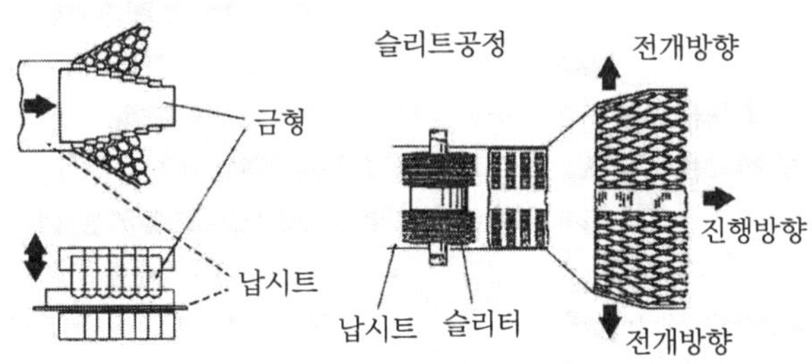

그림 23-7. 익스팬드 공법

6.3 메인터넌스 프리(Maintenance free) 전지

메인터넌스 프리의 추구와 함께 고온내구성의 개선이 요구되어 있다. 이것은 터보엔진 등 출력이 증대함에 따라 발전량도 증대된다. 한편 공기저항을 감소시키는 유선형의 스포티한 차량설계에는 보다 엔진룸은 좁아지고 배터리의 사용환경은 점차 고온으로 된다.

이 고온환경에서의 과충전사용에는 납-칼슘계의 익스팬드 격자는 격자표면이 산화부식하여 체적팽창을 일으킨다. 그 때문에 극판이 늘어나고, 용량저하 혹은 단락되어 단수명이 되는 경우가 있다.

그 때문에 그 정극이 산화팽창을 회피하는 수단으로 정극격자는 납-안티몬의 합금으로 부극격자는 납-칼슘 합금을 사용한 전지가 실용화되었다. 이것을 하이브리드 전지라 한다.

그러나 정극격자 중의 안티몬은 전지를 충방전을 반복하면 전해액에 용출되고 부극이 석출된다. 그 때문에 액의 감소를 촉진시킨다. 그래서 사용되는 안티몬의 양을 다시 저농도로 하는 방법 등의 개선을 도모하고 있다.

6.4 NEW 칼슘 격자

납-칼슘 격자도 대폭적으로 개선을 하고 있다.

즉, 납-주석-칼슘합금이 개발되었다. 일반적으로 납-칼슘계 합금의 칼슘양은 1.0wt% 이하로 한다. 이 양은 0.5wt% 전후로 제어하고, 주석 첨가량을 1.0wt% 이상으로 하면 기계적 강도 내식성의 개선을 도모하고 있다.

또한 격자와 물질의 밀착성을 높이고 내구성을 개선하는 수단으로의 납-주석 칼슘 합금격자의 표면에 납-안티몬 합금의 얇은 층을 형성하는 것이다. 구체적인 방법은 납합금 시트를 냉간압연으로 만들 때 납-안티몬의 엷은 시트를 겹쳐서 함께 냉간압연을 하면 연합금 시트의 표면에 라미네이트된 크래드식 시트가 만들어진다. 이 시트를 팽창 가공하면 격자골의 4면 중 1면의 표면에 안티몬층이 형성된다(그림 23-8, 23-9)이 New 칼슘격자는 충방전을 반복하여도 액감특성의 저하는 없이 훌륭한 메인터넌스 성능이 유지된다. 또 고온, 심방전 등의 헤비듀티용도에 대한 내구성도 대폭으로 개선할 수 있었다. 온도별 수명 특성을 그림 23-10에 나타낸다.

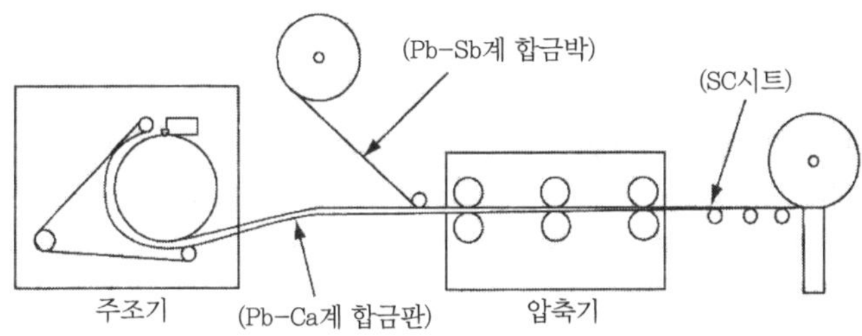

그림 23-8. 납시트 공정

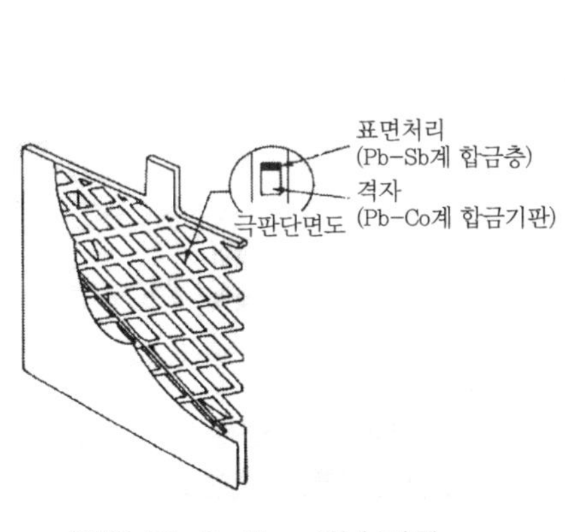

그림 23-9. New 칼슘격자

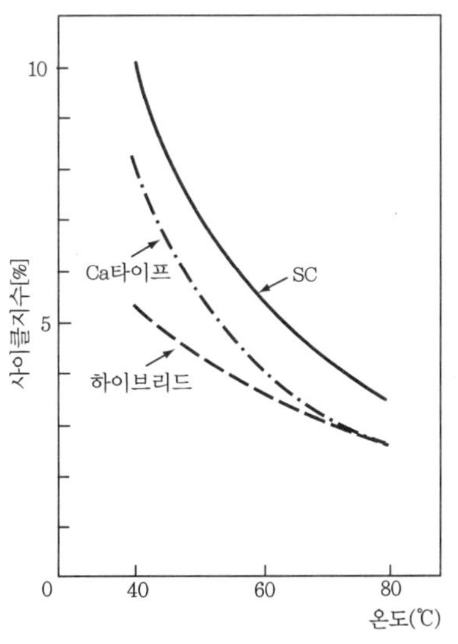

그림 23-10. 온도별 수명성능

6.5 VRLA

6.5.1 전지구조

구극의 메인터넌스 프리전자는 밀폐구조의 전지이다. 각 부품기술의 향상으로 가혹한 자동차용도에 견디는 밀폐구조의 전지가 개발되었다. 납전지의 밀폐전지는 Valve Reglated Lead Acid Battery(VRLA/제어 밸브식 납전지)라 불리운다.

그림 23-11에 VRLA의 컷 그림을 나타낸다.

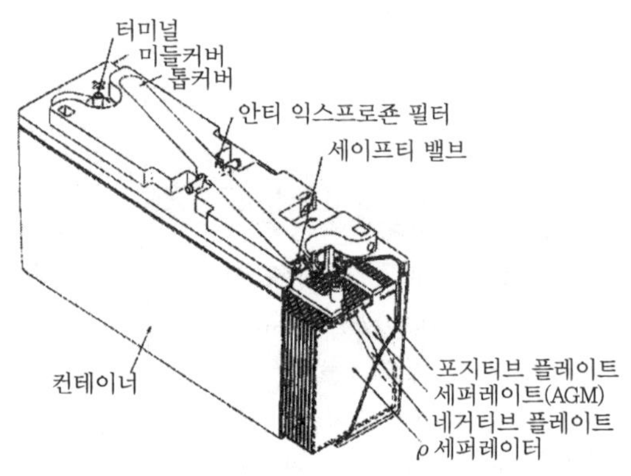

그림 23-11. VRLA의 컷 그림

밀폐화하기 위하여 수소과전압이 높고 가스 발생이나 자기방전이 적은 격자합금이 전제로 되기 때문에 격자합금은 납-주석-칼슘 합금이 채용된다. 그리고 전해액은 극판과 세퍼레이터에 함유시켜서 프리하게 함유시켜서 프리한 액이 없는 상태에서 설계된다. 따라서 옆으로 넘어지는 상태에서 설치하여 사용하여도 액의 누설 등이 없는 죤프리(Zone Free)의 전지이다. 세퍼레이터에는 흡액성의 미세 글라스 섬유가 포지션의 전지이다. 세퍼레이터에는 흡액성이미세한 글래스 섬유로 구성된 AGM이 채용되고 있다.

안전밸브는 일반으로 고무제의 캡밸브가 사용된다. 각 셀마다 마련된 배기구에는 장착되어 있다. 과충전 등에 의해 산, 수소 가스가 발생, 전지내부의 압력이 상승되면 고무밸브가 개방상태로 되고 가스가 외부로 빠져서 압력이 조정된다. 그리고 내부압력이 저하되면 고무밸브가 닫혀서 공기가 유입되는 것을 방지한다. 일반적으로 개발부는 0.1~0.2 기압 정도이고 이와같이 안전밸브에 의하여 내압을 조정, 밀폐구조를 가능하게 하므로 제어밸브라 부른다.

6.5.2 밀폐반응

납전지의 충전 말기에는 충전효율이 저하, 가스발생이 일어나기 시작한다. 먼저 완전 충전의 상태가 된 후의 과충전효율은 물의 전기분해에 쓰여지고 정극에서 산소가스가, 부극에서는 수소가스를 발생한다. VRLA의 가스흡수반응이 발생한다(그림 23-12).

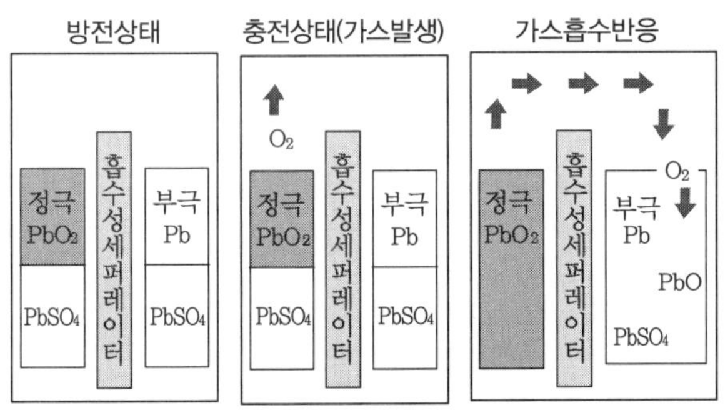

그림 23-12. 가스호흡반응

먼저 반응효율이 낮은 정극에서 산소가스가 발생한다. 이 산소가스 극판군의 주위 혹은 세퍼레이터를 통과하여 부극으로 이동, 부극활성물질 고체와 묽은황산의 액체와 산소가스 기상과의 3상경계에서 부극활성물질과 반응하여 산화연(PbO)를 생성한다. 다시 황산과 반응하여 황산염이 된다. 황산염은 방전생성물이고 부극은 산소가스와 반응하므로 충전중에도 불구하고 일부 방전상태로 되고 완전충전 상태로는 되지 않는다. 그 때문에 부극으로부터의 수소가스의 발생을 방지, 산소가스를 흡수 순환시켜서 밀폐구조를 가능하게 한다.

6.5.3 충전사양

VRLA의 충전은 위에 기술한 흡수 능력을 고려한 사양이 필요하다. 그 때문에 가스발생 전압 이내로 억제하기 위해서는 14V 전후의 정전압 충전이 쓰여진다.

정전류 충전을 하는 경우는 충전말기의 전류를 제어하여 0.05C 이하의 작은 전류로 충전한다. 대표적인 충전 방법으로서는 2단 정전류법으로 1단째는 0.2C로 비교적 큰 전류로 충전하고, 전지전압이 14V를 초과하면 전류를 내리는 방법이다. 이 절하전압은 온도에 의하여 보정이 필요하다. 그림 23-13에 온도별 충전특성을 나타낸다. 그림 23-14는 2단 정전류의 예를 나타낸다.

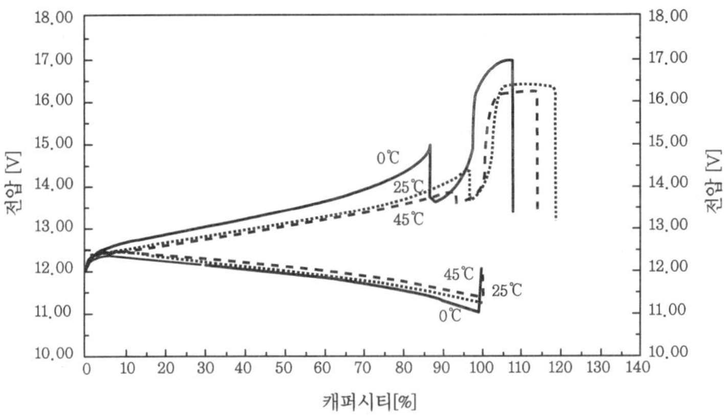

그림 23-13. 온도별 충전특성

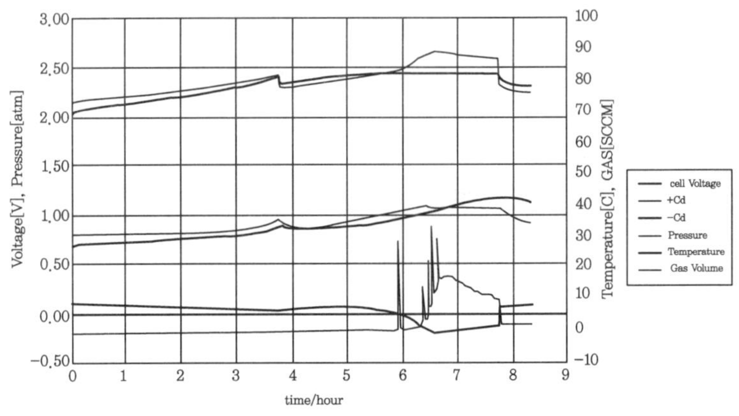

DOD80%로부터의 충전특제/25℃

그림 23-14. 2단정전류 충전

6.5.4 자동차용 VRLA

VRLA는 액량을 규제하는 전지로, 액식 전지에 비하여 열용량이 작고 또한 가스흡수반응에 의한 발열로 온도가 상승되기 쉽고, 고온에 의한 액이 고갈되므로 열화가 촉진된다.

그러므로 전지의 설치장소는 냉각방법 등 환경온도를 고려할 필요가 있다. 그리고 레귤레이터 전압은 전지특성에 맞는 설정이 필요하다. 또한 VRLA는 세퍼레이터에 AGM를 쓰고, 고압박 설계로 되어 있으므로 활성물질의 연화탈락을 방지하는 효과가 있고 깊은 방전이 반복되는 용도에 대한 내구성의 향상이 도모된다.

7. 에콜로지 카에의 대응

7.1 고전압전지

금후의 자동차 시스템의 전개는 지구온난화를 촉진하는 2산화탄소(CO_2)의 발생을 억제하기 위하여 연비의 향상을 목표로 하는 지구환경에 유리하고 NO_x 등의 배기가스를 억제하는 지구환경에 우수한 에콜로지 카를 전제로 쾌적함과 편리성이 추구된다. 그림 23-15에 대체에너지 자동차에 대한 OTA의 예측을 나타낸다.

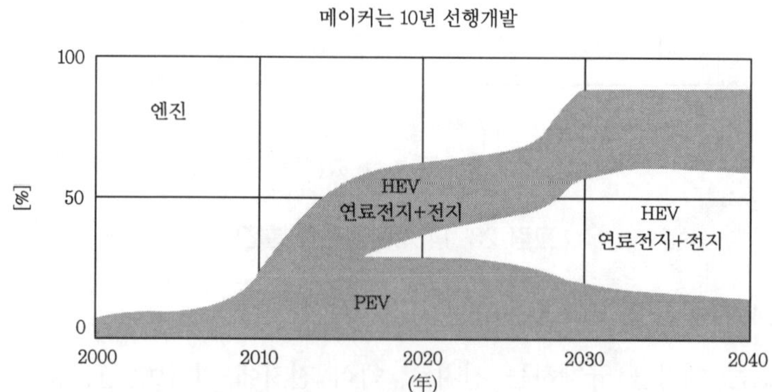

그림 23-15. 대체에너지 자동차의 보급예측

IT기술을 도입한 카 일렉트로닉스는 점차 확대되어 갈 것이다. 또한 연비 향상의 수단으로, 유압펌프 등의 전동화를 하는 것에 대하여 검토되고 있다.

그리고 배기가스를 억제하기 위하여는 아이들링 시에는 엔진을 정지하는 아이들 스톱의 채용을 실시하기 시작하였다. 그 때문에 번잡한 시동 조작은 배터리의 부담이 급증한다. 또 종래 1.5kW 정도의 전기부하가 전동 파워 스티어링, 전동펌프, 전기가열촉매 등 전기부하가 증가하여, 10kW 가까이 부하가 필요하게 된다.

따라서 전지전압을 높이고, 부하전류를 내리는 것이 검토되어, 고전압의 안전성에 대하여, SAE 등에서 규정하고 있다. 60V 이하의 시스템과 42V시스템(안전기준)이 채용되어 현재의 12V 전지를 36V(제어전압 42V)의 시스템이 검토하기 시작하고 있다. 이 연구는 유럽의 3리터카(연료 3L로 100km 주행)의 개발이 시작되고, 스타터와 얼터네이터를 일체로 한 ISA의 개발에 주목을 받고 있다.

또한 미국에서도 매사추세츠(Massachusetts Institute of Technology)에서(MIT 42 컨소시엄) 연구되고 있다. 일본 · 미국 · 유럽의 카메이커도 연구에 착수하고 있다.

그리고 차량시스템을 모색중의 상황에서 전지의 사양도 변화되어 가는 것으로 생각된다. 당면 36V전지와 12V 전지의 듀얼시스템부터 시작, 장래적으로 36V 단일로 되는 것으로 생각된다. 그림 23-16에 42V시스템의 개념도를 나타낸다. 전압이 높아지기 때문에 유량은 작아지게 되고 현재의 12V 전지와 같은 사이즈 이하로 36V 전지의 설계가 검토되고 있다.

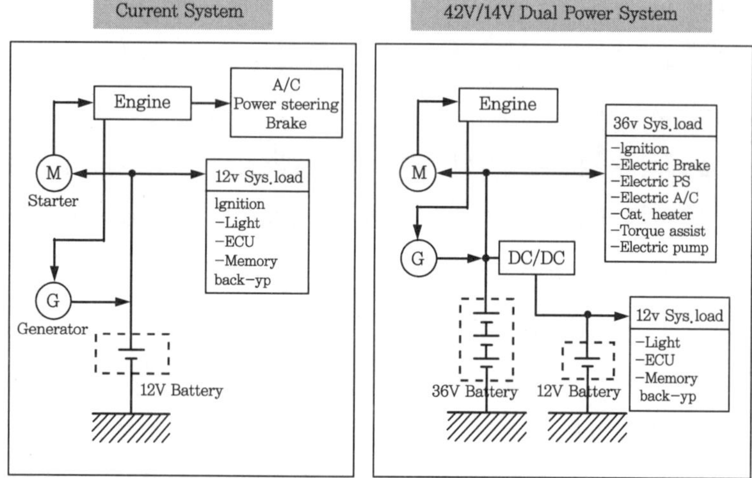

그림 23-16. 42V 시스템

7.2 PEV(Pure Electric Vehicle)

대기오염을 억제하기 위하여는 배가스 제로의 차(ZEV)로서 전기자동차(PEV)가 주목되고 있다. 특히 캘리포니어 주에서 1991년에 대기정화법이 성립되고 PEV의 판매가 의무화되고부터 PEV의 개발이 활발하게 전개되었다. 그 후 규제의 내용이 수정되어 2003년부터 4%의 ZEV, 6% PZEV(부분적 ZEV)의 판매가 규정되고 있다.

그 때문에 납전지뿐 아니라 NiMH 전지, Li이온 전지 등도 개발되고 있다.

PEV용의 전지는 차량의 가속성능을 만족하고 감속중의 회생에너지를 축전하는 능력이 요구되어진다. 그 때문에 고출력 설계에서 대전류의 충방전이 번잡하게 반복되는 사이클 수명의 향상이 필요하다.

납전지, NiMH 전지와 함께 JEVA/SAE로 규정된 공통 사이즈(H175, W116, L388)로 개발되었다.

납전지에서도 PEV 평가패턴의 DST120으로, 1000사이클을 초월하는 장수명전지를 실현하였다(그림 23-17, 23-18).

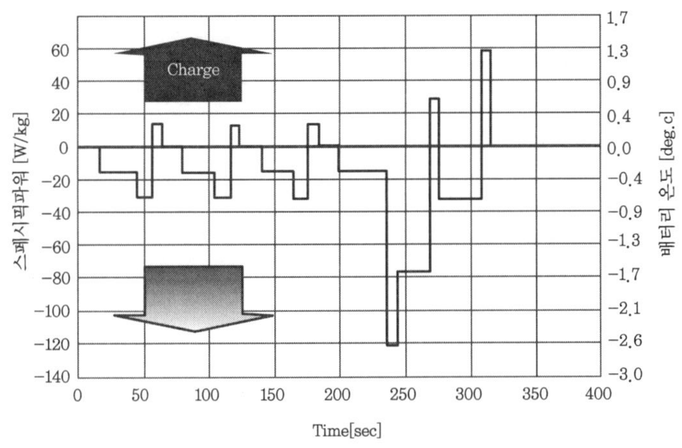

그림 23-17. PST120 패턴

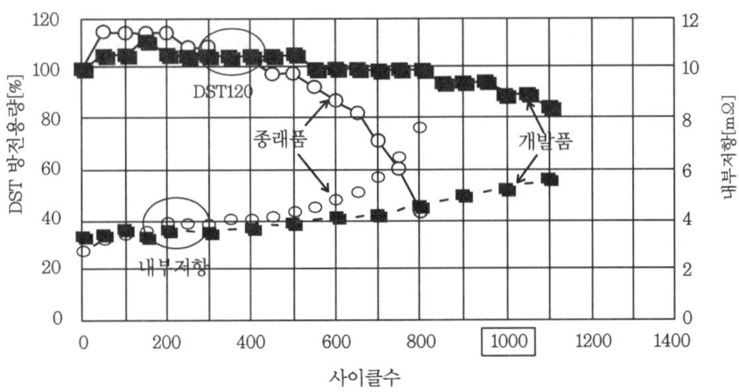

그림 23-18. 수명특성

그러나 PEV의 실용화에는 많은 과제가 남아있다. 주행거리를 확보하기 위하여 전지의 탑재수를 증가시키고, 총전압이 300V 전후의 시스템이 개발되었으나 그래도 납전지로서는 100km~160km 전후이다.

NiMH에서일지라도 200km이므로 가솔린차에 비하면 주행거리가 짧다. 더구나 신형전지인 경우는 코스트가 높고 보급할 수준에는 이르지 못하고 있다. 그러므로 PEV는 배송차 등의 주행거리가 한정되어 있고 용도나 에리어내의 주행시스템의 차량으로서 관리방법을 포함 실증시험을 각지에서 전개중이다.

그 전원에는 코스트 퍼포먼스에 우수한 VRLA전지가 가장 유력하다.

7.3 HEV

1997년 말에 도요타에서 발매된 HEV프리우스는 연비향상, 배가스 억제양산 차량으로서 시장에 충격을 주어 순조로운 판매를 기록하고 있다. 탑재되어 있는 것은 6.5Ah의 NiMH 전지가 288V, 그 후 개발된 혼다의 인사이드는 같은 전지를 144V로 하여 주행을 어시스트 하는 시스템으로 되어 있다. 이와 같이 HEV는 저공해차의 주력으로 점차 되어 가고 있다. 그러나 본격적인 보급을 도모하는 데는 경제성의 추구가 필요하고 시스템내용도 새로 검토하고 수정을 하여야 한다.

앞에서 설명한 고전압시스템도 주행어저스트 회생 에저너를 활용한 간이 HEV화를 검토하고 있다.

납전지도 승용차 HEV, 버스 트럭의 HEV용 전지의 연구가 이루어지고 있다. 종래부터 과제로 되어 있었던 회생능력도 대폭으로 개선되어 SOC 50~70%로 HEV 사양의 충·방전 패턴 수명도 실용적으로 사용할 수 있을 것이다.

앞으로 전지의 상황 판정(SOC, SOH 등)의 정확도를 높일 수 있도록 탐구되고 있다.

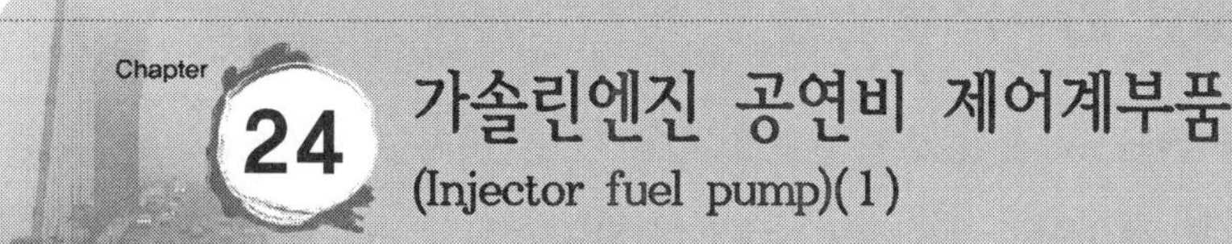

Chapter 24 가솔린엔진 공연비 제어계부품 (Injector fuel pump)(1)

1. 머리말

오늘날 매장되어 있는 원유의 채굴가능한 연수는 대체로 45년 정도 예측되고 있어서 적어도 10여년 동안은 새로운 매장원유의 발견, 채굴과 석유소비가 형평을 이루어가면서 채굴가능한 연수는 크게 달라지지 않는 것으로 판단하고 있다. 따라서 자동차의 동력기관으로서 가장 많이 사용하고 있는 가솔린엔진은 앞으로도 얼마동안은 그 위치를 유지해 나갈 것으로 예측한다. 그러기 위해서는 지구 온난화 방지를 위해 대폭적인 연비향상을 달성하여야 함은 물론, 대기오염 방지를 위해 엄한 배출가스규제를 만족시켜 나갈 것이 큰 과제로서 가로 놓여 있다.

가솔린엔진을 적절히 운전하기 위해서는 가솔린분사의 제어, 점화제어, 아이들 회전속도 제어, 촉매를 최적으로 작동시켜서 배기를 정화하는 후처리제어 등이 필연적이어서 오늘날 대부분의 엔진에서 전자제어방식이 채용되고 있다.

여기서는 가솔린엔진 제어시스템에 사용되고 있는 연료계부품을 들어서 그 기술의 개요를 설명한다.

2. 가솔린 분사시스템

오늘날에는 가솔린 분사를 독립적인 시스템이라고 하기보다 엔진을 총합적으로 제어하는 엔진제어시스템(그림 24-1)의 기능중 하나인 서브시스템으로서 존재한다. 크게 나누면 흡기포트에 가솔린을 분사하는 포트분사방식과 엔진의 연소실에 직접 분사하는 실린더내 분사방식의 2종류의 방식이 있다. 실린더내 분사방식에 대하여는 제25장에서 기술하는 것으로 하고, 먼저 포트 분사방식의 구성과 그 부품에 대하여 설명한다.

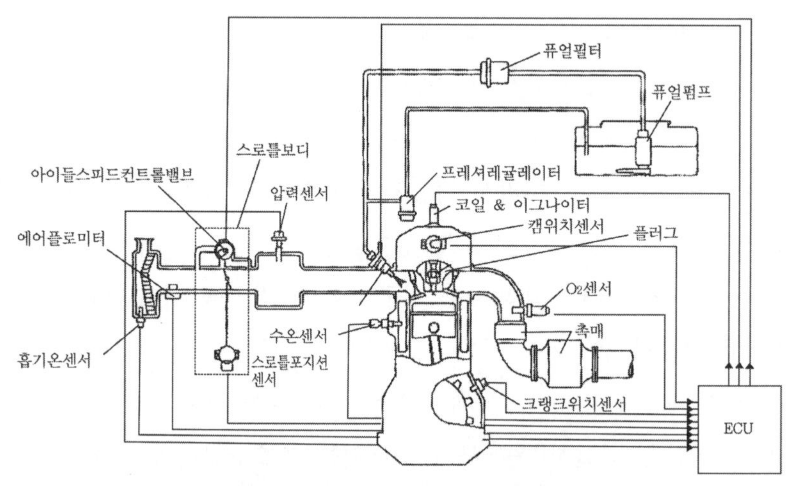

그림 24-1. 각종 밸브 형식개략도

연료탱크내의 가솔린은 퓨얼펌프에 의해 가압되어서 퓨얼라인을 통하여 인젝터에 보내진다. 송유도중에 마련된 퓨얼필터는 가솔린 중에 함유되어 있는 먼지 등 불순물을 여과, 가솔린을 청정화한다.

인젝터에 보내진 가솔린은 프레셔레귤레이터를 거치게 된다. 프레셔레귤레이터는 엔진에 분사되는 연료 이외 잉여의 가솔린을 퓨얼탱크로 되돌리게 함으로써 가압된 가솔린의 압력을 일정하게 유지시키는 역할을 한다.

각 실린더의 흡기포트에 마련된 인젝터는 제어유닛(ECU)으로부터의 지령신호에 따라 가솔린을 흡기밸브를 향해 분사된다. 이와 같이, 각 연료계부품을 작동시킴으로써 엔진의 매 연소사이클마다 바람직한 공연비의 혼합기를 연소실내에 만들어 내는 것이 시스템의 목적이다. 그림 24-2는 가솔린 분사제어에 관련되는 부품과 그 역할을 종합하여 나타낸 것이다.

시스템	부품명	기능
연료계	퓨얼펌프	연료가압, 공급
	퓨얼필터	연료여과
	프레셔 레귤레이터	연료압력조정
	인젝터	연료량조절, 분사
공기계	에어플로미터	흡입공기 유량 계측
	스로틀보디	엔진출력조정(공기량조정)
	아이들스피드 컨트롤밸브(ISCV)	스로틀바이패스공기유량조정
점화계	이그니션 코일&이그나이터	점화에너지 발생, 조정
	크랭크 위치 센서	크랭크각도위치검지
	캠 위치 센서	회전속도검지
제어계	스로틀포지션 센서	스로틀개도검지
	수온 센서	냉각수온도검지
	노크 센서	노킹발생검지
	O_2센서	배출가스중의 산소농도(공연비)검지
	차속센서	차량속도검지
	엔진제어유닛(ECU)	각종신호정보에 따른 연료량, 점화시기, 아이들회전 속도 등을 제어

그림 24-2. 가솔린 분사제어에 관련되는 부품과 그 역할

3. 가솔린 분사의 역사

가솔린 엔진의 연료공급장치로서 카브레터가 사용되어 전자기술이 발달되지 않았던 1950년대까지는 기계식의 가솔린 분사장치가 연구되어 소량이기는 하나 시중판매의 자동차에 탑재, 실용화되기까지에 이르렀다. 1954년부터 생산되어 명차로 찬사받고 있던 메르세데스, 벤츠3000SL에는 그 당시 개발된 기계식 실린더 분사 시스템이 탑재되어 있다.

1950년대에 밴딕스사가 오늘날 널리 사용되고 있는 전자제어식 가솔린 분사시스템의 원형을 확립, 1960년대에 들어오면서, 로버트 보쉬사가 그것을 다시 개량하여 대량생산차에 사용될 수 있는 기술에까지 발전시켰다.

트랜지스터의 발명 등 전자기술의 발전이 시스템기술의 확립에 큰 역할을 하였다. 1967년 VW1600TL에 탑재된 로버트 보쉬제의 전자제어식 가솔린분사시스템에 대량생산차에 탑재된 최초의 예가 되었다.

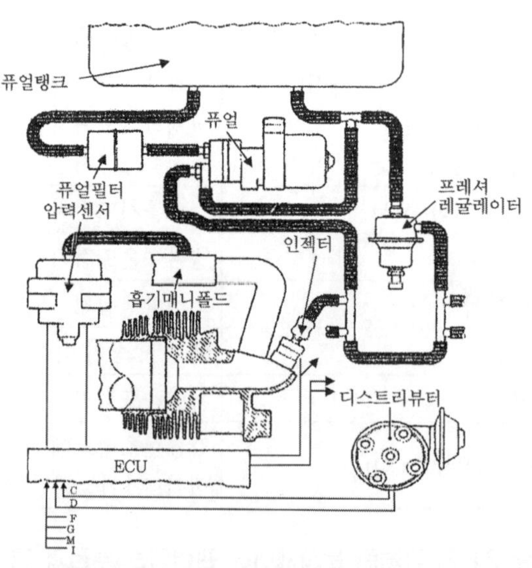

그림 24-3. 로버트 보쉬 제작 전자제어식 가솔린 분사시스템

1970년대에는 대기오염이 심각화되면서 큰 사회문제로 되어 미국이나 일본에서 엄한 배출가스 규제가 실시되었다. 이들의 규제에 맞추어 생산하기 위해서는 종래부터 사용되어 오던 카브레터의 공연비 제어 정확도로는 어렵고 공연비 제어 정확도가 우월한 전자제어식 가솔린분사시스템이 크게 주목되어 급속하게 보급되었다.

1980년대에는 마이컴제어가 도입되면서 제어의 자유도가 대폭적으로 향상되었다. 가솔린분사제어에 더하여 점화시기제어, 아이들회전속도제어, 촉매를 최종적으로 작동시키는 후처리제어 등이 추가되면서 엔진의 운전을 총합적으로 제어하는 엔진제어시스템으로 발전, 오늘날에 이르렀다.

4. 연료계 부품

4.1 연료압력

개별적인 부품기술의 설명에 들어가기 앞서, 인젝터에 보내지는 가솔린의 압력설정에 대하여 설명한다. 인젝터가 정확히 분사량을 조량하고 가솔린을 미립화하기 위하여 가솔린의 압력을 높이는 것이 필요하게 된다. 그림 24-4에 일반적인 가솔린의 온도와 압력에 대한 기액특성을 나타낸다. 그림으로부터 연료압력이 예를 들어서 30kPa과 같이 낮은 경우 20℃와 같은 성분에 있어서도 본래 액체이어야 할 가솔린에 기체가 혼합되었음을 알 수 있다. 인젝터는 액체가솔린이 계량오리피스(Orifice)(그림 24-8에 분구로 표시되어 있다)를 통과함으로써 분사량 특성을 규정하고 있으므로 기체가 혼합되는 것은 혼합비의 불균질로 이어진다.

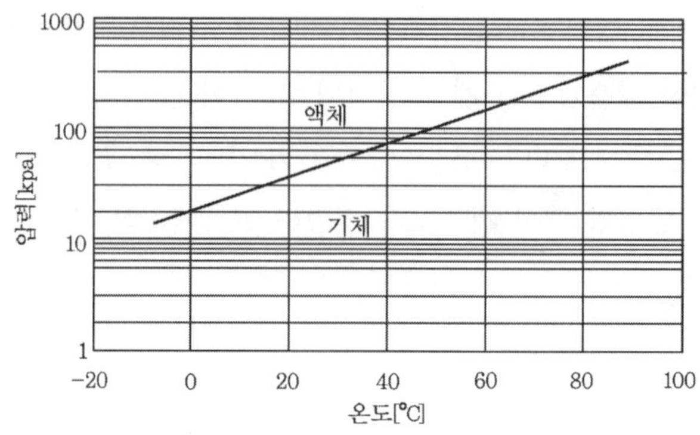

그림 24-4. 가솔린의 온도와 압력에 대한 기액특성

운전 중 엔진룸내의 온도를 80℃라 하면 그 조건하에서 가솔린을 액체 상태로 유지하는 데는 개략적으로 250kPa 이상으로 압력을 높여야 할 필요가 있음을 알 수 있다. 이와 같은 사실은 80℃의 분위기에서 인젝터의 조량이 확실하게 이루어지기 위해서는 인젝터내 가솔린의 압력을 250 kPa 이상으로 해둘 필요가 있음을 의미한다.

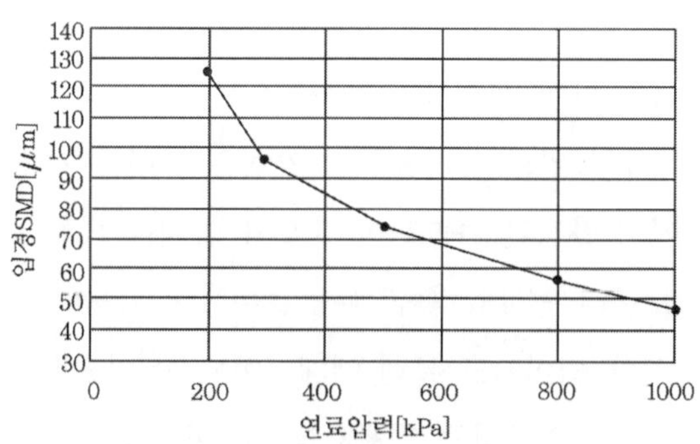

그림 24-5. 연료압력에 대한 분무입경

그리고 그림 24-5에 연료압력에 대한 대표적인 인젝터의 미립화특성을 나타낸다.

압력이 높을수록 미립화가 촉진되나, 이들의 요구로부터 볼 때에는 압력의 설정을 높게 하는 것이 좋으나, 압력이 높아질수록 누출이 없도록 퓨얼라인의 이음매부분의 신뢰도를 높일 필요가 있고, 코스트가 그만큼 상승하게 되므로 최적의 압력을 선정, 사용되고 있다. 250kPa에서 400 kPa 사이의 압력이 선정되어 있고 현재 300kPa 전후의 압력이 가장 많이 사용되고 있다.

4.2 퓨얼라인

퓨얼탱크와 엔진을 이어주는 것이 퓨얼라인이고 여기에 접속되어서 작동하는 부품을 연료계 부품이라 한다. 그들의 역할에 대해서는 가솔린분사시스템의 장에서 이미 기술되어 있다. 퓨얼라인의 구성은 크게 나누어서 2종류의 방식이 있고 각각 리턴방식과 리턴리스방식이라 한다(그림 24-6).

리턴방식은 오랫동안 사용되어오고 있는 방식으로, 잉여의 가솔린을 다시 퓨얼탱크에 되돌리는 퓨얼라인을 가지고 있다. 다른 방식인 리턴리스방식은 퓨얼탱크로 되돌리는 라인이 없는 방식으로 엔진에서 가열된 가솔린이 탱크로 되돌아가지 못하므로 운전중의 가솔린 탱크내 온도를 낮게 억제시켜야 하고 따라서 유해한 증발 가솔린의 발생을 저감시킬 수 있다.

그리고 탱크로 되돌아가는 라인이 필요하지 않으므로 코스트가 낮아질 수 있고 탱크의 위치에 퓨얼펌프, 퓨얼필터, 프레셔레귤레이터를 집적하여 간결하게 구성할 수 있는 등 많은 이점이 있다. 그러나 리턴리스방식에는 큰 결점이 있다. 산악지대의 주행 등 엔진의 고부하운전직후 엔진을 정지시킨 후에 엔진룸이 고온이 되고 퓨얼레일 내에 기포가 다량으로 발생한다. 이 상태에서 다시 엔진을 재시동(고온재시동)하는 경우, 리턴 방식인 때에 발생된 기포는 리턴라인에서 퓨얼탱크로 빠져나가게 되나 리턴리스방식에서는 기포가 인젝터로부터 분사될 수밖에 없으므로 기포를 분사하고 있는 동안은 엔진에 적정한 연료를 공급하지 못하게 되고, 따라서 결과적으로 고온 재시동이 곤란하게 되는 경우가 있다.

연료압력을 높게 설정하면 기포가 잘 발생되지 않는 것은 이미 기술한 바 있다. 근년의 퓨얼펌프의 성능, 내구성이 개량되어 300kPa을 초과하는 연료압력이 설정될 수 있으므로 리턴리스방식의 채용이 급속하게 진전되고 있다.

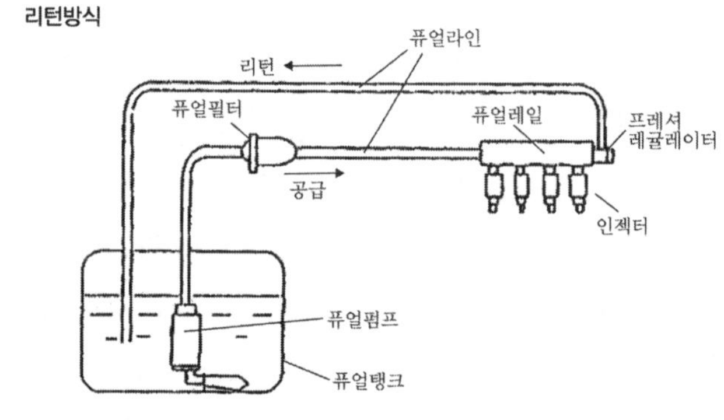

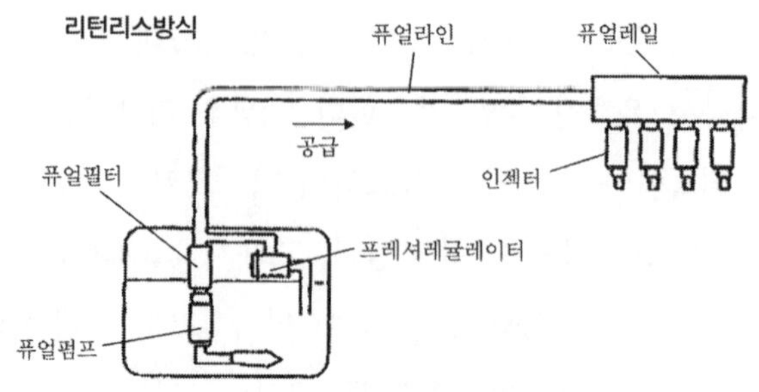

그림 24-6. 퓨얼라인의 구성

4.3 인젝터

포트분사시스템에 사용하는 여러 가지 설계의 인젝터가 세계의 부품메이커에서 제작되고 있으나 기본방식은 모두 ON-OFF형의 전자밸브이다.

그림 24-7에 1960년대부터 1980년대까지 주로 사용된 핀틀형 인젝터의 단면도를 나타낸 것이다.

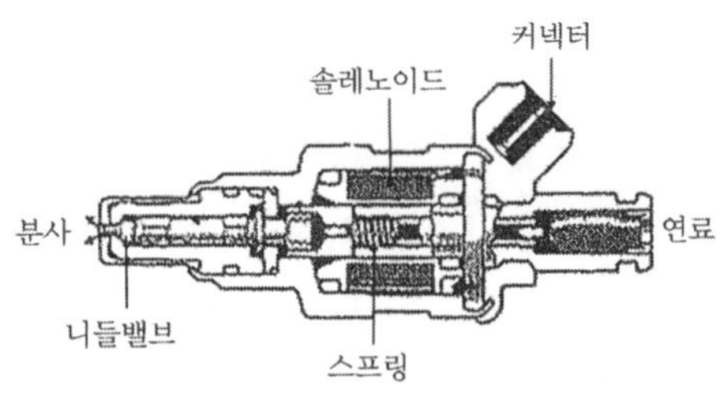

그림 24-7. 핀틀형 인젝터

그 작동에 대하여 그림 24-8에 나타낸 모식도를 사용, 설명하면 다음과 같다.

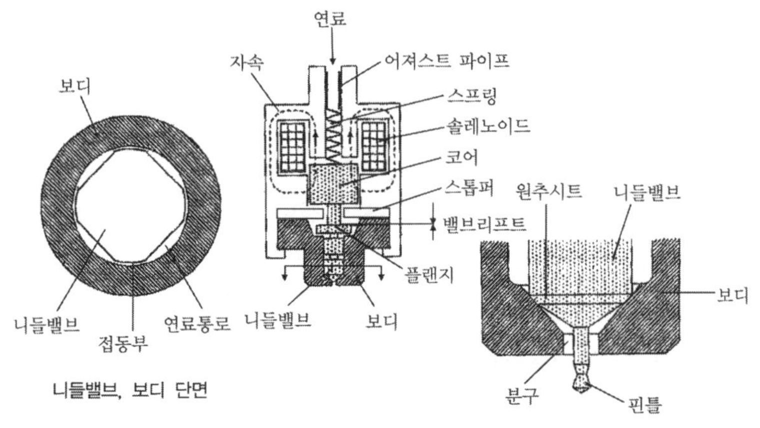

그림 24-8. 인젝터 모식도

솔레노이드에 통전되지 않는 상태에서의 니들밸브는 수N의 하중으로 세팅된 스프링으로 그림에서 아래쪽으로 눌려서 원추시트부에 밀착되어 있다.

그림 중의 위방향으로부터 공급되는 300kPa의 정도로 가압된 연료는 니들밸브와 보디 사이에 마련된 연료통로를 통해 원추시트에 도달하고 있다.

원추시트는 인젝터의 수억회의 밸브개폐 작동에 견되고, 더구나 300kPa 이라고 하는 연료압력하에서 충분한 유밀을 확보할 것이 필요하다.

이 때문에 니들밸브, 보디 어느 것이나 담금질(Quenching)은 실시한 스테인리스계 재료를 사용하고 있고, 원추시트부는 극히 미세한 면조도로 다듬질되어 있다. 전기펄스를 주었을 때에는 니들밸브의 꼭지부 코어가 위쪽으로 끌어 당겨짐으로써 원추 시트부에 틈새를 형성, 연료가 분사된다. 이때 니들밸브는 수N의 스프링하중과 300kPa의 연료압력에 이겨서, 신속한 동작을 할 필요가 있어서 자속이 지나는 통로에는 전자스테인리스 등의 재료를 사용하고 있다. 그리고 니들밸브와 보디의 접동부는 미끄러운 접동을 시키기 위해 정밀한 연삭가공이 이루어지는 외에 니들밸브와 보디와의 접동부 틈새는 미크론단위로 관리된다. 니들밸브의 응답을 동일하게 하기 위해 제작의 단계에서 어저스트 파이프 위치를 달리함으로써 스프링하중을 조정한다.

밸브열림시 단위시간당의 분사유량은 선단의 밸브틈새와 밸브리프트에 의해 결정된다. 밸브극간(분구)은 니들부 선단의 핀틀과 보디에 의해 형성되는 원통 극간으로 형성되어 있다. 한편 밸브리프트는 니들밸브의 플랜저가 스톱퍼에 접촉하는 데 따라 규정된다. 분사유량이 매분 200cm^3 (연료압력 300kPa)의 경우, 밸브틈새는 약 50㎛로 설계되어 밸브리프트는 약 90㎛로 조종되어 있다.

분사된 후 20°의 원추분무가 얻어지도록 니들의 선단은 원추형상으로 가공되어 있다.

그림 24-9는 전기펄스를 주었을 때의 솔레노이드를 흐르는 전류와 니들밸브의 응답거동을 나타낸 것이다. 솔레노이드에 통전되면 전류의 솟아오름 지연 후 솔레노이드에 의한 흡인력이 스프링 하중이나 연료압력에 이겨서 니들을 끌어올린다. 통전을 개시하고부터 1ms를 초과하는 곳에서 니들밸브의 플랜저가 스페이서에 충돌, 바운스된 후 스페이서의 위치에서 정지한다. 이 사이 앞에서 기술한 원추시트부는 일정한 면적으로 열림이 계속되고 연료를 분사한다. 이때 솔레노이드를 흐르는 전류는 최대 1A에 달하고 흡인력은 수10N이나 된다. 통전을 멈추면 서서히 빠져나가는 자속에 의한 흡인력과 스프링하중이 평형을 이루는 시점으로부터 니들밸브는 닫히기 시작한다. 원추시트부에서 니들밸브와 보디가 충돌, 밸브의 열릴 때와 같은 모양으로 바운스하여 밸브의 닫힘동작을 종료한다.

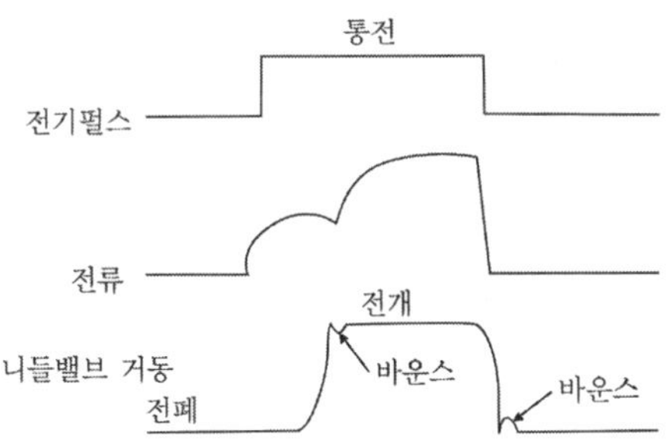

그림 24-9. 인젝터를 흐르는 전류와 니들밸브의 거동

그림 24-10은 전기펄스시간에 대한 분사량의 특성을 나타낸다. 2ms 이상의 펄스시간의 경우는 펄스시간과 분사량은 직선관계를 나타내고, 펄스시간을 제어하는 데 따라 분사량이 정확하게 제어된다. 2ms 이하의

펄스시간에서는 밸브의 열림시의 바운스 중에 밸브의 닫힘 동작이 시작되기 때문에 니들밸브의 거동이 불안정하게 되고 분사량이 불안정한 특성 영역이 되기 때문에 통상 제어에는 사용하지 않는다.

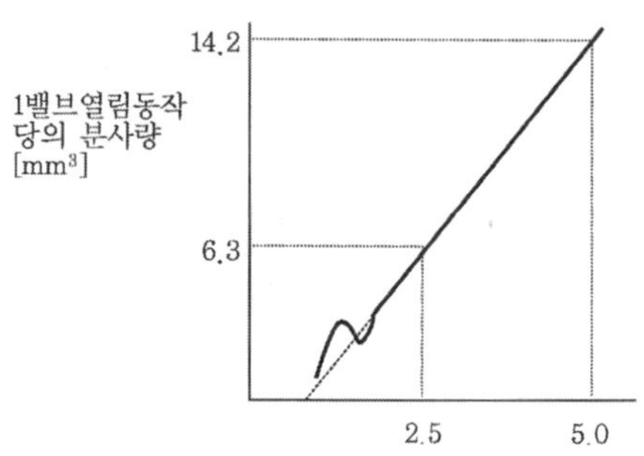

그림 24-10. 전기펄스와 분사량과의 관계

그림 24-11에 현재 사용되고 있는 인젝터의 대표적인 한 예를 들어서 그 단면도를 나타낸 것이다.

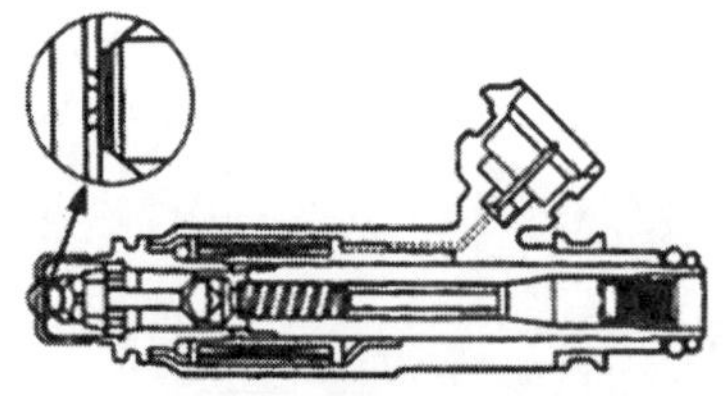

그림 24-11. 인젝터

기본적인 구조나 작동원리는 앞에서 기술한 예와 달라진 것이 없으나, 여러 방법을 연구하여 개량이 진척되고 있다. 시뮬레이션을 사용한 자기회로 구조의 최적화나 레이저용접을 사용한 접합방식의 채용 등에 의해 소형화와 부품점수의 저감을 이루고 있다. 가솔린을 조량, 분사하는 부분은 방식이 변경되어 있다.

두께 0.2㎜의 블레이드에 뚫려 있는 4개의 원형 구멍에 의해 분사량을 조절, 분사된다.

시트부로부터 흘러오는 가솔린을 블레이드에 충돌시켜서 흐름에 터뷸런스를 부여, 분사된 후 미립화가 진행되도록 설계되어 있다. 분무의 미립화 특성은 그림 24-5에 이미 표시하였다. 니들밸브도 경량화하고 밸브의 응답성을 높이는 데 따라, 분사량이 직선관계를 나타내는 하한의 펄스시간을 1.7ms까지 단축되도록 되어 있다.

4.4 퓨얼펌프

가솔린분사장치가 실용화된 당초는 퓨얼라인 도중에 인라인식 펌프를 장착하여 사용하였다. 이 경우 가솔린을 빨아올리는 능력을 펌프에 가지도록 할 때 필요가 있고, 빨아올리는 부압에 의하여 가솔린 펌프의 페이퍼라이징이 발생, 펌프의 능력을 저하시키는 문제를 개선하여야 하는 결함이 있었다. 소형의 펌프가 설계되어, 1980년대 후반 이후는 가솔린 탱크내에 펌프를 내장, 가솔린에 담가서 사용하는 인탱크(In Tank)식 펌프가 많이 사용되도록 되었다.

그림 24-12에 인탱크식으로서 현재 가장 많이 사용되고 있는 터빈펌프의 단면도와 주요한 사양을 나타낸다. 터빈펌프 부분과 12V로 구동되는 직류모터 부분으로 되어 있다.

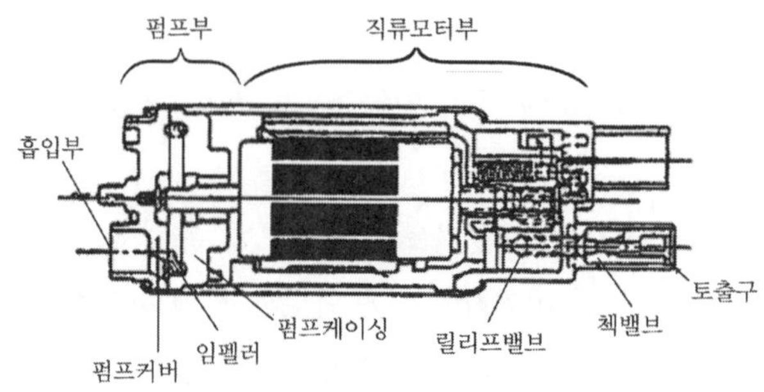

그림 24-12. 터빈펌프

흡입구를 통해 흡입된 가솔린은 터빈펌프에서 가압되어, 모터부분을 통한 다음 토출구로부터 압송된다. 가솔린이 모터부를 흐르게 되어 있어서 냉각에 도움이 된다. 가솔린과 전선의 접촉으로 불이 날 염려가 있으나 액체가솔린 중에서는 가연혼합기보다 산소가 대단히 부족한 상태이고 따라서 착화의 위험성은 없다. 그리고 가솔린탱크내에 탑재되어 있음으로써 퓨얼펌프로부터의 미소량의 연료누출에는 무관심하여도 되도록 되어 있으므로 토출구에 마련된 체크밸브는 엔진의 정지와 함께 펌프가 정지되어도 잠시 동안은 퓨얼라인의 압력이 높아진 그대로가 지속되는 상태를 유지, 다음 시동을 용이하게 하는 작용을 한다.

릴리프밸브는 만일의 사고 등으로 퓨얼라인이 폐쇄되었을 때 압력이 과도하게 상승, 이로 인해 가솔린의 누출이 발생되는 것을 가솔린을 바이 패스시킴으로써 의해 방지되는 역할을 한다.

터빈펌프는 액체의 점성과 원심력에 의하여 생기는 관성을 이용, 액체를 가압, 토출한다(그림 24-13). 터빈펌프는 바깥둘레부에 블레이드를 가진 수지제의 원판(임펠러)과 그것을 집어넣은 알루미늄제의 케이싱으로 구성된다. 임펠러가 회전하면 케이싱과 블레이드 홈과의 사이에 구성되는 공간에는 원심력에 의해 가솔린의 스월(swill)이 발생, 이 스월에 의해 압력이 토출된다. 임펠러는 7,000rpm에서 8,000rpm으로 회전한다. 이 방식은 기어펌프가 체적형 펌프에 비해 토출 때 발생되는 압력 맥동이 작고, 뿐만 아니라 맥동의 주파수가 높아서 맥동이 배관 등을 진동시켜서 생기는 소음을 작게 할 수 있다.

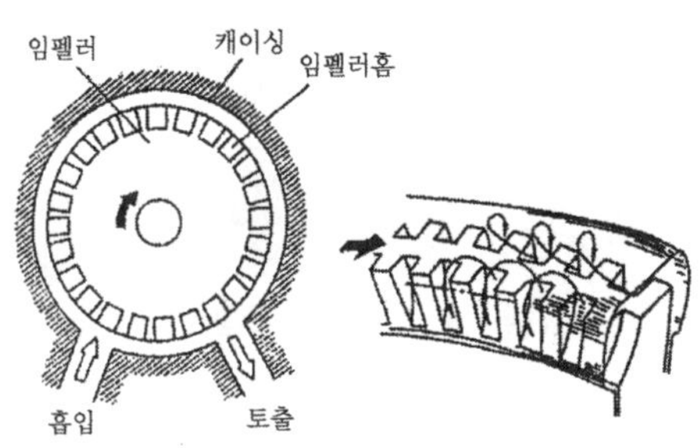

그림 24-13. 터빈펌프의 작동원리

4.5 연료공급 모듈

최근의 자동차부품 모듈화를 하면서 연료계부품의 분야에 있어서도 모듈화가 진행되어 가고 있다. 그림 24-13에 리턴리스 방식의 연료공급모듈의 한 예를 나타낸 것이다. 퓨얼펌프, 프레셔 레귤레이터, 퓨얼필터 및 연료잔량계를 배관기능이나 탱크에 대한 부착기능을 가지게 한 수지제의 하우징에 집적화시키고 있다.

퓨얼필터는 모듈을 콤팩트하게 집약시키기 위해 반원통형의 형상으로 설계되어 있다. 모듈화에 의해 종래에 비하여 접속이나 탑재를 위한 부품이 대폭적으로 저감된다. 그리고 모듈의 단위로 자동차 메이커에 납입하기 위해 자동차의 조립라인의 공수가 적어도 된다고 하는 것 또한 이점이다.

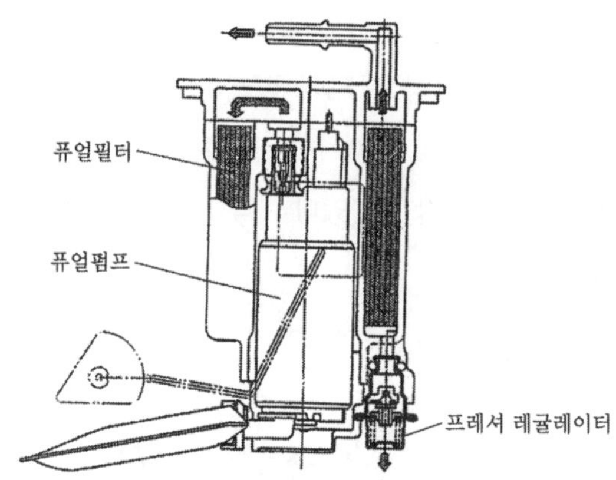

그림 24-14. 연료공급모듈

5. 가솔린 실린더내 분사에 사용되는 연료계 부품

1996년 8월에 일본(미츠비시) 자동차 메이커가 가솔린 실린더내 분사 엔진을 탑재한 차의 판매를 개시, 동년 12월에는 도요타자동차, 1997년 12월에는 N자동차도 판매를 개시하는 데 따라 장래의 유망한 엔진으로서 가솔린 실린더내 분사엔진이 주목을 모으게 되었다. 오늘날에는 세계의 자동차메이커나 자동차부품메이커는 이 엔진이나 부품의 개발에 열을 다하고 있다. 이 장에서는 가솔린 실린더내 분사엔진에 사용되고 있는 연료계 부품을 들어서 그것들의 기술개요를 설명한다.

가솔린 실린더내 분사 엔진제어시스템에는 5MPa부터 12MPa 사이에서 연료압력을 선정, 사용된다. 가압된 가솔린을 각 실린더의 연소실에 직접 분사하여 혼합기를 만드는 방식을 취하기 때문에, 연소실에 가솔린을 직접 분사하는 고압 인젝터와 가솔린을 고압으로 만드는 고압펌프가 새롭게 필요하게 된다.

5.1 고압 인젝터

기본 구조와 작동은 포트 분사용 인젝터와 다를 것이 없으나, 분사위치가 연소실이 되고 부착위치가 달라지는 것, 취급되는 가솔린의 압력이 포트분사의 10배 이상으로 되는 것, 뒤에 기술한 바와 같이 성층연소를 성립시키기 위하여 분무형성에 대한 요구등이 증대되는 데 따라, 새로운 연구를 더한 설계가 필요하게 된다.

그림 24-15에 고압인젝터의 외관을 나타낸다. 실린더 헤드에 확실하게 부착하기 위하여 본체부분의 강성을 높이고, 연료의 기밀성을 위하여 O링의 지름도 크게 만들어져 있다. 성층연소를 성립시키기 위하여 압축공정에서 가솔린을 피스톤의 凹부에 향해 단시간에 분사, 피스톤의 상승에 동반하여 연소실 상부의 점화플러그 근방에 점화에 적절한 혼합기를 만들 필요가 있다(그림 24-16). 그렇게 하기 위하여는 높은 응답으로 니들밸브를 작동시킬 필요가 있다.

그리고 분사하고부터 점화까지의 지극히 짧은 시간에 가솔린을 증발시키기 위하여 약 20㎛ 레벨의 미립화가 요구되고, 분무의 모양이나 방향도 성층연소의 콘셉트에 맞는 사양이 요구되어진다.

고응답을 얻기 위하여는 전기펄스를 주었을 때 높은 전자력이 발생되도록 자기회로를 강화한 설계를 하고 이와 함께 구동회로에 인가전압을 높혀서 솔레노이드에 흐르는 전류의 솟아오름을 빠르게 하는 승압회로를 추가하고 있다. 미립화는 니들의 밸브가 열리는 근방에 선회류를 발생시키는 스월기구를 마련할 것과 포트분사의 10배 이상의 압력으로 분사시킴으로써 목적을 달성하고 있다.

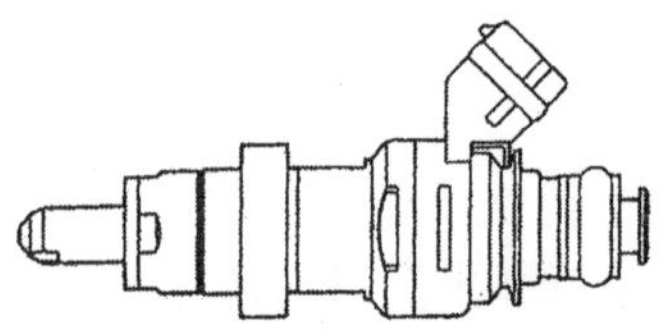

그림 24-15. 고압 인젝터

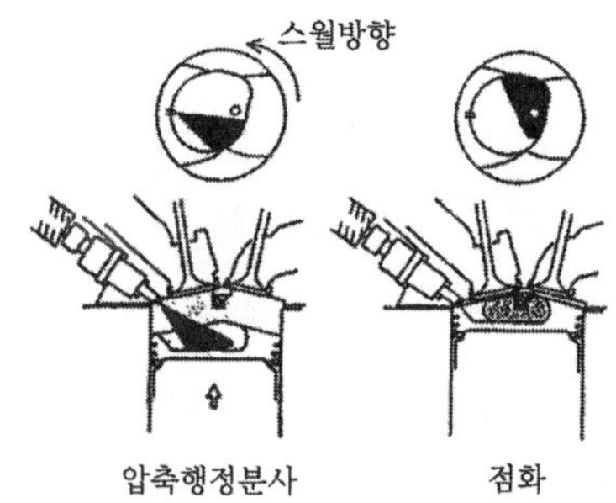

그림 24-16. 성층연소의 혼합기 형성

5.2 고압펌프

그림 24-17에 고압펌프의 외관도와 작동설명도를 나타낸다. 고압펌프는 실린더헤드에 탑재되어, 배기밸브를 구동하는 캠축에 만들어진 전용의 캠에 의해 플런저를 왕복시켜서 가솔린을 승압한다. 플런저가 상승하는 도중에 솔레노이드에 전기펄스를 가하면 솔레노이드 밸브가 닫히면서 내부의 가솔린이 압축되어 승압되어 첵밸브를 밀고 열려서 가솔린이 고압퓨얼레일에는 토출되고 고압퓨얼레일에 접속된 고압인젝터에 공급된다.

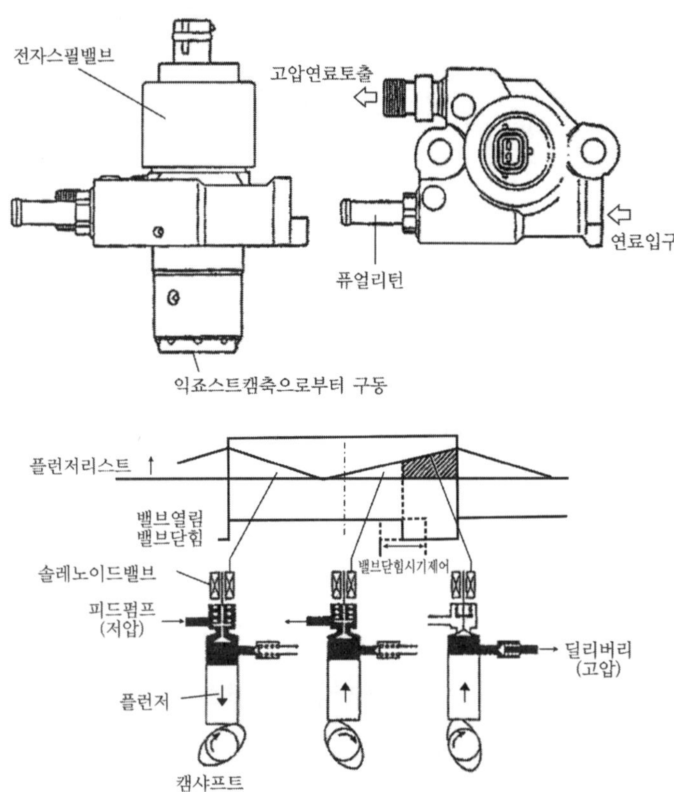

그림 24-17. 고압펌프와 작동원리

고압퓨얼레일에는 압력센서가 부착되어 있고 센서신호에 따라서 솔레노이드에 가해지는 전기펄스의 시간과 가해지는 타이밍을 제어하는 데 따라 가솔린의 압력이 조정된다.

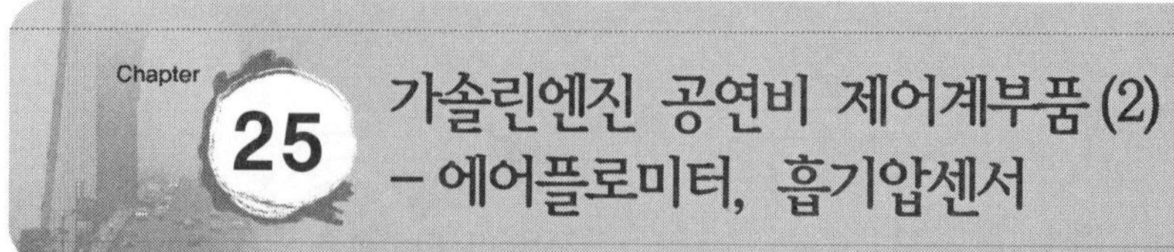

가솔린엔진 공연비 제어계부품 (2) - 에어플로미터, 흡기압센서

1. 머리말

근년 지구환경보호의 필요성이 더욱 활발하게 논의되고 그로 인해 자동차용 가솔린엔진에도 배출가스 저감과 연비향상의 요구가 더욱 강하게 요구되고 있다.

현재의 가솔린엔진 제어시스템에는 엔진의 흡입공기량을 센서로 계측하여 그 정보를 기본으로 컴퓨터가 산출한 가솔린량을 엔진에 공급하는 기구로 되어 있다. 따라서 흡입공기량을 어떻게 정확도 높게 측정하는가 하는 것이 출력, 배출가스, 에미션, 연비 등 엔진성능을 좌우한다.

다음은 엔진에 흡입되는 공기량을 계측하는 방법으로서 주로 쓰이는 2가지의 방식, 즉 직접공기량을 계측하는 방식인 에어플로미터와 흡기관내 부압을 계측하여 간접적으로 공기량을 추정하는 방식에 쓰여지는 흡기압센서를 소개한다.

2. 에어플로미터

에어플로미터는 엔진제어시스템의 구성부품으로서 엔진의 공기흡입구, 즉 에어클리너와 스로틀보디와의 사이에 설치되어(그림 25-1) 엔진으로부터 흡입공기량을 직접 계측한다.

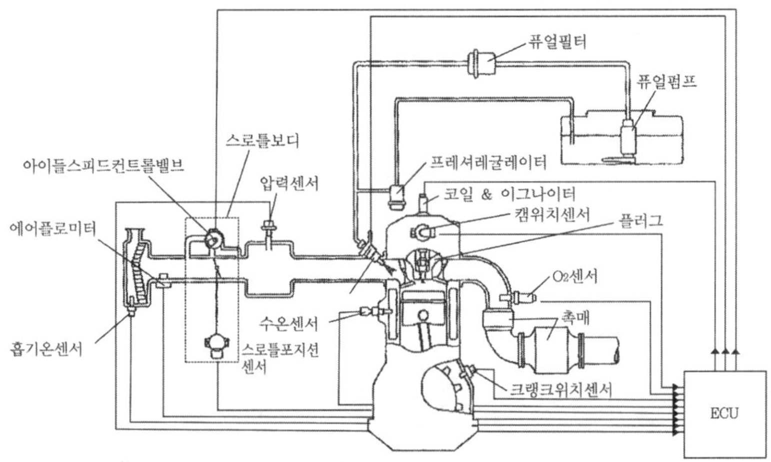

그림 25-1. 엔진제어시스템의 예

2.1 에어플로미터의 역사

일반적인 유량계와 달리 그림 25-2에 나타내는 것과 같은 엔진의 왕복운동에 의해 발생하는 간결류를 운동조건, 환경의 변화에 대한 온도, 압력의 변동이나 공기중의 더스트의 영향 등을 고려한 구조에 의해 정확도 높은 계측은 할 필요가 있다.

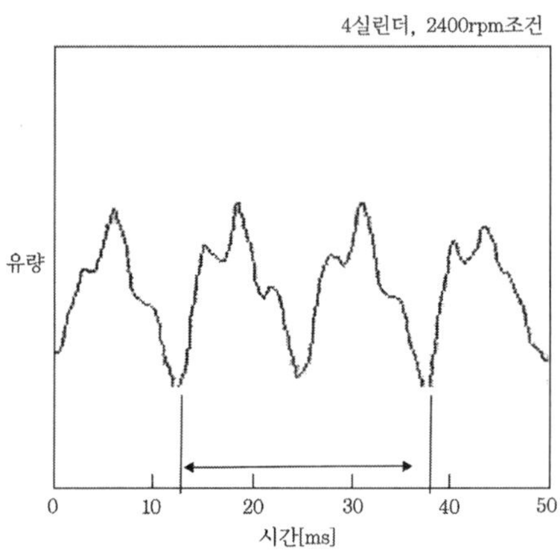

그림 25-2. 엔진 간결류

그것에 알맞도록 한 것으로 여러 가지 방식의 것이 고안되었다. 그 가운데 가솔린 분사시스템의 초기(70년대)에는 그림 25-3에 나타내는 베인식이 독일의 BOSCH사에 의해 실용화되었다. 공기류의 항력을 받아서 베인이 열리고 그 개도를 유성신호로서 검출하는 원리로서 간결류도 평균적으로 계측 가능한 에어플로미터로서 많이 사용되었다.

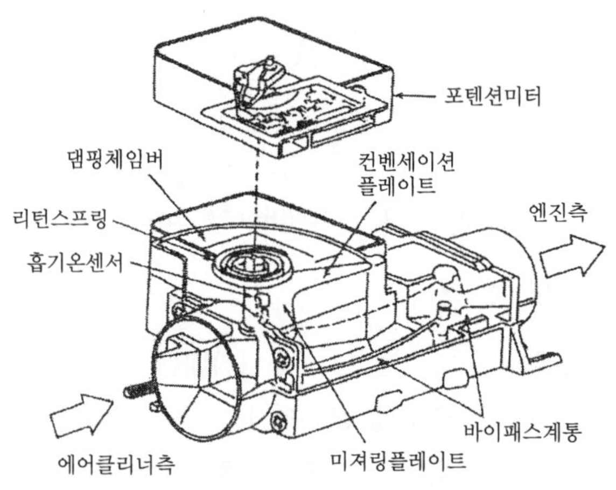

그림 25-3. 베인식 에어플로미터

그 후 엔진분야에도 일렉트로닉스화의 파도가 밀려오면서 전자부품의 소형화, 저코스트화에 의하여 실용화가 진행, 열선식 에어플로미터로 대체되었다.

다음은 현재 주류로 되어 있는 열선식 에어플로미터의 계측원리와 구조, 구체적인 설계예를 소개한다.

2.2 계측원리

공기의 흐름 속에 발열체를 놓으면 발열체는 공기에 열을 빼앗기면서 냉각된다. 발열체의 주변을 통과하는 공기량이 많으면, 빼앗기는 열량도 증가한다. 이 발열체와 공기 사이의 열전달현상을 이용한 것이 열선식 에어플로미터이다.

공기량계측용의 센싱엘리먼트로서는 주로 백금선 저항체가 쓰여진다. 그 이유는 백금이 산화가 잘 안되고 또한 안정된 온도저항특성을 나타내기 때문이다. 많은 경우 2개의 백금선을 공기의 흐름속에 놓도록 설계된다. 한편 발열체(열선)로서 또 다른 쪽은 흡기의 온도를 검출하는 온도계로서 이용하며, 어떠한 공기유량에 있어서도 발열체의 온도가 공기의 온도보다 일정온도로 높여 유지되도록 공급전력을 제어한다. 즉 공기유량이 커질수록 일정 온도차를 유지하기 위해서는 많은 전력을 공급할 필요가 있고, 이 전력을 공기량과 임의의 함수관계를 가지는 출력으로서 다룰 수 있다. 이것을 물리의 법칙에 따라 상세히 설명하면 다음과 같이 된다.

기본원리를 그림 25-4에 나타낸다. 공기류 속에 놓여진 발열체(열선)로부터의 공기로의 열전달계수를 일반적으로 King의 식이라 불리우는 다음으로 나타낸다.

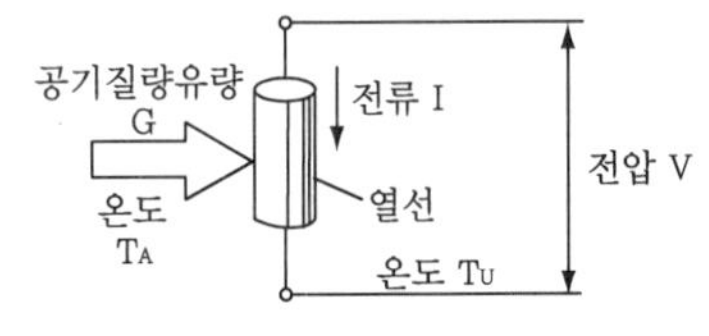

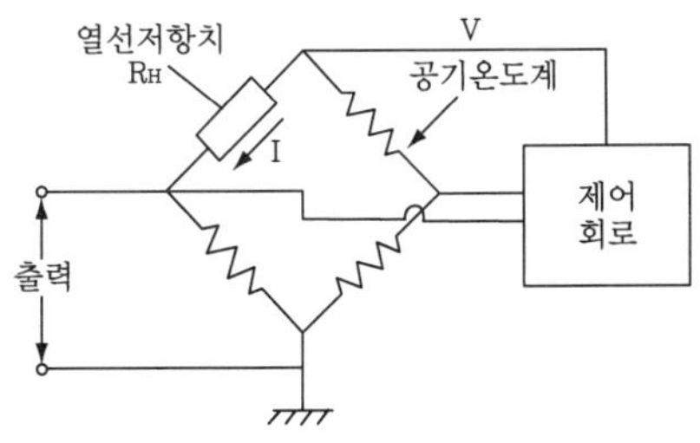

그림 25-4. 계측의 기본원리

$$h = \alpha + \beta\sqrt{G} \quad \cdots\cdots \quad 25\text{-}1$$

h : 열전달계수 α, β : 정수
G : 공기질량유량

다음에 열선에 공급되는 전력도 공기에 빼앗기는 열량과의 열밸런스를 생각하면

$$V \cdot I = (\alpha + \beta\sqrt{G}) \cdot A \cdot (T_H - T_A) \quad \cdots\cdots \quad 25\text{-}2$$

V : 열선인가전압 I : 열선전류
A : 열선방열부 표면적 T_H : 열선온도
T_A : 공기온도

온도차 $(T_H - T_A)$를 열선과 흡기온검출부 2개의 저항체의 변화로서 호이스톤브리지를 구성하여 검출, 온도차를 일정하게 유지하도록 전류 I를 제어한다. 온도차가 일정하면 식 25-2에 의하여

$$V \cdot I \propto \alpha + \beta\sqrt{G} \quad \cdots\cdots \quad 25\text{-}3$$

이 되고 열선에 걸리는 전압 V는

$$V = I \cdot R_H \quad \cdots\cdots \quad 25\text{-}4$$

R_H : 열선의 저항값

전류 I를 검출출력으로 하면

$$I \cdot \propto \sqrt{} \ (\alpha + \beta\sqrt{G}) \quad \cdots\cdots \quad 25\text{-}5$$

가 되고 이 출력은 공기 질량유량 G의 함수로 되기 때문에, 공기밀도의 보정하는 일 없이 필요한 공기유량이 얻어진다.

2.3 제품의 구성

계측원리로서는 대학의 유체공학계열 실험실 등에서 잘 쓰여지는 열선 프로프와 거의 동일하나, 제품화에 있어서는 엔진흡입공기량을 정확도 높게 계측하기 위한 연구가 계속 이어지고 있다. 실제로는 여러 가지의 구조가 있으나 이 장에서는 그림 25-5에 나타내는 에어플로미터를 예로 들어서 구조를 해설한다.

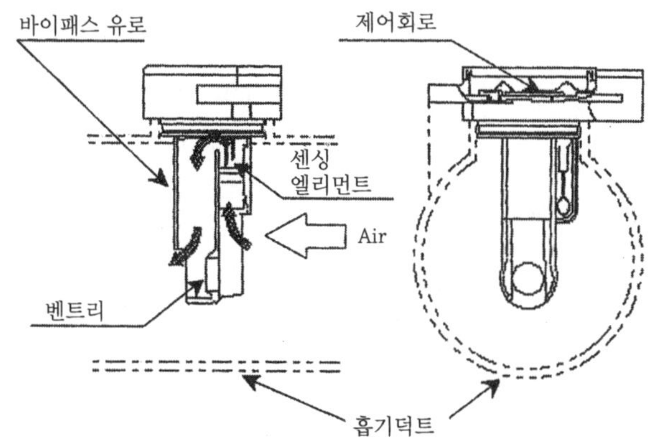

그림 25-5. 열선식 에어플로미터의 구조

센싱엘리먼트인 발열체(열선)와 흡기온도 검출체는 공히 백금의 세선을 세라믹의 보빙에 권선한 저항체(보빙센서)로 되어 있고, 그 표면을 글라스로 코팅하여 엔진의 가혹한 환경하에서의 사용에 견딜 수 있는 신뢰성을 확보하고 있다.

센싱엘리먼트는 엔진의 흡기관에 설치, 바이패스 유로내에 놓여진다. 흡기관의 외부에 놓여져서 발열체를 제어하는 회로부와 전기접속시키는데 따라 제품으로서의 기능을 가진다.

제어회로부는 앞에서 설명한 것과 같이, 센서와의 브리지를 형성하는 부분과 센서출력을 증폭하여 엔진컴퓨터로의 유량신호로 하는 앰프부로 성립되어 있다.

그림 25-6에 그림 25-5의 에어플로미터내의 공기류의 3차원 시뮬레이션의 한 예를 나타낸다. 엔진 흡기관내를 흐르는 공기가 에어플로미터를 통과할 때, 유로단면적의 감소에 의해 국소적으로 유속이 빨라지는 부위(벤트리)를 마련한다. 그곳을 바이패스 유로의 출구부로 설치하면 입구부와의 1~50℃에서 생기는 압력차에 의해 엔진으로 흡입되는 공기의 일부가 바이패스 유로내 도입된다. 이 압력차는 엔진에의 흡입공기량에 물리적인 상관관계가 있고, 따라서 바이패스 유량도 엔진흡입공기량과 획일적으로 상관관계에 있게 된다.

그리고 바이패스 구조의 흐트러짐으로써 상류의 에어클리너에 의해 형성되는 흐름의 공간적인 치우침을 평균화할 것, 흐름의 터뷸런스를 저감(완화), 공기류의 관성작용을 가지도록 하는 것이다.

공기의 흐름은 통상 눈으로 보아서 확인하기가 어렵고, 종래는 흐름의 가시화 실험 수법이 사용되어 왔으나 엔진간결류의 재현이 어려웠다. 그리하여 최근에는 그림 25-6에 예를 나타낸 유동해석 등을 유효하게 활용하는 것이 가능하게 되어 바이패스 형상의 설계에 있어서도 최적형상의 선정, 그 효과의 예측에 생성되고 있다. 앞으로 3차원 CAD에 의한 제품의 모델화와 더불어 비정상상태를 포함하는 3차원의 유동해석이 보다 활용될 것이다.

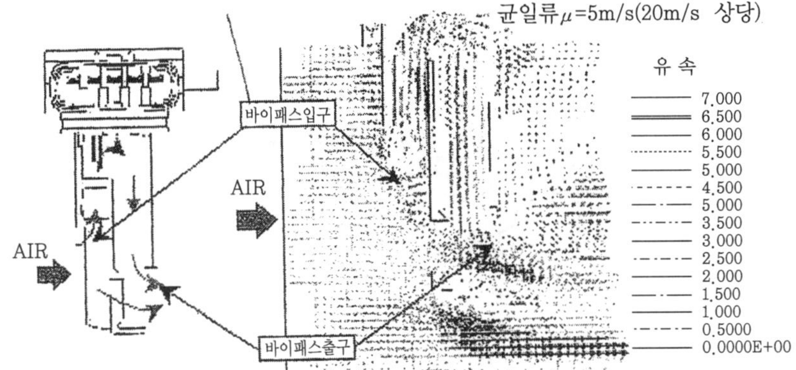

그림 25-6. 유동시뮬레이션의 예

3. 흡기압센서

흡기압센서에 의한 공기량의 측정은 "흡기관내 부압(-압)이 엔진 1행정당의 흡입공기량과 대체로 비례한다"라고 하는 원리에 기초하고 있다. 스로틀밸브 하류의 흡기관내 부압을 흡기압센서로 검출하고, 이것과 엔진의 회전속도로부터 간접적으로 흡입공기량을 산출하는 셈이다.

여기서는 흡기압센서의 구조와 검출원리 및 센서 디바이스의 설계와 제조기술에 대하여 가능한 한 이해하기 쉽게 해설한다.

3.1 전체구조

흡기압센서의 구조에는 각 회사에 따라 여러 가지의 것이 있다. 그림 25-7에 나타내는 구조를 한 예로 들어서 설명한다.

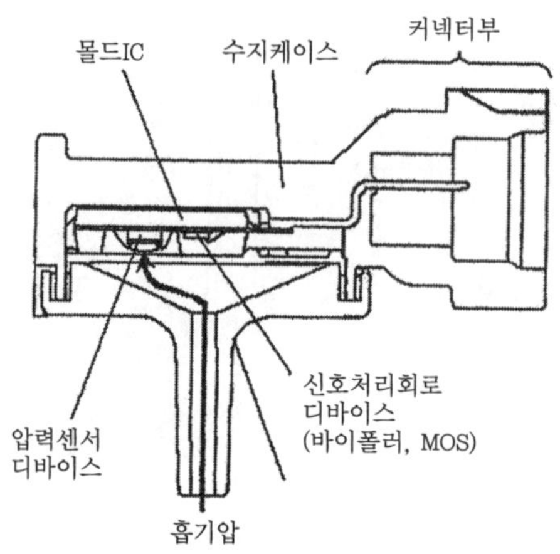

그림 25-7. 흡기압센서의 구조

이 센서는 커넥터부를 가지는 수지케이스에 센서의 심장부인 몰드IC와 흡기압을 도입하는 포트가 접착, 고정되고 몰드IC의 전원 · GND · 압력 신호출력의 3단자가 수지케이스에 인서트된 커넥터 터미널에 용접되어 있다.

몰드IC에는 압력을 감지하는 압력센서 디바이스가 몰드의 일부에 마련된 엠보싱부에 접착제로 고정되어 있다. 그리고 신호처리회로 디바이스로서 압력센서 디바이스로부터의 신호를 증폭하는 바이폴러 IC와 센서의 특성을 조정하기 위하여 고유데이터를 기억시킨 MOS IC가 몰드내에 조립되어 있다.

3.2 압력센서 디바이스의 구조

그림 25-8에 나타내는 것과 같이 압력센서디바이스는 2~3mm 4방의 실리콘팁과 받침대유리로 되어 있고 실리콘팁은 중앙부를 살두께가 얇게 가공하여 성형한 다이어프램으로 되어 있다. 이 실리콘팁은 열팽창계수

가 실리콘에 대단히 가까운 받침대 글라스와 접합되고 다이어프램 아래에 캐비티가 형성되어 있다.

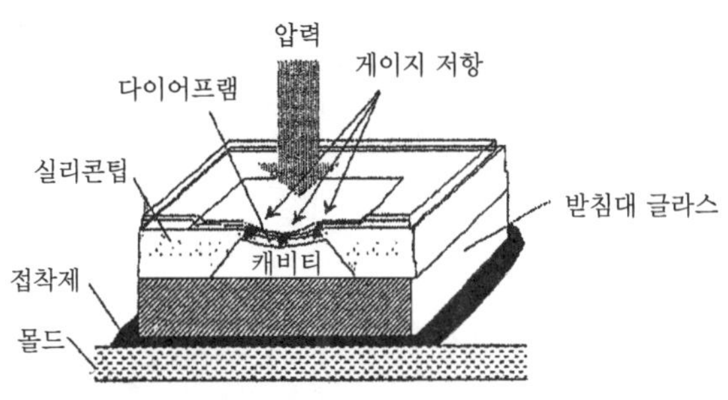

그림 25-8. 압력센서 디바이스의 구조

다이어프램 위에는 게이지 저항이라 불리우는 확산저항이 일체적으로 형성되어 있다. 압력이 다이어프램 표면에 인가되면 다이어프램이 변형, 이것을 게이지 저항의 저항값의 변화로 검출한다. 이 검출원리를 아래에 설명한다.

3.3 검출원리

그림 25-9에 압력센서 디바이스의 원리도를 나타낸다. 다이어프램은 압력이 인가되면 아래쪽으로 휘고 다이어프램 표면에 발생하는 응력은 그림에 나타낸 것과 같이 중앙부에 압축, 끝부에 인장응력으로 된다. 이 응력값 σ는 다이어프램의 변위가 미소하면 압력에 P에 비례한다.

$$\sigma \propto P \quad \cdots\cdots 25\text{-}6$$

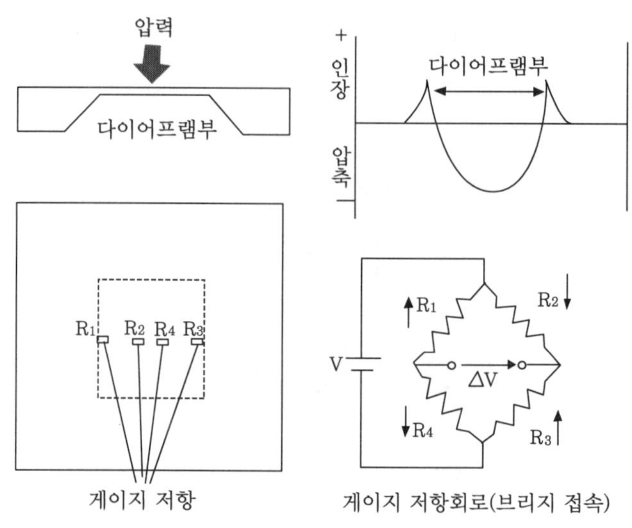

그림 25-9. 압력센서 디바이스의 원리도

이때 게이지 저항 $R_1 \sim R_4$는 그림 25-9에 나타낸 것과 같이 다이어프램 위에 배치하면 중앙부의 R_2, R_4에는 압축응력, 끝부의 R_1, R_3에는 인장응력이 작용하는 것이 된다.

일반적으로 길이 L, 저항 R, 비저항 P의 저항체에 인장력이 가해져서 각각 $L+\triangle L$, $R+\triangle R$, $P+\triangle P$로 변화시킨 경우, 변형량 $\triangle L/L$가 미소인 경우는 저항변화율 $\triangle R/R$는 포아송비 ν를 사용, 다음과 같이 표시된다.

$$\triangle R/R = (\triangle L/L) \cdot (1+2\nu) + \triangle p/p \quad \cdots\cdots\cdots \quad 25\text{-}7$$

이 식의 오른쪽 제1항은 저항체의 형상변화에 의한 저항변화분을 나타내고, 제2항은 변형에 의한 저항체의 비저항변화분을 나타내고 있다. 통상 금속의 경우는 변형에 의한 비저항변화는 대단히 작고 제1항의 형상

효과에 비하여 무시할 수 있는 정도이기도 하다. 반도체결정의 경우는 형상효과에 비해 변형에 의한 비저항변화가 압도적으로 크다. 즉 같은 변형에 대하여 보다 큰 저항값의 변화를 얻을 수 있다.

이 변형 또는 응력에 의해 비저항이 변화하는 현상은 피에조 저항효과로서 알려져 있고, 이것을 사용한 압력센서는 피에조 저항식 압력센서라 불리워진다.

이 피에조 저항효과에 의한 저항변화율 $\triangle R/R$은 거의 응력 σ에 비례하는 것으로 볼 수 있고 식 25-8과 같이 표시된다.

$$\triangle R/R = \pi\sigma \quad \cdots\cdots \quad 25\text{-}8$$

인장응력에서 저항값은 증가하고, 압축응력에서 저항값은 감소한다. 또한 이 비례정수 π를 피에조 저항계수라 한다.

여기서 단순화를 위하여, 게이지 저항 $R_1 \sim R_4$를 동일형상이고 동일 저항값 R이 되도록 형성하고 R_1과 R_3에 작용하는 인장응력 σ와 같은 값의 압축응력 $-\sigma$가 작용하도록 배치하면 R_2와 R_4를 배치하면 R_1과 R_3의 저항값 증가율과 R_2와 R_4의 저항값 감소율은 다음식과 같이 동일하게 된다.

$$\triangle R_1/R_1 = \triangle R_3/R_3 = \pi\sigma = \triangle R/R \quad \cdots\cdots \quad 25\text{-}9$$

$$\triangle R_2/R_2 = \triangle R_4/R_4 = -\pi\sigma = -\triangle R/R \quad \cdots\cdots \quad 25\text{-}10$$

이들의 게이지 저항을 그림 25-9에 표시한 것과 같이 브리지 접속하면 R_1과 R_4의 접속점의 전압은 R_1이 증가하고 R_4가 감소하기 때문에 저하되고,

R_2와 R_3의 접속점의 전압은 역으로 상승되므로 전압차 $\triangle V$가 생긴다. 이 브리지간의 전압차 $\triangle V$는 식 25-9와 식 25-10의 관계를 사용하여 계산하면

$$\begin{aligned}\triangle V &= [(R+4R)/2R]\cdot V-[(R-4R)/2R]\cdot V \\ &= (\triangle R/R)\cdot V \\ &= \pi\sigma\cdot V\propto P \quad \cdots\cdots\cdots\cdots\cdots\cdots\cdots\cdots\cdots \ 25\text{-}11\end{aligned}$$

로 되어 압력 P에 비례하는 전압변화가 얻어지는 것이 된다.

이상 기술한 피에조 저항식의 반도체압력센서는 일반적으로 N형 실리콘 결정의 다이어프램에 P형 확산층에 의해 게이지 저항이 형성되어 있다. 따라서 게이지와 다이어프램은 기계적 구조상 일체인 동시에 전기적으로는 N형의 다이어프램에 회로상의 최고전압(통상 전원전압)을 인가하면 P형의 게이지와는 역바이어스 상태가 유지되므로 양호한 절연성이 얻어진다.

그리고 각 게이지 저항은 지극히 정확도가 높은 IC가공기술이며 동시에 확산되어 형성되기 때문에 4개의 게이지 저항 특성값은 균일성이 좋다. 따라서 정확도가 높고 시간이 경과하여도 작다고 하는 특징이 있다.

3.4 압력센서 디바이스의 설계

압력센서 디바이스의 출력특성 $V(P)$는 감도 S와 오프셋 V_{off}의 2개의 파라미터로 다음과 같이 나타낼 수 있다.

$$V(P)=S\cdot P+V_{off} \quad \cdots\cdots\cdots\cdots\cdots\cdots\cdots\cdots\cdots \ 25\text{-}12$$

- 감도 S : 인가압력 P에 대한 출력의 기울기
- 오프셋 V_{off} : 인가압력 0일 때의 출력값

감도 S는 다음과 같은 관계가 있다.

$$S \propto \sigma \cdot R \cdot \pi \cdot I \quad \cdots\cdots 25\text{-}13$$

σ는 압력인가시 저항부에 발생하고 있는 응력, R은 저항값, π는 피에조저항계수, I는 전류값이다.

응력 σ는 다이어프램의 두께 t와 면적 D에 대하여 개략적으로 다음과 같은 관계가 있다.

$$\sigma \propto D/t^2$$

σ를 크게 하고자 하여 D를 크게 하거나 t를 지나치게 얇게 하여도 다이어프램의 변형량이 커지면서 선형적인 변형영역으로부터 이탈, 압력에 대한 비직선 성분이 발생한다. 따라서 측정할 압력 랜지에 상응하여 D 및 t를 최적설계한다.

저항값 R과 피에조 저항계수 π는 확산저항의 농도로 결정된다. 저항의 농도를 내리면 R과 π는 공히 값이 커지므로 감도를 높일 수 있으나 온도계수($\partial R/\partial T$, $\partial \pi/\partial T$, $\partial^2 R/\partial T^2$, $\partial^2 \pi/\partial T^2$ ………)가 커져서 바람직하지 않다.

오프셋은 주로 브리지를 형성하고 게이지 저항 $R_1 \sim R_4$의 약간의 고르지 못한 데서 발생한다. 이 고르지 못한 것은 확산 저항을 형성할 때 핫애칭의 불평형에 의한 저항형상이나 위치의 근소한 치우침이 주된 원인이고 이것들은 가능한 한 작게 할 것이 바람직하다.

흡기압센서와 같이 엔진룸에서 사용되는 경우에는 빙점하에서부터 100℃ 이상의 넓은 온도 범위에서 센서특성을 보증하여야 한다. 그러면서 압력센서 디바이스는 여러 가지의 요인에 의해 온도특성이 발생한다.

앞에서 기술한 R이나 π가 가지는 온도 특성 외에 구조체에 기인하는 온도특성이 있다. 예를 들어서 압력센서 디바이스를 형성하는 실리콘팁과 받침대 글라스는 열팽창계수가 대단히 가깝지만 서로 상이한 열팽창계수를 가지기 때문에 온도특성의 원인이 되는 열응력을 다이어프램에 발생시키게 된다. 또한 다이어프램 형상이나 게이지 저항의 위치, 형상 등도 센서의 온도 특성에 영향을 준다.

이상 기술한 것과 같이 센서의 특성에 영향을 끼치는 요인은 대단히 많고 각 요인에 의한 영향도 비교적 복잡하다. 이들의 영향은 FEM에 의한 구조해석시뮬레이션에 의해 개략적인 것을 가상하는 것이 가능하다. 그림 25-10은 그 시뮬레이션의 한 예이다. 현재는 시뮬레이션 기술의 발달에 의해 비교적 정확하게 압력센서 디바이스의 실특성을 모의적으로 구할 수 있게 되었고, 구조파라미터의 최적설계에 넓이 사용되고 있다.

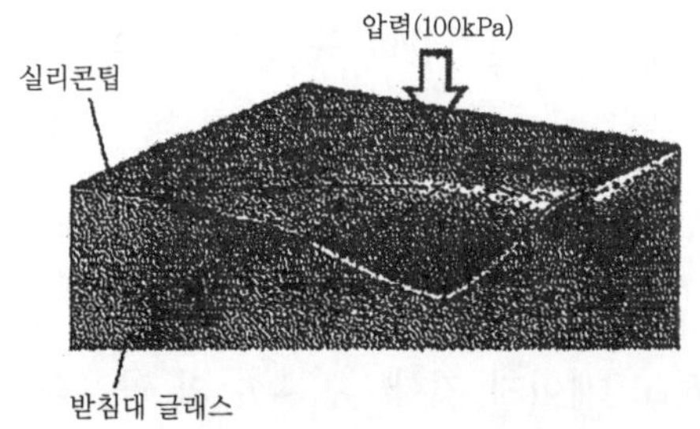

• 다이어프램의 표면에 100kPa의 압력을 인가하였을 때의 해석 결과
• 색의 농염이 응력의 상이함을 표시하고 있다.
• 1/4 모델
• 변형량은 100배로 표시

그림 25-10. 압력센서 디바이스의 시뮬레이션

3.5 압력센서 디바이스의 제조기술

압력센서 디바이스의 제조공정 프로우를 그림 25-11로 나타낸다. 표면에 대한 가공은 통상 IC프로세서를 사용하여 이루어지고 게이지 저항, 전극, 보호막이 형성된다.

다이어프램을 알칼리 용액을 사용, 뒷면부터 에칭함으로써 형성된다. KOH 등 몇 개의 알칼리 용액은 실리콘에 대하여 결정면에 의하여 서로 다른 에칭속도를 나타낸다. 이것을 이방성 에칭이라 한다. 실리콘결정은 그림 25-12에 나타내는 것과 같은 결정의 면방위가 있고 (100)면이나 (110)면에 대하여 (111)면의 에칭그레이드는 2자리수 이상 작다.

이 때문에 그림 25-13에 나타내는 것과 같이, 등방성 에칭과는 다르고 에칭이 진행됨에 따라 (111)의 테이퍼면이 나타나서 그림 25-11에 표시되는 것과 형상을 얻을 수 있다.

다이어프램의 두께는 센서특성에 대한 기여도가 크기 때문에 에칭그레이드를 높은 정확도로 제어하여야 한다. 이것에는 알칼리 용액의 농도, 온도, 용액에 포함되어 있는 불순물, 및 에칭시간을 정밀하게 제어하는 것이 중요하다.

실리콘팁과 받침대 글라스의 접합은 양극접합이라 불리우는 접합기술에 의해 이루어진다. 양극접합은 실리콘기판과 글라스기판을 400℃ 정도로 가열한 상태에서 실리콘측이 정(+)이 되도록 수백V의 전압을 인가한다. 실리콘과 글라스의 접합 근방에는 글라스중의 Na^+이온이 음극측으로 이동, 공간 전하영역이 된다. 이 수㎛의 영역에 전계가 집중하는 것에 따라 실리콘과 글라스 사이에 강한 정전기력이 작용, 화학적으로 결합한다. 이 방법에 의하여 형성된 캐비티는 지극히 양호한 기밀성을 얻을 수 있다.

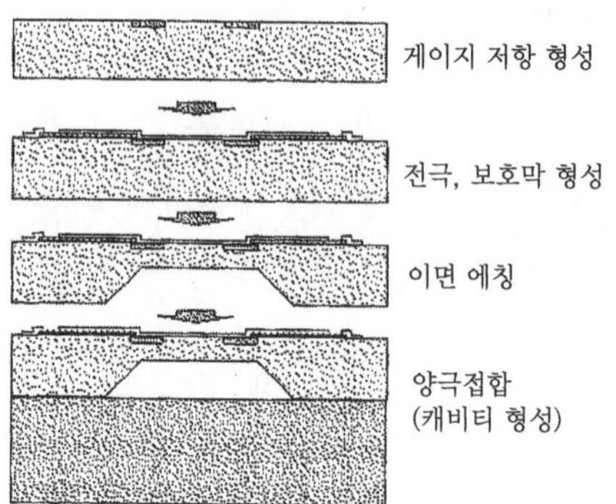

그림 25-11. 압력센서 디바이스의 제조공정플로

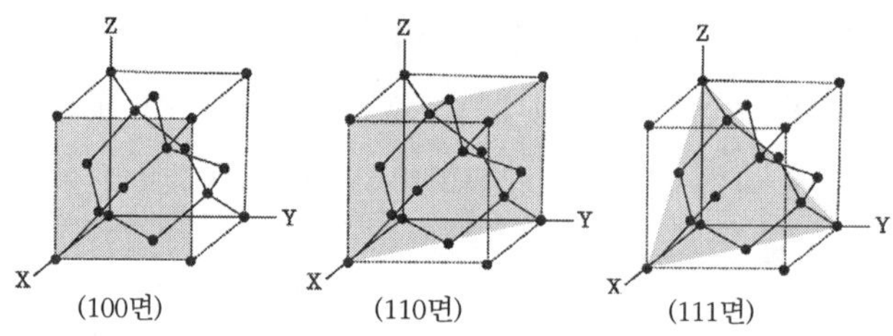

그림 25-12. 실리콘결정의 면방위

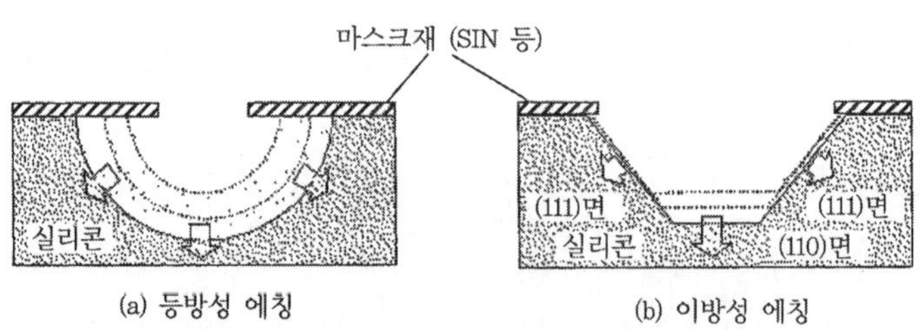

그림 25-13. 등방성 에칭과 이방성 에칭

Chapter 26 가솔린엔진 공연비 제어계부품(3)

1. 머리말

가솔린엔진의 연료공급에는 기화기를 사용하여 왔다. 기화기는 흡입되는 공기유량에 대응, 벤트리에서 생기는 부압을 이용하여 연료의 양을 적정하게 조정하는 디바이스이다. 엔진이 갖고 있는 능력을 충분히 발휘할 수 있는가의 여부는 이 기화기의 성능여하에 따른다고 하여도 과언이 아니다.

그것에 대하여 로버트 보쉬사는 1960년대에 전자식 연료분사시스템(젯트 로닉스시스템)을 발표하였다. 전자식연료분사시스템은 기화기가 갖고 있는 기능을 전기적으로 다른 부품으로 바꾸어 놓은 것으로 스로틀에 의해 공기유량을 제어하고(여기는 기화기와 같다) 에어 플로미터로 공기유량을 감지하여 인젝터의 ON-OFF로 연료를 제어한다. 연료유량제어는 컴퓨터(ECU/엔진컨트롤 유닛)로 이루어지도록 되어 있다.

당초는 응답성이 좋은 것으로 평가되었고, 또한 정밀제어가 가능한 것으로부터 이 시스템은 저에미션화의 움직임과 공히 넓이 보급, 개량되어 오늘날의 융성을 보는 데까지 이르고 있다.

앞으로 기술할 테마인 스로틀보디는 전자식 연료분사 시스템에 있어서 운전자와 엔진을 직접 이어주는 중요한 부품이다. 즉, 운전자는 가속페달을 조작, 스로틀밸브를 개폐함으로써 엔진에 흡입되는 공기유량을 제어한다. 그 결과 엔진의 출력을 제어, 차량의 속도, 가속도를 제어하는 것이 된다.

2. 스로틀보디의 기능

앞에서 기술한 것과 같이 엔진에 대한 혼합기의 공급은 당초 기화기 그림 26-1이 주류이었다. 기화기의 원리는 공기의 유동을 이용, 운전상황에 상응하여 적정한 혼합기를 만든다. 즉 분무기의 원리이다.

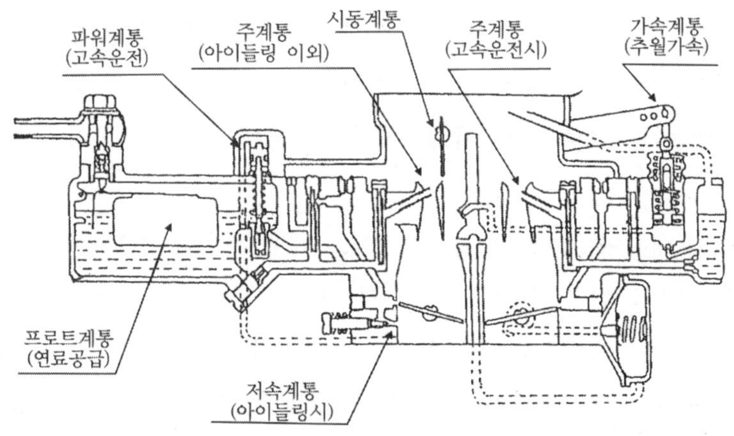

그림 26-1. 기화기의 구조

이 기화기는 아이들 운전은 저속계통, 저속에서 중속운전에는 메인계통, 가속시는 가속계통, 고속운전은 파워계통이나 메인계통으로 그리고 시동시에는 시동계통이라고 하는 각 계통에 의하여, 그때마다의 각 운전상태에 상응하여 적정한 혼합기가 얻어지도록 복수의 연료공급계통을 가지고 있다. 예를 들면 가속시에는 엔진의 출력을 이끌어내기 위하여 기화기에서 가속펌프에 의해, 과도적으로 혼합기를 농후하게 만들고 또한 고부하가 요구될 때에는 파워계통의 파워제트를 열어서 연료의 공급을 증가시킨다. 이와 같이 복잡한 연료계통의 적합은 마치 익숙한 직업인이 하는 세계와 같다.

기화기에 흡사한 구성의 전자제어 연료분사시스템으로서 스로틀보디에 인젝터를 부착한 시스템이다. 이것이 TBI(Throttle Body Injection) 혹은 SPI(Single Point Injection)이고 이 시스템의 스로틀보디는 스로틀밸브의 상류에 1개 혹은 2개의 인젝터를 장착, 스로틀밸브와 보디내벽의 극간에서 발생하는 고속의 공기류를 이용하여 인젝터로부터 분사된 연료를 미세화한다. 그러나 분사위치로부터 엔진의 흡기밸브까지의 거리가 수백mm에 미치기 때문에 연료가 스로틀보디의 내벽에 부착되고 그 결과가 감속시의 공연비제어성이 악화되어 배출가스의 제어가 어려워진다. 그 때문에 배기규제가 엄해지는 데 따라 MPI(Multi Point Injection)으로 대체되었다.

MPI시스템은 엔진의 실린더마다 흡기메니폴드에 인젝터를 설치, 시동, 아이들링, 저속, 중속, 고속 등 모든 운전조건에 있어서 ECU의 제어에 의해 연료를 공급한다.

가속페달의 밟는 양이나 그 변화는 스로틀개도센서(TPS : Throttle Position Sensor)로 또 공기유량이나, 그 변화는 에어플로센서로 검출, ECU에서 최적의 연료유량을 연산하여 그때의 운전조건에 적합한 혼합기를 공급한다. 감속시에는 배출가스성분의 HC를 저감시키기 위하여 TPS에서 감속상태를 감지, 인젝터로부터 공급하는 연료를 제어하거나 연료공급을 정리한다. 이와 같이 MPI시스템의 TPS는 엔진의 상태를 검지하는 중요한 센서이다.

기화기의 경우는 시동계통으로서 초크밸브가 마련되어 있다. 이것은 냉간시동이 밴트리의 상류를 폐색하고 부압으로 연료를 빨아내어 혼합기를 농후하게 하여 착화를 용이하게 하는 것이다. 오토초크밸브라 하는 것은 외기온도의 변화를 바이메탈로 감지, 혼합기의 농도를 자동적으로 제어하였다. 그리고 시동 후는 엔진을 조기에 난기시키기 위하여 회전속도를 높게 함으로써 약간 열어주는 패스트 아이들기구를 가지고 있다.

이들의 기능은 시동용의 디바이스로서 콜드스터트인젝터와 아이들스피드 컨트롤밸브(ISCV)에 끌려서 적용된다.

이와 같이 스로틀밸브 둘레에 많은 부품을 집약시킨 스로틀보디는 기화기가 가지고 있던 많은 부품을 집약한 스로틀보디는 기화기의 가지고 있던 많은 기능을 심플한 구성으로 실현, MPI시스템의 중요한 부품으로 되어 있다. 대표적인 MPI시스템 구성을 그림 26-2에, 스로틀보디를 그림 26-3에 나타낸다.

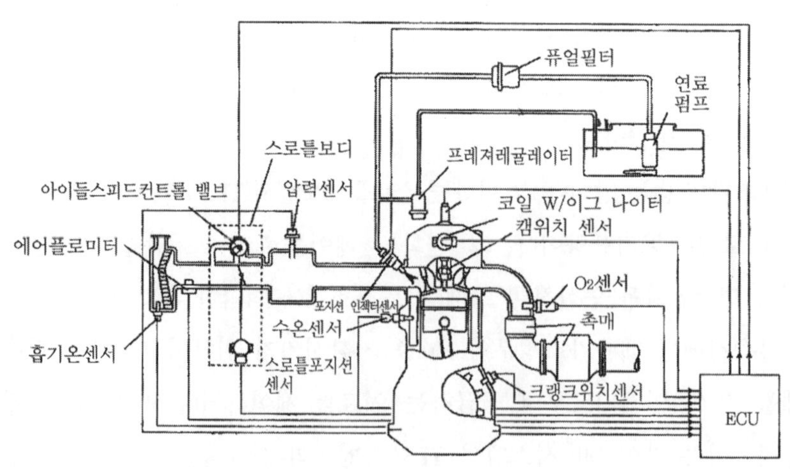

그림 26-2. 엔진제어시스템

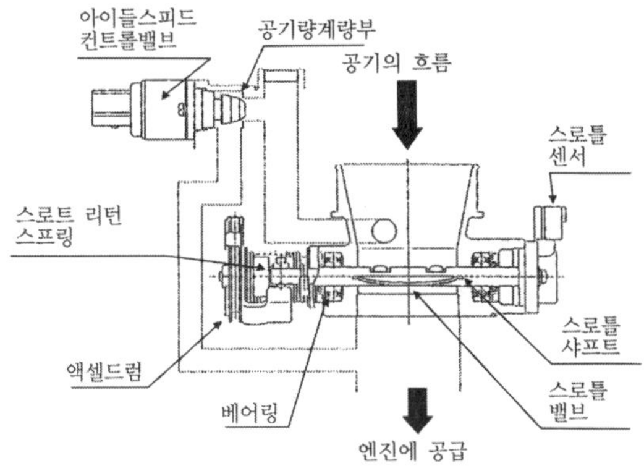

그림 26-3. 스로틀보디의 구조

3. 스로틀보디의 구성부품

스로틀보디는 대략적으로 공기유량을 제어하는 부위, 보조공기유량을 제어하는 부위, 그리고 운전상태를 다음과 같이 검지하는 부위로 구성되어 있다.

1) 액셀드럼과 스로틀밸브 : 운전자의 의지로 공기유량을 제어하는 기능
2) ISCV : 엔진의 부하변화에 대하여 엔진의 회전속도를 안정시키기 위하여 공기유량보정기능, 엔진부하변화로서는 저온에서 난기까지의 프릭션변화, 헤드라이트 등의 전기부하, 혹은 에어컨, 파워스티어링 등의 보기부하의 변화 등이 있다.
3) 스로틀개도 센서(TPS) : 운전자의 의지인 스로틀밸브개도의 검지, 즉 운전상태의 검지기능.

다음에 이들 구성 부품의 구조와 구체적인 설계예를 소개한다.

3.1 액셀드럼과 스로틀밸브의 크기

액셀페달을 조작하여 의지대로 엔진을 제어할 수 있는 것이 차의 큰 매력이다.

액셀페달을 조작하면 액셀와이어, 액셀드럼을 거쳐서 스로틀밸브가 개폐되어 공기유량을 변화시킨다.

스로틀밸브의 크기는 일반적으로 엔진출력에 거의 비례한다. 현재 사용되고 있는 일반적인 밸브의 크기는

- 경자동차 .... ∅30~∅40
- 소형차(2ℓ 까지) .... ∅45~∅60
- 보통차(2ℓ 이상) .... ∅60~∅85이다.

출력을 얻는데는 이 보어의 지름을 크게 하는 것이 효과적이고, 반면 보아지름을 크게 하면 스로틀조작에 대한 출력변화가 커지게 되고 가속페달의 조작이 어려워진다. 그 때문에 매끄러운 발진이 요구되는 경우에는 아이들링 부근(스로틀밸브의 개도가 약 10°이하)에서도 페달의 밟은 양에 대하여 스로틀밸브의 열림이 작은 비선형 특성으로 한다.

일반적인 비선형 스로틀기구의 실시예를 그림 26-4에 나타낸다.

방식	링크기구에 의한 변화		보어내 구조변화
	2절 링크	가변링크	보어내 구면형상
구조	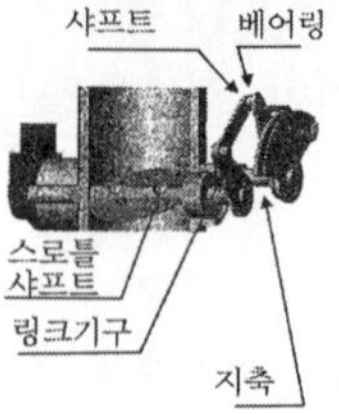 샤프트 베어링 스로틀 샤프트 링크기구 지축	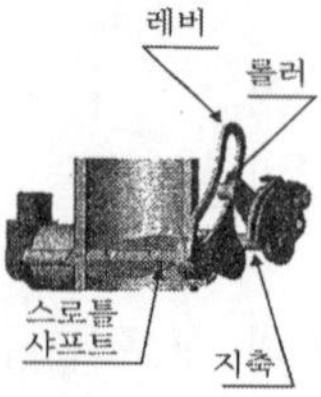 레버 롤러 스로틀 샤프트 지축	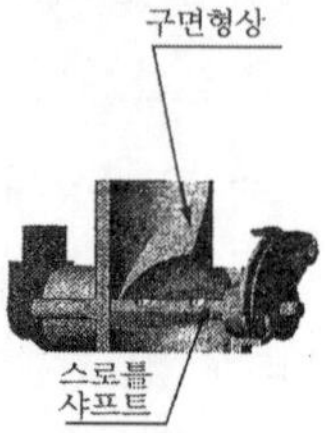 구면형상 스로틀 샤프트

그림 26-4. 비선형 스로틀기구

구조적으로는 링크기구를 사용한 것과 보어(Boar)형상을 연구하여 달리한 것이 있다.

링크방식에는 가속페달의 밟는 양, 즉 (정도)에 대한 스로틀밸브의 개도를 스로틀샤프트와는 별개의 지축을 거쳐서 결정하는 2점(마디)링크기구나 롤러를 이용한 가이드기구가 있다.

한편 보어형상을 달리 연구한 것으로는 보어내벽의 형상을 구면으로 하고 스로틀밸브의 열리기 시작하는 영역에서 밸브와 보어내벽과의 틈새가 지나치게 변화되지 않도록 하여 개구면적의 변화를 감소시킨 구조도 있다.

어느 것이나 그림 26-5에 나타낸 것과 같이 개도가 작은 저개도에서는 액셀페달을 밟아도 공기의 공급이 급격하게 증가되지 않도록 연구하고 있다. 설계적으로는 장기간 사용중에 링크기구가 마멸되어 원활함을 상실하는 것을 피하기 위하여 2절(마디)링크인 경우는 베어링에 저프릭션의 데프론재를 채용하고, 또 캠가이드기구의 경우에는 롤러의 형상을 통 모양으로 하여 캠과의 접촉저항을 감소시키도록 배려한 것이 있다.

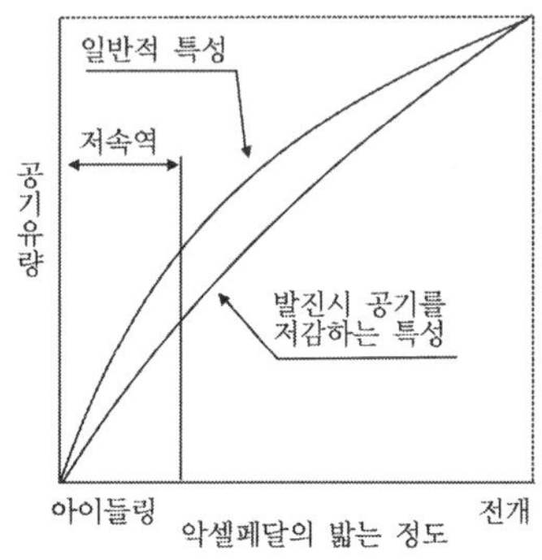

그림 26-5. 액셀페달의 밟은 양과 공기유량의 관계

3.2 아이들스피드 컨트롤밸브(ISCV)

ISCV는 당초 헤드라이트 등 전기부하나 혹은 에어컨, 파워스티어링 등 보기의 부하변화에 의한 엔진 회전속도 변동을 방지하기 위하여 마련된 것이다.

ISCV의 신뢰성이 높아지고 유용성이 인지되고부터는 아이들링시나 보조적으로 사용되는 쪽에서 높은 지대에서의 공기밀도 보상, 혹은 린번엔진의 공연비보정에 따른 토크변화를 보상할 목적 등에 사용되기 시작하였다.

현재 쓰여지고 있는 ISCV의 구조도는 그림 26-6에 나타낸다.

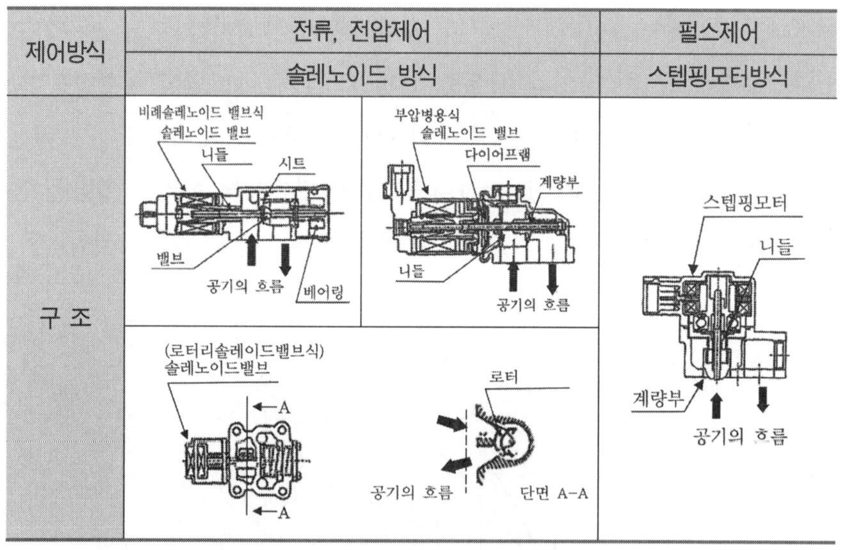

제어방식	전류, 전압제어	펄스제어
	솔레노이드 방식	스텝핑모터방식
구 조		

그림 26-6. 아이들스피드 컨트롤밸브의 종류

어느 것이나 ECU로부터의 신호에 의하여 전기적으로 계량부를 개폐, 혹은 면적을 변화시키는 방식이다. 솔레노이드방식은 전류값, 또는 전압값을 제어, 니들을 이동시키는 것으로서 계량부의 개구면적을 변화시킨다. 그리고 솔레노이드밸브의 흡인력을 엔진부압으로 보조하는 부압병용식도 있다. 로터리 솔레노이드밸브방식은 모터의 회전에 의해, 계량부의 개구면적을 제어하는 것이고, 스텝핑모터방식은 펄스신호로 니들의 스트로크를 변위시켜서 계량부의 개구면적을 변화시켜서 공기유량을 제어하는 것이다.

일반적인 ISCV의 유량특성을 그림 26-7에 나타낸다. 이것은 비례솔레노이드밸브식의 예이나 종래의 것에서도 밸브가 닫혀져 있는 상태일지라도 계량부의 착좌가 완전하지 못하므로 약 10~20L/min(흡입부압 −500 mmHg)의 누설공기유량이 있었다.

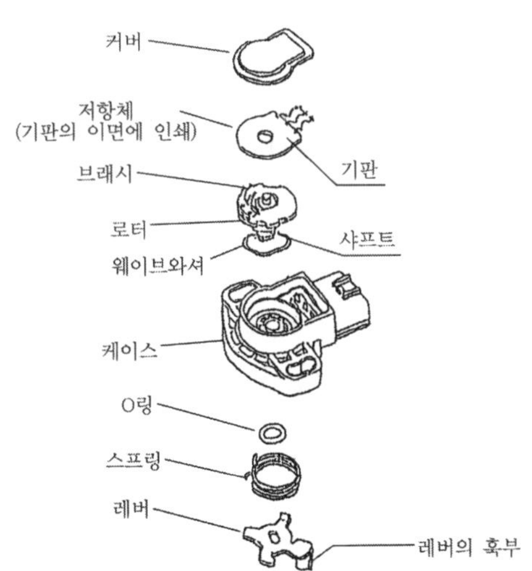

그림 26-7. 스로틀센서의 구조

현재 HC, NO_x, CO 등의 배출가스규제에 더하여 지구온난화가스인 CO_2의 비율을 저감시킬 움직임이 있다. 이것은 엔진의 연료소비량을 저감시키는 것을 의미하고, 아이들회전속도를 저하시키는 것은 유효한 수단의 하나이다. 그러나 계량부분으로부터의 공기누설로 인하여 열리기 시작할 때의 미소유량구간은 제어를 하여도 공기유량의 변화가 정확하지 않으므로 이 유량구역에서는 엔진의 회전속도의 제어가 어렵다. 누설공기유량을 감량하고 제어레인지를 보다 저속역까지 확대하기 위해서 니들과 밸브를 일체로 만들어서 시트부와는 항상 일정한 장소에서 접하도록 연구하거나 니들과 니들의 받는 베어링과의 틈새를 감소시켜서 밸브와 시트부의 위치관계를 안정시키는 등 설계배려가 이루어져서 그 결과 최근의 것에는 누설량이 약 반인 5~10L/min로 억제하고 있다.

3.3 스로틀개도센서(TPS)

MPI시스템의 스로틀개도센서(이하 TPS)는 엔진의 상태를 검지, 출력을 지속하거나, 가속 또는 감속하는 등 운전자의 의지를 확실하게 ECU에 전달하는 역할을 담당하고 있다.

TPS의 구조는 그림 26-8에 나타낸다. 스로틀밸브의 회전을 TPS의 레버의 후크부에서 받고, 로터가 연동하여 브러시에 전달된다. 브러시가 기판에 인쇄된 저항체의 위를 접동하는 것으로서 출력끝의 저항값이 변화, 그림 26-9에 나타내는 회로에 의해 가속페달의 위치를 전압출력으로서, ECU에 전달한다.

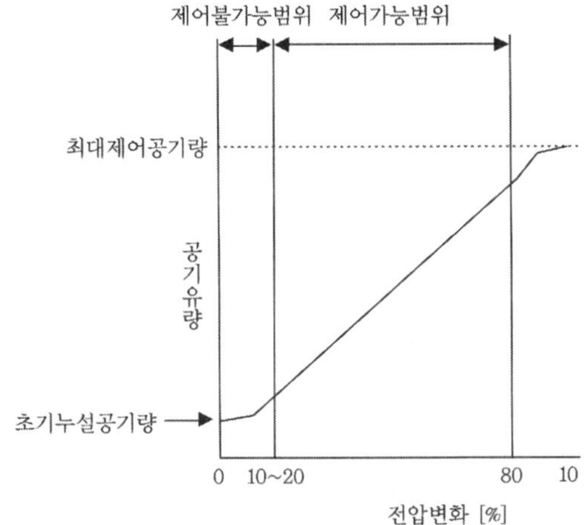

그림 26-8. 아이들스피드 컨트롤밸브의 제어특성

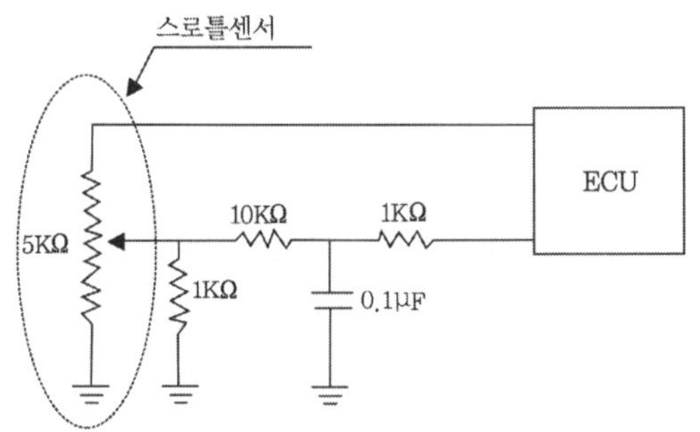

그림 26-9. 스로틀센서의 결선(예)

일반적인 구조는 기판의 표면에 저항막을 인쇄하고 이 표면을 브러시가 접동한다. 기판의 재질로서는 고온에서 저온까지의 넓은 범위에서 신뢰성이 높은 세라믹이나 에폭시수지 혹은 페놀계 필름이 사용되고 있다.

ECU는 TPS의 출력신호의 절대값이나 변화율 등으로부터 엔진에서 구해진 운전상태를 검지, 공급할 연료량을 산정한다. 이외에도 TPS의 출력정보는 오토매틱트랜스미션의 변속제어나 에미션 부품의 자기진단의 판단정보로서도 이용되고 있다.

4. 금후의 동향

이상과 같이 현재로는 운전자의 의지가 액셀페달, 스로틀밸브를 거쳐서 직접 엔진에 전달되고, 페달의 밟는 양과 스로틀개도는 일반적으로 대응하고 있다.

그러나 최근에는 배기정화를 위해 공연비의 정밀한 억제나 연비향상을 위한 린번엔진의 공연비변환시에 동반되는 토크의 단차억제를 위해 스로틀밸브는 운전자의 직접 조작에 의하지 않고 ECU의 지령에 따라 작동하는 방향으로 변해가고 있다.

예를 들면, 인젝터에서 분사되는 연료와 공기의 공기타이밍을 맞추도록 하는 요소가 있다. 그러기 위해서는 운전자의 의지를 사전에 검지하고 있을 필요가 있다. 그러나 종래의 액셀케이블로 직접 스로틀밸브를 움직이는 기구로는 운전자의 액셀동작과 함께 스로틀밸브를 움직이고 있으므로 사전에 운전자의 가・감속의 의지를 검지할 수 없다.

전자제어 스로틀밸브보디는 이 예측을 실현하기 위하여 스로틀밸브로부터 단절된 액셀페달의 움직임을 센서를 이용, 신호로 바꾸어 놓아서 ECU로부터 스로틀밸브의 개폐지시를 주는 것으로써 해결될 수 있다.

전자제어 스로틀보디는 밸브로부터의 공기유량과 인젝터로부터 연료유량이 서로 동기하여 제어가 가능하기 때문에 종래 이상으로 정밀한 혼합기의 제어가 가능하다.

근년에 발표된 전자제어스로틀보디의 구조도를 그림 26-10에 나타낸다. 운전자가 가속페달을 밟으면 액셀드럼이 회전하고 액셀센서(APS)가페달스트로크를 검지한다. 이 전기신호는 ECU에서 다른 신호와 함께 연산되어 스로틀보디에 내장된 모터에 의해 밸브를 개폐한다.

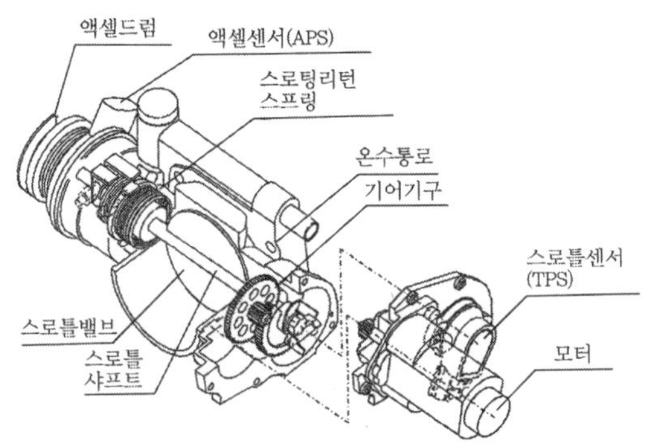

그림 26-10. 전자제어 스로틀보디의 구조

모터에는 DC모터와 스텝핑모터가 있고, 기동토크, 작동응답성, 소비전력 및 신뢰성 등을 고려하여 적절한 타입을 선택하는 것이 중요하다. 그림 26-10의 액셀드럼에 연결되는 액셀케이블을 폐지하면, 즉 드라이브바이와이어의 타입도 실용화되고 있다. 스로틀밸브를 모터구동한다고 하는 것은 ISCV의 기능을 집약화할 수 있다고 하는 것이다.

그리고 전자제어스로틀보디도 액셀페달에 제약되지 않고, 스로틀밸브를 정밀하게 개폐될 수 있다. 스로틀 밸브를 구동함이 ISCV의 기능을 집약화함이라 할 수 있다. 또한 전자제어컨트롤 밸브는 액셀페달뿐만 아니라 스로틀 밸브를 정밀하게 개폐할 수 있다. 그러므로 린번의 운전용이도향상이나 배기정화성능의 가일층 향상뿐 아니라 트랙션컨트롤 등의 안전운전이나 앞차의 추종운전, 자동운전 등의 새로운 자동차 기술을 실현시킬 수 있는 중대한 디바이스로서도 기대되어 장래를 향하여 대폭적인 채용확대가 예상된다.

Chapter 27 가솔린엔진 공연비 제어계부품(4) – 산소센서

1. 머리말

근년의 자동차산업은 눈부신 발전을 이룩하여, 자동차는 우리들의 근대적 사회생활을 유지하기 위해서는 필수불가결한 존재로 되어 있다. 그 반면 자동차는 지구온난화나 산성비라고 하는 지구환경오염의 한 요인이 되거나, 한정되어 있는 자원을 대량으로 계속적인 소비를 지속하는 것으로 지적되고 있다.

이와 같은 상황을 반영하여 자동차의 배출가스 중에 포함되는 HC, CO, NO_X 등 유해물질에 대하여 각국에서 엄한 배출가스의 규제가 시행되고 있고 또한 그 규제치는 엄해지고 있는 형편이다. 따라서 배출가스 중의 유해물질 및 에너지 소비량을 대폭적으로 저감시키기 위한 기술향상을 도모하는 것이 현재의 자동차산업에 있어서 중요과제의 하나이다.

이와 같은 가운데 1970년대에 O_2센서를 사용한 전자제어연료분사와 3원 촉매를 조합한 배출가스 정화 시스템이 개발되어 그 후로 성능, 품질향상을 위해 시스템 및 컴포넌트에 있어서 많은 개량이 이루어져 왔다.

여기서는 이 시스템의 중점부품 O_2센서를 들어서 작동원리와 구조 및 현재와 장래에 있어서의 중점 기술을 중심으로 해설한다.

2. O_2센서의 역사

O_2센서의 개발은 당시로서는, 지극히 엄한 대기정화법인 1970년의 머스키법 제정을 계기로 로버트 보쉬사를 비롯하여 국내외의 메이커에 있어서 개발이 시작되었다. 그 후 표 27-1에 나타내는 것과 같이 자동차를 둘러싼 환경 및 사용조건이 보다 엄해져가고 있는 가운데 이들에 대응하기 위하여 여러 가지 타입의 센서가 개발되었다.

표 27-1. 자동차를 둘러싸고 있는 환경(배출가스, 연비, 다이어그 규제)

서력	1960	1965	1970	1975	1980	1985	1990	1995	2000	2005
미 국	◎ 세계최초의 자동차 오염방지법 (캘리포니아주)	◎ 대기 정화법 (연방)	◎ 머스키법 제출 (연방)	◎ 대기정화법 개정(연방) ◎ CAFE규제	◎ 가스가스라 세 창설	◎ 84규제 (연방) ◎ OBDI (캘리포니아주)	◎ 신대기정화법 (연방)	◎ LEV규제 (캘리포니아주) ◎ OBDII (캘리포니아주)		◎ LEVII규제 (캘리포니아주) Tier2규제 (연방)
유 럽						◎ US84 규제도입 (독일)		◎ STEP1 ◎ STEP2	◎ STEP3 신배출가스규제	◎ STEP4
일 본		◎ 국내초의 자동차 배출가스규제		◎ S51년 규제	◎ S53년 규제	◎ S60년 가솔린승용차 연비규제	◎ 배출가스 규제강화 (NO_x 등)		◎ 포스트 S53년 규제	

1976년에 볼보가 로버트보쉬사제의 산소센서(이하 O_2센서라 함)를 세계에서 처음으로 탑재한 것을 비롯하여 GM, 포드, 도요타, 닛산에서 다투어 실용화되어 가고 있었다. 이것들을 계기로, O_2센서 신호에 의해 엔진에 대한 공급공기와 연료의 비(공연비)를 제어하는 시스템과 3원촉매를 조합시킨 배출가스 정화방법이 가솔린차에 급속하게 보급되었다.

80년대 전반에는 저온작동성에 우수한 활성화 O_2센서나 배출가스 온도가 낮을 때라도 안정된 센서특성이 얻어지는 히터내장형 O_2센서가 실용화되는 등, 여러 가지 개량검토가 이루어졌다. 또한 그때까지의 농염전지식, 질코니어센서도 원리와 구조가 다른 반도체식 티타니아센서가 일부 실용화되었다. 1984년에는 희박연소용으로 린 영역에서의 공연비검출 가능한 린믹스처센서가 실용화되었다.

90년대 이후에는 그림 27-1에 나타내는 미국 캘리포니아주의 배출가스 규제 동향에서 볼 수 있는 바와 같이, 점차 규제가 엄해지게 되기 때문에 보다 고성능의 센서가 요구되게 되었고, 1996년에는 광역공연비의 측정이 가능한 A/F센서가 개발되었다. 또한 엔진 시동 직후의 배출가스도 정화하기 위하여 활성시간(센서가 작동할 때까지의 시간)에 있어서 종래의 컵형센서보다 유리한 구조를 가지는 히터와 질코니어(Z_rO_2)의 검출소자가 일체로 된 적층형센서도 일부 실용화되기 시작하였다.

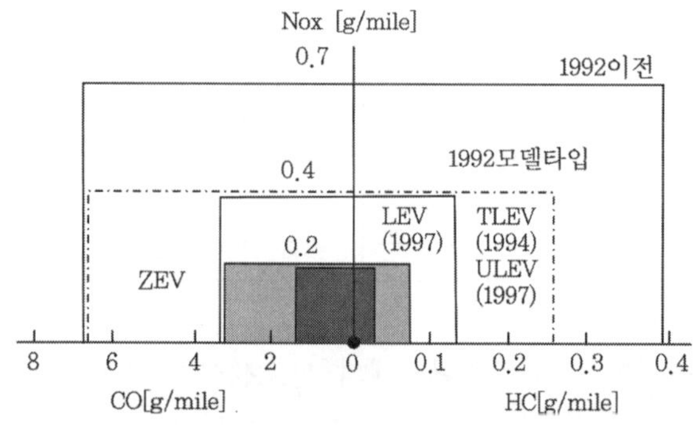

그림 27-1. 미국 캘리포니아주 자동차 배출가스법 규제 동향

다음과 같이 배출가스법 규제 및 사용환경조건이 보다 엄해지는 가운데에서 이러한 동향에 대응될 수 있는 필요한 성능 및 신뢰성이 확보된 각종 산소센서가 출현되고 있다.

3. O_2센서

현재 자동차에 사용되고 있는 산소센서는 검출소자가 산소이온도전체인 질코니어 고체전해질의 기능을 이용하는 것이 주류를 이루고 있다. 그 중에서 고체전해질의 산소농염전지기능을 이용한 이론공연비(A/F≒14.6)를 검출하고 O_2센서와 산소이온펌프기능을 이용한 광역공연비를 검출하는 A/F센서로 구별된다. 이번에는 O_2센서에 대하여 다음에는 A/F센서에 대하여 해설한다.

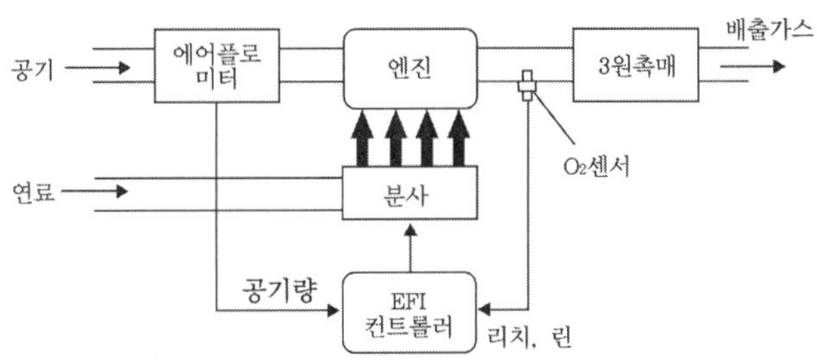

그림 27-2. O_2센서를 사용한 배출가스 정화시스템

O_2센서를 사용한 배출가스 정화 시스템의 한 예를 보여준다. 3원촉매는 그림 27-3에서와 같은 이론 공연비 근방의 좁은 범위(윈도우)에서는 배출가스 중의 유해한 HC, CO, NO_x 3성분 모두 높은 정화율을 보여준다. 즉, 이러한 3원촉매를 유효하게 사용하기 위해서는 공연비를 윈도우의 중심에 보정할 필요가 있다. 여기서, 그림 27-3에서 보듯이 센서초전력의 대소에 의해 인젝터의 연료분사량을 흡입공기량에 대한 이론공연비로 되도록 조정한다.

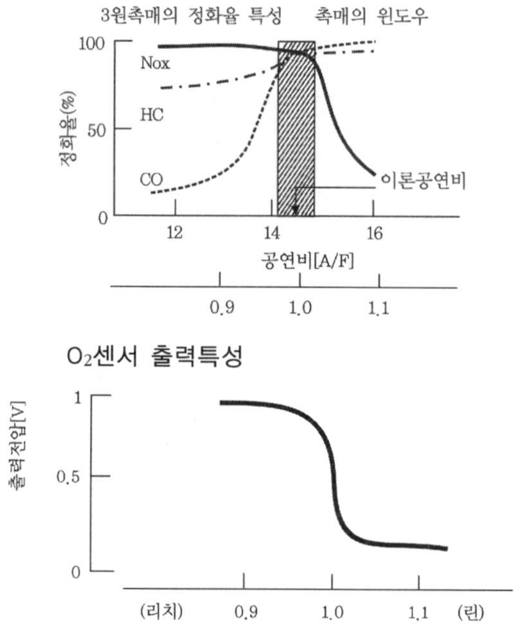

그림 27-3. 3원촉매의 정화율 특성과 O_2센서 출력 특성

실제 자동차의 주행에서는 액셀 개도변화에 의해 흡입공기량이 어지러울 정도로 변화하기 때문에, 센서의 응답성능 등 배출가스정화율을 좌우하므로 O_2센서는 배출가스시스템중에서 대단히 중요한 역할을 담당하고 있다. 다음에 O_2센서의 구조, 원리 및 주요기술에 대해 설명키로 한다.

3.1 전체구조

O_2센서는 엔진의 바로 밑의 배기 매니폴드 아래나 또는 촉매의 상류 혹은 하류의 배기관에 부착된다. 전체구조의 한 예는 그림 27-4와 같은 구조로 되어 있다. 검출소자는 그림 27-5에 나타내는 것과 같이 질코니어 세라믹스를 주성분으로 한 컵형구조이다. 소자내, 외측에는 백금전극을 가지고 있다.

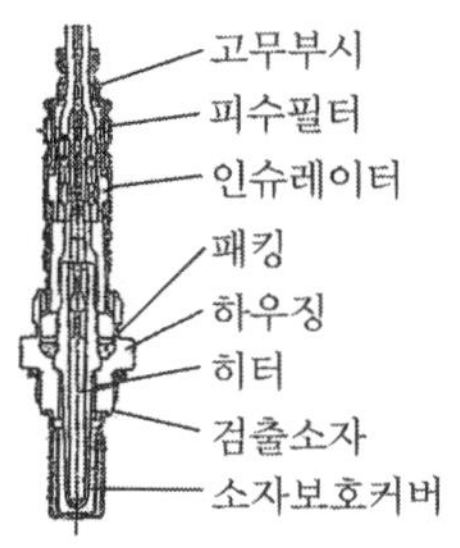

그림 27-4. O_2센서의 전체구조

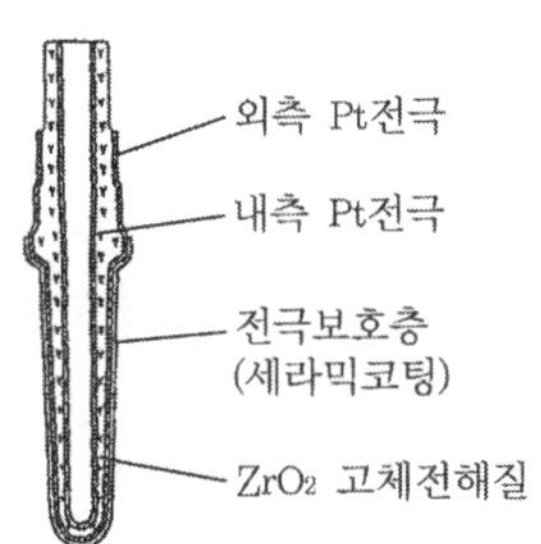

그림 27-5. O_2센서의 검출소자

또한 외측전극의 외주에는 배출가스의 열에 의한 전극의 응집을 방지하고, 또한 센서의 열화를 촉진하는 배출가스 중의 피독물질로부터 전극을 보호하기 위하여 세라믹 코팅층이 만들어져 있다. 소자의 안쪽에도 소자센싱부를 작동온도 영역(약 300℃)까지 가열하기 위하여 히터가 삽입되어 있다.

배출가스가 저온인 경우에도 안정된 센서특성이 얻어지므로 히터내장형 O_2센서가 현재 가장 많이 쓰여지고 있다.

소자 센싱부는 보호커버에 덮혀져서, 배출가스에 직접 접촉되지 않도록 되어 있다. 이것은 피독물질이나 소자균열의 원인이 되는 엔진내부의 응집수에 의한 피수를 극력 저감시키기 위해서이다. 이 보호커버에는 여러개의 작은 구멍이 만들어져 있고 응답성이나 내피독, 내피수에 대하여 최적의 크기, 위치로 설계되어 있다.

검출소자를 하우징에 고정하는 방법으로서 배출가스나 연소되지 않고 남는 가솔린을 실링하기 위하여 실링성능의 높은 충전열코킹(피팅)법이 쓰여지고 있다.

센서 안쪽 전극내로 외부로부터 물이 들어가면, 일시적으로 정확한 센서출력이 나오지 않는 경우가 있다. 따라서, 센서 안쪽으로의 대기도입부에 부착된 부 주위로부터의 빗물 등에 의한 피수를 방지하기 위하여 센서 머리부에 테프론재의 다공질 발수성 필터를 설치하는 구조로 되어 있다.

3.2 O_2센서의 작동원리

O_2센서의 검출소자는 그림 27-6에 나타내는 것과 같이 질코니어고체전해질의 양쪽에 백금전극을 마련하고, 산소농염전지를 구성한다. 고체전해질은 약 300℃에서 활성화하고, O_2이온이 고체전해질의 산소 공격자를 전파, 기전력을 발생한다. 안쪽의 기준가스(대기) 및 바깥쪽의 피측정가스의 반응층이 산소만인 경우, 각각의 전극에서는 다음의 반응이 진행된다.

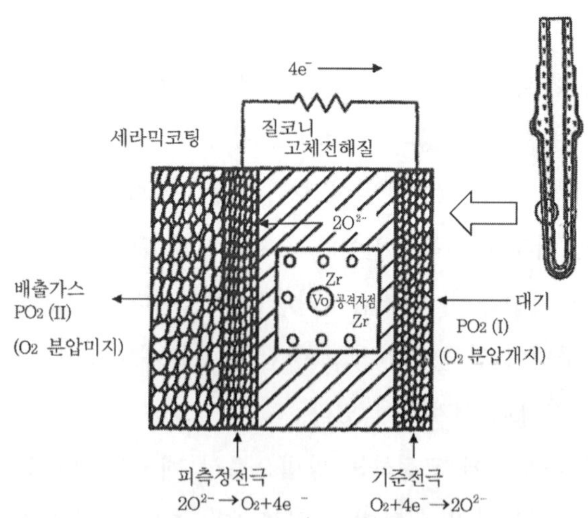

그림 27-6. O_2센서의 검출소자

기준전류측 : $O_2 + 4e^- \rightarrow 2O^{2-}$ ·· 27-1

피측정전극측 : $2O^{2-} \rightarrow O_2 + 4e^-$ ·· 27-2

기준가스의 산소분압을 Po_2(Ⅰ), 피측정판의 산소분압을 Po_2(Ⅱ)라 하면, 양 전극 사이에는 식 27-3(넬슨드의 식)에 나타내는 기전력이 발생한다.

$E = RT/4F \cdot \ell n Po_2(\text{I}) / Po_2(\text{II})$ ·· 27-3

여기서 F : 파라디정수, R : 기대정수, T : 절대온도

실제의 O_2센서에서는 피 측정가스가 가연성분을 포함하는 배출가스이므로 백금전극의 촉매반응에 의해 피측정가스의 산소분압은 개략적으로 식 27-4~27-6의 반응에 의해 결정된다.

$CO_2 + H_2 \overset{k_1}{\Longleftrightarrow} CO + H_2O$ ·· 27-4

$CO + 1/2O_2 \overset{k_2}{\Longleftrightarrow} CO_2$ ·· 27-5

$H_2 + 1/2O_2 \overset{k_3}{\Longleftrightarrow} H_2O$ ·· 27-6

여기서, k_1, k_2, k_3은 각 반응의 평형정수이다.
따라서 피 측정가스의 평형산소분압 PO_2(Ⅱ)는 식 27-7이 된다.

$PO_2(\text{II}) = [k_1 \cdot P_{CO2} / k_1 \cdot P_{CO}]^2$ ·· 27-7

식 27-7 식에 의하여 공기과잉률 λ(실공연비/이론공연비)와 PO_2(Ⅱ)

관계는 그림 27-7에 나타내는 것과 같이 되고 이론공연비점에서 급격한 기전력 변화를 일으킨다. 이 PO_2(Ⅱ)를 넬스타(식 27-3)식에 대입하면 O_2센서의 이론적인 기전력(그림 27-8)이 얻어진다.

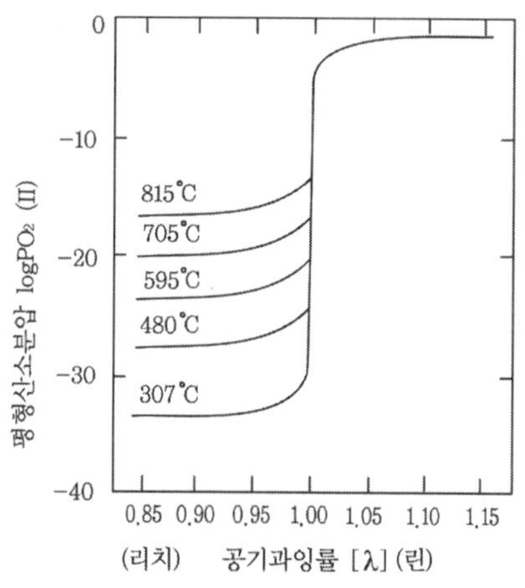

그림 27-7. 공기과잉률과 평형산소분압(계산값)

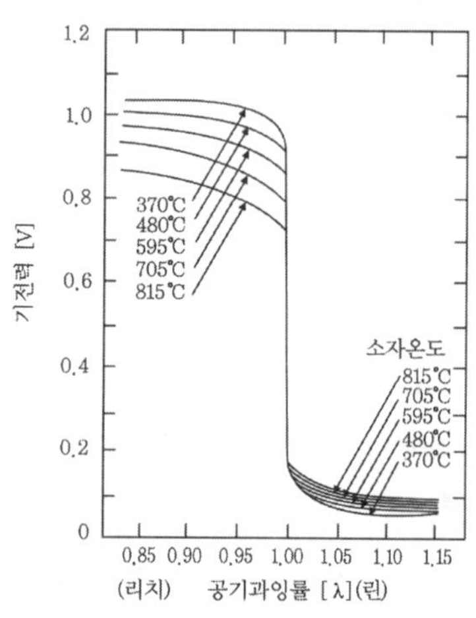

그림 27-8. O_2센서의 이론적 기전력

O_2센서는 이 기전력을 출력으로 하여 떼어내고, 출력의 대소로 공연비의 리치(연료과잉), 린(공기과잉)을 판정, 공연비가 이론공연비가 이론공연비가 되도록 제어하고 있다.

3.3 검출소자

그림 27-5에 나타내는 검출소자는 항상 참가, 환원분위기에 젖게 되면서 센서의 특성에 악영향을 미치는 가솔린, 오일성분중의 Pb, P, Ca 등 화합물에 의한 피독에 견디어야 한다. 또한 자동차의 진동에 대하여 배출가스 및 히터로부터 급가열이나 피수에 의한 급냉각이 계속 이어진다.

이와 같은 조건하에서 십수만km 이상도 그림 27-9에 나타내는 O_2센서 정특성이나 동특성을 유지하지 않으면 안된다.

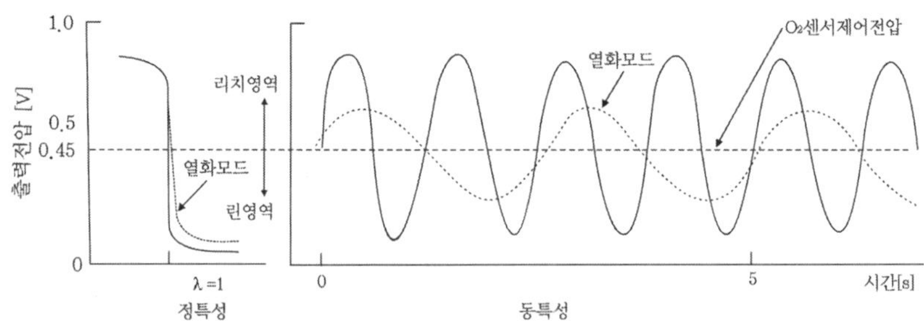

그림 27-9. O_2센서 기본특성

차에 실려있는 상태에서 필요한 요구성능은 고속응답성, 고강도, 내열충격성, 내피독성이고 시장에서의 O_2센서의 사용환경조건이 보다 엄해지고 있는 가운데 이들의 요구성능 향상을 위해 검출소자에 대하여 여러가지 다양한 개량이 이루어지고 있다. 여기서는 검출소자의 구성요소(질코니어 고체전해질, 전극, 전극 보호층)에 대하여 현재에 이르기까지의 기술적 개량을 중심으로 기술한다.

3.3.1 질코니어 고체전해질

O_2센서의 특성은 질코니어 고체전해질의 산소이온 도전성을 이용한 것이라고 하는 것은 앞에서 기술한 바와 같다. 일반적으로 ZrO_2에 2가, 3가의 금속산화물을 치환고용시켜 고체전해질 중에 산소이온의 공공자점을 형성하는 데 따라, ZrO_2는 산소이온도전성이 생긴다. ZrO_2에 고용시킨 금속산화물로서는 양호한 도전성과 화학적 안정성으로부터 Y_2O_3가 쓰여지고 있다.

Y_2O_3 8몰% 이상의 완전안정화 질코니어(FSZ)의 경우, 고산소이온 도전성을 나타내지만 소결체의 입경이 커지게 되기 쉽고 배출가스중 반복되는 급가열, 급냉각에는 내열충격성이 충분하지 못하다. 따라서 산소이온을 도전성과 내열충격성이 양립한다. Y_2O_3 4~6몰%의 부분안정이거나 질코니어(PSZ : 입방정과 단사정의 혼정)이 선택되었다. 차에 탑재된 상태에서 사용가능한 내열, 내충격성 확보를 위한 강도향상은 필수사항이다.

단사정은 1,000℃ 부근에서 단사정→정방정의 변태(M→T변태)를 일으키어 고체전해질의 소성 냉각과정에서 약 4%의 급격한 체적팽창을 동반하게 되므로 입계에 미소한 균일이 균일하게 생성된다. 이것이 균열의 전파를 흡수하여 고 강도, 고 인성화의 실현으로 이어진다.

그림 27-10에 현재 적용되고 있는 Y_2O_3 5몰% 부분안정화 질코니어소결체의 표면상태의 SEM사진을, 다른 조성과 비교하여 나타낸다.

그림 27-10. Z_rO_2-Y_2O_3계 소결체의 표면상태 SEM상

3.3.2 전 극

질코니어 고체 전해질 양단에 마련된 전극에는 높은 전자 도전성과 화학적 안정성이 요구된다. 그리고 전극에는 정확한 공연비를 검출하기 위하여 전극 근방에서 배출가스의 미연소분을 연소(앞에 기술한 식 27-4~

식 27-6 참조)시키는 기능이 요구된다.

이 촉매활성이 O_2센서의 전극에 있어서 가장 중요한 전기과학적 특성이다.

이와 같은 사실로부터 전극에는 백금이 사용되고 있다. 형성방법은 화학도금법이 채용되고 있으나 그밖에 패스트법, 스파터링법 등이 있다.

자동차의 고출력화에 따라 배출가스온도가 높아지는 가운데 내열성, 부착강도 확보를 위해 전극의 두께를 두껍게 하는 것과 질코니어 표면의 凹凸처리 등이 이루어져 왔다. 한편, 응답성 향상의 요구에 따라 열처리온도 등 제조조건을 최적화함으로써 다공질화도 도모하고 있다. 이상의 결과 내열성과 응답성의 양립된 전극의 형성이 가능하게 되었다.

3.3.3 전극보호층

배출가스에 노출되는 외측전극을 열과 피독물로부터 보호하기 위하여 열팽창계수가 질코니어 및 전극의 백금에 가까워서 1,000℃ 근방의 고온일지라도 화학적으로 안정된 스피넬($MgO-Al_2O_3$)분말의 다공질세라믹코팅층이 프라스마 용사를 사용, 외측전극의 바깥둘레인 외주에 실시하고 있다.

가스확산성과내 피독성을 양립시키기 위해 스피넬층은 기공률과 두께를 컨트롤하여 형성할 필요가 있으나 프라스마 용사법은 이들의 특성을 제어하는 것이 용이하고 우수한 형성법이다.

스피넬코팅층은 외부로부터의 배출가스의 확산을 억제하여 센서특성을 안정화시키고 이와 동시에 가솔린 중의 Pb성분 등의 확산도 억제하는 작용이 있다. 그러나 사용되는 가솔린이나 오일의 다양화에 따라 피독물질의 종류, 형태는 복잡화의 경향을 나타내고 있다. 따라서 스피넬층의 바깥둘레에는 가솔린이나 오일 중에 포함되는 Pb, Si, Ca, Zn의 화합물의 퇴적에 의한 코팅층의 눈막힘을 방지하기 위하여 다공질의 피독물 트랩층이 형성되어 있다.

이상 검출소자에 있어서의 여러 가지 개량이 O_2센서기본특성의 열화 방지를 위하여 실시되어 십수만km 이상의 주행 후에도 센서의 특성 변동이 억제될 수 있는 레벨까지 신뢰성을 높이는 데 크게 기여하고 있다.

3.4 적층형 O_2센서

O_2센서는 안정된 출력을 얻기 위하여 검출소자의 센싱부를 약 300℃ 이상으로 가열할 것이 필요하다. 자동차의 엔진은 시동하고부터 O_2센서가 이 온도에 도달되기까지 피드백제어가 불가하다.

따라서 컵형 O_2센서의 경우 신속하게 소자를 승온시키기 위하여 히터가 소자의 내부에 삽입되어 있다. 그러나 미국 캘리포니아주의 배출가스 규제를 필두로 규제는 점점 엄하게 강화되고 엔진시동 직후의 배출가스도 정화하고자 하는 움직임이 나오고 있으며 활성시간(O_2센서가 작동하기까지의 시간)의 단축에 대한 요구는 증가하고 있다. 그러나 컵형 소자의 경우 히터와 검출소자가 별개의 몸체로 되어 있기 때문에 활성시간 단축에도 한계가 있다.

이와 같은 배경에서 조기활성화를 목적으로 한 소자개발이 진척되어 히터와 소자를 일체로 한 적층형 O_2센서가 개발되었다. 그 한 예를 소개한다. 그림 27-11에 나타내는 것과 같이, 적층형센서는 그린시트상태에서 전극과 히터의 발열체를 인쇄 후 질코니어 고체전해질, 히터, 전극보호층 및 피독물 트랩층을 적층하여 소성, 일체화하는 데 따라 O_2센서 검출소자로 한 것이다. 히터, 보호층, 트랩층은 알루미늄이기 때문에, 서로 성질이 다른 이종 재료인 질코니어와 알루미늄의 접합기술이 적층형센서 제조 기술의 가장 중요한 포인트이다.

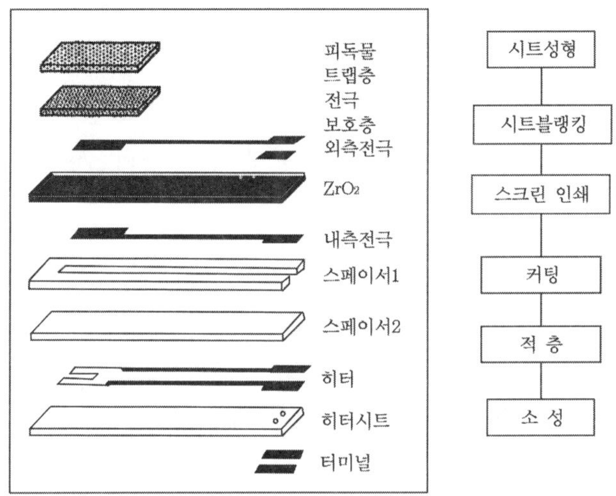

그림 27-11. 적층형 센서소자의 제조공정

소성시의 질코니어, 알루미늄의 박리를 방지하기 위하여는 각각의 소성수축률을 일치시킬 필요가 있다. 세라믹 분체의 입경, 입도분포 등의 최적화에 의해 소성수축률을 일치시키는 것이 가능하게 되었다.

4. A/F센서

A/F센서는 희박연소(린번), 엔진용 린믹스쳐센서가 베이스로 되어 있다. 미국 캘리포니아주의 LEV 이후의 규제에 대응하기 위하여 개발된 정밀공연비 제어시스템 중에서 고정확도가 높고 광역의 산소농도검출성능을 이론공연비를 경계로 농후 혹은 희박으로 판별하는 O_2센서에 대하여 A/F센서는 고체전해질 속을 통과하는 산소이온량에 비례하는 전류로 산

소 농도를 검출한다. 따라서 정확도가 높고 광역의 공연비(A/F)의 검출이 가능하다. 이와 같은 사실에 의해 자동차의 급가속시 등에서 공연비가 크게 치우친 상태인 경우일지라도 바르고 또한 정확하게 이론공연비를 제어할 수 있다. 최근에는 조기활성화의 실현을 위하여 O_2센서와 같이 히터와 고체전해질이 일체로 된 적층형 A/F센서의 개발도 시작되어왔다. 여기서는 A/F센서를 사용한 시스템 및 A/F센서의 구조, 원리에 대하여 기술한다.

4.1 시스템

1996년 세계에서 처음으로 A/F센서가 탑재되었다. 그림 27-12는 대미 캘리포니아주에 수출하는 LEV차량의 정밀공연비제어시스템을 나타낸 것이다. A/F센서는 최적인 A/F로부터의 이탈량을 주력 빠르고, 또한 정확하게 검출하기 위하여 엔진의 바로 아래에 설치하고 있고 그 하류에는 엔진 시동 직후의 배출가스를 정화하기 위한 용량이 작은 스터어트 촉매와 정화능력이 높은 대용량의 메인촉매가 설치되어 왔다. 그리고 촉매뒤의 O_2센서에 의해 리치, 린을 판정하여 피드백제어하는 데 따라 보다 정확도가 높은 A/F 제어를 실현하고 있다.

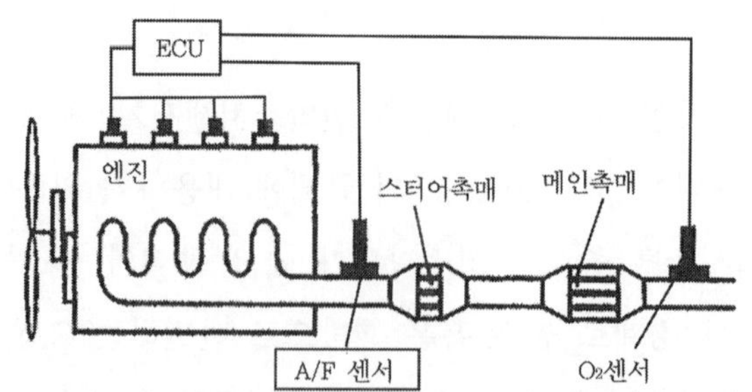

그림 27-12. A/F센서를 사용한 정밀 공연비 제어시스템

4.2 전체구조

그림 27-13은 A/F센서의 전체 높이를 나타낸다. 전체구조는 O_2센서와 유사하나, A/F센서는 검출소자부의 작동온도를 700℃ 이상의 고온으로 유지할 필요가 있어서 히터의 지지체에는 O_2센서에 사용되고 있는 알루미너에 대신하여 보다 우수한 내열성을 가진 질화규소(Si_3N_4)가 적용되고 있다.

또한 검출소자도 O_2센서와 유사한 구조이다. 외측전극의 바깥둘레에는 배출가스의 확산량을 제한하기 위하여 세라믹코팅에 의한 치밀한 확산률속층이 마련되어 있는 것이 특징이다.

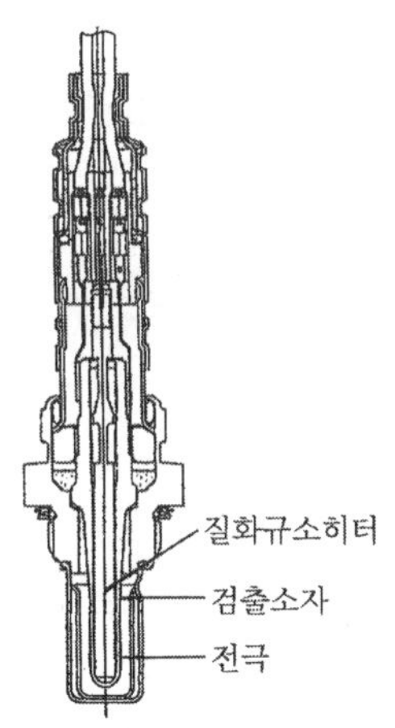

그림 27-13. A/F센서의 전체구조

4.3 A/F센서의 작동원리

A/F센서소자의 외측 · 내측 양 전극 사이의 인가전압을 서서히 증가시켜가면 어느 인가전압 이상에서는 확산율속층에 의해 이동이 가능한 배출가스의 값이 제어되어 산소이온전도에 의한 전류가 포화된다. 이 포화전류가 발생하는 기구는 그림 27-14에 나타내는 것과 같이 리치영역과 린 영역에서 다르다. 린 영역에서는 확산률속층에서 산소의 확산이 포화하는데 따라, 배기측에서 대기측으로 질코니어속을 전파하는 산소이온의 양이 일정하게 되고 그림 27-15(a)에 나타내는 것과 같은 포화전류가 발생한다.

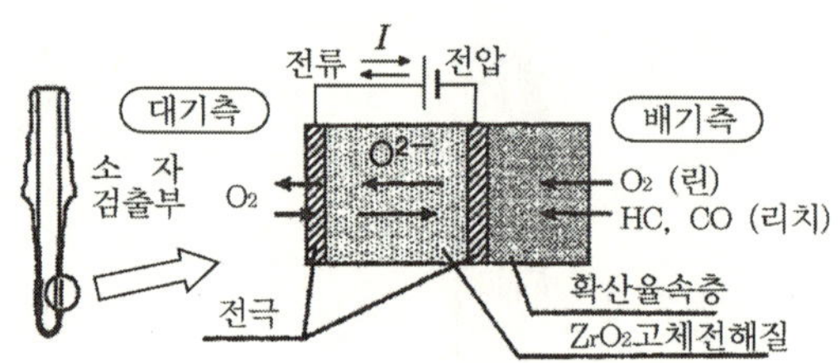

출력전류 $$I = C\frac{D}{T} \cdot \frac{PS}{L} \log \left[\frac{1}{1 - \frac{PO_2}{P}} \right]$$

C : 정수　　D : 확산율속층의 확산계수(DO_2, D_{HC}, CO)

T : 절대온도　　S : 전극표면적

P : 배출가스의 전압력　　PO_2 : 배출가스의 산소분압

L : 확산율속층두께

그림 27-14. A/F센서의 작동원리

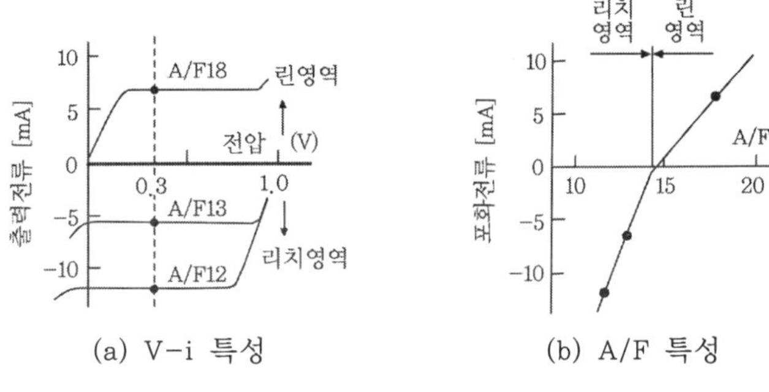

(a) V-i 특성 (b) A/F 특성

그림 27-15. A/F센서의 출력특성

한편 리치영역에서는 린영역과는 역으로 산소이온이 질코니어속을 대기쪽에서 배기측으로 전파, HC, CO 등 미연가스와 반응하는 데 따라 전류가 발생하나 확산율속층에서 이들의 미연가스의 확산이 포화되는 데 따라 그림 27-15(a)에 나타내는 것과 같은 포화전류가 발생한다. 센서간에 걸리는 임의의 전압에 있어서 A/F와 포화전류는 그림 27-15(b)에 나타내는 정(+)의 상관관계를 가진다. 이 상관관계에 의해 정확도가 높고, 뿐만 아니라 광역의 A/F검출이 가능하게 되는 셈이다.

5. 앞으로 O_2센서의 기술동향

앞에서 기술한 것과 같이 앞으로의 엄한 배출가스규제에 대응하기 위해서는, 냉간시동시의 조기 A/F 제어가 대단히 중요해진다. 따라서 지금부터의 O_2센서에는 그에 상응하는 조기활성화가 요구되는 것으로 생각되어진다.

현재 대부분의 자동차에 탑재되어 있는 컵형센서는 활성시간이라는 점에서 적층형 센서에 비해 떨어져 있기 때문에 앞으로는 적층형 센서가 주류로 될 것으로 생각된다. 그러기 위해서는 코스트의 대폭적인 저감의 실현과정에서의 신뢰성의 실증이 필요하다.

그리고 O_2센서나 A/F센서는 질코니어고체 전해질의 산소이온 도전성을 이용하여 배출가스의 산소농도를 검출하고 있으나 같은 질코니어를 사용하여 HC나 NO_x에 대하여 활성적인 전극과 불활성으로 전극을 조합시키는 데 따라 이들의 유해가스를 직접 검출하는 HC센서나 NO_x센서의 연구개발이 최근 주목을 받고 있다.

이들 센서는 촉매의 열화를 용이하게 검출될 수 있어서 O_2센서나 A/F센서와 조합하여 사용하면, 더욱 고성능의 배출가스 정화시스템이 구축될 수 있을 것으로 생각된다.

Chapter 28 디젤엔진의 연료 분사계(1) (Fuel Pump System for Diesel Engine)

1. 머리말

디젤의 연료 분사계는 엔진 그 자체의 구조, 원리와 지극히 밀접한 관계를 가지고 있어서 연료 분사계의 이해 없이는 디젤엔진은 거론할 수 없다. 제28장에서는 디젤 분사계의 탄생과 발전에 대하여 기술하고 엔진의 성능, 기능상 하고 있는 역할을 명시하고자 한다.

2. Rudolf Diesel과 Robert Bosch

지금으로부터 약 100년 전의 19세기 말부터 금세기 초두에 걸쳐서 약 50년간 유럽에서는 독일을 중심으로 증기 기관에 대체되는 새로운 내연기관의 개발이 활발하게 이루어지면서, 점차 새로운 내연기관이 실용화되어 가고 있었다.

Carl Benz, Gottlieb Daimler, Nikolaus Otto, Werner Siemens 이들의 이름은 그대로 엔진의 명칭으로서, 혹은 자동차 또는 자동차부품의 명칭으로서 현재 알지 못하는 이는 없을 것이다.

이들은 당시 새로운 엔진의 발명과 기업화에 열정을 경주하여 때로는 경쟁상대로서, 때로는 아이디어를 서로 합하는 파트너로서 활약하여 오늘날의 엔진 기술의 기반을 구축한 사람들이다. 그러한 가운데에서 또 다른 두 사람인 Rudolf Diesel과 Robert Bosch의 이름을 들 수 있다.

가솔린엔진이 오늘날 오토사이클이라 불리우게 된 것과 같이 1876년 Nikolaus Otto가 4사이클 엔진의 기본 특허를 명확하게 정립한 데 대하여 Rudolf Diesel과 Robert Bosch는 때로는 경쟁 상대로서 혹은 서로 아이디어를 내는 파트너로서 활약, 1893년에 엔진 기술의 기반을 쌓아올린 사람들이다. 이 엔진들은 당시로서는 경이적인 열효율을 나타내었으나 연료의 공급장치(연료를 압축공기와 함께 실린더내에 공급하는 방법)에 어려움이 있었고 참뜻으로의 공업화, 양산화에는 또한 약 30년의 시간이 소요되었다. 이러한 어려움을 관철한 것이 Robert Bosch이고, 1926년 Bosch가 지금의 열형 펌프의 원조가 되는 분사 장치의 개발에 성공하면서 길이 열리었다.

그림 28-1에 나타내는 분사 펌프는 현재도 주류의 하나인 열형(列型) 펌프의 원형이고 연료의 고압발생, 리드/포트에 의한 압송 스트로크 가변기구, 플라이 웨이트에 의한 회전 속도 검출과 그것에 조합되어 있는 링크 기구에 의한 엔진의 회전속도 제어기구(거버너), 그리고 구동축의 위상각을 변화시키는 분사 타이밍 가변 기구 등이 조립되었으며, 당시는 이것만의 기능이 패키지로 된 제품이 구현된 것이 경이적인 일이었다.

그림 28-1. 초기의 열형(列型) 연료 분사 펌프

기록에 의하면 1927년에 공업 제품으로서 분사 펌프가 생산 개시되어 1930년에는 빠르게도 연간 1만 여대의 규모에 달했으며, Bosch의 발명이 디젤엔진을 양산 가능한 엔진으로 변모시킬 수 있었는가를 알 수 있다. 이와 같이 하여 탄생된 연료 분사계는 디젤엔진의 심장부로서 발전을 거듭하여 현재는 연생산 약 1,300만 대의 생산고에 달하고 있다.

3. 디젤 연료 분사계의 역할

화제를 바꾸어서 제28장의 목적인 분사계의 하는 일의 역할을 설명한다.

3.1 혼합기 형성과 연소제어

디젤엔진의 가장 큰 작동상 특징은 연소를 점화플러그에 의해 스타트 시키는 것이 아니고 연료의 자기 착화에 의하여 제어하는 것이다. 따라서 시기적으로 어느 때에 연소를 개시하는지, 어떻게 연소가 계속되는지, 그리고 연소는 어떻게 종료되는지 또한 결과적으로 1회에 얼마만큼의 열량이 1회의 연소 프로세스로 발생시켜 다시 배기중에는 어떠한 성분의 가스나 입자가 남게 되는지 등 엔진의 연소실 내에서의 연소 프로세스와 분사 프로세스가 극히 밀접한 관계를 가지는 것이 된다.

연료가 노즐로부터 분사된 다음 연소실내에서 어떻게 공기와 혼합하여 증발, 착화, 연소되어 가는가 하는, 즉 혼합기 형성과 연소과정의 연구는 그것만으로도 하나의 중요한 학문영역으로 되어 있고, 디젤엔진의 탄생 이후 세계에서 수많은 연구에 의해 현상 해명에 지대한 노력을 경주하여 왔다.

① 분무, 연소의 모델링, 분무의 계측, 연소의 가시화, 실린더내 샘플링, 시뮬레이션 계산 등 현재도 일진 월보를 계속하고 있다. 그림 28-2에 연료분무거동을 이해하는 데 있어서의 키워드, 그림 28-3에 신 ACF에게서의 근년 촬영된 실린더내의 연소사진을 나타낸다. ② 1회의 분사 이벤트는 엔진 크랭크 각으로 3°에서 30°, 실시간으로 환산하면 4,000 rpm의 정격점 상당으로 0.1m/sec부터 1.3m/sec의 단시간에 종료된다.

분사된 연료는 피스톤 연소실 내에서 시간적, 공간적으로 지극히 복잡한 혼합 증발 과정을 거쳐서 착화에 이르고 연소(폭발)가 종료된다. 그 사이가 약 2m/sec이고 그 짧은 시간에 이루어지는 일이다.

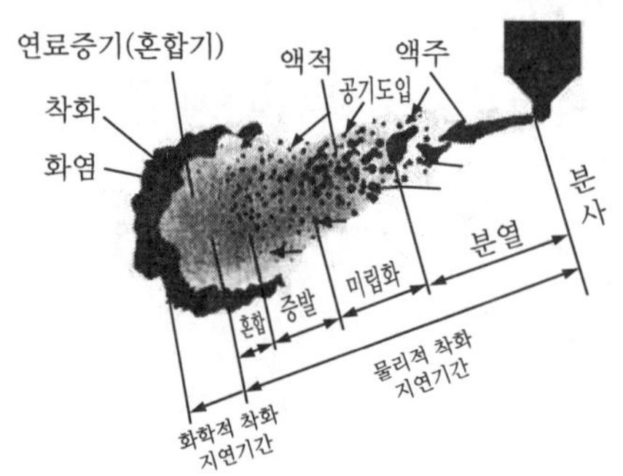

그림 28-2. 분무거동 이해의 키워드

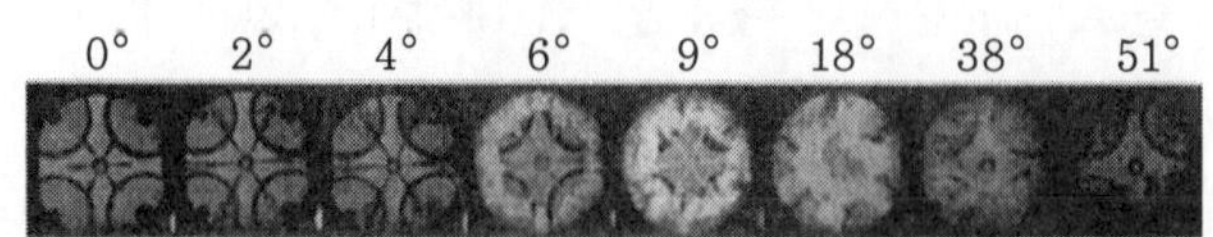

그림 28-3. 연소 관찰 사진 / Crank angle after start of injection

3.2 분사계 인자와 엔진 성능의 밀접한 관계

분사 프로세스와 연소 프로세스는 밀접하고도 불가분의 관계를 가지고 있으나 엔진/분사계의 개발을 진척시켜 나가는 데는 연료가 노즐에서 분사되기 직전까지의 인자, 즉 어떤 메커니즘으로 연료를 가압하고, 분사타이밍, 분사량, 분사율의 패턴을 제어하는가 하는 것이 주요 과제로 된다.

그리고 엔진의 개발 과정에서는 혼합기 형성과 연소의 과정이 앞에서 기술한 것과 같이 시간적, 공간적으로 지극히 복잡한 현상임에도 불구하고 분사계의 인자와 배기관에서 관측이 가능하나 배출 가스와 미립자, 그리고 연소에 기인하는 진동, 소음 등과의 사이에 재현성이 좋은 관계가 존재한다.

따라서 많은 엔진/분사계의 개발에는 많은 시간의 소모로 개발을 진척, 소정의 엔진성능, 배기에미션 등을 달성하게 된다. 분사계 개발에 참여하는 엔지니어들은 수많은 적합 인자들이 하나하나가 빠짐없이 명확하게 엔진의 성능 배기에미션 등의 결과로 이어지므로 이에 흥미를 느끼기도 하고 또한 적합인자가 그만큼 많은 데 대한 어려움도 뒤따른다.

예로서 그림 28-4에 인자들 중의 하나인 초기 분사율(이 경우 분사 개시부터 착화에 이르기까지의 분사량)과 NO_x의 관계를 나타낸다.

이상 기술한 것과 같이 분사계의 각 인자는 마크로적으로 디젤엔진의 성능, 기능에 미치는 큰 영향을 가지고 있으며, 종합하면 그림 28-5와 같이 종합할 수 있다. 다음에 이들 각 인자의 영향을 대표적인 데이터로 나타냄으로써 분사계의 역할을 종합할 수 있다.

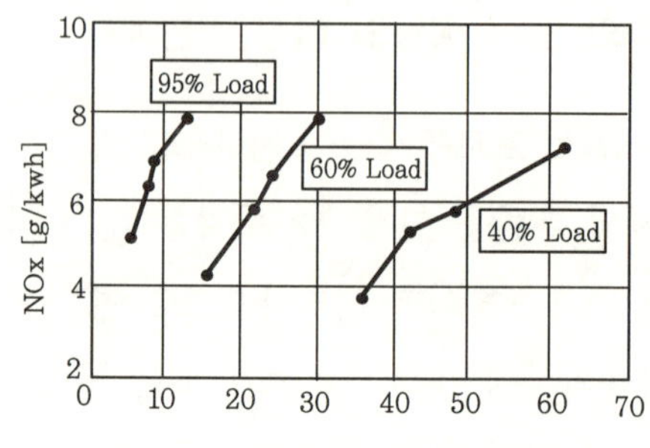

그림 28-4. 초기분사량과 NO_x 배출량의 관계

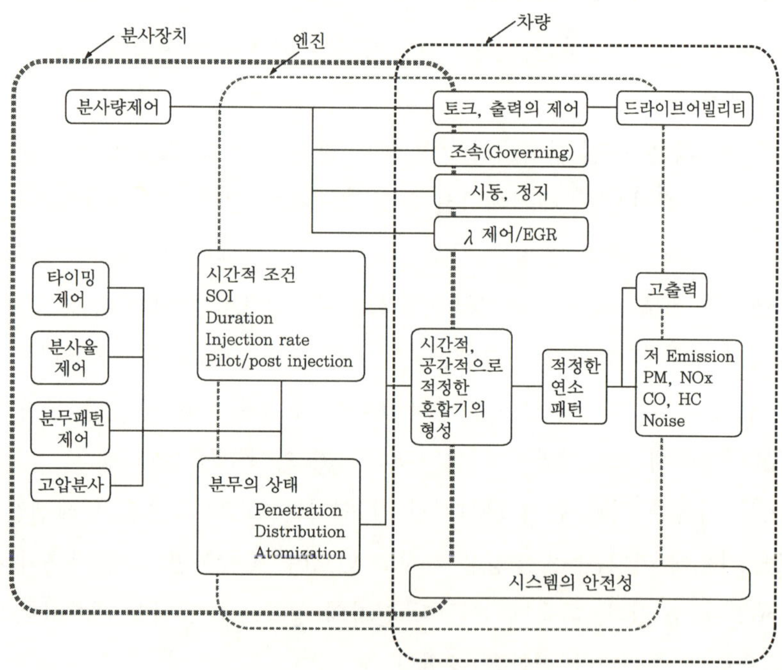

그림 28-5. 분무거동의 이해 키워드

3.3 분사량 제어

분사계가 수행해야 할 가장 기본적인 역할이 분사량의 제어이다. 그림 28-6에 나타내는 것과 같이 엔진의 시동으로부터 정지까지 운전자의 의지에 따라 초기 분사율을 제어함으로써 희망하는 엔진 토크를 발생시키게 된다. 그러나 분사량 제어 외에 다음 4가지의 요소가 있다.

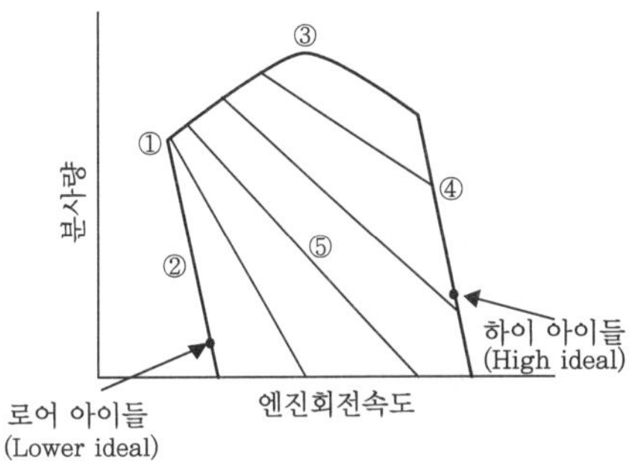

① 시동
② 안정된 아이들링 회전을 얻는다.
③ 엔진의 과회전을 방지한다.
④ 전부하 토크 회전을 방지한다.
⑤ 드라이버의 의지에 상응하는 토크의 발생 또는 회전속도의 유지

그림 28-6. 분사량 제어의 기본기능 설명

① 엔진 스피드의 제어/조속(governing)이다. 잘 알려져 있는 것과 같이 디젤엔진은 흡기 스로틀이 없으므로 계(系)로서는 발산계이고 일정 분사량의 공급이 지속되면 엔진은 독주하여 스스로 파괴에 이르게 된다.

② 이와 같은 현상을 방지하기 위하여 조속기, 즉 거버너(분사량 제어 장치)가 필요하고 어떤 형태로 엔진스피드를 검출하고 엔진스피드의 상승에 대하여 분사량을 절감시키는 제어를 가지도록 하는 것이 엔진스피드의 기본이고 이때의 제어는 전형적인 피드백 폐(閉)루프 제어이다.

③ 이 경지를 넘어서면 실제의 차량인 경우는 트랜스미션까지 포함하는 복잡한 시스템이 대상이 된다.

여기서도 지극히 많은 인자가 계의 움직임에 영향을 주므로 플런저의 클리어런스로 1㎛의 차이가 거버너 동 특성의 위상 지연을 변화시켜 트럭의 카서징을 악화시킨다.

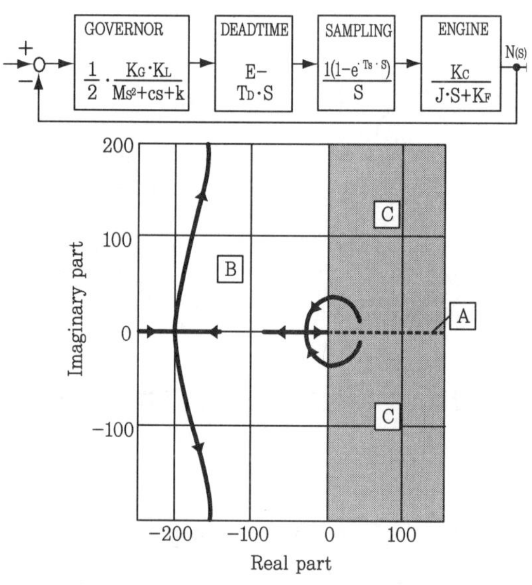

그림 28-7. 엔진속도제어계의 블록다이어그램과 근회전 (기계식 거버너의 예)

④ 그 다음은 소정의 에미션을 달성하기 위한 λ제어에 대한 사고방식이다.

디젤엔진은 근본적으로 매사이클 공기를 전량 실린더내에 도입하여 공급하고 연료의 양을 발생토크와의 상관관계를 고려하도록 하는 것으로 만족하는 것이었으나, 근년에는 NO_x의 저감을 위해 EGR의 채용이 필연적으로 사용되고 있고 시시각각의 EGR률, 즉 흡입 산소량에 매칭된 분사량 제어가 필요하여 거시적인 의미(혼합기 내부의 국부 공기 과잉률이 아니고 평균으로서의 의미)로서의 λ제어를 실현하고 있다고 할 수 있다. 디젤의 분사계가 전자 제어화를 향한 큰 이유 중의 하나이다.

⑤ 엔진, 차량의 안전성에 관련되는 것으로 위험한 상황하에서는 필요에 상응하여 자동적으로, 혹은 드라이버의 의지에 의해 엔진의 운전을 정지시키거나 또는 시스템의 고장이 크지 않을 경우 안전성을 유지하면서 가능한 한 차량의 주행을 계속시킨다고 하는 안전 설계의 요소이다. 근년의 전자 제어 시스템에 있어서 특히 이 안전성에 대한 극히 미세한 시스템 구축이 이루어져 있음을 추가 기록하여 둔다.

⑥ 파일럿 분사 및 포스트 분사이다. 이것들은 1회의 연소프로세스에 대하여 2회 이상으로 분리하여 연료를 공급하는 것으로 넓은 의미로서의 분사율 제어라 할 수 있다. 여기서는 양의 제어의 의미로 그 어려움에 대하여 기술한다.

대형 트럭용 디젤엔진의 최대 분사량은 약 300mm^3/st이고, 현재 일컬어지고 있는 파일럿 분사의 필요 최소량이 1mm^3/st 이하임을 생각할 때, 그 다이나믹 랜지는 10^{4}의 주문에 가까워지고 있다.

미소 분사량은 계측기술 그 자체부터 다시 수정하여야 할 시기에 와 있고 미소량제어 기술의 계측 기반을 포함하고 핵이 가까운 장래의 클린 디젤 실현에 있어서 중요한 테마로 되어 있다.

연료 분사계라고 하는 말에 의하면 기계계, 유체계의 지식 분야만을 상상하기 쉬우나 디젤엔진의 현대화, 저에미션화에 따라 제어 공학, 시스템 공학적인 이해와 발상이 점차 중요도가 증가되고 있음을 강조하고자 한다.

3.4 분사량 타이밍 제어

자기 착화하는 디젤엔진에 있어서 연료를 어느 타이밍으로 분사되어야 하는 가는 엔진 성능과 직결하는 인자이다. 그림 28-8에 나타내는 것과 같이 분사 타이밍을 지연시키는 데 따라(리터드) 일반적으로 NO_x, 연소음은 감소되고 스모크, 연비는 악화된다. 그리고 리터드시켜 가면 HC가 급증하고 끝내 엔진은 자립운전이 불가능해지고 결국 실화한다.

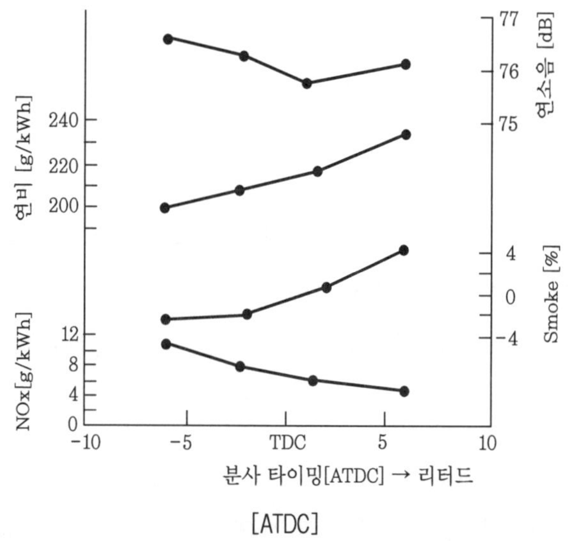

[ATDC]

그림 28-8. 분사 타이밍의 엔진 성능에 미치는 영향

그림 28-8은 어느 운전영역에 있어서의 분사 타이밍 변수를 조사한 것이다. 이동용 파워 플랜트로서의 디젤엔진에 있어서는 모든 회전 속도역, 부하역에서 최적의 분사 타이밍을 선택해야 할 필요가 있고 또한 시동에서 특히 냉간 시동에는 별개의 요구가 존재한다.

통상은 엔진의 압축상사점(TDC) 전 20°부터 TDC 후 5° 정도의 범위를 가변역으로서 가질 필요가 있다.

타이밍의 분해능력에 대하여 생각하면 크랭크 1°는 400rpm인 경우는 약 42㎛가 된다.

'제어의 번거로움'이 실감될 수 있는 숫자이다. 가변역에 관해서는 근년 예혼합 압축 착화의 콘셉트에서 보여지는 것과 같이 BTDC 90°라고 하는 대단히 빠른 타이밍에서 분사가 필요하게 되는 가능성 및 촉매활성을 위한 포스트 분사의 필요성 등을 생각하면 크랭크각 360° 전역의 필요성이 논의되기 시작하고 있다.

3.5 분사율 제어(Rate shaping)

분사계의 미묘함에 더하여 이와 함께 곤란함의 근원으로도 되어 있는 것이 다음에 기술하는 분사율 제어와 다음 항의 분사 압력이다. 그것은 가솔린엔진 등 다른 연료 분사계와 차이가 이 두 점에 있고 디젤 분사계 고유의 영역을 구축하고 있기 때문이다.

(1) 분사율에 대하여는 처음부터 용어의 정의를 확실하게 해두는 것으로 한다. 평균 분사율로서의 정의는 1회의 분사량을 분사에 요하는 시간으로 나눈 값이 분사율이다. 과거의 NO_x 저감논의 가운데에는 분사 시간의 단축을 압송 에너지를 높여서 고압 분사화하는 것으로 실현, 타이밍 리터드를 조합하는 것으로서 NO_x와 연비, 퍼티큐레이터 등의 상관 관계를 안쪽으로 가지고 오는 것이 활발히 이루어지고 따라서 고분사율화(기간단축)를 고압 분사화가 같은 뜻으로 사용하는 시대가 길게 계속적으로 이어져왔다.

(2) 그러나 근년의 분사율 제어기술은 새로운 방향을 찾고 있다고 할 수 있다. 즉 연소 프로세스에 있어서 NO_x 및 연소음을 억제하기 위해서는 국부온도 상승을 억제할 필요가 있어서 연소에 허용되는 시간을 가능한 한

유효하게 이용한다. 어느 의미에서 '천천히' 분사하는 것으로 최적화를 도모하고자 하는 것이다.

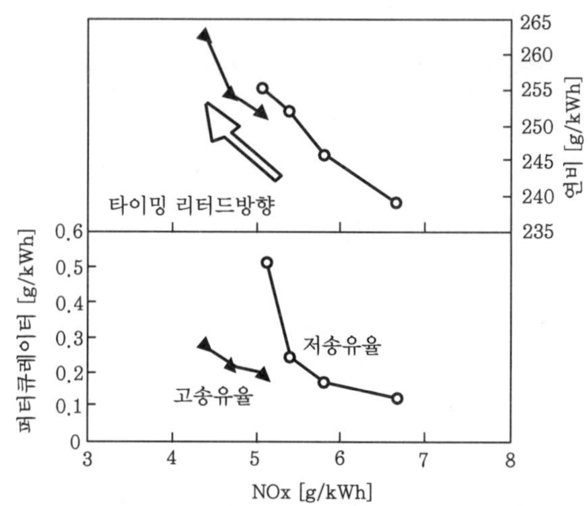

그림 28-9. 송유율의 엔진성능에 미치는 영향

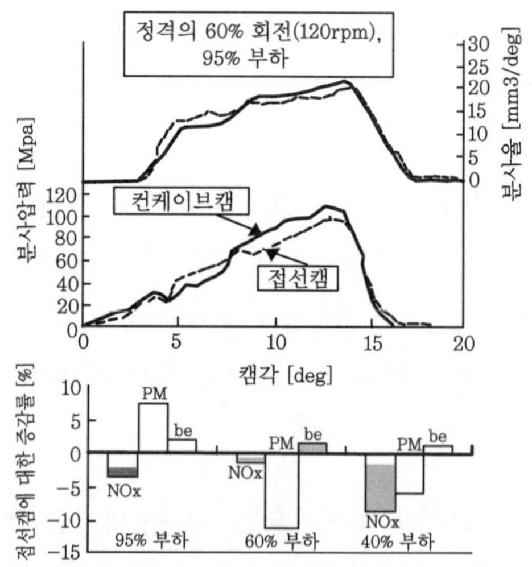

그림 28-10. 분사 패턴의 배가스에 미치는 영향

(3) 이 '허용되는 시간'이란 정격점에서는 크랭크각이 30°에서 35°이고, 이 시간이 1회의 분사 이벤트 종료의 하나의 어름점이 된다. 그러나 엔진의 중경부하역에서는 분사 기간은 분사량의 저감과 함께 일의적으로 짧아지게 되고 아이들 역에서는 3° 정도로 분사는 종료된다고 할 수 있다.

따라서 중, 경부하 역에서는 최적의 분사 압력하에서 여한이 긴 시간에 걸쳐서 분사하는가 하는 방향으로 움직여지고 있다. 그러면서 이 노력을 쌓아올려도 경부하에서의 30°라고 하는 긴 기간에서의 분사는 불가능하고 이 때문에 당연한 발상으로서 분사 프로세스를 복수회로 나누는 것이 구현화되고 있다.

(4) 파일럿 분사는 그 대표이고 분할 분사하는 데 따른 연소실내의 혼합기 형성과 연소 프로세스를 제어하고자 하는 의도이다. 따라서 여기서는 넓은 의미로 파일럿 분사 등의 복수회 분사도 분사율이라고 하고 용어의 정의에 들어간다. 근래 rate shaping이라는 것이 넓게 사용되고 있으나 이는 앞에서의 의미로 쓰여지고 있는 것으로 생각된다.

(5) 지금 rate shaping의 기본은 단일분사 프로세스 중에서 분사 개시로부터 종료까지의 겉보기의 "율"로 분사하는 것이다. 가령 크랭크각이 0.1° 피치로 분사율을 적극적으로 제어하려고 하면 타이밍의 항에서 기술한 것과 같이 4000rpm이면 1°가 42μsec마다 제어가 필요하게 된다.

이와 같은 초고속의 액튜에이터는 존재하지 않으므로 rate shaping은 따라서 노즐 sac 실의 압력거동을 무엇인가의 모양으로 제어할 것인가 또는 니들리프트의 상승과정을 제어하는 것인가에 따라 결과로서 어느 정도 유별된 분사율의 패턴을 얻을 수 있는 것이 된다.

(6) 현재 가장 널리 사용하고 있는 것은 캠구동에 의한 분사계는 그 기본특성으로서 분사 개시 때는 sac실 압력이 낮고, 밸브의 열림압으로 분사를 개시하고 그것에 이어지는 펌핑에 의하여 압력이 상승되며 따라서 분사율도 상승되면서 분사후기를 맞이하고 플런저 엘리먼트의 바이패스(스필)에 의하여 분사를 종료시킨다고 하는 패턴을 가지고 있다.

(7) 분사 프로세스의 진행과 함께 압력을 상승시키는 이 패턴의 rate shaping은 단일의 분사로 연소 프로세스를 제어하기 위해서는 예혼합 연소를 억제하여 저NO_x를 실현하는 데서는 바람직한 패턴으로 되어 있다. 그리고 열형펌프에 있어서 컨캐브캠의 채용 등 이 기본 특성을 더욱 부추기게 하는 방향의 기술 개발이 이루어져서 저예미션화에 일정의 기여를 해오고 있다.

(8) 한편 니들리프트의 상승과정을 제어하는 대표적인 예로서는 2스프링노즐 홀더를 들 수 있다. 니들 상승을 50 μ정도의 제1리프트 값으로 한번 멈추게 함으로써 노즐시트부의 스로틀닝 효과에 의해 분사율을 낮추는 기술이다. 여기서 주의할 것은 스로틀닝 효과에 의한 rate shaping은 분무의 미립화 촉진에 있어서도 마이너스(－)로 작용한다고 하는 것이다.

(9) 다음 항에서 고압 분사에 대하여 설명할 것이나 생성된 고압은 노즐분구 전후면에서 해방된다고 하는 것이 기본임에는 틀림이 없다. 분무미립화에 있어서는 바람직하지 않은 것으로 분사율을 낮게 억제하는 쪽이 종합적인 결과로서 저소음, 저NO_x에 기여될 수 있다고 하는 것이 rate shaping의 특징이라고 할 수 있다. 앞으로도 시트 스로틀닝에 의한 제어

는 어디까지나 확대되어도 좋을 것이다. 또한 압력에 의한 rate shaping은 어떻게 그 자유도를 증대시킬 수 있는가라고 하는 논의는 더욱 더 활발하게 되어갈 것이다.

(10) 복수회 분사에 의한 rate shaping은 양의 제어의 항에서 기술한 바와 같이 미소 분사량의 실현이 눈앞의 과제로 되어 있으나, 메인분사의 압력, 율패턴, 분사간 인터벌 등 인자수가 팽대하게 되어 있고 이들의 요구치가 정해져 가고 있는 과정으로 볼 수 있다. 가장 알기 쉬운 파일럿 분사의 효과는 주지하는 바와 같이 연소음의 저감에 있다(그림 28-11). 솔레노이드 밸브기술의 발달에 의해 제품화의 길이 열린 새로운 의미에서의 분사율 제어는 앞으로의 디젤을 뒷받침하기 위한 중심 기술이 될 것이다.

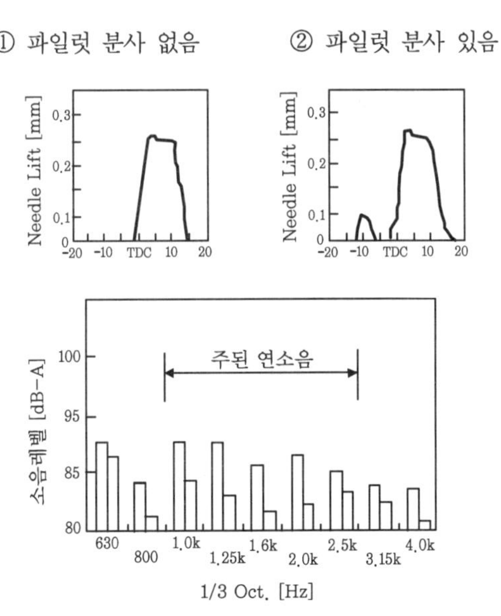

그림 28-11. 분사 패턴의 배가스에 미치는 영향

3.6 고압 분사 및 미립화

앞에서 기술한 Robert Bosch가 처음 제품화한 분사계가 달성한 분사 압력은 최대로 30MPa 정도였던 것으로 미루어 생각할 수 있다.

디젤 분사계에 공급되어 계속 추구한 고압화의 요구는 오늘날까지의 70년간에 약 7배인 200MPa를 일부의 상품에서 구현화하는 데까지 도달되었다. 즉 분사계의 역사는 고압화의 역사라고 하여도 좋을 것이다.

(11) 디젤 연료인 경유는 고압화되어 노즐을 통해 분사됨으로써 미립화되어 증발과정에 이르러서 착화한다. 200MPa라고 하는 고압화가 실현되어도 미립화를 거쳐서 증발이라고 하는 프로세스를 밟지 않을 수 없는 것이다. 고압화 분사에 의한 엔진의 성능에 가장 크게 기여하는 것은 스모그 및 퍼티큐레이터의 그을음(sooty)의 저감이다(그림 28-12). 어느 레벨까지의 고압화가 이상적인가 하는 연구가 다수 이루어져 왔으나 명확한 결론에 이루지 못한 것이 현실이다.

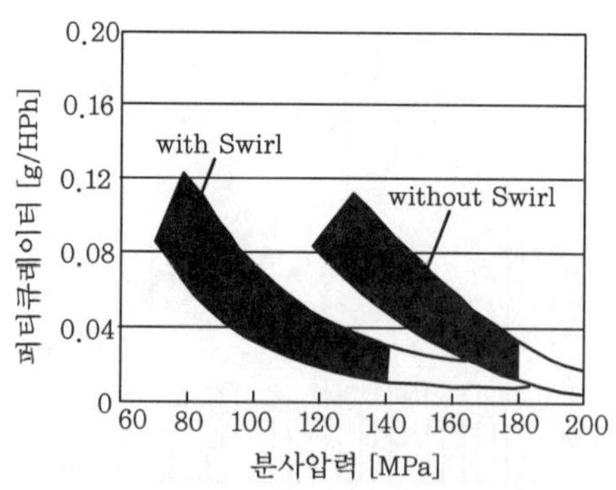

그림 28-12. 고압 분사에 의한 퍼티큐레이터 저감

(12) 일반적으로 고압화에 의한 엔진 성능의 심한 진동은 단지 soot분이 감소될 수 있다고 하는 단순한 것이 아니고 많은 경우 NO_x는 역으로 악화한다. 연소가 활성화 하는 것으로서 연소실내의 국부온도가 상승되는 것을 초래하고 NO_x가 증가되는 것으로 설명되고 있다.

따라서 고압화 분사의 논의는 분사계의 인자만에 대한 의논이 한정된 것으로 하여도 앞의 항의 rate shaping과 끊어놓기는 위험하다. 고압화와 더불어 바람직한 분사율 패턴의 실현도 동시에 달성되어가야 한다는 것이다.

(13) 또한 고압화의 목적이 분무의 미립화에 있다고 하면 분무입경 그 자체가 미립화에 크게 영향을 받으며 고압화의 역사는 아직 소분구경화의 역사라고도 할 수 있다. 그림 28-13에 에미션 규제마다 어느 레벨의 소분구경화가 도모되고 있는가를 나타낸다.

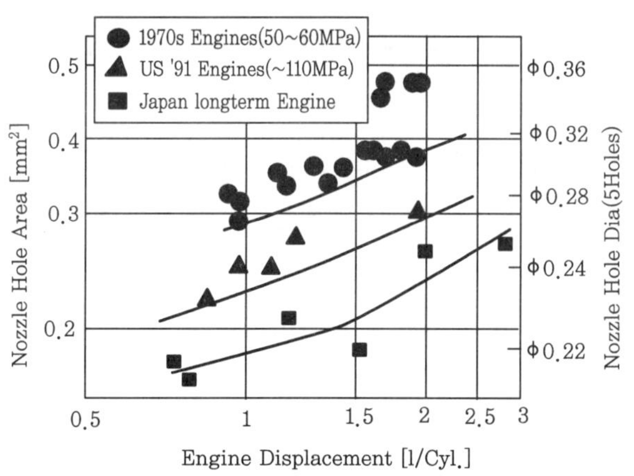

그림 28-13. 노즐분구지름의 변천

캠구동계에 있어서는 소분구경화로 하면 동시에 달성되는 분사압도 높아진다. 소분구경화는 두 개의 의미로 미립화에 공헌하는 것이다. 분사율제어의 항에서 기술한 바와 같이 중경부하역에서는 더욱더 속도를 낮추어서 분사하고자 하는 방향이다. 그 때문에 분구경을 스로틀링하여 분사기간을 증가시키고 이와 함께 미립화를 촉진하여 파티큘레이터를 저감시킨다.

이와 같은 최적화를 도모한 결과로서 정격점에서는 200MPa의 고압이 된다는 표현이 가능하다. 고압화의 최적화가 명확하다고 하는 것은 이미 기술하였으나 고압화에 동반되는 또 하나의 불이익에도 언급하여야 한다. 그것은 고압발생에 요하는 구동손실의 증대이다. 분사계의 구동토크는 엔진쪽에서 볼 때는 프릭션 로스이고 출력, 연비의 악화로 바로 직결된다.

(14) 따라서 분사계를 개발하는 입장에서는 단지 압송 에너지를 증대시키는 것만이 아니고 그 효율을 최대한으로 높이는 것이 지극히 중요하다. 유체의 압력상승의 식은 $\Delta P = E \cdot \Delta V / V$ (E : 최적탄성계수)이다. ΔP를 효율적으로 높이기 위해서는 고압계의 데드볼륨 V를 최소화하는 것으로 소정의 양 $\Delta 4V$의 연료가 효율적으로 고압화될 수 있는 것이다. 현상하에 200MPa의 고압이 상품으로 실현되어 있는 것이 계의 데드볼륨의 가장 작은 유닛인젝터만이라고 하는 사실은 고압화에 동반되는 구동로스의 한계가 상품으로서 달성 가능한 고압화의 한계를 규정하고 있다고 하는 것을 나타내고 있는지도 모른다.

(15) 미립화를 위한 효율에 관한 의논으로서 또 하나의 중요한 인자가 있다. 고압분사의 기본은 발생한 고압을 노즐 분구만을 해방시킨다고 하

는 것은 분사율 제어의 항에서도 기술한 내용이다. 노즐 분구 입구 부근에 있어서 유체의 거동을 해석하면 입구의 에지(edge)부에서 축류가 발생되고 흐름의 손실이 있음을 알 수 있다. 따라서 당연한 발상으로 분구 입구부에 R부의 설정을 하는 것으로 이 손실을 경감하고 또한 작은 분구경을 적용하여도 동일한 분구의 전후유량을 확보하는 것이 제안되고 있다.

(16) 그림 28-14는 분구경과 유량계수의 관계를 분구 입구의 R유무에 의해 비교한 것으로서 이 예에서 약 20%의 유량 증대가 얻어지고 있다. 이와 같은 사실은 앞에서 기술한 중, 경부하역에서의 소분구화를 정격점 압력의 증대 없이 가능한 것으로 고압화, 미립화에 관한 실용기술 중에서도 큰 의미를 가지는 기술의 하나로 되어 있다.

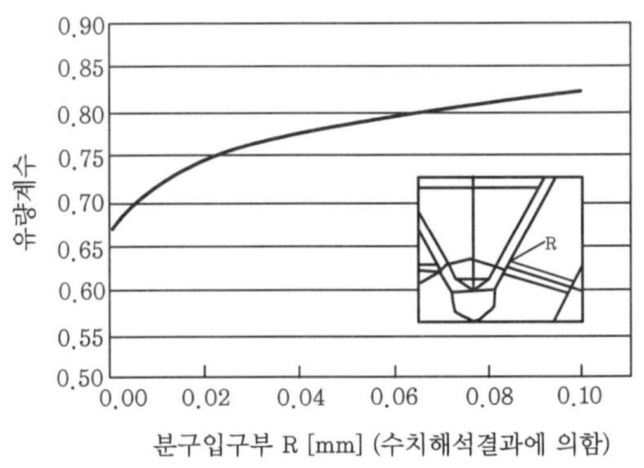

그림 28-14. 분구입구부 R

이상 고압 분사가 하는 역할에 대하여 개괄적으로 기술하였다. 그러나 제품의 개발을 실행하는 데에는 고압분사의 실현에도 폭넓은 기반기술의 응용이 필요하다. 높은 고압력에 견디는 재료, 열처리기술, 고압을 발생시키면서 접동, 유밀을 보존하게 하기 위한 트라이폴로지, 응력을 최소한으로 억제하면서 콤팩트이고 경량인 컴포넌트를 달성하는 설계 기술, 수명의 예측을 중심으로 하는 신뢰성 공학, 더구나 서브미크론 오더의 정밀 가공 기술 등 여러 가지의 관련에 걸친 공학적 기반 위에서 성립되어 있는 분야라 할 수 있다.

Chapter 29 디젤엔진의 연료 분사계(2)

1. 서 언

제28장에서는 디젤 분사장치가 엔진의 성능, 기능상 하고 있는 역할에 대하여 설명하였다. 시간적, 공간적으로 적절한 혼합기의 형성이라고 하는 복잡한 운전을 실현하기 위하여 고압의 발생, 분사량 제어, 분사타이밍 제어, 분사율 제어 등의 기능이 요구됨을 알 수 있다.

이들의 기능은 다종, 다양한 방법으로 실현되고 있고 그 때문에 분사장치에는 수많은 종류가 존재한다. 그 배경으로서 다음 그림을 들 수 있다.

(1) 첫째는 디젤엔진은 다종 다용한 목적으로 사용된다고 하는 것이다. 소형발전기나 농업용기계, 자동차용으로는 소형승용차에서 대형트랙터, 소형포트에서 대형 탱커까지의 선박용, 그밖에 여러 가지 산업용 기계나 동력 플랜트 등, 그 사용분야는 무수이 많이 들 수 있다.

(2) 둘째로 배출가스의 저감이나 연비향상을 위한 키 디바이스로서의 개량이 항상 이루어져 오기 때문이다. 특히 전자제어와의 융합 이후 그 응용방법 등이 커지고, 오늘날 많은 제안이 이루어지고 있다.

디젤 분사장치의 해설을 함에 있어서 이들의 다종, 다양한 가운데에서 주된 분사장치의 구조, 작동을 설명하는 것이 정상적인 방법이라고 생각된다. 따라서 여기서는 분사계의 각 기본기능의 실현수단에는 어떤 것이 있는가를 기술하기로 한다.

2. 각 기능을 실현하는 구성

(1) 디젤엔진용 분사장치의 기본기능은 연료탱크로부터 피드펌프에 의해 펌프본체에 공급된 연료를 가압, 분사량, 분사타이밍을 조절, 각 실린더에 분배, 엔진의 연소실내에 분사, 안개와 같은 형태로 만드는 것이다.

각 기능과 각각의 실현방법의 종류를 종합한 것이 그림 29-1이다. 실제로 존재하는 분사장치는 각 기능을 실현하는 방법의 가능성 중에서 선택, 조합하여 구성되어 있다. 그 중에서 몇 개의 예를 들어서 설명한 것이 그림 29-2이다.

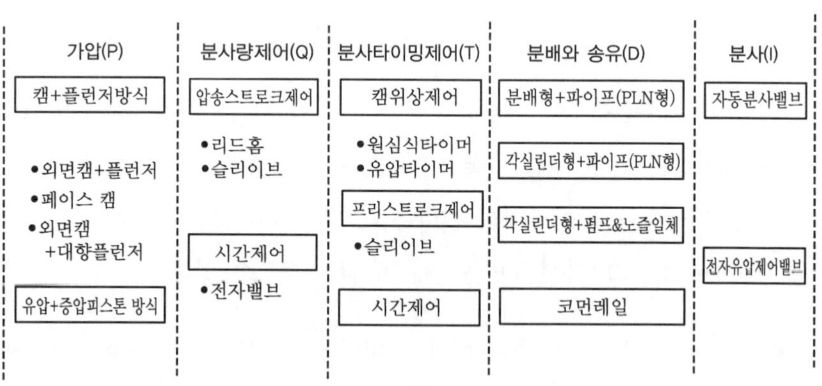

그림 29-1. 각 분사기능의 달성수법

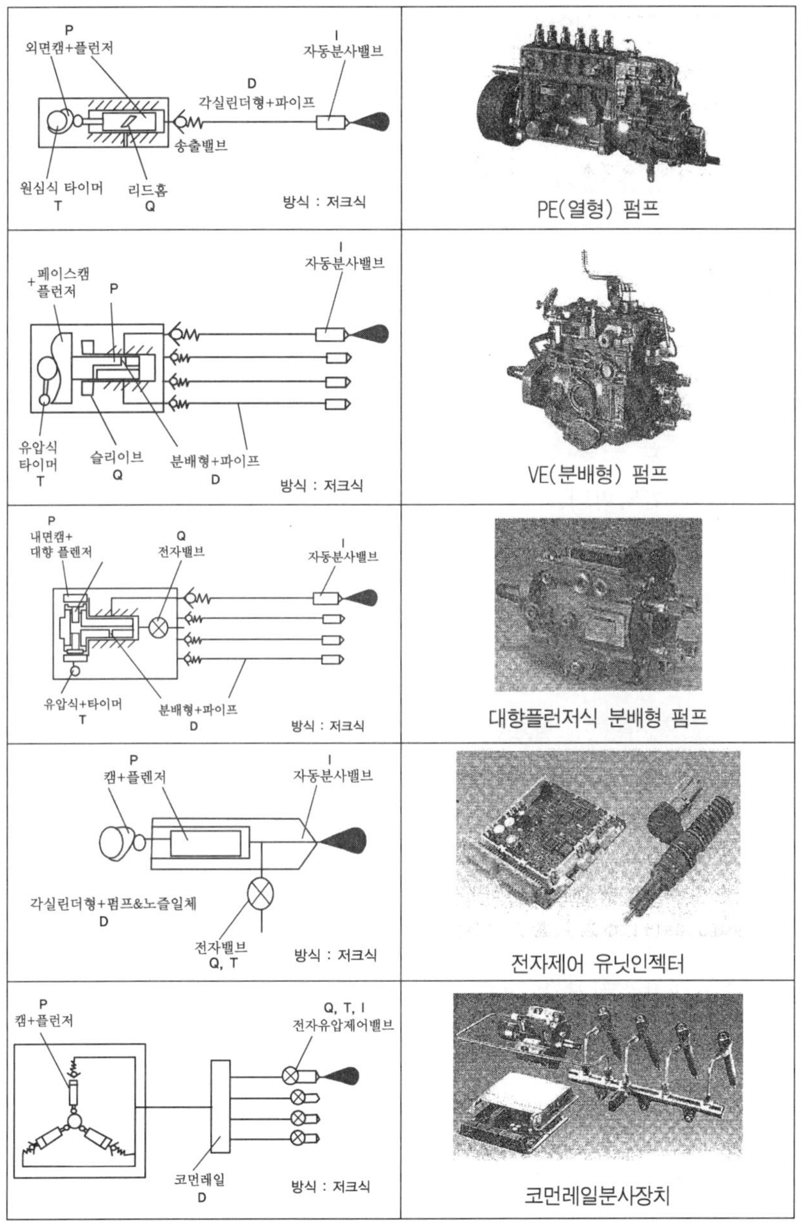

그림 29-2. 양산제품에 있어서 각 기능 디바이스의 조합 예

(2) 가압, 분사량제어, 분사타이밍제어, 분배와 송유, 분사라고 하고 5가지 기능 각각에 대하여 어떤 방식이 채용되고, 또한 어떻게 배치되어 있는가라고 하는 것이 표시되어 있다.

이들 각 기능을 낳게 하는 구조를 설명하는 데 있어서 제품의 이미지를 익혀두는 것도 이해에 도움이 되는 것으로 생각, 구체적 제품의 사진도 함께 게재하였다.

또한 현재 보급되고 있는 분사계의 대부분은 여기에 나타내는 열형, 분배형(여기서는 그 예를 나타낸다) 유닛인젝터, 코먼레일의 4개 타입의 어느 것이, 혹은 그들을 응용한 것이다. 다음은 이들 기능의 실현 방법을 순서에 따라 설명한다.

2.1 가 압

캠+플런저 방식은 플런저 스트로크를 크게 취하는 것이 특징이고, 트럭용 등 큰 분사량이 필요한데 적합하다. 그리고 내압구조도 우수하여 비교적 높은 분사압력이 실현된다.

페이스캠+플런저 방식은 뒤에 설명하는 분배기능도 함께 갖추어 구성되는 것으로 전체를 콤팩트하게 정리할 수 있다. 반면, 분사량, 분사압력의 한계는 다른 방식에 비해 낮다.

내면캠+대향플런저 방식은 내압구조가 잘 되어 있는 것으로 알려져 왔고 최근 채용이 확대되고 있는 방식이다.

(1) 그림 29-3에 고압발생을 하는 메커니즘의 분류를 나타낸다.

(2) 유압+증압 피스톤 방식은 연료 또는 작동유를 1차압까지 높여서 축압해두고, 이것을 증압피스톤으로 실제의 분사압까지 높이는 방식이다.

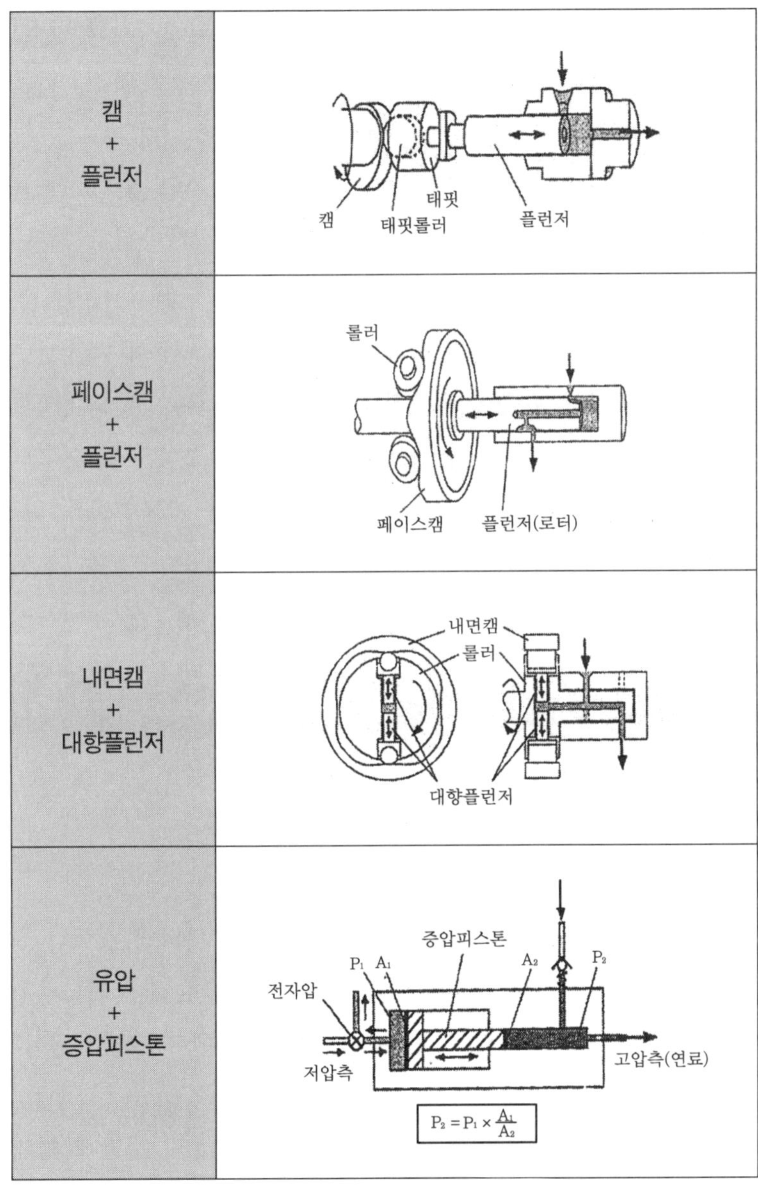
캠
+
플런저
태핏
캠
태핏롤러
플런저
페이스캠
+
플런저
롤러
페이스캠
플런저(로터)
내면캠
+
대향플런저
내면캠
롤러
대향플런저
유압
+
증압피스톤
증압피스톤
P_1 A_1
A_2
P_2
전자압
저압측
고압측(연료)
$P_2 = P_1 \times \frac{A_1}{A_2}$

그림 29-3. 가압기구

여기서 분사계방식 전체를 크게 저크식과 축압식의 2가지의 방식으로 분류될 수 있다(그림 29-4). 저크식은 1연소사이클에 대하여, 1회캠에 의해 스트로크되는 플런저로 고압을 발생시키는 방식이다.

이에 대하여 축압식은 고압으로 된 연료를 축적, 이것을 각 실린더에 분배, 분사하는 방식이다. 이론적으로는 어느 압력발생방식도 적용가능하나, 각각의 특징이 있다.

(3) 저크식은 순간적으로 고압의 발생이 요구되기 때문에 특정한 크랭크각도일 때만 높은 송유율이 필요하다. 한편 축압식은 분사타이밍과 가압타이밍이 독립되어 있고, 기본적으로 동기시킬 필요성은 없다. 그러나 어느 타이밍에서 분사하여도 같은 압력으로 분사가 가능하도록 일정한 송유율이 요구되고 있다.

(4) 따라서 그림 29-4에 나타내는 것과 같이 일반적으로 저크식의 경우는 초기에는 가파르게 상승구배를 갖은 캠이 적용된다. 그리고 축압식의 경우는 플런저의 상승속도를 억제, 또한 복수의 플런저를 배치하는 것이 일반적이다.

2.2 분사량 제어

(1) 그림 29-5는 분사량 제어 메커니즘의 분류를 나타낸 것이다. 리드홈방식은 열형분사펌프 등에서 사용되며 플런저 바깥둘레에 리드라고 불리우는 나선 모양의 홈이 있고, 길이 방향의 구멍에서 고압발생실과는 연결되어 있다.

플런저 바렐에는 포트가 있고 플런저가 상승, 그 끝의 선단에 의해 포트의 상단부가 완전히 닫혀지게 되면, 고압실내의 연료는 가압되면서 분사가 개시된다.

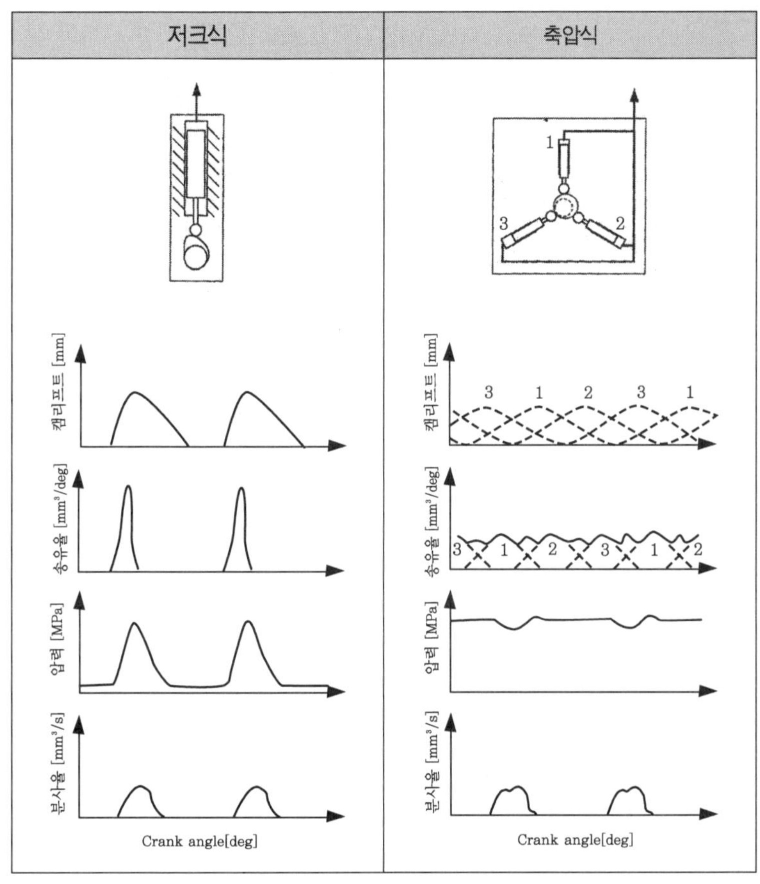

그림 29-4. 분사량 제어기구

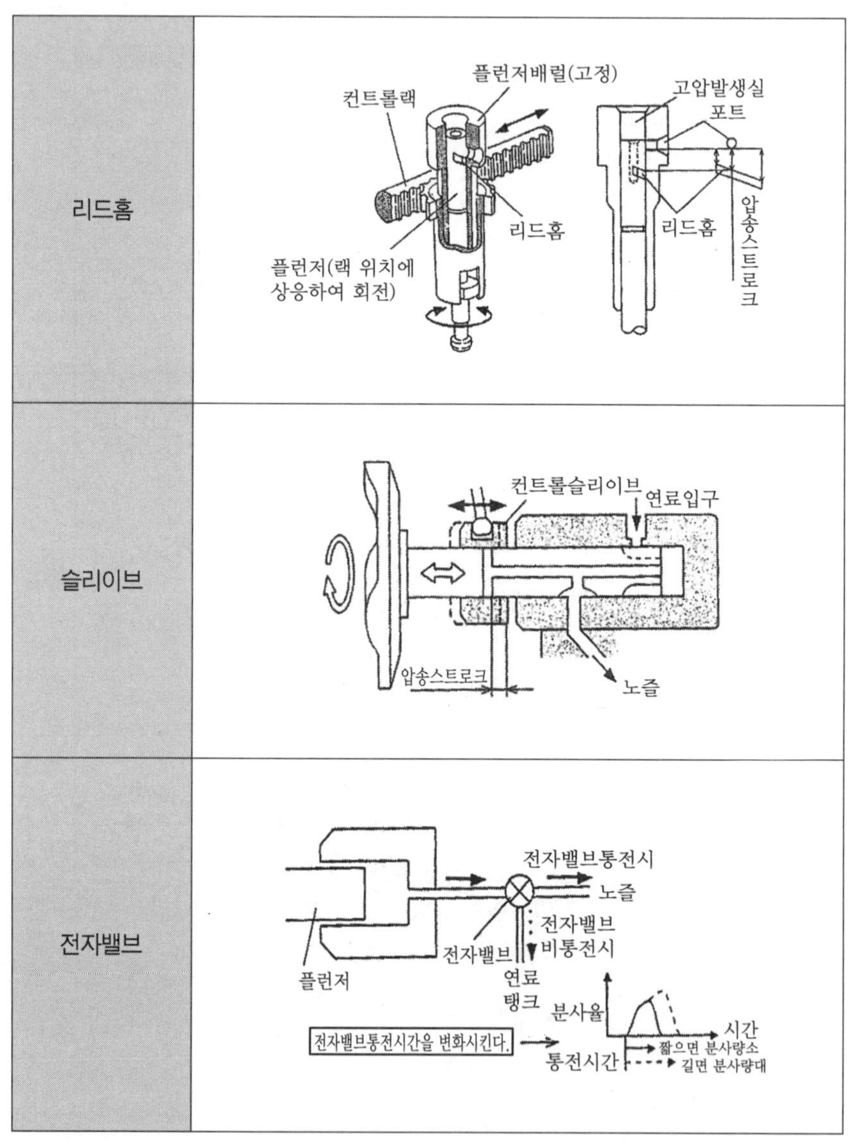

그림 29-5. 분사량 제어기구

(2) 플런저가 더욱 상승, 리드가 포트와 연통하면 고압연료는 여기를 통해 바이패스되므로 고압을 잃게 되고 이때 분사가 종료된다. 여기서 플런저는 랙. 피니언기구에 의해 회전이 가능하게 되어 있고, 이로써 포트와 리드의 위치관계를 변화시킬 수 있다.

이에 따라 포트가 닫혀져 있는 기간의 플런저 스트로크(압송스트로크)를 변화시켜 분사량을 조절한다.

컨트롤 랙은 거버너(분사량 제어장치)에 의하여 위치제어되며, 열형펌프의 경우는 1개의 컨트롤 랙으로 전체 실린더의 분사량을 제어한다. 슬리이브방식은 분배형펌프에 쓰여지고 있는 방식이다. 플런저의 리프트가 시작되면서 플런저의 포트가 컨트롤 슬리브의 끝면에서 개방되기까지가 압송스트로크이다.

(3) 위의 2가지 방법은 어느 것이나 고압실에서 연료를 오우버플로우시킴에 의해 분사를 종료시킴으로서 이를 오우버플로우조량방식이라 한다.

조량의 원리로서는 또 하나의 고압실에 충전시켜 연료를 압출하여 조량하는 조량방식이 있으나, 이것은 분사량제어로서는 현재 사용되지 않고 있다. 그러나 축압식 분사계의 압력제어에 있어서 펌프의 토출량제어에는 이 방식이 사용되고 있는 것이 많다.

(4) 그리고 위의 2방식은 컨트롤 랙 또는 컨트롤 슬리이브의 위치에 의해 연료가 오우버플로우되는 플런저스트로크를 제어하는 위치제어방식이 있으나 목표의 플런저 스트로크에 도달한 타이밍에서 솔레노이드 밸브를 열어서 이로부터 고압연료를 오우버플로우시켜 분사를 종료시키는 방식이 있고, 솔레노이드 밸브의 작동시간으로 제어되므로 시간제어방식이라 불리워지기도 한다(그림 29-5 하단). 이 제어를 위한 솔레노이드 밸브는 고속, 고정확도가 요구된다라고 하는 것은 우리가 바라는 만큼의

플런저 스트로크 즉, 캠각으로 솔레노이드 밸브를 개폐하는 것은 고속회전에서는 대단히 높은 정확도와 응답성이 요구되기 때문이다.

(5) 그리고 $\theta=6NT$(θ(deg) : 각도, N(r/min) : 회전속도, T(sec) : 시간)은 분사제어에 관련되어 자주 쓰여지는 환산식이다. 이로부터, 예를 들면 0.1°의 정확도를 얻는 데는 예를 들어서 500r/min인 때에는 33 μsec)의 정확도가 필요하고, 또한 4000r/min인 경우는 4.2 μsec가 된다.

시간제어가 달성되기 위해서는 디지털기술의 진보와 솔레노이드 밸브와 그 구동기술의 모자람없는 개량의 소산물이다. 그리고 이것과 동등한 기능이 모두 기계적 제어에 의해 이어 1930년경에 실현되고 있다고 하는 데 새로이 놀라움을 느낀다.

2.3 분사타이밍제어

(1) 저크식 분사계에서 분사타이밍제어의 기본원리는 그림 29-6에 나타내는 것과 같이 2종류가 존재한다.

첫 번째의 원리는 엔진(크랭크)측 구동축에 대하여 펌프측의 캠위상을 어긋나게 하는 것이다.

원심식은 구동축에 원심식 타이머를 마련한 것으로 열형펌프에 사용되고 있다. 이것은 플라이웨이트에 의한 원심력과 스프링과의 형평에 의해 구동축과 피구동축과의 사이의 위상차를 얻은 것으로 회전속도가 높아지면 원심력에 의해 자동적으로 진각이 얻어지는 셈이다.

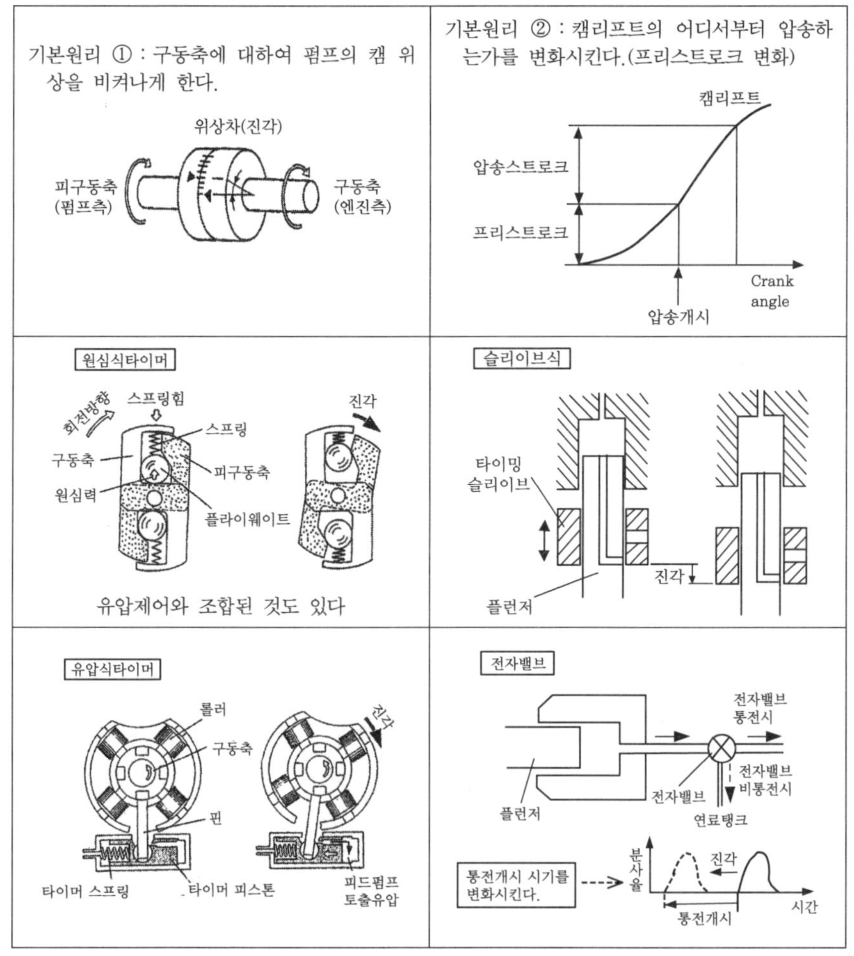

그림 29-6. 분사타이밍의 제어원리(저크식)

(2) 원심식타이머의 경우는 구동토크가 위의 평형조건에 영향을 주기 때문에 구동토크에 상응하여 치수가 큰 타이머를 사용할 필요가 있다.

그리고 원심력에 더하여 유압을 어시스트하여, 이 유압을 제어하는 데 따로 간접적으로 임의의 진각량이 얻어지도록 연구된 것도 있다.

유압식은 분배형 펌프에 쓰여지고 있고 이 방법은 캠과 롤러 사이의 위상을 유압피스톤에 의해 달라지도록 하는 것이다.

(3) 유압과 스프링과의 밸런스에 의해 진각을 얻게 되며, 유압에는 피드펌프에 의한 연료공급압이 이용되고 있다.

현재는 타이머 피스톤 유압실의 압력을 제어하는 데 따라, 임의의 진각이 얻어지도록 개량된 것도 있다.

(4) 두 번째의 원리는 압송을 개시하는 캠 리프트를 가변으로 하는 방법이다.

슬리이브식은 현재 일부 열형 펌프에 쓰여지고 있다. 플런저에 슬리이브가 끼워 맞추어져 있고 이것의 하단면에 의해 플런저에 있는 포트가 닫혀졌을 때 압송이 시작된다. 따라서 슬리이브위치를 내리는데 따로 진각이 얻어진다.

(5) 솔레노이드 밸브식은 바라는 바로 압송시작이 되었을 때 솔레노이드 밸브를 닫음으로써 타이밍을 제어한다. 보다 직접적으로 분사개시를 제어하는 방식이고 저크식뿐 아니라 축압식도 이 방식으로 하고 있다 할 수 있다.

그리고 분사량 제어의 경우도 같이 솔레노이드밸브제어식을 시간제어, 그 이외의 것을 위치제어라 부를 수 있다.

2.4 분배와 송유

(1) 분배와 송유방식은 그림 29-7에 나타내는 것과 같이 4가지의 방식으로 분류될 수 있다.

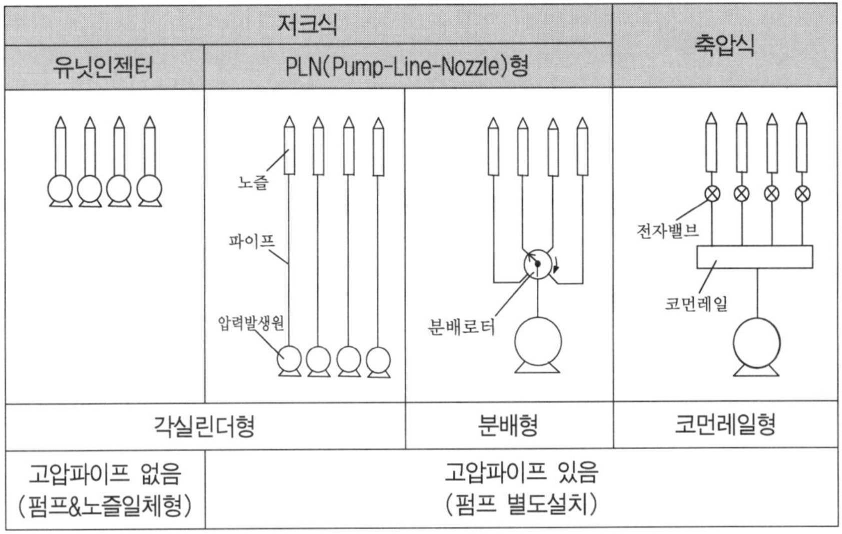

그림 29-7. 분배와 송유의 방식

각 실린더마다 압력 발생기구를 가지는 각 실린더형에는 펌프와 노즐이 일체인 유닛인젝터와 별체의 것(열형등)이 있다.

분배형의 경우는 압력 발생기구는 하나이다. 이것과 각 실린더의 노즐에 연결되는 배관을 로터에 의해 순차적으로 변환시키면서 연결하는 방식이 있다. 코먼레일식은 각 실린더용 공통으로 압력발생, 축압시킨 연료를 축압기(레일)로부터 각 실린더의 인젝터로 분배하는 방식이다. 레일을 공용하는 의미에서 이 명칭이 붙여졌다.

(2) 그리고 저크식의 고압파이프를 가진 시스템을 PLN(Pump-Line-Nozzle) 시스템이라고 한다. PLN의 고압파이프의 역활에 대하여 생각하면 이것은 연료의 유로이고 압력의 전파기이다. 전선이 전자(전류)의 유로인 동시에 전압의 전파 매체인 것과 유사하다. 파이프나 전선 모두 에

너지의 공급, 또는 제어원과 그것을 작동시키는 대상과의 거리를 이어주는 것으로 짧을수록 좋고 없어도 되는 것이면 없는 것으로 족하다. 실제 허실용적과 길이가 압력의 지연이나 진동을 낳게 하여 제어의 어려움, 에너지의 손실, 그리고 부압의 발생에 의한 문제를 낳게 된다. 그러나 고압파이프는 압력진폭을 이용하여 펌프가 만들어낸 압력보다도 실제의 분사압쪽을 높게 만든다고 하는 효과를 가지고 있다.

이 개념을 그림 29-8에 설명하였다. PLN 시스템은 이 효과의 덕을 보는 것이다.

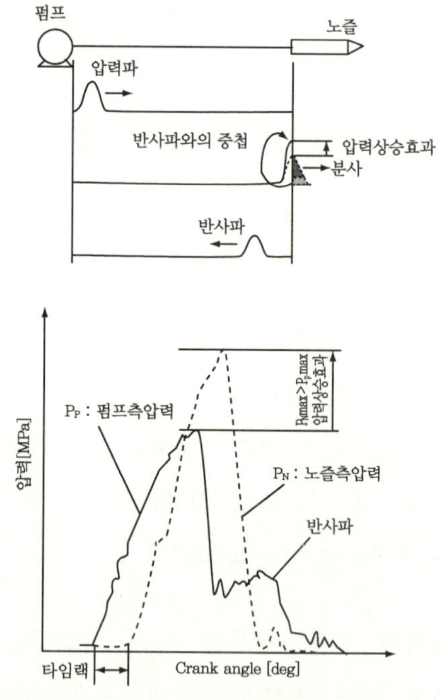

그림 29-8. 파이프에 의한 분사압력상승효과

(3) PLN시스템에 있어서(극단적으로 파이프가 짧은 경우는 제외) 필요한 디바이스가 송출을 하는 딜리버리 밸브이다. 이것의 목적은 파이프의 내부압력을 신속하게 강화시켜서 압력진동을 감쇠시키고, 적극적으로 정압으로 유지시키는 것이다.

그림 29-9에 나타내는 딜리버리 밸브의 작동원리를 설명하면 연료압송 종료시에 딜리버리 밸브가 하강하는 과정에서 먼저 릴리프 밸브로 파이프와 플런저실을 차단한다.

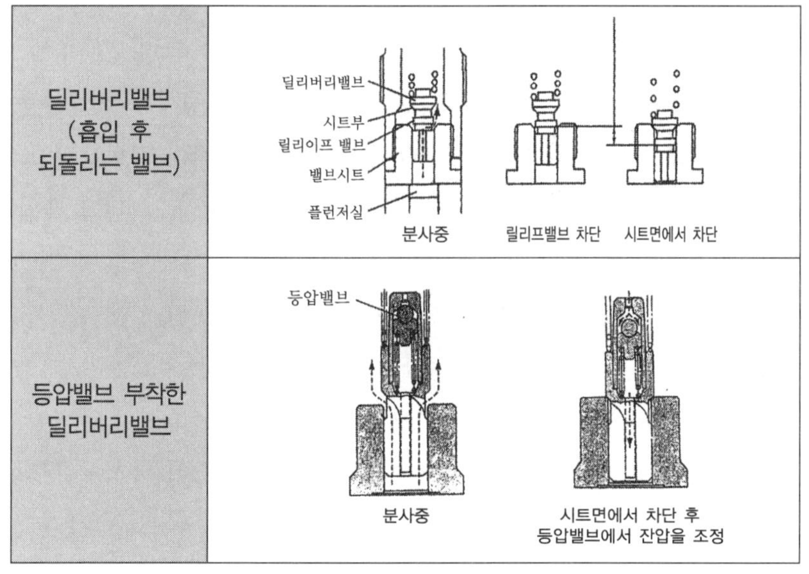

그림 29-9. 송출밸브의 기구

(4) 그리고 시트면이 차단될 때까지 강하하게 되고, 그 사이 파이프측의 체적은 딜리버리 밸브(흡입 후 되돌리는 밸브)스트로크×밸브 단면적분만큼 증가하고, 그러기 때문에 파이프내의 압력은 급격히 감소한다. 그

리고 딜리버리 밸브는 위에서 기술된 목적이고 또한 분사량 특성을 제어하기 쉽도록 정돈하는 매칭대상이어서 세심한 연구와 많은 베리에이션(Variation)이 있었다.

등압밸브는 분사종료 후의 파이프 내의 압력을 어느 일정한 정압으로 유지시키는 기능을 가지며, 여러 가지 문제를 근본적으로 해결하는 디바이스이다.

2.5 분 사

엔진의 연소실 상부에 직접 부착하는 분사밸브에는 그림 29-10에 나타내는 2종류의 구조가 실용되고 있다. 저크식의 경우에는 연료압력이 상승되면 스프링의 힘에 이기면서 밸브가 열리고, 압력이 강화되면 스프링의 힘에 의해 밸브가 닫히는 자동분사밸브로 사용된다. 그리고 축압식 분사계의 경우는 전자유압제어밸브가 사용되고 있다. 노즐 밸브의 닫힘 시에는 니들은 컨트롤 피스톤에 의하여 시트에 착좌된다.

솔레노이드 밸브가 열리면 컨트롤실 압이 저하되고 피스톤과 니들이 상승, 분사가 개시된다. 솔레노이드 밸브가 닫히면 컨트롤실의 압력이 레일압까지 상승되기 때문에 피스톤과 니들이 하강, 노즐이 다시 시팅되고 분사가 종료된다.

연료는 최종적으로 노즐에서 분무로 되어서 연소실에 분사되면 공기와 혼합되는 셈이다. 그때의 액적의 모양을 그림 29-11에 나타낸다. 적정한 혼합기의 형성을 위해서는 분구의 수, 지름, 방향은 애초부터 색(시트에서 분구까지의 공간), 니들의 끝(선단) 형상, 분구입구부의 형상 등이 적정하게 선택되어야 한다.

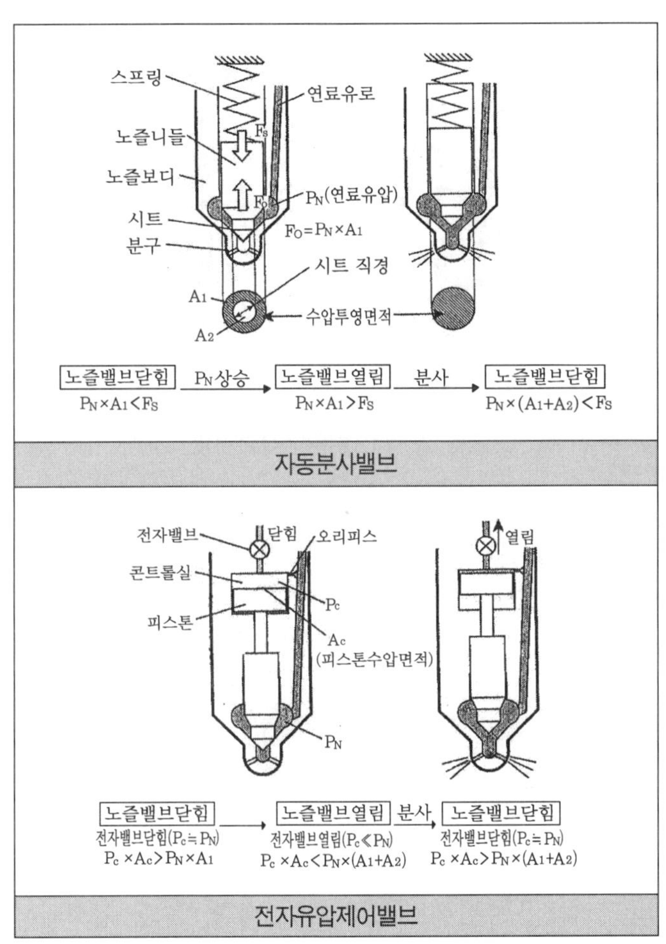

그림 29-10. 노즐밸브 개, 폐의 원리

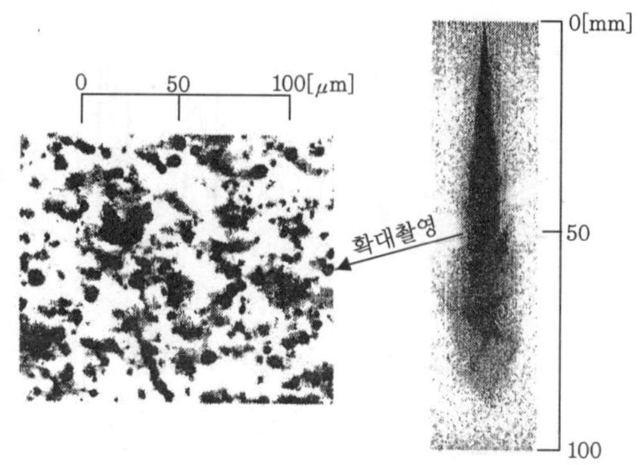

그림 29-11. 분무액적의 사진

2.6 분사율제어

그림 29-1의 분사기능에 대하여도 설명을 하지 않았으나 분사율제어는 앞으로 중요도가 더해지고 여러 가지 수단이 시도될 것이다.

① 평균분사율의 가변화
② 분사패턴의 제어
③ 복수회수의 분사를 이 기능의 범주에 포함시킬 수 있다.

①, ②의 구체적인 수단에는 그림 29-12에 열거하는 압력제어, 시트부의 스로틀링제어, 분구가변 등이 고려된다.

(1) 압력제어로서는 코먼레일의 압력제어 및 플런저 스피드의 가변화 등을 들 수 있다. 후자의 예로서 리프트속도가 일정하지 않은 캠 프로필을 사용, 초기분사율을 억제하고 후기분사율을 크게 하는 방법 등이 있다.

P_N : 노즐입구 연료압력
P_S : 색 실내연료압력
P_O : 실린더내압력
(노즐 외부압력)
N : 분구수
d : 분구경
η : 시트부 스로틀링 계수
ρ : 연료밀도

- $P_S = \eta P_N$
(니들리프트의 증가에 따라 η는 0에서 1에 가까워진다.)
- 분사속도 $V = \sqrt{\dfrac{2(P_S - P_o)}{\rho}}$
- 분사율 $Q = N \dfrac{\pi}{4} d^2 \cdot V$

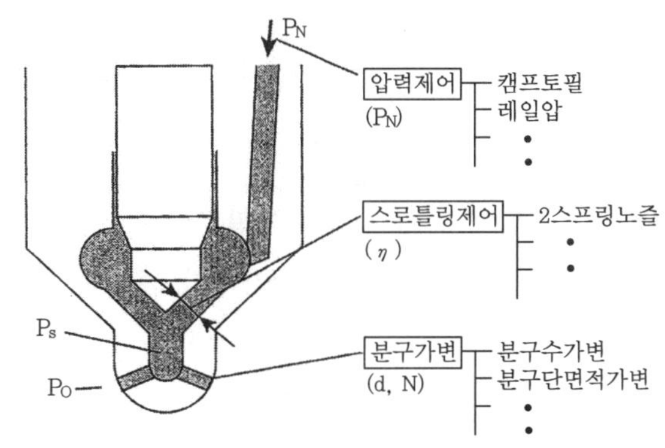

그림 29-12. 분사율제어

(2) 시트부 스로틀링제어의 예로서는 2스프링노즐홀더를 사용하는 예가 있다. 제1밸브 열림압에 의한 니들의 리프트를 작게 하고 초기분사량을 억제하는 것이다. 그러나 시트부 스로틀링은 색(sack)실의 압력(실제 분사압력)을 내릴 수 있으나, 분무의 품질악화라고 하는 문제가 동반된다. 그리고 분구가변은 몇 개의 아이디어가 나와 있으나 거의 모든 것이 시험적으로 시도하고 있는 중이다.

3. 실용시스템에서의 특징

그림 29-2로 되돌아가서 실제의 제품에는 어떠한 방식이 채용되고 어떤 특징이 있는가에 대하여 해설한다.

3.1 PE(열형) 펌프

캠+플런저의 압송기구를 열형으로 집합시킨 펌프로 리드홈방식의 분사량제어는 거버너에 링크된 컨트롤 랙의 위치제어에 의해 전체 실린더가 일괄 제어되며 원심식 혹은 그 개량형식의 원심+유압타이머에 의해 분사타이밍이 제어된다. 구동축 방향으로 길고 비교적 폭이 작기 때문에 엔진의 측면에의 탑재에 대하여 적합한 형상이다. 송유능력에 의하여 시리즈화되어 있고, 오랫동안 업계의 표준적 위치를 확보하고 있다.

3.2 VE(분배형) 펌프

가압기능과 분배기능을 하나의 플런저(로터)라고 하는 부품에 부여하고 전체가 컴팩트하게 정돈되어 있다. 슬리이브를 위치제어하여 분사량을 제어한다. 유압식(유압은 전자 솔레노이드 밸브로 제어하는 것도 있다) 타이머로 분사타이밍을 제어한다. 실린더수가 적은 엔진에 적합하여 사용하는 예가 많으며, 승용차용으로서 1970년대 이후 계속 쓰여지고 있다.

3.3 대향플런저식 분배형 펌프

디젤 승용차의 직분화에 의한 높은 분사압을 요구하므로써 VE형 펌프의 발전형으로서 등장된 것이다. 압력발생기구를 내면 캠+대향플런저로 하고, 또한 분사량제어를 위치제어로부터 전자 솔레노이드밸브에 의한 시간제어로 바꾸어놓은 펌프이다.

3.4 유닛 인젝터

엔진헤드의 각 실린더에 펌프와 노즐을 일체로 한 유닛을 탑재하는 것이다. 분사량과 분사타이밍을 하나의 전자 솔레노이드밸브로 제어가 가능하다. 고압파이프가 없는 시스템이므로 고압을 발생시킬 능력은 현재 존재하는 시스템 가운데에서 가장 우수하다. 유럽쪽에서는 승용차에서

트럭용까지 넓이 보급되어 있다. 그러나 헤드에 어느 정도의 스페이스가 필요하고, 또한 구동력을 그곳까지 전달하는 새로운 기구가 필요하기 때문에 집합형펌프(열형이나 분배형)를 전제로 설계된 엔진에는 탑재가 어려우나 나라에 따라서는 대형트럭용으로 채용되고 있다.

3.5 코먼레일

축압식이기 때문에 압력(평균분사율)이 가변이다. 그리고 노즐 바로 가까이에서 분사량, 분사타이밍의 제어를 위하여 보다 높은 정확도의 분사가 가능하고, 또한 복수회 분사도 용이한 시스템이다. 이와같은 분사의 자유도나 정확도가 높아서 근년에 가장 주목되어 개량이 앞서가고 있는 시스템이다.

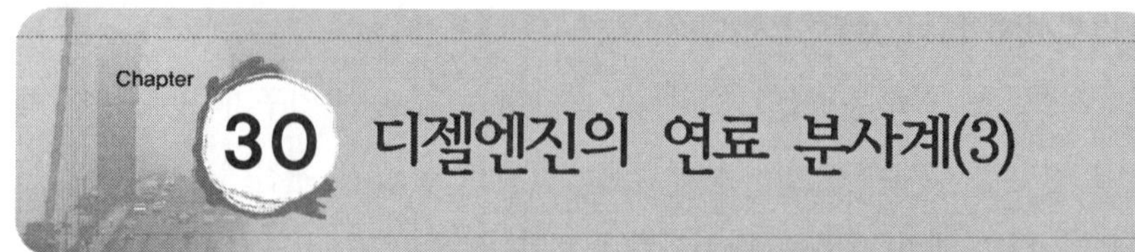

Chapter 30 디젤엔진의 연료 분사계(3)

1. 서 언

지금까지 앞의 제28장, 제29장에 걸쳐서 디젤엔진 연료분사계의 발전의 역사와 여러 분사기구의 특징에 대하여 설명하였다. 최종회인 제30장에서는 디젤분사계의 전자제어발전의 경과를 다시 되돌아보면서 그 기본적인 사고방식을 설명하고자 한다.

원래 자기착화 연소에 의한 디젤기관은 전기계통을 가지지 않는 내연기관으로서 우수한 연료소비율, 내구성, 신뢰성의 높음 등이 특징이라 할 수 있다.

그러나 소음이나 배기가스 성능향상에 대한 요구가 높은 것은 물론 전자제어가 적용되는 디젤기관의 등장을 향한 길은 필연적인 것이었다. 디젤분사 제어시스템에 대한 전자화의 길은 필연적인 것이고 캬브레터로부터 인젝터에 의한 분사제어시스템에의 크게 변할 수 없는 것은 가솔린기관과의 개발형태가 크게 다르다.

고압의 연료분사를 치밀, 고정확도로 제어하는데 대한 어려움, 그리고 종래의 기계식 제어기구가 가지는 탁월한 제어성능의 덕으로 가솔린연료와 같은 전자제어에 의한 직접분사제어시스템의 발원은 근년까지 기다려야 하였다.

2. 전자제어식 디젤분사시스템

2.1 아날로그회로제어 분사시스템

디젤엔진의 전자화 역사는 1970년대에 시작된다. 최초의 전자제어시스템은 연료분사량을 컨트롤하고, 조량기구인 거버너 부분을 아날로그전자회로와 센서, 액튜에이터로 바꾸어 놓아서 제어하는 것이다(그림 30-1).

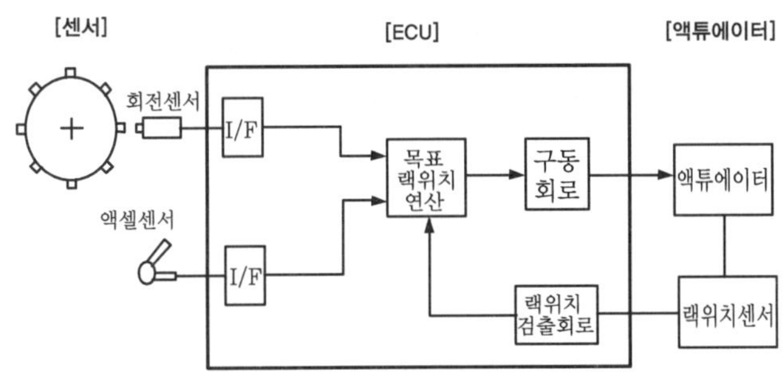

(a) 시스템 블록도

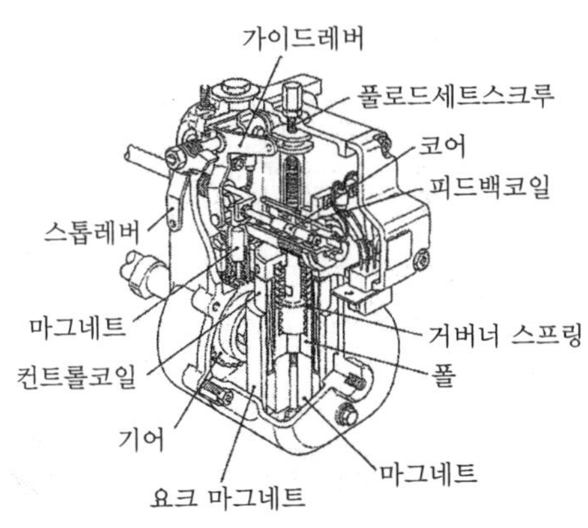

(b) 액튜에이터 구조도

그림 30-1. 아날로그식 전자거버너

이 시스템은 소방자동차의 송수제어나 정치형 발전기인 특수용도에 맞게 개발된 것으로 기계식 거버너 제어기구를 전자제어기구로 바꾸어 놓음으로써 보다 고도의 엔진회전제어를 달성시키고자 한 것이었다.

아날로그 서보시스템을 기본구성으로 하고 이 제어기구는 분사펌프의 연료분사량 컨트롤랙을 전자액튜에이터로 제어시키도록 하여 랙의 위치를 검출하는 센서로부터의 피드백을 이용, 랙의 위치를 목표분사량이 얻어지도록 제어하는 것이 그 기본이다.

전자회로에는 엔진제어를 위한 신호로서 액셀위치(목표회전제어입력)와 실제의 엔진회전이 입력되어 이들로부터 목적의 제어특성에 상응하여 목표컨트롤 랙의 위치를 아날로그 전자회로가 연산한다. 목표랙 위치 전압을 입력시킨 전자서브기구가 컨트롤랙의 위치를 목표위치로 높은 정확도에 제어하는 데 따라 목적의 회전제어특성이 실현되고 있다.

그러나 아날로그회로를 복잡하게 조합하여 요구되는 제어특성을 실현하는 것은 그다지 쉬운 것은 아니며 설계의 자유도인 점에서 한계가 있는 것은 틀림없다.

2.2 컴퓨터분사제어시스템

(1) 그 뒤 1980년대에 들어와서 마이크로컴퓨터(컴퓨터)가 여러 가지 제어기구에 응용하도록 되고, 디젤엔진의 전자제어도 변혁기를 맞이해 가고 있다. 여러 가지의 제어기능을 소프트웨어에 의하여 실현될 수 있는 컴퓨터로 아날로그 제어회로를 바꾸어 놓음으로써 지금까지 문제가 있던 설계의 자유도의 낮음을 대폭적으로 개선되었다고 할 수 있다. 컴퓨터 제어 디젤전자 제어시스템은 당시 사용자의 요구가 점차 높아지고 있던 디젤엔진의 정숙화, 배기가스의 청정화의 요구에 상응하는 시스템을 가능하도록 하는 것으로 등장하게 되었다.

(2) 그림 30-2는 컴퓨터에 의한 전자제어분사시스템의 구성도이다. 이것을 보면 알 수 있는 것과 같이 기본적인 시스템구성은 서보기구로 컨트롤랙을 제어하고 있는 점에서 아날로그회로에 의한 것과 그다지 달라진 것이 없다. 그러면서 목표서보위치를 컴퓨터의 소프트웨어에 의해 지극히 면밀하게 연산처리하는 데 따라 지금까지 실현이 불가능하였던 거버너의 치밀한 제어특성이 현실로 된 것이다.

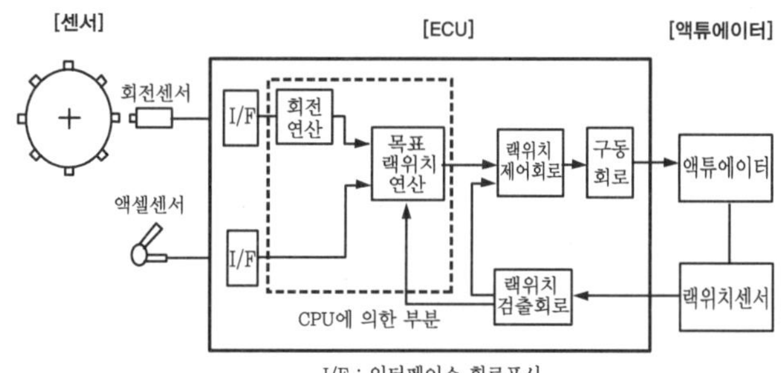

(a) 시스템 블록도

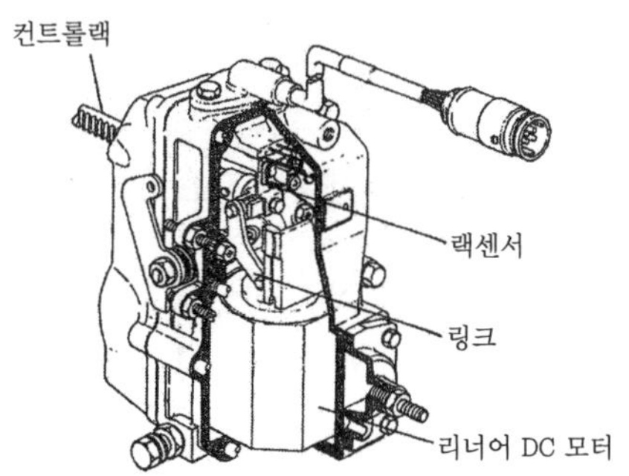

(b) 액튜에이터 구조도

그림 30-2. 컴퓨터에 의한 전자거버너

그림 30-3은 이 연산원리를 나타낸 것이다.

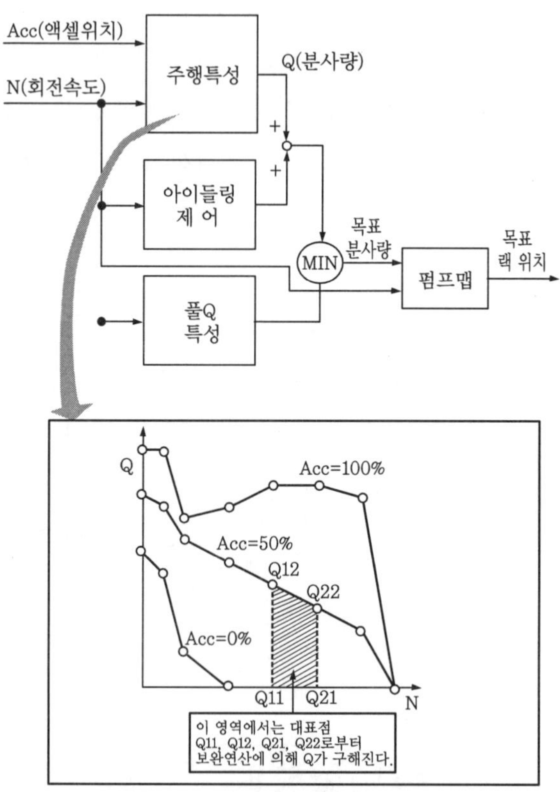

그림 30-3. 거버너제어의 연산 원리설명도

데이터맵이라 불리우는 제어특성을 나타내는 데이터를 컴퓨터의 메모리에 기억시켜 놓고 액셀이나 회전속도의 상황에 상응하여, 이 맵데이터로부터 목표위치를 연산하는 기술이 이 방식의 기본으로 되어 있다.

(3) 즉, 엔진의 성능을 최적화될 수 있는 거버너 특성선도를 미리 기억시켜놓는 셈이다. 그런데 기억용량에 제한이 있는 컴퓨터인 경우는 무한히 특성치를 기억시켜 놓을 수는 없다. 따라서 대표특성점의 데이터를

기억시켜 놓고 데이터와 데이터 사이의 상태를 내삽법을 써서 연산하여 구해간다. 즉 복잡한 거버너곡선을 그림 30-3에서와 같이 구분인자선의 형태에 근사하게 하여 얻는다. 이 데이터맵 방식은 앞에서 설명한 최신의 분사제어시스템에 이르러도 변함없이 사용될 것으로 가장 기본적인 기술이다.

2.3 분사타이밍의 전자제어

(1) 소음이나 배기가스를 최적화시켜 나가기 위해서는, 분사타이밍을 시시각각 달라지는 그 상태에 상응하게 제어하는 것은 불가하다. 앞에서 설명한 것과 같이 디젤연료분사펌프의 분사타이밍은 기계, 유압에 의한 타이머기구로 엔진의 구동축과 펌프의 캠의 위상을 변화시키는 데 따라 제어된다. 기계식의 타이머는 기본적으로 프라이웨이트의 원심력에 의해 캠위상의 제어를 하는 것이어서 분사타이밍은 회전에 상응하여 변화하는 것뿐이다. 이에 대하여 전자거버너제어와 같은 생각을 도입하면 보다 자유도가 있는 분사타이밍 제어가 가능하다.

(2) 즉 플라이웨이트를 전자, 유압서보기구로 바꾸어 놓아서 컴퓨터의 연산에 의해 타이머를 제어하면 배기가스나 소음이 최적으로 되도록 엔진특성을 제어할 수 있는 것이 된다.

(3) 그림 30-4가 전자타이머 기구의 설명도이다. 엔진의 회전속도와 분사펌프의 컨트롤랙 위치를 검출하고 그 위치에 상응하여 데이터맵으로부터 목표타이머위상을 유압회로로부터 보내지는 유압에 의해 타이머부 피스톤을 움직여서 대캠부의 편심캠을 거쳐서, 분사펌프측의 캠축을 진각시켜서 전자제어하는 데 따라 희망하는 분사타이밍을 얻어질 수 있도록 한 시스템이다.

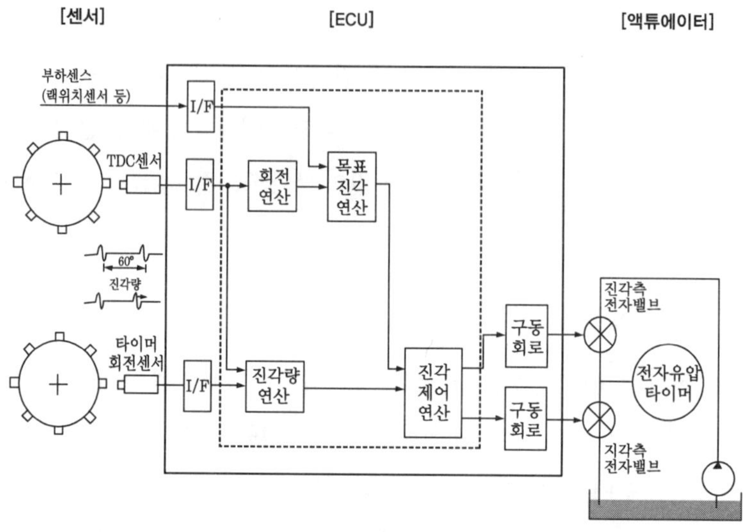

(a) 시스템 블록도

〈정지시〉 〈리프트시〉

(b) 액튜에이더 구조도

그림 30-4. 전자타이머

(4) 이에 의해 아이들회전시의 저부하 때나 고속 · 고부하주행시 등 여러 가지의 엔진부하 상태에 상응하여 분사타이밍이 제어될 수 있도록 되었다. 그리고 냉각수온도 등 그 외의 환경조건을 입력조건으로 함으로써 보다 세밀한 제어도 가능하다고 하고 있다.

2.4 종합전자제어시스템

(1) 분사량, 분사타이밍이 각각 전자제어화되면 당연한 결과로 2개를 통합한 시스템으로 하는 편이 합리적이다(그림 30-5). 이 통합에 의해 센서나 전자회로가 공유화될 뿐만 아니라 거버너 제어와 타이머제어가 유기적으로 결합되어 보다 높은 정확도와 자유도가 높은 시스템으로 되어 있다.

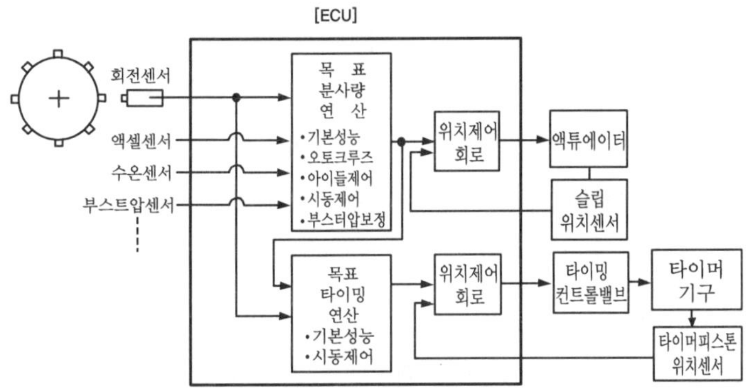

(a) 시스템 블록도

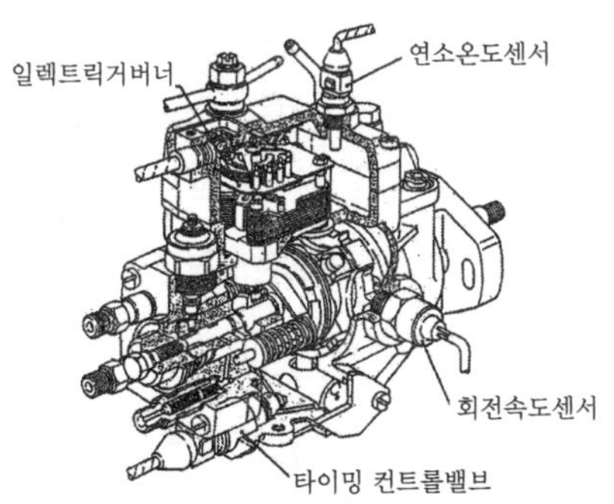

(b) 분사펌프 구조도

그림 30-5. 종합전자제어시스템

(2) 즉, 액셀개도와 회전속도에 상응하여 최적분사량이 결정되면 이와 동시에 그 분사량과 회전속도나 냉각수온도 등에 의해 배출가스 특성을 최적으로 분사타이밍이 다이나믹하게 제어되도록 되었다. 또한 이 시스템의 경우는 EGR, 터보차저 등 부가장치의 제어나 아이들회전의 일정속도제어, 오토크루즈, 컨트롤 등의 부가기능이 추가되어 종합엔진제어시스템으로서 진화된 것이다.

2.5 솔레노이드밸브 제어식 분사펌프시스템

(1) 앞에서 기술한 여명기라 할 수 있는 전자제어분사시스템은 컨트롤랙 또는 컨트롤슬리브를 전자서보기구에 의하여 위치제어하는 시스템이었다. 전자액튜에이터, 위치센서와 서보회로를 갖춘 이 기구는 비교적 복잡하게 구성되어 있다. 이것을 보다 단순한 기구로 바꾸어 놓을 목적으로 개발된 것이 솔레노이드밸브로 분사를 제어하는 개선방법이다. 솔레노이드밸브는 이미 알고 있는 것과 같이 전류의 통전, 비통전에 상응하여 유압통로를 개방, 차단하는 것이다. 이 솔레노이드밸브의 기본적인 기능을 연료압송통로에 적용하면 컴퓨터에서 직접 분사가 제어가능하다.

(2) 즉, 플런저리프트의 밸브(포트)를 닫으면 압송이 개시되고, 열림에 따라 압송이 종료되도록 구성하여 놓음으로써 분사타이밍과 분사량의 제어가 가능하다. 그러나 디젤의 분사압은 수십 MPa에서 수백 MPa 초과하는 압력이고 이와 같은 압력을 직접 ON, OFF하는 데 솔레노이드밸브에는 큰 제어력이 요구된다. 또한 요구되는 정확도에 따라 분사량과 타이밍을 제어하기 위해서는 수 μsec의 응답정확도가 필요하다.

(3) 1980년대에 이 원리에 근거하는 시스템이 분배형의 펌프에 적용되어 고속 솔레노이드밸브와 그 전자제어회로가 시험제작되었으나 아깝게도 분사량, 타이밍 공히 완전한 솔레노이드밸브제어의 방식으로 제품화에 이르지 못하였다(그림 30-6).

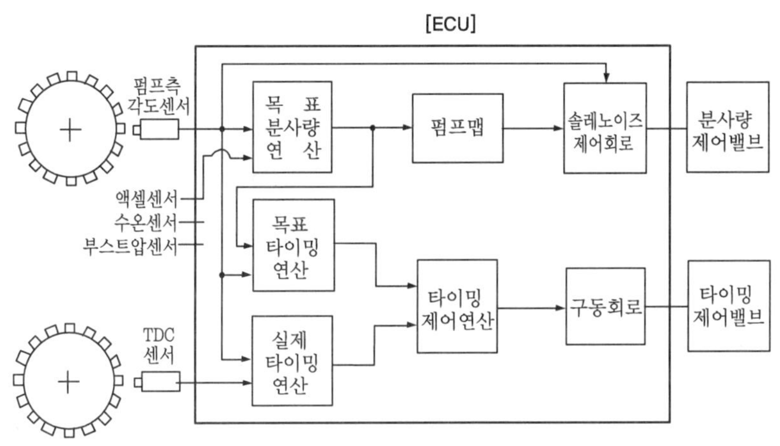

(a) 시간제어 블록도

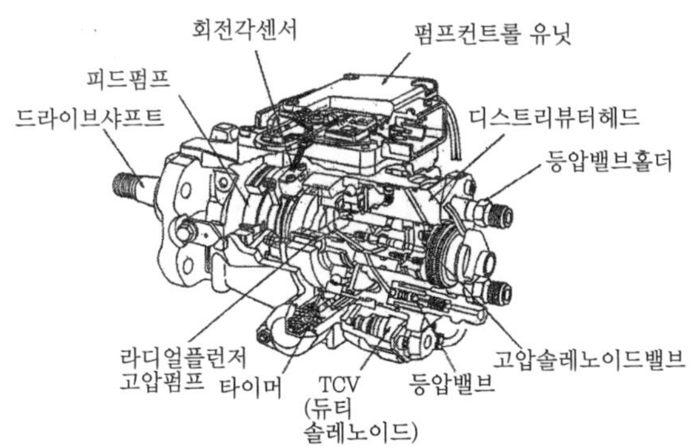

(b) 분사펌프 구조도

그림 30-6. 시간제어시스템

1985년에 전자제어의 전자제어분배형 분사펌프로서 제품화되어 있는 것은 타이밍제어의 부분은 종래의 유압서보에 맡기고 솔레노이드밸브를 여는 데 따라 분사종료만을 컨트롤하여 분사량이 제어될 수 있도록 한 시스템이다(그림 30-6).

(4) 일반적으로 솔레노이드밸브는 통전을 끊을 때의 속도가 압도적으로 빠르다. 이것을 이용하여 압송개시전의 압력이 낮은 동안 밸브를 닫아서 플런저리프트와 동시에 압송이 개시되도록 하여 놓고 목적하는 분사량에 달하는 시점에서 통전을 끊음으로써 밸브를 열게 한다. 즉, 지금까지의 컨트롤 슬리브의 역할을 솔레노이드밸브로 바꾸어 놓은 셈이고 이 방법이면 솔레노이드밸브에 요구되는 성능은 그다지 높을 필요가 없게 된다.

(5) 이 시스템의 경우는 지금까지의 위치서보를 응용한 시스템과는 다르게 컴퓨터가 제어하는 대상이 솔레노이드밸브를 ON-OFF하는 타이밍이다. 제어대상이 위치에서 시간으로 바뀌어진 것이다.

본래 컴퓨터시스템은 수정발진자 등에 의해 발생되므로 클럭이라고 불리우는 기준시간에 근거하여 동작하고 있다. 따라서 정확한 타이밍을 제어하는 시간제어방식인 편이 위치제어보다 분리하기 쉬운 구조로 되어 있다. 그 의미에서 시간제어는 컴퓨터제어의 방식이라고 생각되어진다.

(6) 다만 여기서 주의하여야 할 것은 솔레노이드밸브의 컨트롤타이밍은 캠각기준으로 제어하여야 하는 것이다. 단순히 시간을 제어하는 것이라면 컴퓨터는 클럭을 기준시간으로 사용하는 것으로 10^{-8}초 오더의 정확도를 제어하는 것이 가능하다.

그러나 캠각은 엔진의 회전속도의 함수로서 계산을 할 필요가 있다. 이 때문에 컴퓨터는 기준캠 위치와 회전속도를 센서에 의해 검출하고 기준캠위치로부터의 솔레노이드밸브의 ON-OFF 캠각타이밍을 회전속도를 사용하는 데 따라 연산으로 구하는 것이 된다.

따라서 시간제어시스템의 특징은 그 제어정확도가 솔레노이드밸브의 응답성만큼이 아니고 기준캠위치의 검출정확도, 회전속도검출의 정확도, 속도, 컴퓨터의 연산정확도, 속도에 의하여 크게 좌우되는 것이 된다.

2.6 코먼레일 시스템

(1) 지금까지 기술한 시스템은 모두 종래의 분사펌프의 압송, 분사기구를 그대로 이용하고 있다. 이 점에서도 1926년 Robert Bosch에 의하여 실용화되었던 디젤분사펌프의 연장선에 있다고 할 수 있다. 그러나 근년의 엄한 디젤엔진의 성능향상의 요구를 실현하는 데는 이미 이것 이상의 개량은 어려운 것으로 추측된다.

(2) 선진제국의 엄한 배기, 소음, 연비의 규제를 클리어하기 위해서는 보다 한층 높은 정확도의 분사량, 타이밍의 제어에 더하여 분사율의 제어나 실린더마다의 미세한 제어 및 고압화에 의한 분사연료의 미립화를 할 것이 필요하게 되었다. 이 요구에 응하기 위하여 최근 등장한 것이 코먼레일 분사시스템이다. 코먼레일방식의 원리 자체는 결코 새로운 것이 아니고 오랫동안 그 시스템적인 우위성은 논의되어 왔다. 그러나 고압의 디젤분사를 직접 제어하기 위해서는 고도의 전자기술, 고속이면서 높은 제어력을 가진 솔레노이드밸브의 기술이나 높은 압력을 정확하게 검출하는 센서 등의 종합적으로 비교적 고도의 기술이 필요하고 이 시스템은 1990년대의 후반에 이르러서 겨우 실용화되었다.

(3) 그림 30-7에 코먼레일시스템의 구성도를 나타낸다. 이 시스템의 원리는 비교적 단순하다. 엔진에 의하여 구동되는 고압공급펌프를 이용, 연료를 레일로 압송하는 데 따라 레일에 고압의 연료를 축압(130~160MPa)한다. 고압화된 연료는 분사관을 경유하여 엔진의 각 실린더에 배치되는 인젝터에 보내지고 인젝터는 컴퓨터에 의해 개별로 제어되어 연료분사가 컨트롤된다고 하는 꾸밈이다.

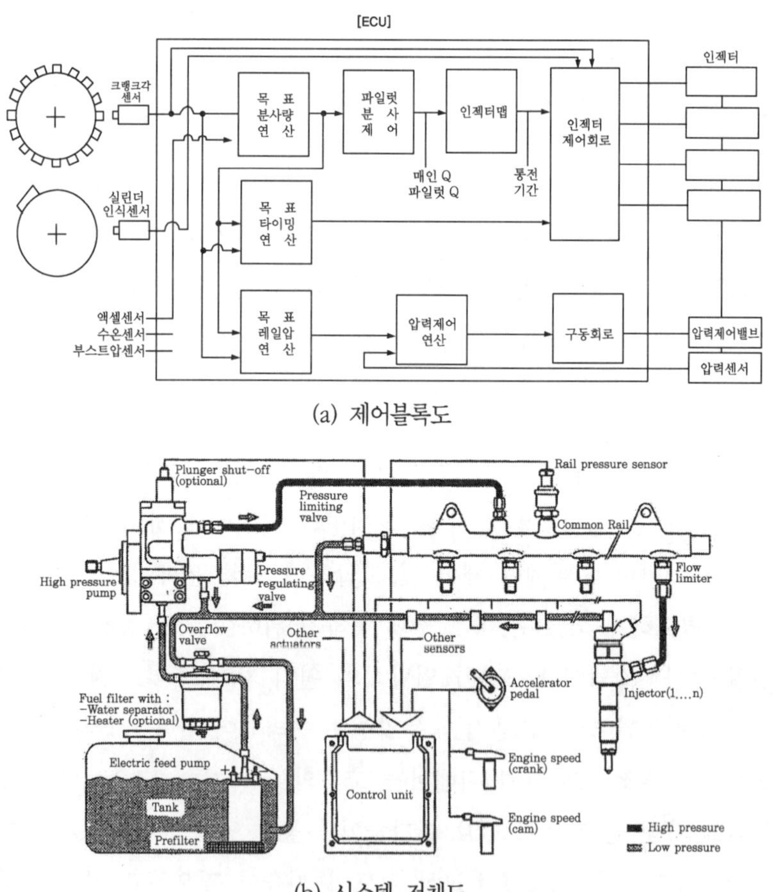

(a) 제어블록도

(b) 시스템 전체도

그림 30-7. 코먼레일시스템

(4) 이 시스템의 특징은 종래의 분사펌프와 다르게 압력의 생성과 분사제어가 독립으로 되어 있다고 하는 것이다.

이것에 의하여 기관의 부하나 회전속도 등 여러 가지 상황에 상응하여 20MPa에서 140MPa까지 광범위에 걸쳐서 분사의 압력을 변화시키거나 파일럿 인젝션이나 포스트 인젝션 등의 다단계 분사에 의한 분사율제어가 가능하게 되었다. 이렇게 하는 데 따라 에미션개선을 위해 자유자재의 분사를 가능하게 하여 목표로 하는 클린디젤의 실현을 향해 자유도가 높은 분사제어, 복수회분사나 정격 4000r/min에서 4.2μsec라고 하는 고속제어를 실현가능하게 하여 연소효율과 에미션성능을 격이 다르게 향상시키고 있다.

3. 디젤전자제어의 요소기술

지금까지 각종 디젤전자제어 시스템의 구성과 특징을 해설하여 왔다. 그러나 여기서부터 전자제어에 사용되고 있는 특징적인 기술을 개별적으로 해설한다.

3.1 실린더간의 회전이 고르지 못한 데 대한 제어

(1) 엔진의 저속운전 때 아이들링운전 때의 진동을 낮게 억제하여 원활한 회전을 얻는 실린더별 회전제어기술은 전자시스템에 있어서는 제어의 하나이다. 엔진의 각 실린더마다의 기계가공불균질이나 분사기구의 실린더간 불균질은 각 실린더의 연소상태에 불균일성을 낳게 하여 엔진의 진동을 발생시킨다.

(2) 그림 30-8은 실린더마다의 또한 순간 각속도변화를 계측한 결과이다. 이것을 보면 알 수 있는 것과 같이 진동이 있는 경우는 실린더간에 연소상태의 차이에 의한 순간 각속도의 차이가 보여진다. 이 회전변동을 없도록 하기 위해서는 전자회로에 의해 실린더마다의 순간 각속도를 검출하고 속도가 높은 실린더는 분사량을 억제하고 낮은 실린더는 분사량을 증가시킴으로써 각 실린더의 순간회전속도가 같아지도록 제어하면 된다.

(3) 이와 같이 실린더마다에 대한 독립된 분산제어는 컴퓨터에 의한 회전변동학습에 의해 비로소 가능하게 되었다.

3.2 배기 후 처리기술

(1) 높아지는 디젤의 배기가스 클린화에 대한 요구에 상응하기 위하여는 코먼레일시스템과 같은 새로운 분사제어기술은 물론, 후처리기술이 결여되어서는 안 될 존재로서 크게 클로즈업되고 있다.

디젤배기가스의 청정화를 위한 2개의 큰 인자는 NO_x와 퍼티큐레이터이다.

퍼티큐레이터(PM)의 제어기술에는 다음의 장치가 특히 주목을 받고 있다.

- 디젤미립자제어장치(DPF)
- 연속재생식트랩(CRT)

(2) 전자는 필터에 의해 PM을 포집하고 버너나 전기히터로 소각하는 것이다. 후자는 필터로 포집한 PM을 배기가스중의 이산화질소로 산화시켜 이산화탄소로서 배출하는 것이다.

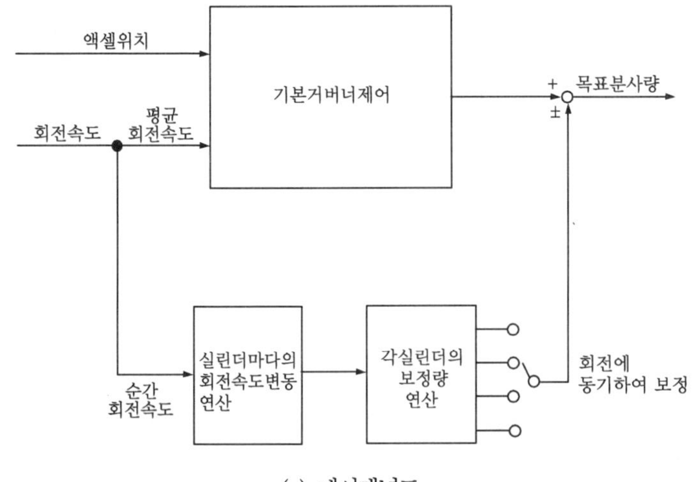

(a) 제어개념도

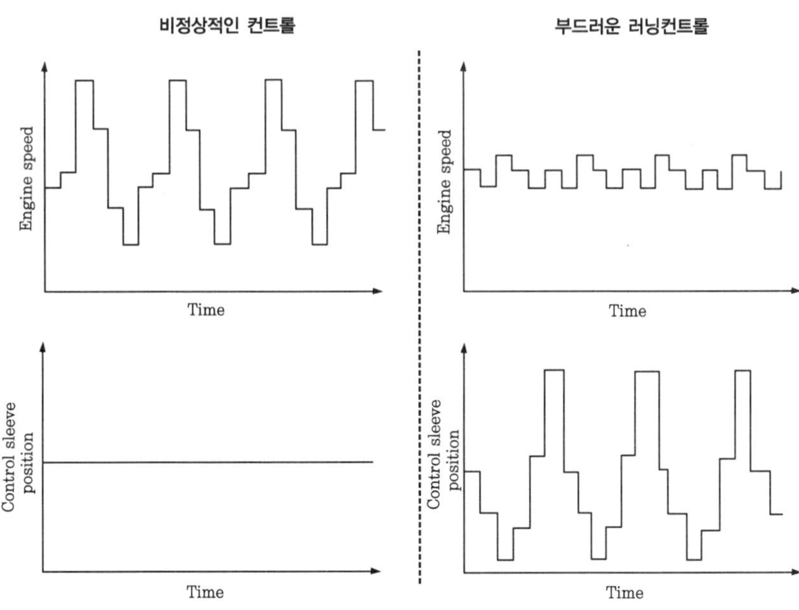

(b) 효과

그림 30-8. 실린더간 불균일보정제어

그리고 NO_x의 제거기술로는 암모니아를 사용하여 이것을 환원하는 장치(SCR)나, 연료의 가스를 분사, 환원하는 장치가 제안되어, 개발이 진척되고 있다.

이들의 후처리장치는 현시점에서 크기나 코스트의 면에서 과제도 많으나 앞으로의 가까운 장래에 실용화가 기대되고 있다.

(3) 또한 후처리장치와 엔진제어의 보다 밀접한 기술적 제휴도 필요하게 될 것이다. 예를 들면 후처리장치의 온도를 정확하게 측정하고 상태에 상응하여 연료의 미연가스를 공급하기 위한 포스트분사를 제어하거나 배기가스중의 산소농도를 측정함으로써 터보차저량이나 EGR환류량의 최적화를 결정, 세심하게 하는 λ제어기술 등이 시도되고 있다.

3.3 센서기술

(1) 디젤의 전자제어에는 엔진의 운전상태를 검출하는 센서로서 공기유량센서, 부스트압센서, 수온센서, 연료온도센서, 크랭크각센서, 액셀센서 등이 사용된다.

이들 센서는 엔진제어를 위한 기본적인 센서로서 가솔린의 전자제어와 거의 같은 종류의 센서가 쓰여지고 있다.

코먼레일시스템에는 레일의 압력을 정확하게 검출하기 위한 압력센서가 부착되어 있으며(그림 30-9), 이 센서는 20~180MPa의 넓은 범위의 압력센서로 ±2~3%의 높은 측정정확도를 가지며 연료압력이 각 운전상태에 상응하여 정밀하게 제어된다. 그리고 180MPa이라고 하는 지극히 높은 압력하에 있어서도 높은 신뢰성을 가진 우수한 센서이다.

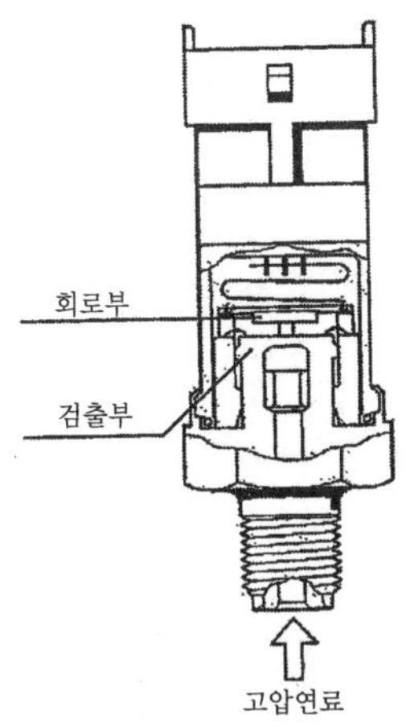

그림 30-9. 레일압센서

(2) 위에서 기술한 배기가스처리시스템에 있어서는 배기의 압력이나 온도를 검출하고 센서, 배기가스중의 HC, NO_x의 농도를 다이렉트로 모니터하는 센서를 필요로 하게 되며 배기가스시스템과 함께 개발이 급하게 요구된다.

3.4 소프트웨어기술

(1) 처음으로 실용화된 당시의 분사제어프로그램은 액셀개도와 엔진회전속도를 검출하여, 미리 기억시켜 놓은 데이터맵으로부터 목표분사량을 계산하고, 서보회로에 지령을 내는 것을 반복한다고 하는 단순한 구조의 것이었다. 그 후 여러 가지 부가기능이 개발되어, 그 실현은 컴퓨터의 프로그래밍이라고 하는 소프트웨어제어에 의해 실현되어 왔다. 실현될 기능이 증가됨에 따라 프로그램의 구성은 복잡하게 되지 않을 수 없고 점차로 탄생 당시의 프로그램구조로는 성립되지 않는 상황까지 되었다.

(2) 이 때문에 컴퓨터기술의 중요요소기술은 소프트웨어공학의 수법이 도입되어 개발프로세스나 소프트웨어개발수법, 구조화설계수법 등이 응용되도록 되었다고 한다. 그 결과 엔진제어 소프트웨어도 일반컴퓨터소프트웨어와 같이 오퍼레이팅시스템(OS)에 의한 멀티디스크 처리시스템의 구조를 가지게 되었다. 이 구조화에서는 각 제어기능은 하나의 디스크(일단위)로서 독립설계가 가능하고 OS의 제어 아래 단일 컴퓨터위에 놓고 시분할(時分割)로 실행된다.

(3) 또한 최근에는 이 OS에 세계표준규격의 것을 사용, 지금까지 각사가 독자적으로 설계하여 오던 기능소프트웨어도 표준사양에 근거하여 설계해 가는데 따라 소프트웨어의 모듈화, 부품화를 진행하는 움직임도 있다.

이것이 실현하게 되면 소프트웨어도 기능부품으로서 판매가 가능하게 되고 보다 한층 표준화, 범용화가 될 것으로 기대되고 있다.

3.5 전자회로의 엔진탑재

(1) 종래 전자회로(컨트롤유닛)은 열이나 진동에 대한 배려로 차실내에 탑재되어 왔다. 그러면서 차량배선을 되도록 짧게 하여 경량화와 전자파방해를 잘 받지 않게 할 목적으로 엔진룸내 등 점차 엔진에 가까운 장소에 탑재되도록 상황을 바꾸어 왔다. 또한 오늘날의 자동차부품모듈화의 흐름에 의해 모듈부품으로서의 엔진을 실현하기 위해 전자제어회로가 엔진에 직접 탑재되기까지의 필요성을 요구하고 있다. 그러면서 엔진탑재에는 고온(90~120℃)과 큰 진동(10~40G)에 견딜 수 있는 2가지의 큰 과제가 있다.

(2) 컨트롤 유닛의 작동온도범위를 결정하는 요인으로서는 각 전자 부품의 동작온도 특성 및 기판의 방열특성과 열설계, 기판과 부품간의 온도팽창률의 차이가 있다. 그리고 내진동성에 대하여는 부품의 소형화와 그것에 동반되는 실제 장착기술 및 커넥터의 신뢰성이 불가결하다. 이와 같은 부품단체의 성능향상과 소형화 및 고밀도실제장착기술, 그리고 그들의 집대성으로서의 신뢰성을 가지고 있음으로써 전자회로의 엔진탑재가 가능하게 된다.

(3) 마이크로하이브리드 기판상에 베어텁을 실제장착함으로써 내진동성의 향상과 넓은 동작온도범위를 실현한 컨트롤유닛과 같은 것도 연구되고 있다(그림 30-6(b). 시간제어분사펌프구조도의 상부의 유닛부가 한 예이다).

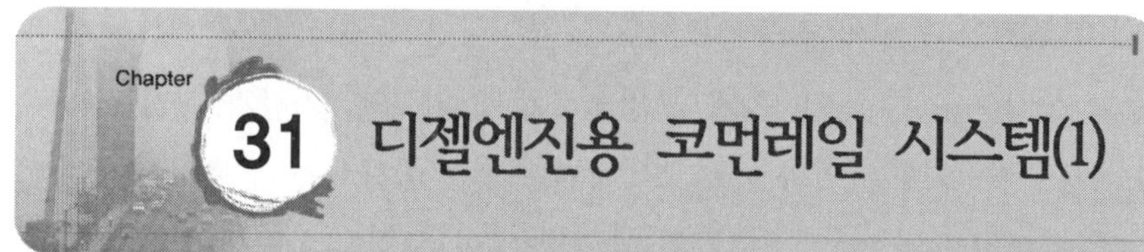

디젤엔진용 코먼레일 시스템(1)

1. 머리말

제31장에서는 디젤엔진용 코먼레일 시스템에 대하여 알아보기로 한다. 가솔린엔진은 에미션으로부터 개발되어진 전자제어식 분사시스템을 적용함으로써 엔진 출력, 드라이버빌리티도 진화를 계속해오고 있다.

디젤엔진도 코먼레일이라고 하는 전자제어기술에 의해 크게 변화되고 있다. 이 장에서는 코먼레일이 어떻게 하여 탄생, 발전하여 왔는가 또 어떤 기능에 의해 기존 엔진에 도움을 주고 있는가를 평이하게 해설하는 것으로 많은 기술자들이 코먼레일이 부착된 디젤엔진에 대하여 연구하기를 원하고 있다.

이 장에서는 코먼레일의 탄생과 발전에 대하여 언급하고 엔진의 성능, 기능상 하고 있는 역할을 명확히 한다.

2. 연료분사계의 역할

일반적으로 디젤배출가스를 정화하는 수법으로서 표 31-1에 나타내는 것과 같은 방법으로 접근해본다. 즉, ① 엔진의 연소개선, ② 후처리, ③ 연료의 품질개선이다. 그 가운데에서 엔진의 연소개선 중에서 가장 중요시되고 있는 것이 연료분사계이다.

종래부터 일컬어오고 있는 것과 같이, 디젤연소의 키포인트의 하나는 어떻게 연료를 미립화시켜 실린더내의 공기유동에 의해 균일분무혼합상태를 형성할 것인가이다.

표 31-1. 에미션 저감수법

Approach		Emission		
		NO_x	PM	HCCO
Improvement of Combustion	Engine	• Compression Ratio	Better Combustion • Swirl Ratio	Combustion Chamber Shape
			Low Oil Consumption	
			• T.I. • 4Valve • Intake Port Shape	
	F.I.S.		• Higher Injection Pressure	
		• Multipule Injection		
		• injection Rate Control		
		• inject Rate Control		
		• Wider Control Range of Q and T • Fine Control Accuracy		
				• Low Nozzle Sac
	EMS	• Cooled EGR	• VNT	
After treatment		• Nox Catalyst	• Oxidation Catalyst	
			• D.P.F	
Fuel			• Low Sulfa • Low Aroma	
		• DME, GTL		

흡기계의 개량에 의하여 보다 높은 에너지를 가진 공기유동을 실린더 내에 주었다고 하여도 연료를 계속적으로 미립화하면서 연소시키는 것은 더없이 중요하다. 자기 스스로 연료분사계에 구해지는 압력도 대단히 높다.

그런데 종래의 분사장치로서는 엔진의 회전속도의 의존성을 가지며, 특히 저회전속도, 고부하역에서는 높은 압력을 얻기가 어렵다. 이것이 발진, 가속시의 검은 연기와 이어지는 것이다. 고회전속도, 고부하역에서 200~240MPa의 분사압력을 가지는 유닛인젝터의 경우도 예외는 아니다.

뿐만 아니라, 고압분사에서 얻어진 미립화분무를 한꺼번에 연소시키면 다량의 NO_x가 발생되어 버린다. 이 과제에 대하여는 파일럿 분사에 의하여 NO_x를 저감시키고, 또한 파일럿 분사량 정확도를 향상시켜, 1회의 연료분사를 TDC 전후에서 4~5회로 분할 분사하는 분사율 제어에 의하여 PM과 NO_x의 동시저감과 함께 소음도 저감되는 수법이 개발되어 실현할 수 있는 분사계가 코먼레일이다.

3. 코먼레일의 역사

코먼레일방식의 연료분사에 관한 연구는 오래 전부터 진행되어 왔다. 1962년에 출판된 Fuel Injection and Controls for Internal Combustion Engines(Paul G. Burman 외)에 의하면, 1913년에 코먼레일의 원형이라고 하는 발명을 Thomass. T. Gaff가 발표하고 있다. 이 분사계는 Electro-Magnetically Operated Nozzle을 가진 코먼레일 타입으로서 소개되고 있다. 또한, 1933년이 되어서 Atlas-Imperial Diesel Engine 사의 Harry E. Kennedy가 미국 특허를 획득하여 생산하였다고 하는 기록이 있다. 그러나 당시 BOSCH가 저크식 펌프를 공급하게 되면서부터 이 Bosch의 펌프 또는 같은 종류의 펌프에 시장에 빼앗겼다.

1990년대 초까지 '코먼레일'이란 말은 잊어버리고 있었다. 코먼레일의 원형이라고도 하는 개발은 1960년대 후반에 스위스의 Mr. Hiber에 의해 개선이 진전되었다. 그 후 1970년대 이르러서 스위스 공과대학의 Mr. Ganser를 중심으로 코먼레일의 연구가 진척되었다. 그리고 1980년대 이르러서 실용화의 개발이 가속되고 Mr. Hiber의 개발이 각 방면으로 확장, 르노 트럭부문에서 개발이 진척되었다. 그러나 분사시스템의 개발에는 엔진메이커만으로는 개발이 진척되지 못하고 니혼덴소와 공동개발을 진행시켰다. 그 성과는 1991년의 SAE에서 코먼레일이라고 하는 말을 써서 소개하였다. 그 이전에는 Atlas- Imperial Diesel Engine 사 이외에 코먼레일이란 단어를 사용한 예를 볼 수 없었다.

그러나 1991년 이후는 축압실이 있는 레일을 가진 전자밸브구동의 인젝터로부터 되는 분사시스템을 다시 코먼레일 분사시스템 또는 코먼레일 시스템으로 세계에 통하게 되었다.

양산화에 있어서는 니혼덴소가 히노자동차에 트럭용으로서 세계에서 처음으로 1995년 말부터 생산을 개시하였다.

고압분사에 의한 검은연기의 저감이 이루어지면서 앞에서 기술한 파일럿 분사에 의하여 NOx, 진동, 소음을 줄이는 것이 가능하고, 디젤트럭을 일신한 것으로 하여 주목을 받았으며, 그후 1998년의 일본의 디젤 배출가스 장기규제에 있어서 중, 대형 트럭은 코먼레일이 주류를 이루고 있다.

한편, 유럽에서는 BOSCH가 Fiat, ELASIS의 코먼레일부분을 1994년에 매수하고, 1997년에 생산을 개시하였다. BOSCH는 승용차용 코먼레일부터 개발하여, Alfa Romeo와 Mercedes Benz의 승용차에 최초로 코먼레일을 탑재하였다. 파일럿분사에 더하여 고압이면서 낮은 펌프구동토크라고 하는 특징에서 코먼레일이 디젤승용차에 점차 탑재되어 갔다.

그후 지멘스(Siemens)는 피에소인젝터를 개발하여 시장에 출시하였다. 그리고 델파이(Delphi)는 루카스(Lucas)를 매수하여 코먼레일의 생산을 개시하였다. 그리고 21세기는 코먼레일 시스템이 메인스트림이 되어가고 있다.

4. 코먼레일방식

코먼레일방식이란 서플라이 펌프에서 생성된 고압연료를 파이프를 거쳐서 코먼레일(축압실)에 축적, 인젝터내의 전자밸브에 의하여 노즐 배압을 제어, 분사의 개시와 종료를 결정한다고 하는 전자제어 연료분사 시스템이다. 즉, 회전속도에 의존하지 않는 콘셉트로서는 대단히 간편한 분사압력제어 노즐 리프트를 직접 제어하고 있으므로 통상 분사뿐 아니라 파일럿분사 및 다단분사가 가능하고 분사압, 분사량, 분사시기의 완전 독립제어를 실현한다. 이 코먼레일 시스템은 서플라이 펌프, 레일, 인젝터와 이들을 제어하기 위한 ECU 및 센서군으로 구성된다. 이하 니혼덴소가 양산화한 승용차용 코먼레일을 예로 코먼레일 시스템을 설명한다.

니혼덴소는 도요타 자동차와 공동개발하여 1999년부터 제1세대 코먼레일을 양산하고 있다. 현재는 이 시스템을 다시 개량하여 최고분사압력 180MPa로 다단분사를 실현시킨 제2세대 코먼레일의 실용화가 2002년부터 되고 있다(그림 31-1 참조). 본 시스템의 주요제품인 서플라이 펌프와 인젝터의 구조와 작동 및 컨트롤 시스템에 대하여 기술한다.

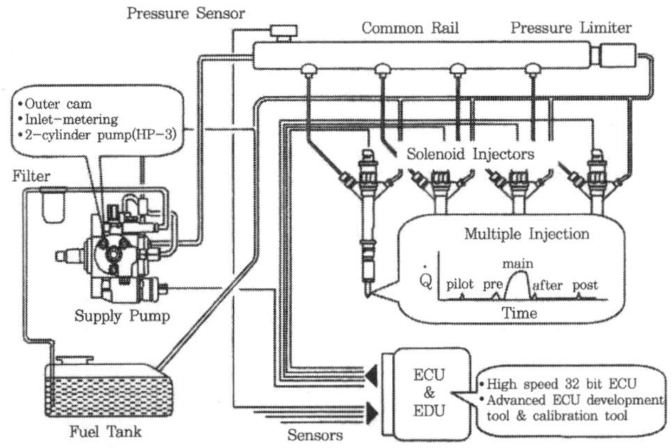

그림 31-1. 제2세대 코먼레일 시스템(180MPa)

4.1 서플라이 펌프

서플라이 펌프는 그림 31-2의 제품 로드맵에 나타내는 것과 같이, 제1세대용 고압펌프로서 트럭용에는 열형분사 펌프를 베이스로 한 HPO 펌프, 승용차용에는 분배형 분사펌프를 베이스로 HP2 펌프가 있다.

특히 승용차용의 HP2펌프는 분배형 분사펌프로 실적이 있는 이너캠과 전자밸브에 의한 흡입시간조량을 채용하고 있다.

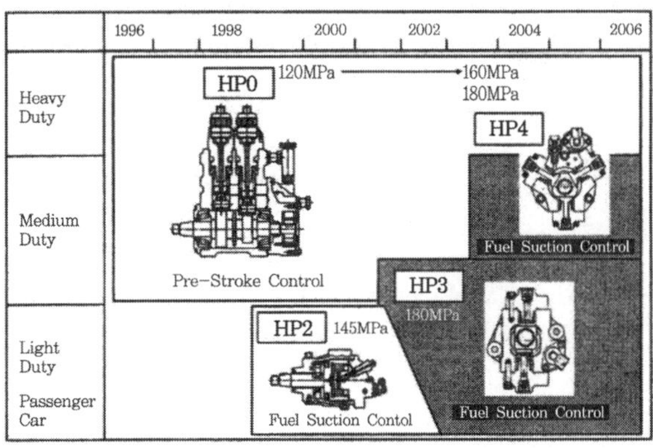

그림 31-2. 서플라이 펌프의 제품로드맵

이에 대하여 제2세대의 서플라이 펌프는 180MPa이라고 하는 초고압에 대응하기 위하여 그림 31-3에서 보는 바와 같이 고면압부위를 가지지 않는 로터리방식/아우터 캠 압송방식을 채용하고, 대응엔진의 요구 분사량에 맞도록 HP3/HP4의 2종류의 펌프를 시리즈화하여 개발하였다.

〈Concept〉

① High Pressure (180MPa)

- Inner Cam → Outer Cam

② Light Weight

- Housing made by Aluminum

③ Low Cost

- Inlet-metering by one Suction Contorl Valve(Opening area control type)

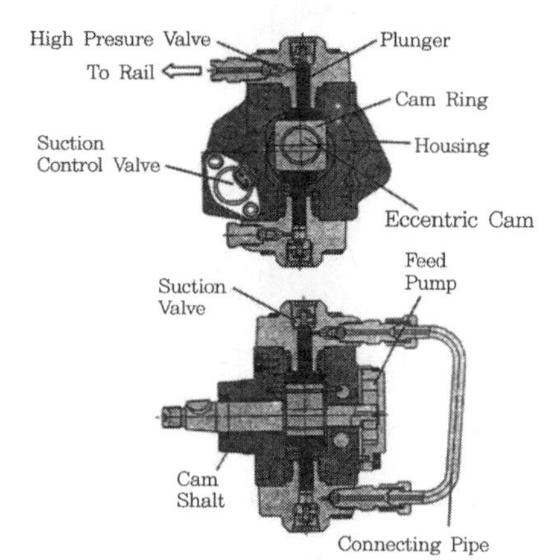

그림 31-3. 서플라이 펌프(HP3)

HP3은 복서(BOXER) 배열의 2 실린더 구성의 소형엔진용으로, HP4는 성형배열의 3실린더 구성으로 된 HP3의 용량을 높인 것으로서 중형 트럭 엔진까지의 적용을 생각하고 있다. 분사압력 180MPa에 대응하면서 고압연료통로를 철제의 헤드부재에 집중시킨 것으로서 펌프하우징에 알루미늄 다이캐스트를 채용하고, HP3 펌프를 3.8kg로 동일 송출량의 펌프중에서 세계 최경량을 실현한 것도 큰 특징이다.

어느 형이나 압력조정용 액튜에이터는 소형 리니어 솔레노이드 방식의 흡입면적 제어 밸브를 1개만 갖추었고, 각 펌프 플런저실에 매회 흡입시키는 연료량을 변화시켜서 토출량, 즉 레일 압력의 제어를 한다.

그리고 양 타입 공히 트로코이드 방식의 프레 피드펌프를 내장하고 있고 기계식, 모터식을 불문하고 외부에 부착하는 별개펌프를 필요로 하지 않는다.

신뢰성면에서의 배려로서도 고면압 접동부의 세라믹 코팅이나 각부품의 재질이나 형상의 최적화라고 하는 개량이 반영되어 있다.

또한 피크 및 평균 구동토크는 제1세대부터 저감되고 있으며, 보다 컴팩트하고 고내압을 실현하면서 낮은 구동토크, 즉 높은 펌프효율을 실현하고 있다. 이와 같은 사실은 엔진의 펌프구동계에 대한 스트레스를 저감시킴과 동시에 연비향상에도 크게 기여하고 있다.

4.2 인젝터

인젝터에 관하여는 그림 31-4에 나타내는 제품로드맵과 같이, 제1세대에서는 최고분사압 145MPa과 파일럿 및 메인분사의 2단분사를 특징으로 하는 전자밸브를 액튜에이터로 한 인젝터였다. 이에 대하여 제2세대의 경우 180MPa이라고 하는 초고압분사와 넓은 압력사용 레인지, 대단히 짧은 인터벌로 5회 이상의 다단분사를 실현하는 것을 목표로 개발을 진척시켰다.

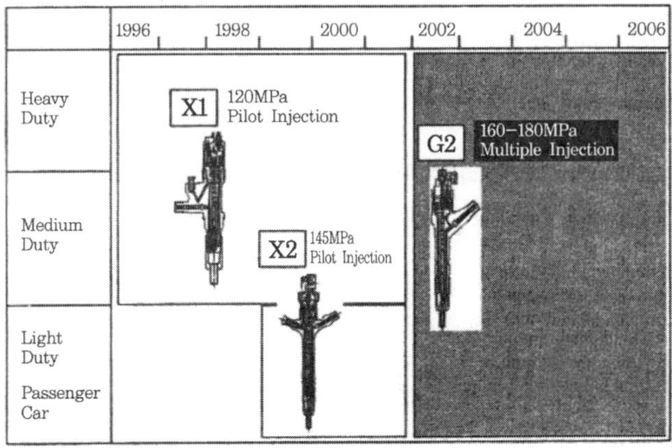

그림 31-4. 인젝터 제품의 로드맵

그림 31-5에 제2세대 인젝터의 구상을 나타낸다. 먼저 고압화 요구에 대한 대응으로서 리크(leak)부의 재탐구로 리크(leak) 양을 다시 저감시켰다. 이 리크(leak) 양의 저감은 엔진토털로서의 효율향상에 기여하는 것은 물론, 리턴 연료의 승온억제라고 하는 점에서 차량연료계의 신뢰성 향상을 위해서도 중요하다. 당연히 180MPa의 고압에 대응하여야 하는 각 부의 강도, 내압기밀성 향상을 도모하고 있다.

① High Pressure injection(180MPa)
- Seal ability improvement
- Strength improvement against high press.
- Wearing improvement
- Seat wearing improvement

② Reduction of the interval and Multiple Injection
- Elec. Magnetic response ability improvement Compact and light weight 2WV
  Interval : 0.7ms → 0.4ms Target
- Charge-up Energy Reduction
- Higher hydraulic response

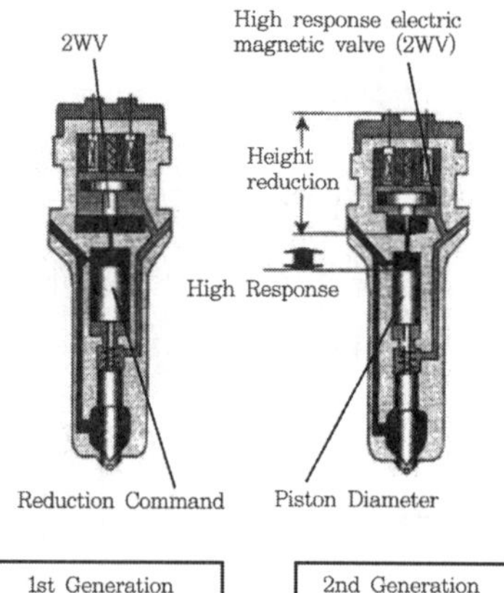

그림 31-5. 인젝터(G_2)

다음 다단분사를 위해서는 대단히 정밀한 분사량과 타이밍 제어를 필요로 하기 때문에 고내압력, 고신뢰성에 더하여 제1세대 인젝터의 배의 응답속도를 가진 액튜에이터의 개발을 진행, 종래의 솔레노이드 기술의 연장으로 이것을 실현하는 고속 솔레노이드의 전기적, 자기적, 기계적 응답성을 극한까지 향상시키는 것을 특징으로 한다. 솔레노이드, 스테이터, 아마튜어의 제원을 컴퓨터 시뮬레이션을 구사하여 최적화함과 동시에 가동부분의 중량을 한계까지 경감시켰다. 또 고속화에 동반하는 밸브의 바운스에 의한 피해를 유압댐핑 기구를 채용하는 등으로 대책하고 있다.

고속 솔레노이드 인젝터는 잘 알려진 기술의 결정임과 동시에 시대의 최고수준이라고 할 수 있는 세계에서 가장 빠른 솔레노이드 인젝터이다.

4.3 컨트롤 시스템

1995년 코먼레일 시스템의 시장도입 이래 분사량, 분사압력, 타이밍을 독립적으로 전자제어될 수 있는 유리함을 살려서 여러 가지 제어기술을 개발하여 왔다. 공회전시의 안정성 향상을 위한 각 실린더간의 분사량을 보정하는 FCCB 제어, 시동성 향상을 위하여 주 분사 전에 다수회 분사하는 스프릿트 분사제어, 감압성 향상을 위한 더미펄스 제어 등이다.

제2세대 코먼레일 시스템에서는 이들의 제어에 더하여 특히 다단분사를 함에 있어서 가장 중요한 미소분사량의 높은 정확도를 실현하기 위한 분사량 보정제어를 개발하였다.

즉 파일럿 분사에서는 파일럿 분사량이 적을수록 PM-NO_x의 트레이드 오프는 보다 적어진다. 따라서 미소분사량을 여하히 높은 정확도로 분사시키는가가 열쇠이다. 니혼덴소는 단일품의 가공정확도를 높임과 동시에 학습제어를 도입하였다. 또 다단분사에 의한 다단연소에 있어서도 특히 인젝터의 각각의 차이나 엔진의 운전상태에 의한 시시각각 변화하는 배출가스 성능이나 NVH의 악화를 초래하기 때문에 고정확도의 분사를 제어할 필요가 있고, 미소분사량을 학습함으로써 이 문제를 해결하고 있다. 그림 31-6에 아이들 운전시의 노즐 리프트파형과 열발생률을 나타낸다. 안정된 미소분사가 얻어지고, 결과적으로 이러한 높은 고정확도 다단분사에 의하여 배출가스 성능(PM-NO_x의 트레이드 오프 : Trade off)와 NVH를 양립시키고 있다.

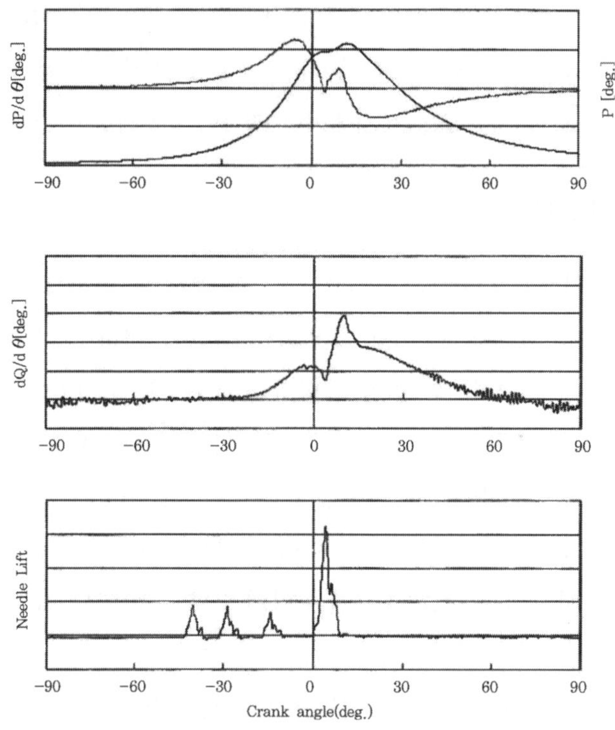

그림 31-6. 다단(4회)분사의 열발생률과 노즐리프트(아이들시)

5. 엔진, 차량성능

지금까지 기술한 바와 같이 제2세대 코먼레일은 180MPa의 초고압분사와 5회의 미소한 고정확도 다단분사를 실현함으로써 아래에 기술된 엔진, 차량성능의 향상에 공헌하였다.

1) 최대출력향상

엔진배출가스 적합에 중요한 것은 어떻게 노즐의 분구면적을 스로틀링하여, 또한 최대 출력을 얻는 것인가에 있다. 특히 검은 연기를 억제가능한 노즐의 분구면적을 작게 하는 것이 중요하다. 이 노즐 분구면적을 스로틀링하고, 더구나 180MPa이라고 하는 고압분사를 출발점에서 살려서 분사기간을 단축시킴으로써 고출력을 달성할 수 있다. 현재 엔진배기량 1ℓ당 50kW의 최대출력 레벨까지 달성하고 있다.

2) 배출가스 성능향상

제2의 포인트는 높은 정확도의 미소분사량을 실현, 배출가스성능을 대폭으로 향상시킬 수 있었던 것이다. 그림 31-7에 배출가스 성능에 대한 영향을 나타낸다.

파일럿 분사량이 작으면 작을수록 배출가스를 억제하는 것이 가능하다.

3) 가솔린엔진과 동일한 정숙성

파일럿 분사량, 미소분사량을 억제하면 NVH가 문제로 되나, 다단분사에 의하여 소음레벨을 저감하는 것이다. 그림 31-7에서 알 수 있는 것과 같이 엔진의 회전속도가 낮은 영역일수록 다단분사의 효력을 발휘할 수 있다. 예로서 아이들시의 연소음의 비교를 나타낸 것이다. 여기서 종래의 파일럿 분사(2단 분사)에 비하여 5단의 다단분사에 의하여 예혼합연소를 실현하여 열발생률을 억제, 즉, 연소에너지를 저감하여 결과적으로 6.5dB(A)로 소음저감을 달성할 수 있었다.

이상과 같이 진화된 제2세대 코먼레일은 고압화함으로써 출력을 확보하고 최대한 분구를 스로틀링하는 것이 가능하게 되고 배출가스모드 영역에서의 분무의 미립화를 양립시킬 수 있다. 또한 미소한 파일럿 분사를 높은 정확도로 다단분사시킴으로써 배출가스의 저감과 저소음에 크게 공헌하고 있다.

1. 배출가스 저감
 고압분사 : 180Mpa →
 Smaller nozzle orifice

 미소분사량 제어
 $Q_p = 1 +/- 0.5mm^3/st$
 (학습에 의한 피드백 제어)

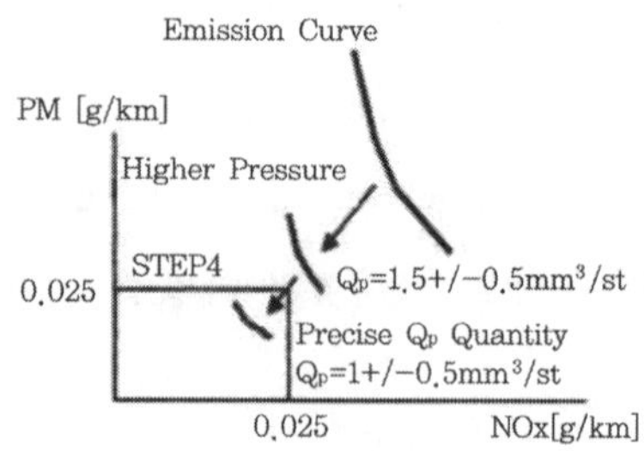

2. 소음저감
 다단분사
 : 5회 인젝션

엔진연소소음@아이들

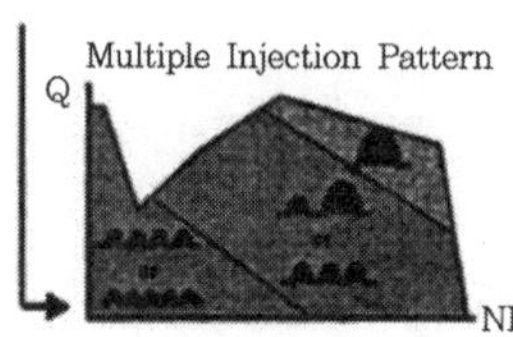

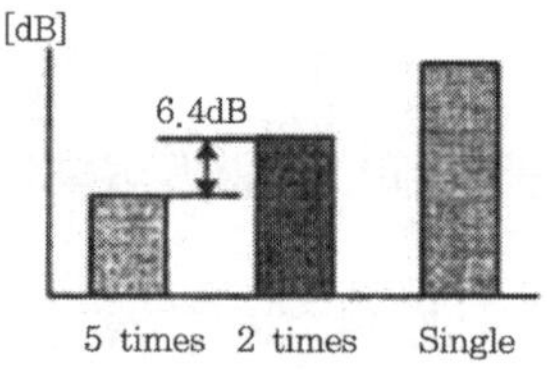

그림 31-7. 배출가스와 연소소음의 저감

Chapter 32 디젤엔진용 코먼레일 시스템(2)

1. 머리말

디젤엔진은 가솔린엔진과 비교하여 연소효율이 높고(즉, 연비가 좋다) 유럽에서는 지구환경에 좋은 것으로 평가되어 판매차량의 약 35%를 차지하는데까지 판매가 신장되고 있다. 그 한편에서는 일본의 경우 동경도의 '디젤 NO 운동'으로 대표되는 것처럼 디젤엔진은 배출가스가 '불결', '시끄럽다'로 대표되는 것처럼 지극히 엄격한 상황에 있다. 이 과제를 해결할 수 있는 유망한 수단의 하나가 '코먼레일 분사 시스템'이다. 제31장에서 디젤엔진용 코먼레일 시스템의 탄생과 발전에 대하여 설명하였다. 하드웨어와 전자제어기술의 고도화에 의하여 고압분사, 미소분사, 다단분사가 실현되고 배출가스, 연소소음이 저감될 수 있음을 논하였다.

제32장에서는 코먼레일의 특징과 효과에 대하여 분무, 연소라고 하는 관점에서 해설하고 "사람과 지구환경"에 좋은 디젤엔진의 가능성을 찾아보기로 한다.

2. 연료분사계의 역할

연료분사계의 역할은 연료를 미립화하여 실린더 내의 공기와 균일분무 혼합기를 형성하는 것이다. 가솔린엔진의 경우는 비점이 낮은 가솔린(33

~170°)을 사용하기 때문에 실린더 밖의 낮은 압력(약 0.3MPa)에서 분사하여도 실린더 내에서도 압축행정 중에 충분히 균일화되어진 예혼합가스가 형성된다. 한편 경유를 연료로 하는 디젤엔진의 경우도 경유의 비점이 높기(180~360°) 때문에 압축행정~착화까지 균일화된 예혼합가스는 얻어지기 어렵다. 그러므로 고압분사에 의한 연료미립화가 필요하다.

또 그림 32-1에 나타낸 것과 같이 디젤엔진은 자기착화에 의해 연소가 개시되고 예혼합연소(미립화 연료가 공기와 충분히 혼합된 연소), 확산연소(액적 연료의 표면으로부터 순차연소)하는 일련의 연소가 진행된다. 예혼합연소기간에 있어서 고압분사로 얻어지는 미립화 분무가 한꺼번에 연소하면 NO_x, 연소소음이 증대된다. 확산연소기간에 있어서 국소적인 연료과농영역(산소부족영역)이 존재하면 스모그[쉽게 흑연(검은연기)]가 증가한다.

따라서 바람직한 디젤연소를 얻기 위한 분사계의 역할은 시간적, 공간적으로 최적의 분무를 형성하는 것이고 분사압력, 분사시기, 분사율, 분사량, 분사패턴의 제어기능이 요구된다.

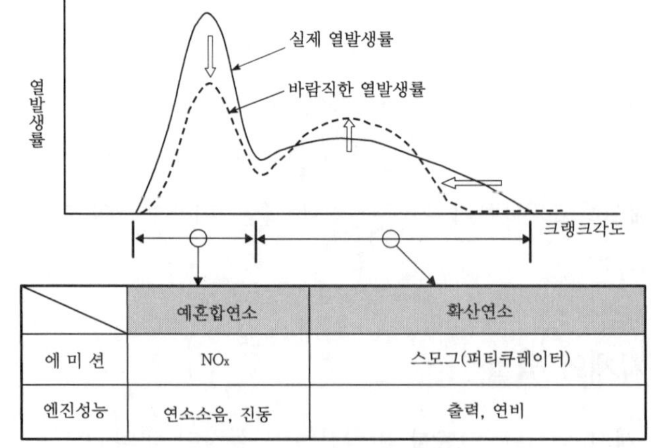

	예혼합연소	확산연소
에 미 션	NO_x	스모그(퍼티큐레이터)
엔진성능	연소소음, 진동	출력, 연비

그림 32-1. 디젤의 연소형태

3. 코먼레일 시스템

코먼레일 시스템이란

- 고압연료를 일단 코먼레일에 축압하여
- 각 인젝터의 노즐 개폐밸브를 전기적으로 직접 제어하는 것으로서 분사의 개시와 종료를 제어하는 전자제어 연료분사 시스템이다.

덴소는 도요타 자동차와 공동으로 개발하여 1999년에 제1세대의 코먼레일 시스템을 양산화 하였다. 그리고 2002년부터 다시 고압분사, 다단분사를 실현한 제2세대를 실용하고 있다. 이하 제2세대의 코먼레일 시스템에 대하여 설명한다.

3.1 시스템 구성

코먼레일 시스템은 그림 32-2에 나타내는 것과 같이 아래에 기술하는 주요 컴포넌트에 의하여 구성된다.

① 연료를 승압하는 고압 서플라이펌프
② 승압된 연료를 축압하는 코먼레일
③ 연료를 분사하는 인젝터
④ 이것을 제어하는 ECU
⑤ 엔진운전상태를 검출하는 센서군
- 엔진 부하를 검출하는 액셀센서
- 실린더를 검출하는 캠센서
- 엔진 회전속도, 크랭크 각도를 검출하는 크랭크 센서
- 그 밖의 흡입공기량, 흡기온도, 흡기압력, 수온 등을 검출하는 각종 센서

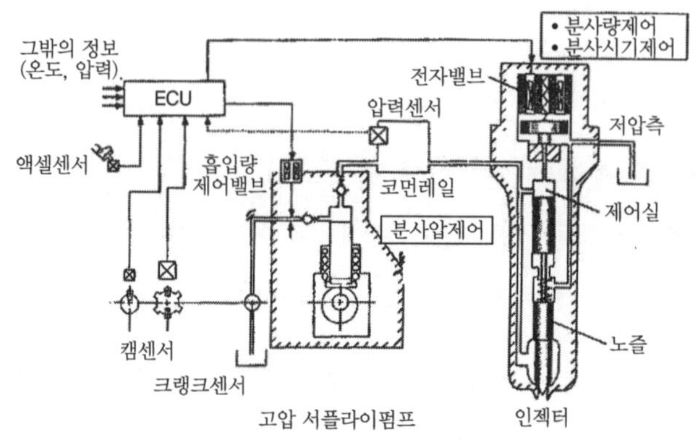

그림 32-2. 코먼레일 시스템 구성

3.2 시스템 작동

엔진운전상태를 검출하는 센서군의 신호를 기초로 하여, ECU는 최적의 연료분사압력, 분사시기, 분사량을 산출한다. 그리고 고압 서플라이펌프의 흡입량제어 밸브를 구동함으로써 코먼레일 압력을 제어하여 인젝터를 구동함으로써 분사를 제어한다.

3.3 주요 컴포넌트의 구성과 작동

3.3.1 고압 서플라이펌프

고압 서플라이펌프의 기능은 코먼레일내 연료압력의 승압과 세어를 한다. 구성은 그림 32-3에 나타낸다. 승압에 유리한 저크식 압송계를 채용하고 있고, 편심 아우터캠 구조에 의하여 접동부분의 면압을 저감시켜 고압토출을 달성하고 있다. 플런저는 편심캠에 의해 상하로 구동되어 연료를 흡입하고 토출한다.

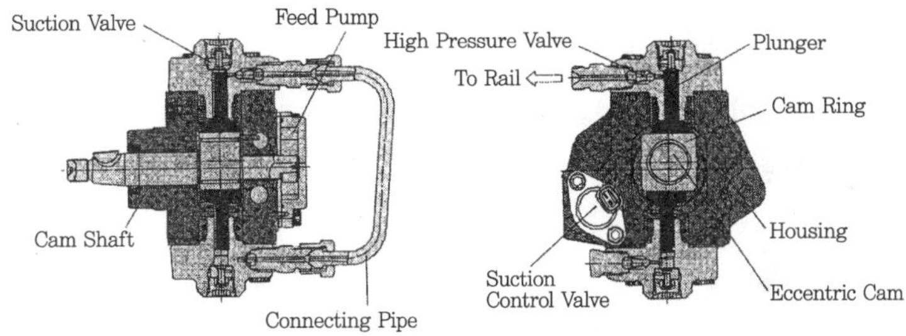

그림 32-3. 고압 서플라이펌프

코먼레일 내의 압력제어를 하기 위하여서 서플라이펌프는 필요한 양만큼을 압송할 필요가 있다. 그 때문에 1개의 리니어 솔레노이드타이프의 흡입량 제어밸브를 갖고 흡입포트의 면적을 바꾸어 주는 것에 따라 각 실린더의 플런저실 로의 연료흡입량을 제어하고 있다.

3.3.2 코먼레일

코먼레일의 기능은 고압 서플라이펌프로 승압된 연료를 축압시켜 인젝터로 공급하는 것이다.

구성은 그림 32-4에 나타낸다.

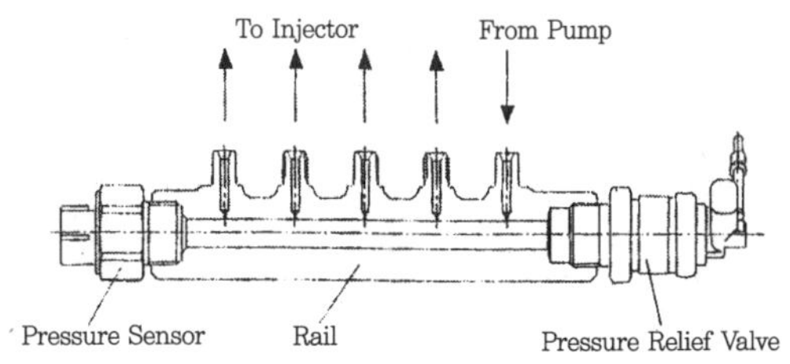

그림 32-4. 코먼레일

레일은 고압 서플라이펌프와 인젝터의 사이에 설치되어 압력 피드백 제어를 하기 위해서는 압력센서가 설치된다.

그리고 압력의 저하를 위하여 연료를 릴리프(relief)시키고 이를 위한 압력제어밸브가 설치되어 있는 경우도 있다.

3.3.3 인젝터

인젝터는 그림 32-5에 나타나는 것과 같이 솔레노이드, 2방향 밸브, 출구 오리피스, 입구 오리피스, 커멘드(commander) 피스턴, 노즐 등으로 구성된다.

(솔레노이드에 통전이 안된 상태에서는 2방향 밸브는 스프링의 힘에 의하여 아래쪽으로 내리 눌려지고 출구 오리피스는 닫혀진 상태가 된다. 이 때문에 커멘드 피스턴을 내리 눌려진 상태의 제어실 압력과 노즐니들을 밀어 올리려고 하면 압력은 같아지고 수압면적의 달라짐과 노즐스프링의 힘에 의하여 노즐니들은 밸브의 닫힘을 유지하고 분사는 이루어지지 않는다.)

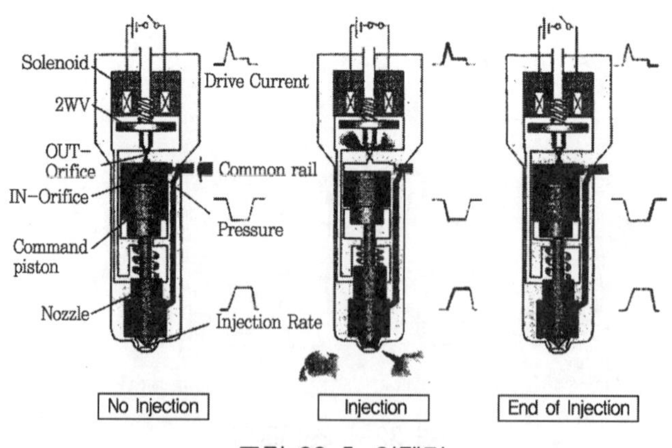

그림 32-5. 인젝터

솔레노이드에 통전이 개시되면 2방향밸브는 솔레노이드의 흡인력에 의하여 끌려 올라가 출구 오리피스가 열리고 제어실의 연료가 유출된다. 연료가 유출되면 제어실의 압력이 저하되기 때문에 커멘드 피스턴 및 노즐니들이 상승하여 분사가 개시된다. 그리고 통전이 계속되면 노즐니들은 최대리프트에 도달하고 최대 분사율의 상태가 된다.

솔레노이드의 통전을 OFF하면 2방향 밸브는 하강하고 출구 오리피스가 닫혀지기 때문에 제어실로의 입구 오리피스로부터 연료가 유입되고 압력이 상승하여 이에 따라 노즐니들은 급격히 닫혀지고 분사를 종료한다. 따라서, 전자 밸브로의 통전시기에 의해 분사시기가 전자밸브로의 통전시간에 의해 분사량이 제어된다.

이 ON-OFF를 1사이클 중에 복수회 반복하는 데 따라 파일럿분사나 다단분사가 실현될 수 있다. 그림 32-6에 5회 분사의 예를 나타낸다.

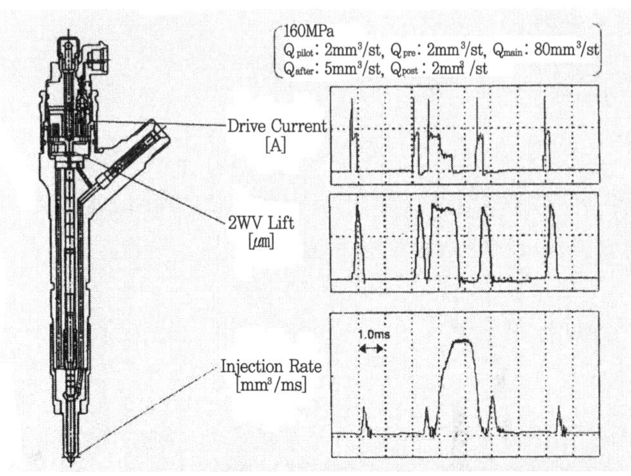

그림 32-6. 다단분사

4. 코먼레일의 특징

코먼레일 시스템을 표 32-1에 나타낸다. 고압분사에 의한 분무의 미립화, 연료압송과 분사를 분리시킨 것에 의한 분사압력, 분사시기, 분사량, 분사율의 제어자유도향상이 올라간다.

표 32-1. 코먼레일 시스템의 특징

<table>
<tr><th colspan="2">분사계의 요구</th><th colspan="2">고압 코먼레일 방식의 유리점</th></tr>
<tr><td rowspan="2">분사압력</td><td>최고분사 압력</td><td>2차 분사 등의 제약없이 고압화 가능</td><td>분무의 미립화</td></tr>
<tr><td>분사압력 제어</td><td>압송과 분사를 별도로 실행키 위해 분사압력을 임의로 제어가능(회전속도에 대한 독립)</td><td>제어자유도 향상</td></tr>
<tr><td>분사시기 분사량</td><td>제어</td><td>전자밸브의 통전시기・시간에서 임의로 제어 가능</td><td>제어자유도 향상</td></tr>
<tr><td colspan="2">분사율 제어</td><td>노즐 리프트 직접 제어를 위해 유리
(파일럿 분사, 멀티 분사, 근접분사)</td><td>제어자유도 향상</td></tr>
</table>

4.1 분사압력

인젝터는 전자밸브로부터 노즐의 개폐를 직접 제어하므로 압력파에 의한 2차분사 등의 제약없이 고압화가 가능하다. 또한, 엔진의 회전속도에 대하여 독립된 상태에서 자유로이 최적의 압력제어가 가능하다.

4.2 분사시기, 분사량

완전한 '압력, 시간제어 시스템'이기 때문에 분사시기, 분사량은 코먼레일 압력과 인젝터에의 통전시기, 통전시간폭으로 확실하게 결정되고 연료압송계(송유시기, 송유율)의 제약을 받지 않는다. 그리고 인젝터의 노즐밸브열림을 전자 밸브로 직접 제어하기 때문에 분사관내의 압력전파의 영향을 받지 않고 고정밀도에 의한 제어가 가능하다.

4.3 분사율

코먼레일 압력이 일정하게 유지되는 한, 인젝터로의 송유율은 일정한 것으로 볼 수 있고 엔진의 운전조건에 따라 코먼레일 압력을 가변제어하는 것으로 자유로운 분사율이 실현될 수 있다. 또 인젝터의 전자밸브를 복수회 개폐시키는 것으로 파일럿 분사 다단분사 등의 분사율제어가 용이하게 실현된다. 또한 다단분사를 근접하여 하는 것으로 델타형 분사 등 임의의 분사율이 실현될 수 있는 가능성을 가지고 있다.

5. 코먼레일의 효과

이하 코먼레일의 특징인 고압분사와 제어자유도 향상(다단분사)에 대하여 엔진 시험 데이터를 바꾸어 가면서 그 효과를 설명한다.

5.1 고압분사

그림 32-7에 분사압력에 대한 분무입경을 나타낸다. 고압화에 대하여 미립화가 진전됨을 알 수 있다. 다만, 100MPa를 초과한 것에 대하여 미립화를 관찰해 간다.

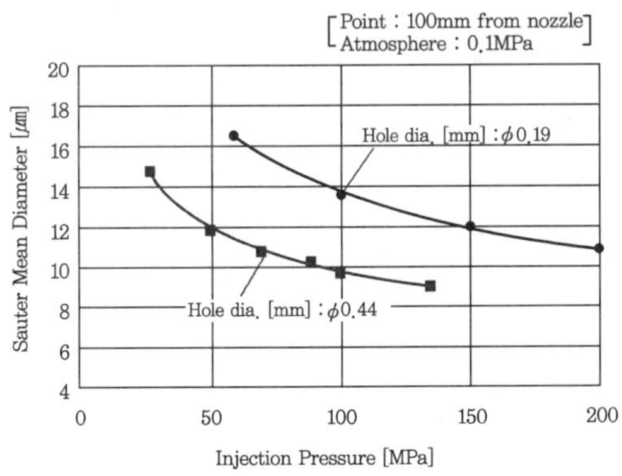

그림 32-7. 분사압력에 대한 분무입경

새로운 고압분사가 필요한 것인가의 이유로 두 가지를 들 수 있다.

하나는 엔진의 저속~중속력에의 분무를 미립화하기 위하여 노즐 분무경을 감소시켜 나간다. 그 때문에 출력점에 있어서는 분사기간이 길어지고 높은 출력화를 위해서는 높은 분사압력이 필요하게 된다.

또 하나의 이유는 그림 32-8에 나타나는 것과 같이 고압분사를 하면 할수록, 분무내의 국소당량비가 낮아진다고 하는 관측결과에 의한 것이다. 고압분사에 의한 분무의 운동에너지가 높아지는 것으로 분무기 중의 공기도입이 활성화되어 과농한 혼합기가 적어진다고 하는 것으로 대폭적으로 스모크를 저감시킬 수 있다.

분사압력과 엔진성능의 관계를 그림 32-9에 나타낸다. 고압화하는 데 따라 분무의 미립화에 의하여 스모크가 저감되고 분사기간 단축에 의해 출력, 연비가 향상될 수 있다.

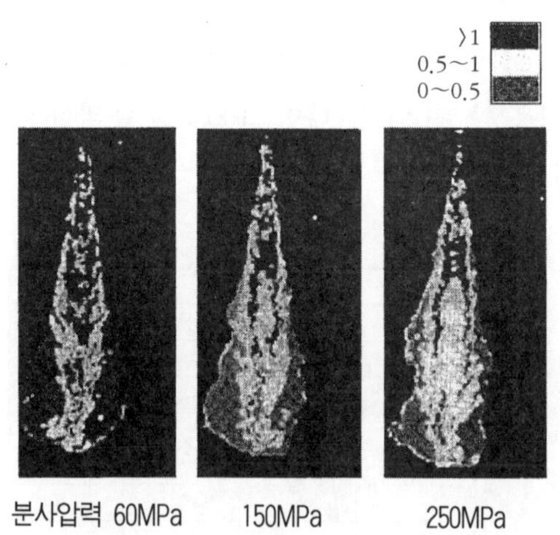

그림 32-8. 분사압력에 대한 국소당량비

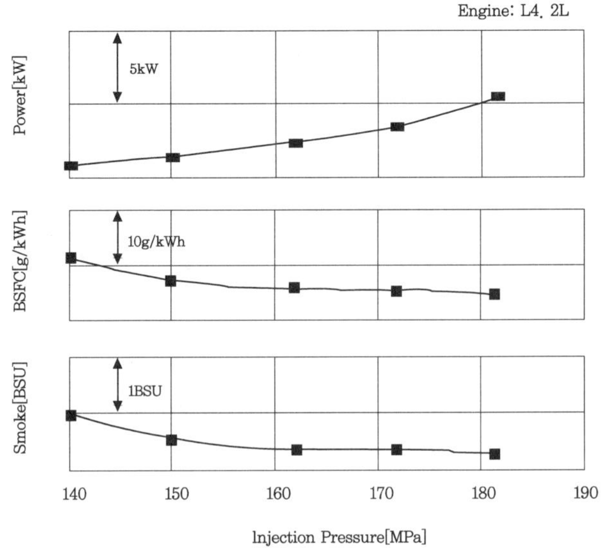

그림 32-9. 분사압력에 대한 엔진성능

5.2 제어자유도 향상-다단분사

코먼레일에 의한 다단분사의 연구는 1994년 위스콘신대의 Reiz에 의하여 보고되어 있다. 즉, 분할분사에 의하여 연소율제어를 하고 PM과 NO_x를 동시저감시키는 것이다. 동시에 일본에서도 예혼합연소의 연구가 활성화되고, 금후의 디젤연소는 몇 개의 분할연소에 의하여 연소율을 제어하는 것이 중요한 열쇠의 하나가 될 것이다.

지금까지 일반적으로 일컬어지고 있는 다단분사의 효용을 그림 32-10에 나타낸다. 이 다단분사라고 하는 요구에 대하여 코먼레일의 기술과제를 종합한 것이 표 32-2의 것이다. 다단분사에는 다수회의 전자밸브의 작동을 필요로 하고 구동에너지는 소비에너지라고 하는 과제가 있다. 한편, 메인 분사전후에서의 프리, 애프터 분사에서는 분사 인터벌을 근접시키면 후의 분사량에 영향을 준다고 하고 과제가 생긴다.

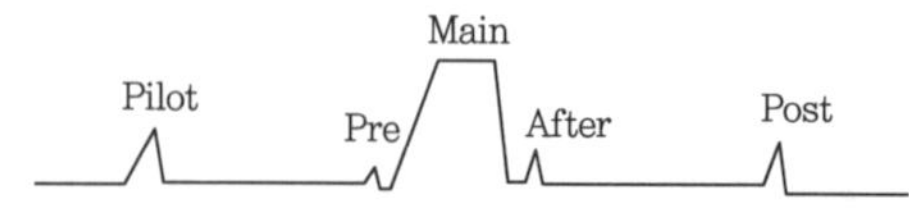

분사	효과
Pilot	예혼합연소에 의한 PM저감
Pre	Main 분사의 착화지연단축에 의한 NO_x와 연소소음의 저감
After	확산연소활발화에 의한 PM저감
Post	배기가스 승온, 환원제공급에 의한 후처리(촉매)의 활성화

그림 32-10. 다단분사의 효과

표 32-2. 다단분사의 과제

요인	과제
다수회 분사	ECU의 발열, 인젝터의 구동에너지 - 충전속도 • 인젝터의 구동에너지 - 저감 • 인젝터 구동시의 회수에너지 - 증가 (소비에너지=구동에너지-회수에너지)
근접분사	분사량변동(프리, 메인, 애프터 분사) • 인젝터의 고응답화(전자밸브, 유압계의 고응답화) • 압력맥동의 저감, 보정
분사시기	피스턴 하강위치에서의 분사에 의한 실린더 내벽에의 연료부착(파일럿, 포스트 분사) • 분무의 베너트레이션 저감 배기가스승온시의 토크변동(포스트분사) • 메인분사량의 보정

대책으로서는 분사압력이나 인터벌에서 후의 분사량 지령값을 보정할 연구가 필요하다. 그리고 파일럿 분사와 포스트 분사는 피스톤이 하강된 위치에서 분사하기 때문에 실린더 내벽에 연료부착이 발생되는 과제가 있

다. 대책으로서 소량을 다단으로 분사시키는 연구가 필요하다. 또 후처리의 재생을 위하여 요구되어지는 Post 분사에서는 발생토크에 영향을 끼치는 것이 되고 Main 분사량의 지령값을 보정하는 연구가 필요하게 된다.

아래는 각 분사의 효과를 엔진 데이터로 나타낸다.

5.2.1 파일럿 분사

파일럿 분사는 메인 분사에 대하여 크게 진각된 시기에 분사되어 예혼합연소에 의한 스모크(PM), 연소소음이 저감될 수 있다. 그림 32-11은 저속 고부하역에의 적응예이다.

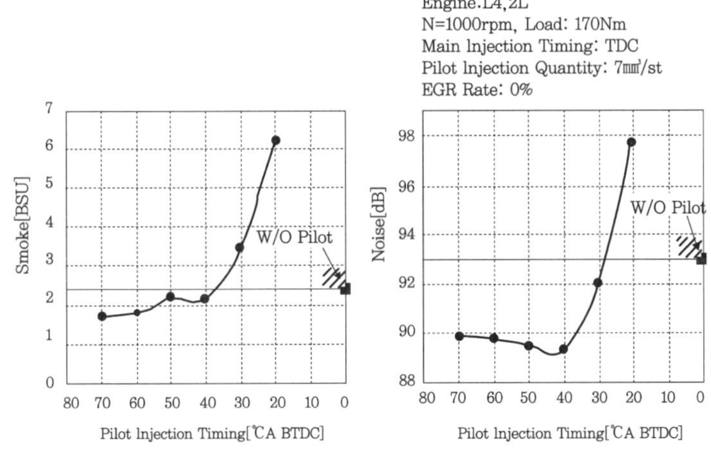

그림 32-11. 파일럿 분사의 효과

파일럿 분사 시기를 진각하는 데 따라 스모크와 연소소음은 저하되어 간다.

파일럿 분사 유무에서의 열발생률을 그림 32-12에 나타낸다. BTDC 70°CA에서 분사된 파일럿 분사로 BTDC 30°CA에서 냉염반응, 이어서

BTDC 20°CA에서 열염반응을 개시하나, 충분히 예혼합되어 있기 때문에 스모크의 발생은 없다. 그리고 실린더내 가스온도의 상승에 따라 메인 분사의 착화지연의 단축, 예혼합연소의 열발생률 저감이 도모되고 저소음이 달성된다.

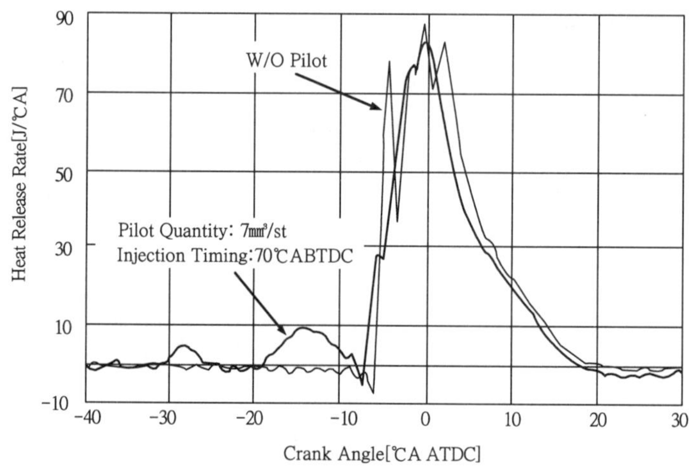

그림 32-12. 파일럿 분사의 열발생률

5.2.2 프리분사

메인분사에 앞서 프리분사를 하게 되는(인터벌 : 약 1ms) 것으로 NO_x 연소소음을 저감시킬 수 있다.

그림 32-13은 중속 중부하역에서의 적용예이고, 인터벌에 대한 스모크 연소소음을 나타낸다. 프리분사에 의해 연소소음을 대폭적으로 저감시킬 수 있다.

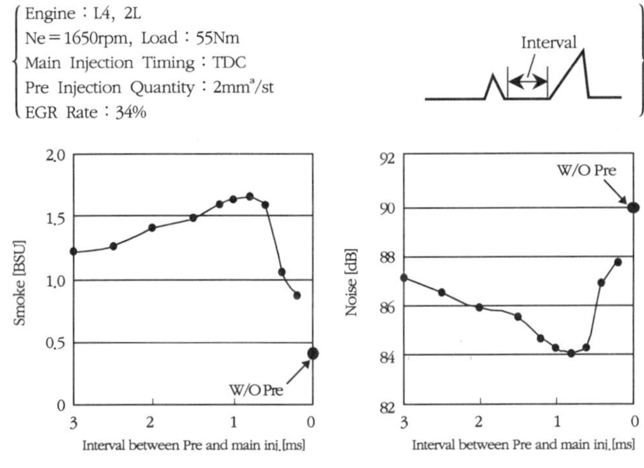

그림 32-13. 프리분사의 효과

프리분사 유무에서의 열발생률을 그림 32-14에 나타낸다. 프리분사의 연소가 불씨가 되어, 메인분사의 착화지연의 단축, 예혼합연소의 열발생률저감이 도모되고 저소음이 달성될 수 있다. 다만, 프리분사에 의해 스모크가 악화된다. 이 대책으로서 프리분사를 메인분사에 근접시킴으로써 (인터벌≤0.4ms), 스모크가 저감될 수 있다.

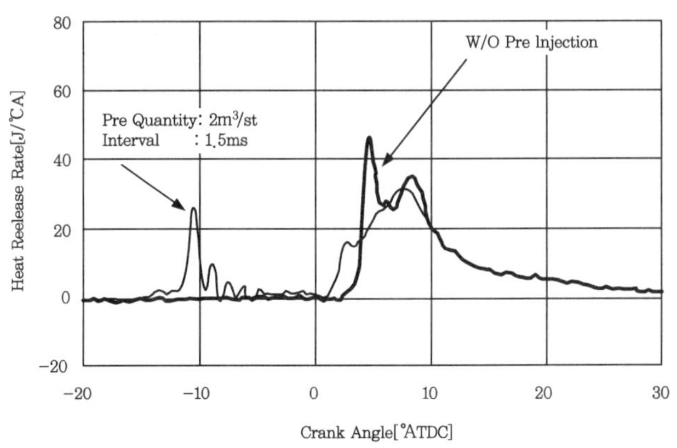

그림 32-14. 프리분사시의 열발생률

5.2.3 애프터 분사

애프터 분사는 메인분사에 대하여 근접된 시기에 분사되어 확산연소를 활발히시키는 것으로 메인분사에 의해 발생된 PM이 저감될 수 있다.

그림 32-15는 중속 중부하역에서의 적용예이고, 인터벌에 대한 PM과 NO_x를 나타낸다. 애프터 분사를 메인분사에 근접시키는 데 따라(인터벌 ≤0.7ms), PM을 저감시킬 수 있다. 단 약간 NO_x가 악화한다.

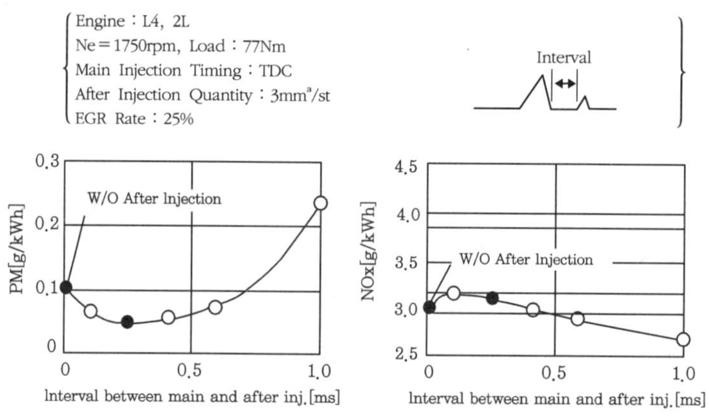

그림 32-15. 애프터 분사의 효과

애프터 분사유무로서의 열발생률을 그림 32-16에 나타낸다. 애프터 분사에 의해 확산연소후기가 활발해짐을 알 수 있다.

5.2.4 포스트 분사

포스트 분사는 메인분사에 대하여 크게 지각한 시기에 분사되어 배출가스의 승온이나 환원성분의 공급에 의해 촉매를 활성화시킨다.

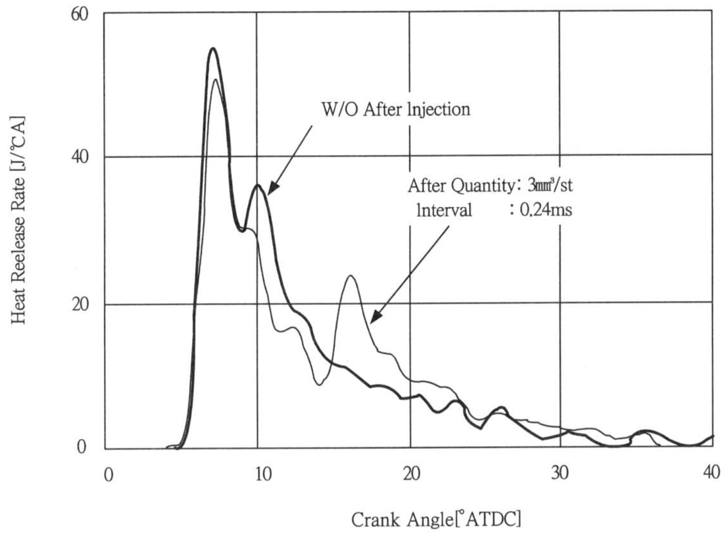

그림 32-16. 애프터 분사시의 열발생률

그림 32-17은 중속고부하역에 대한 적용예이다. 포스트 분사 시기에 대한 배출가스 중의 HC농도를 나타낸다. 포스트 분사를 빠르게 하면(≤ATDC 130°CA) 실린더 내에서 연소하고 배출가스온도를 상승시킬 수 있다. 포스트 분사를 늦추어가면 촉매에 공급되는 환원성분이 증가되나 과잉으로 늦추면(≥ATDC 180°CA) 실린더 내벽에의 연료부착이 발생한다. 따라서, 각 운전조건마다에 최적의 Post 분사시기를 맞출 필요가 있다.

5.2.5 고압분사 + 다단분사

마지막으로 고압분사와 다단분사를 조합시킨 효과를 그림 32-18에 나타낸다. 고압분사와 미소분사량 제어에 의해 대폭적인 에미션의 저감이 달성되고 다단분사에 의해 대폭적인 연소소음 저감이 달성될 수 있다.

머리말에서 기술한 디젤엔진의 "배출가스가 오염되어 있다", "개운하지 않다"라고 하는 과제에 대하여 대폭적인 성능향상이 실현되고 있다.

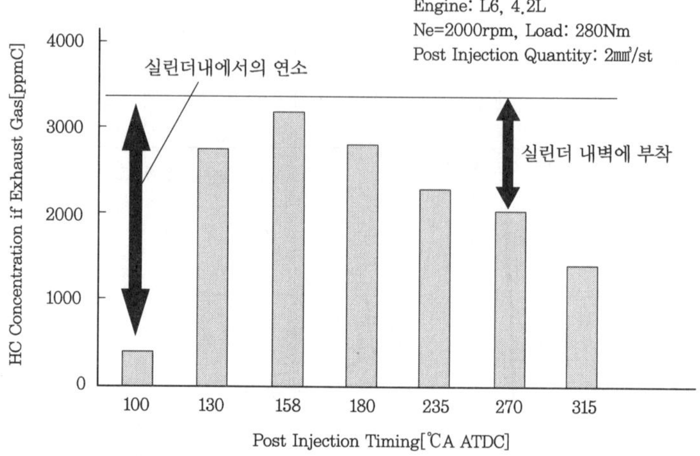

그림 32-17. Post 분사의 효과

1. 배출가스 저감

고압분사
: 180MPa → Smaller nozzle orifice
미소분사량제어
: Q_{Pilot} = 1+/−0.5mm^3/st
(학습에 의한 피드백제어)

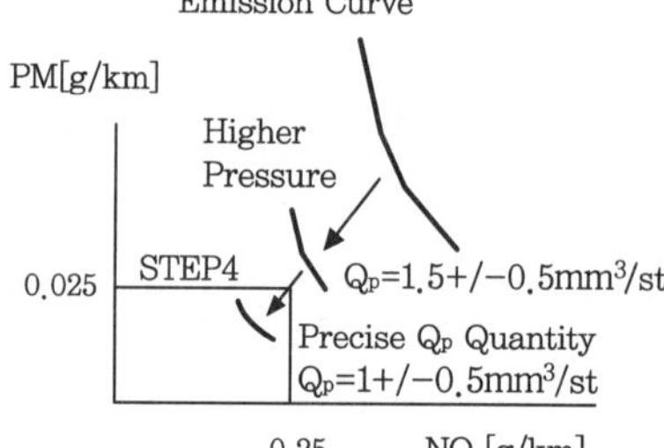

2. 소음저감

다단분사
: 5 time injection

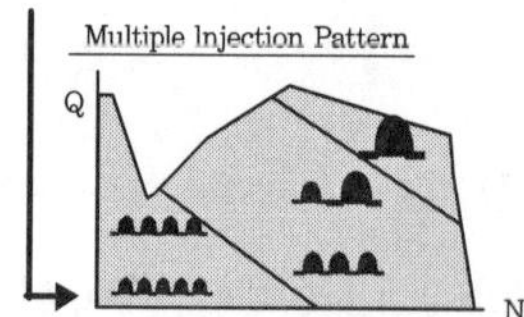

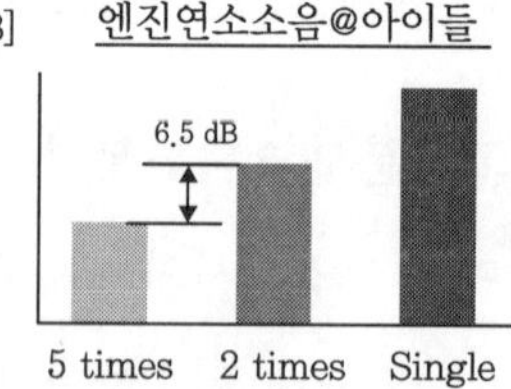

그림 32-18. 배출가스와 연소소음의 저감

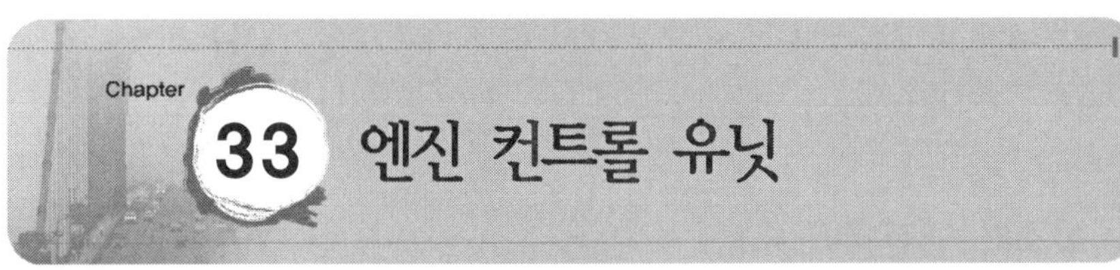

Chapter 33 엔진 컨트롤 유닛

1. 서 언

현재 차량에 장착되어 있는 전자기기, 특히 CPU를 사용하고 있는 기기는 매차량당 수십 개에 도달하고 있다. 그림 33-1에 그 한 예를 나타낸다. 그 중에서도 엔진 컨트롤 유닛(이하 ECU라 칭한다)은 지구환경보호를 하기 위한 배출가스의 청정화나 저연비화의 실현을 하기 위한 키디바이스로서 중요한 역할을 담당하고 있다.

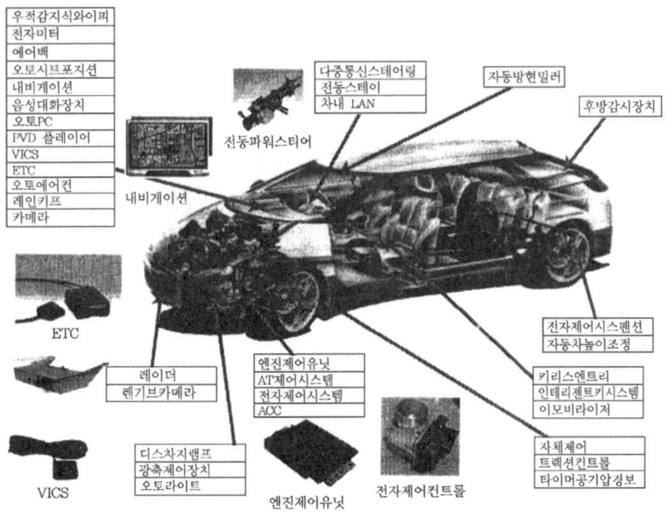

그림 33-1. 현재의 차재 전자기기

여기서는 ECU의 하드웨어 부분에 대하여 기본기술을 나타내고 또한 앞으로의 전개에 대하여 기술한다.

2. 최초의 엔진제어

세계에서 최초의 CPU에 의한 엔진제어는 1977년 GM에 의하여 시작되었다. 이 시스템은 당시의 CPU의 능력한계에 의하여 점화제어만이었고, 1979년 닛산자동차에서 연료분사제어도 포함하는 총합제어를 하는 시스템이 개발되었다. 이것이 본격적인 엔진제어의 시작이다. 점화, 연료만이 아니고 배출가스 정화를 위한 EGR, 아이들 회전속도를 안정화하여 연비를 향상시키는 아이들 회전 제어 등을 총합적으로 제어하는 시스템이다.

같은 해 Ford에 의해 약간 다른 방식으로 엔진을 제어하는 시스템이 개발되었고, 이것은 기화기를 전자제어화한 시스템으로 당시 주류이던 기화기에 개량을 가하여 전자제어화한 것이다. 이 방식은 성능향상 폭은 연료분사방식에 비하여 적으나 기존의 기술을 활용될 수 있다고 하는 점에서 메리트가 있다(표 33-1).

표 33-1. 최초의 엔진제어

도입시기	메이커명	기능	LSI 구성	LSI 수	반도체 메이커
1977	GM	점화시기	CPU+ADC+ROM	3	로크웰
1979	닛산	점화시기 EGR 아이들회전 연료펌프 연료분사 (O_2 피드백) 배기온도	CPU+I/O+ROM	5	히타치

1979	FORD	점화시기 EGR 기화기제어 (O_2피드백) 2차공기분사	CPU+PDD+ADC ACU+ROM	5	도시바
1979	BMW (BOSCH)	점화시기 연료분사 연료펌프	CPU+I/O+ ADC+ROM	7	RCA
1980	TOYOTA	점화시기 연료분사 (O_2피드백) 아이들회전	CPU+ADC+ROM RAM+I/O	7	도시바 덴소

2.1 진화를 계속하는 배경

1979년부터 시작된 엔진제어는 이미 20년 이상의 역사가 있다. 같은 엔진을 제어하는 시스템이므로, 20수년이 경과되어도 기술적으로 포화상태가 된다고 생각될지 모르나 실제로는 언제나 진보를 계속하고 있다. 엔진본체의 성능향상을 위한 개량, 운전성능의 향상을 위한 개량, 이용에 편리한 편이성 향상을 위한 계량 등 여러 가지를 개선함으로 해마다 신기술의 개발이 이어지고 있다.

그중에서 제어계에 큰 영향을 주는 것이 지구환경의 청정화를 지향하는 배출가스의 규제이다. 지역에 따라 규제치는 다르나 HC, NO_x 공히 저하경향에 있고 이것을 실현하기 위한 기술개발을 계속적으로 이루어져 가고 있다(그림 33-2).

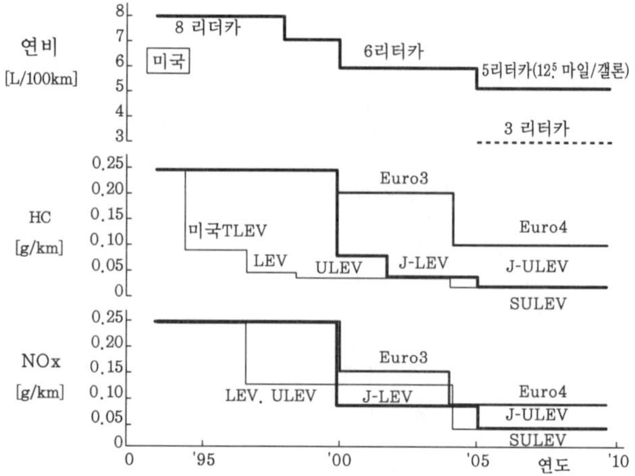

그림 33-2. 배출가스 규제 동향

2.2 진화하는 제어

최초의 엔진제어는 연료, 점화시기 제어 등 한정된 것이었으나 그후 보다 정밀한 제어가 개발되어 있다. 1980년대에는 가솔린을 탱크로부터 송출하는 연료펌프를 전자식으로 제어하는 연료펌프제어, 점화시기를 엔진의 노크를 검출함으로써 리얼타임으로 피드백하여 엔진을 최적의 운전 상태로 하는 노크제어, 엔진의 각 실린더별로 분사타이밍을 제어하는 시캔셜 분사제어, 배기가스정화를 위하여 마련된 촉매의 변환 효율을 최대한으로 발휘시키기 위해 가솔린의 분사량을 학습, 가솔린과 공기의 비율을 정확하게 제어하는 공연비 학습 제어 등이 개발되었다.

그리고 1990년대에 들어오면서 복잡한 제어시스템의 메인터넌스를 위하여 자기진단을 하는 기능의 추가, 노크제어의 실린더별 제어, 터보차저의 회전속도를 제어하기 위한 웨스트 게이트 제어 등이 보습을 개시하였다.

2000년 전후부터는 엔진의 회전속도를 조정하기 위해 마련되어 있는 스로틀 밸브를 액셀에 연결된 와이어를 움직이는 것이 아니고 액셀로부터 전자적인 신호를 내어 스로틀은 그 신호에 의해 모터로 움직인다고 하는 전자제어 스로틀, 배출가스의 청정화를 지향하는 공연비정밀제어, 노크제어의 디지털화 등이 개발되었다.

제어의 진화에 상응하여 ECU의 하드웨어도 크게 진화되어 왔다. 제어가 증가되면, 그것을 실현하기 위한 소프트웨어가 증가되며 그 소프트웨어를 ECU에 내장하기 위한 메모리도 증가한다. 그리고 동시에 CPU의 스피드도 증가시킬 필요가 있다. 예를 들면 메모리에 대해서는 최초 8KB이던 것이 현재는 512KB로 되고 또한 장래에는 1MB 이상으로 되는 트랜드이다.

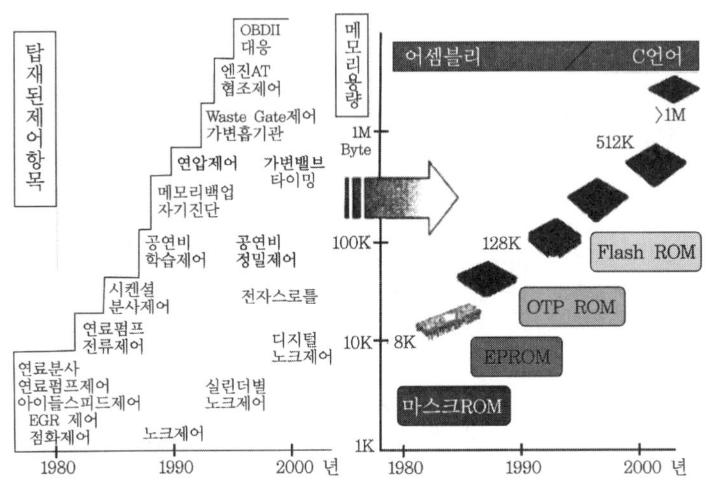

그림 33-3. 진화하는 제어내용

3. 엔진제어 시스템 구성 예

그림 33-4에 엔진제어 시스템 전체의 구성 예를 나타냈다. 가솔린을 분사하는 인젝터, 점화를 하기 위한 점화 코일, 가솔린과 공기의 비율을 적당하게 제어하기 위해 실린더에 유입되는 공기의 양을 검출하는 에어플로센서, 액셀에 링크되어 공기의 양을 제어하는 전자제어스로틀, 엔진에 흡입되는 공기의 흡기상태를 검출하는 수온센서, 엔진의 회전각도와 회전속도를 검출하기 위한 크랭크각 센서, 엔진의 노킹상태를 검출하는 노크센서, 배출가스의 산소농도를 검출하여 촉매가 고효율로 작동하도록 제어하기 위한 O_2센서 등이 주된 디바이스이다. 그리고 그 틀을 총합적으로 제어하는 것이 ECU이다.

3.1 연료제어의 기본

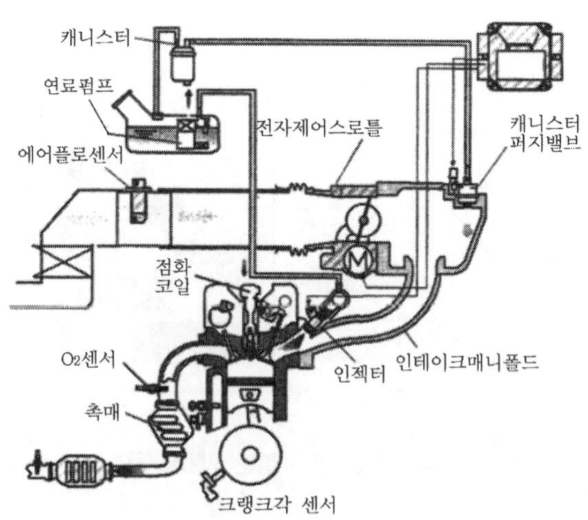

그림 33-4. 엔진제어 시스템 구성 예

여기서 간단하게 엔진제어의 내용을 설명한다. 먼저 연료제어의 기본부분을 그림 33-5에 나타낸다. 엔진에 흡입되는 공기량을 검출하고 그것에 상응하는 연료를 분사하는 부분이다. 흡입공기량은 Q_a, 엔진회전속도 : N으로부터 엔진 1회에 흡입하는 공기량에 대응하는 기본연료분사량을 계산한다.

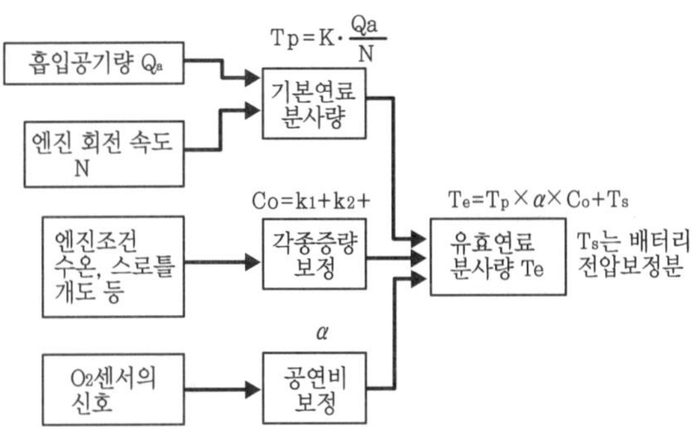

그림 33-5. 연료제어의 기본

엔진 시동 후 아직 흡입되지 않은 상태를 수온센서로 검출, 운전자가 액셀을 밟아서 가속시키려 하고 있는 상태를 스로틀 개도센서로 검출하고 그들의 신호에 근거하여 각종 분사량 시간을 계산하여 보정을 한다.

O_2센서 신호로 3원촉매가 효율적으로 작동하는 공연비(공기와 가솔린의 비율)로 되어 있는가를 검출하고 그 신호에 근거하여 보정을 한다. 이상의 기본분사량과 보정을 조합하여 최종적인 유효연료분사량 : Te를 계산한다. 이 Te를 만족하는 구동시간으로 인젝터를 구동한다. 이상이 연료제어의 기본이다.

3.2 점화제어의 기본

그림 33-6에 의하여 점화제어의 기본을 설명한다. 엔진의 실린더에 흡입되는 가솔린과 공기의 혼합기에 점화플러그의 스파크가 튀면서 점화하는 제어이다.

엔진의 크랭크축 각도를 검출, 가솔린의 연소타이밍이 적정하게 되도록 각종 보정을 한다.

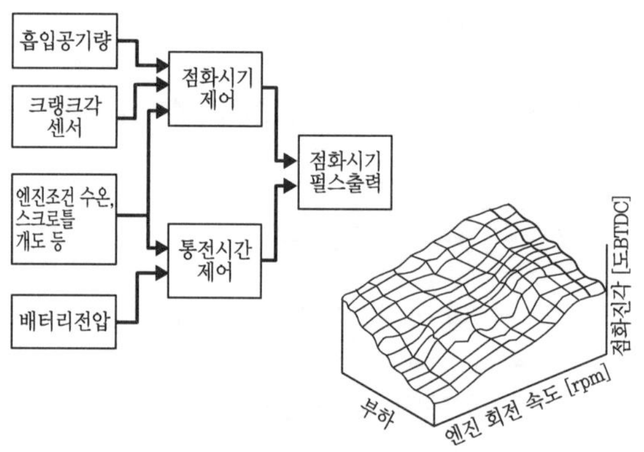

그림 33-6. 점화제어의 기본

먼저 흡입공기량과 크랭크각센서 신호에 의하여 엔진의 부하와 회전속도 맵데이터상에 점화시기를 계산하다. 이 맵데이터는 미리부터 엔진시험에서 튜닝된 최적점화시기의 데이터이다. 연료제어와 같이 엔진의 운전상태에서의 보정을 한다.

점화코일에 통전 후, 전류차단시에 발생하는 고전압으로 스파크를 튀게 하여 점화를 하는 것이다. 그런데 이 타이밍에서 통전개시를 하면 좋은가? 하는 것도 계산할 필요가 있다. 이것을 통전시간제어라고 한다.

이 제어의 경우는 배터리 전압이 낮아지면 전류가 잘 흐르지 않기 때문에 소정의 점화에너지를 확보될 수 있도록 통전시간의 보정을 한다.

이상 구해진 점화시기와 통전시간에 의해 소정의 크랭크각도에서 점화코일에 통전을 개시한 후 정해진 점화시기에서 차단하고, 점화시기펄스 출력을 생성한다.

4. ECU의 하드웨어

그림 33-7에 각종 ECU의 외관, 그림 33-8에 장착장소별 구조를 나타낸다. 같은 기능의 ECU일지라도 장착되는 장소에 따라 달라지는 구조를 나타낸 것이다. 같은 기능의 ECU일지라도 장착장소에 따라 구조가 다르다.

엔진에 직접 장착하는 ECU는 온도환경이 엄하기 때문에 반도체의 베어팁이나 세라믹기판을 사용하고 있다.

그림 33-9에 내부구조의 한 예를 나타낸다. CPU를 중심으로 센서입력회로, 스위치 신호입력회로, 펄스신호입력회로, 펄스출력회로, ON-OFF 출력회로, 모터구동회로, 통신회로, 전원, CPU 감시회로 등으로 구성된다.

엔진룸에 장착　　엔진에 직접 장착　　차실내환경에 장착

그림 33-7. ECU의 외관

센서입력 회로에는 에어플로센서, 수온센서, 압력센서, 전원전압 검출 등의 인터페이스 회로가 있다.

스위치신호입력회로에는 이그니션 스위치, 스타아트 스위치, 에어컨스위치, 파워스테이스위치 등의 인터페이스 회로가 있다.

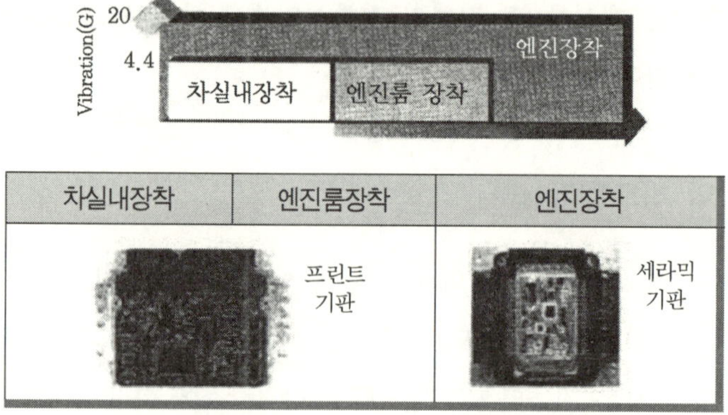

그림 33-8. 장착장소별 구조

펄스신호입력회로에는 크랭크각센서, 차속센서 등의 인터페이스 회로가 있다.

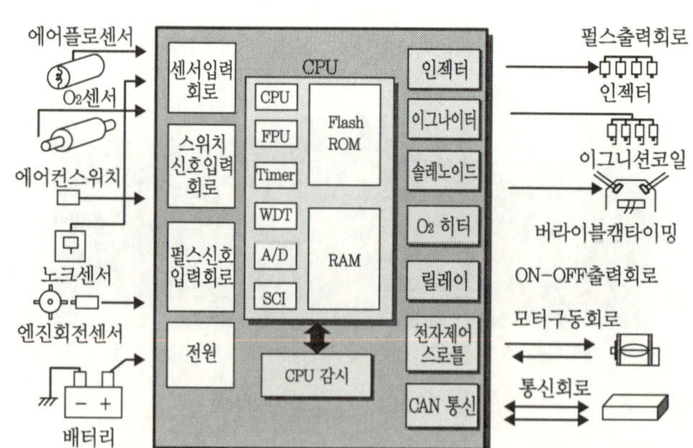

그림 33-9. ICU 내부구성의 예

펄스 출력회로에는 인젝터 구동회로, 점화를 위한 이그나이터 구동회로, 각종 듀티구동 솔레노이드 구동회로 등이 있다.

ON-OFF 출력회로에는 라디에이터팬 릴레이 에어컨릴레이, ECU의 전원 릴레이 등의 구동회로가 있다.

모터구동회로는 전자제어의 스로틀 모터를 구동한다.

전원회로는 엔진시동시의 배터리 전압저압시부터 배터리 2단 접속의 고전압까지 광범위한 전압으로 동작한다. 그리고 얼터네이터 발진 중에 배터리 단자가 빠졌을 때 발생하는 수십V의 고전압에서도 견디어야 한다.

CPU감시회로는 CPU의 동작상태를 항상 감시하여 이상이 발생되었을 때에는 소정의 동작이 이루어지도록 하는 기능을 가진다.

통신회로는 차량에 탑재되는 각종 모듈과 정보를 공유화하기 위하여 진단용 툴에의 인터페이스에 사용된다.

다음은 ECU의 특징적인 부문에 대하여 설명한다.

4.1 CPU의 진화

그림 33-10에 CPU의 진화를 나타낸다. CPU의 기능향상에 의하여, 메모리와 CPU를 별개의 칩으로 구성하여 오던 멀티칩의 시대로부터 메모리내장의 싱글칩의 시대로 되었다. 그리고 소프트웨어도 C언어가 일반적으로 되었다.

여기서 독자에게 잘 알려진 PC용의 CPU와 비교하면 고신뢰성, 고온에서의 동작, 저소비전력, 저노이즈 등이 ECU용 CPU가 우수하다고 하는 점이다.

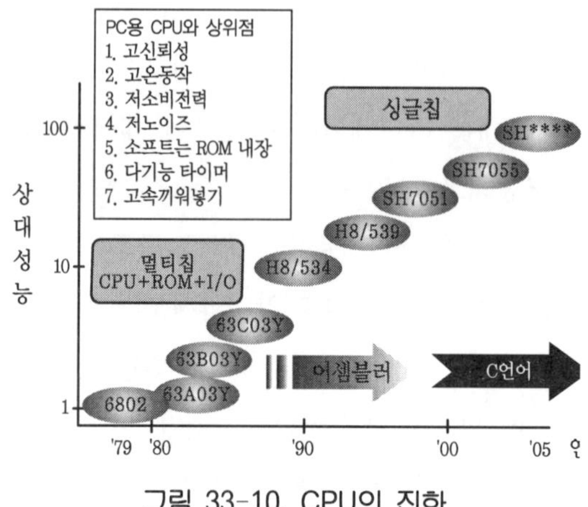

그림 33-10. CPU의 진화

그러나 동작스피드가 아직 ECU용은 MHz이고 기술적으로 늦어진다고 하는 인상을 받을지도 모른다. 그러나 여기서 동작주파수와 소비전력의 비율을 생각해본다. 한 예로서 PC용 CPU동작주파수 2.4GHz는 60W ECU용 CPU의 40MHz는 소비전력 0.5W이어서 비율은 PC용 : 40MHz/W VS, ECU용 : 80MHz/W가 되어 거의 같은 정도이다.

그리고 PC용의 CPU에서는 CPU와 메모리의 스피드갭을 메우기 위해 캐쉬 메모리가 사용되고 있다. ECU의 용도로는 크랭크각센서 신호, 각종 펄스입력신호, 인젝터, 이그나이터 등 각종 펄스출력신호, 통신 등에 의한 고속다중 끼워 들어가기가 발생되므로 캐쉬에 미스히드한 경우의 패널티시간의 영향이 크고 캐쉬는 사용되지 않고 있다.

ECU용은 이 고속다중끼워넣기 대응 때문에 끼워넣기 응답시간도 빠른 설계로 되어 있다. 또한 다수의 타이머가 내장되어 있고 ECU 전체의 구성을 단순화될 수 있도록 연구되고 있다.

4.2 ECU의 전원회로의 예

전원회로는 배터리 전압을 강압(降壓)하여 내부의 소자에 소정의 전압을 공급하는 것이다.

그러나 자동차에 있어서의 전원계의 환경은 엄하고, 배터리의 단자가 이탈되었을 때 발생한다. 수십V 배터리 댐퍼서지, 배터리를 잘못 역접속한 경우의 역전압인가, 키 오프시 통전되고 있던 각종 코일에 발생하는 역전압 서지, 점화코일에 발생하는 고전압노이즈의 끼워들기, 정전기, 무선기, 방송국으로부터 유도되는 전파노이즈 등, 수많은 노이즈가 존재한다. 또한 엔진시동시의 수V까지의 전압저하나, 한랭지에서 시동을 위해 배터리를 2단접속하는 경우도 고려할 필요가 있다.

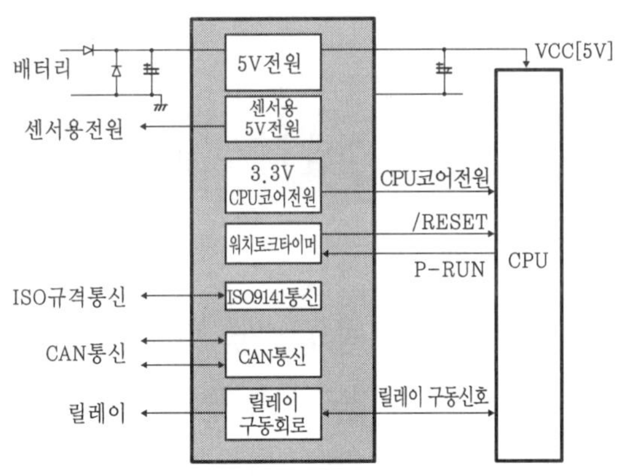

그림 33-11. 전원회로의 예

이상의 환경을 고려하여 전원 회로는 설계되어 있다. 그림 33-11은 그 한 예를 나타낸 것이다. 키스위치를 거쳐서 배터리에 접속되는 단자에는 배터리역접속 보호를 위하여 순방향(順方向)으로 다이오드가 삽입되어 그 하류에 배터리 댐퍼서지 보호를 위한 스에너 다이오드가 접속되어 있다. 5V전원회로자체는 수V부터 24V 이상까지 기능을 가능케 하고 위의 광범위한 전원전압환경에 대응하는 것으로 되어 있다.

차량 배선에 수많이 존재하는 커넥터나 전원회로의 차단을 위한 스위치, 릴레이는 진동 등에 의해 순간적으로 단선상태로 되는 경우가 있다. 그 경우는 ECU의 전원이 순간적으로 차단된다. 그 대책을 위하여 전원회로에는 대용량 콘덴서를 설치하고, 순간적으로 단전되는 시간이 길어질 때에는 전원 전압 검출회로에 의해 CPU를 리셋하여 엔진제어시스템으로서 이상상태가 되지 않도록 구성되어 있다.

내노이즈성에 관해서도 회로 자체의 완응답화 필터, 배선에 의하여 내부의 전원이 변동되지 않는 설계로 되어 있다.

이 예에서는 전원회로와 그밖의 중심회로를 통합한 LSI를 나타내고 있다. ECU의 필수항목인 전원회로와 통신회로를 통합함으로써 표준화, ECU의 사이즈축소, 고기능화를 실현하고 있다.

4.3 노크검출 회로의 예

엔진의 토크를 높이기 위하여 점화시기를 앞세워가면, 조기 착화에 의하여 노킹이 발생된다. 이것은 정도에 따라서는 엔진에 충격을 주기 때문에 점화 시기를 늦출 필요가 있다. 이것을 자동적으로 피드백시키기 위하여 노크제어를 한다. 노크를 검출하는 방식으로서 간편한 것은 엔진이 노크를 발생하였을 때의 진동주파수(노크주파수)에 공진주파수를 맞춘 노크센서를 사용, 그 센서의 출력전압이 커지는 것을 검출하는 방식이다.

이 방식의 경우는 엔진의 특성에 맞추어서, 노크센서의 종류를 증가시킬 필요가 있으므로 부품관리의 문제가 발생할 수 있다. 그 때문에 비공진형의 노크센서를 사용하여 노크신호를 검출하기 위한 밴드 패스 필터를 전자회로로 구성하는 방식이 일반적이다.

또한 이 밴드 패스 필터를 구성하는 방식으로서 아날로그 필터를 사용하는 방식과 디지털 필터를 사용하는 방식이 있다.

근년의 CPU 연산 스피드의 향상에 의해 디지털 필터를 사용하는 방식이 유리하게 되어 가고 있다. 디지털 필터 방식으로 하는 데 따라 엔진의 매번 노크주파수의 세팅이 소프트웨어의 변형으로 이루어지기 때문에 개발효율의 대폭적인 향상이 도모된다. 그리고 아날로그 필터에는 피해야 할 부조나 온도 변화에 의한 특성변화도 피한다고 하는 메리트도 있다.

그림 33-12에 디지털 필터방식을 나타낸다. 노크센서로부터 노크신호를 A/D 변환하여 그것을 리얼타임으로 주파수 스팩털 분석한다. 노크주파수에 상당하는 스팩털과 소정의 판정 레벨을 비교함으로써 노크상태의 여부를 판정하는 방식이다. 노크로 판정이 된 경우는 점화시기 제어에 점화시기를 늦춘다.

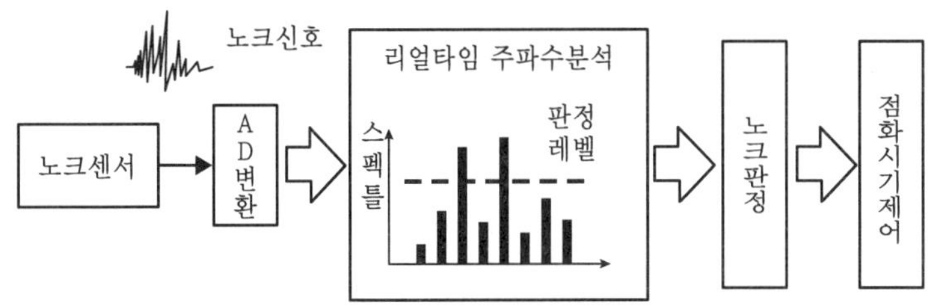

그림 33-12. 디지털 필터방식의 노크검출

4.4 CPU와의 통합화

그림 33-13에 디지털 필터 방식의 회로구성예를 나타냈다. 아날로그 필터방식의 경우는 노크 처리회로에서 밴드패스 필터를 구성, 그것을 CPU가 인식가능의 신호형태로 하기 위하여 반파정류 후 적분하여 CPU에서 A/D변환을 하고 있다.

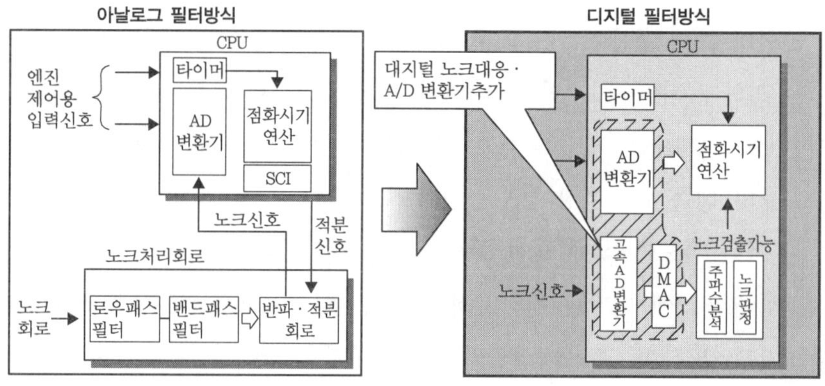

그림 33-13. 디지털 필터방식과 CPU

디지털 필터 방식의 경우는 이것을 CPU에서 한다. 노크신호를 직접 고속 A/D 변환하고 FET로 주파수 분석을 한다. 노크검출을 하기 위해서는 수십μs 간격으로 연속적인 A/D 변환을 할 필요가 있고, 다른 제어에는 사용하지 않는 A/D 변환기와는 공용되지 않는다.

그렇기 때문에 노크검출용으로 고속 A/D 변환기를 추가하여, 달리 사용하는 제어에 사용하는 A/D 변환기와의 타이밍 경합을 피하고 있다. CPU에 고속 A/D 변환기가 없는 경우에, 소형의 CPU를 추가하여, 그 CPU에 노크 검출만을 실행시키는 방식도 쓰여지고 있다.

그림 33-14에 고집적화한 LSI의 예를 나타낸다. 이것은 왼쪽부분에 있

는 CPU 외의 LSI를 1팁에 집적한 것으로 ECU의 소형화에 크게 공헌하고 있다.

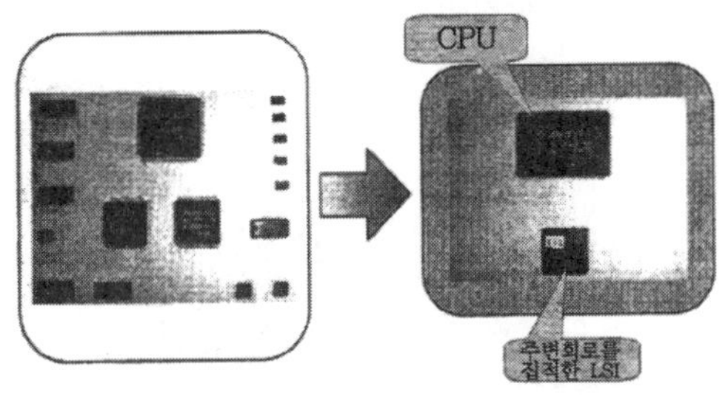

그림 33-14. 고집적 LSI

4.5 반도체의 고집적화

ECU의 기본기능은 연료제어, 점화제어, 그 외의 부가 제어가 있다. 기본부분은 공통의 기능이다. 따라서 회로에 대해서도 표준화 가능한 부분이 존재한다. 그리고 ECU의 고기능화는 이어지고 있으나 그 증가한 기능을 포함하고 있다. 차량에 탑재가능한 ECU 사이즈에 패키이징 하기 위해서는 사이즈에 큰 영향을 주는 LSI의 고집적화가 필요하다.

이상으로부터 기본기능 부분의 LSI를 집적화하여 기능증가부분에 대해서는 개별의 LSI를 추가하여 대응한다고 하는 방법이 취해진다.

그림 33-14에 고집적화한 LSI의 예를 나타낸다. 이것은 좌의 부분에 있는 CPU 이외의 LSI를 1팁으로 집적한 것으로 ECU의 소형화에 크게 공헌하고 있다.

4.6 실장착설계의 예

차량의 장착상태에 있어서는 엔진의 진동이나 주행시의 진동에 의해 ECU에는 수 Hz부터 수백 Hz의 진동이 가해진다. 그것에 견딜 수 있는 설계로 하기 위해서는, 진동에 의한 응력 해석으로는 제어할 수 없다. 그림 33-15에 그 한 예를 나타낸다. 이 예에서는 프린트 기판에 부착된 부품이 진동에 의해 가진되어 기판이나 납땜 부분에 응력이 걸리는 상태를 시뮬레이션하고 있다.

그림 33-15. 실장설계의 예(1)

다음 온도 변화의 검토이다. 그림 33-16에 그 예를 나타낸다. 여름과 겨울의 계절변화, 동작시의 온도 상승, 차량이 주행하는 지역 등에 의한 여러 가지 온도 변화를 고려하여 시뮬레이션을 하고 있다. 소정의 내구성을 가지도록 하기 위해서는 일반적인 민생용의 전자기기보다도 강한 접한 내구성을 필요로 하므로 예를 들면 이미 민생용에서는 일반적인 BGA에 대해서도 ECU용은 상세한 접합부의 설계가 상이한 것으로 되어 있다.

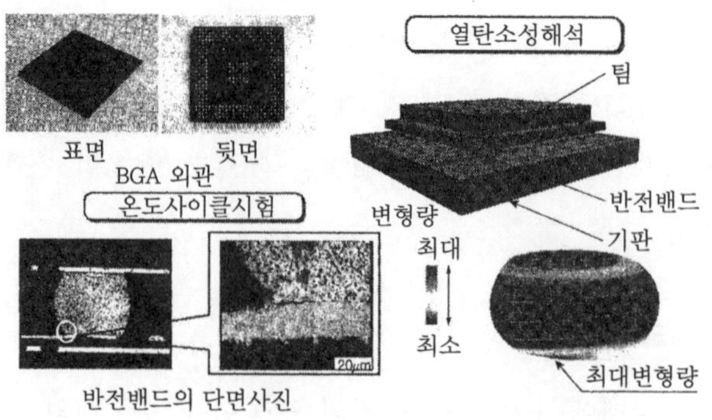

그림 33-16. 실장설계의 예(2)

5. 소프트웨어 구성과 개발방식

여기서 간단하게 소프트웨어의 구성을 설명한다. 엔진의 회전각도에 상응하여 리얼타임에 분자나 점화를 하고 다시 제어대상마다 필요한 제어주기를 실현하기 위하여 멀티 디스크 구성의 리얼타임 OS가 사용되고 있다. 그리고 크랭크각센서 신호나, 각종 고속 A/D 변환 등 이벤트 드리븐의 끼워넣기 처리가 다수, 다중화되고 있다.

제어로직은 제어마다에 블록화되어 있는 것이 일반적으로 되어 있고 시뮬레이션 툴로 제어로직을 시뮬레이션하고, 그 블록을 본체의 소프트웨어와 도킹한다고 하는 개발행태를 취한다.

시뮬레이션 툴에서 C소스코드를 자동생성하는 방법도 보급되어 가고 있다(그림 33-17).

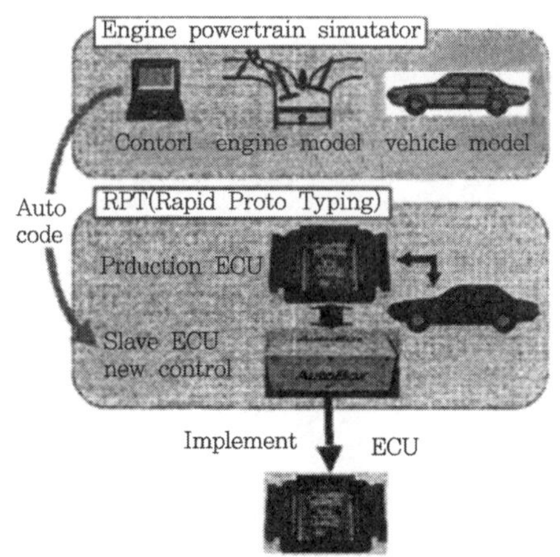

그림 33-17. 제어개발방식

6. 자동차용으로서의 신뢰성

ECU를 포함하는 자동차 전지기기와 일반제어기와의 가장 다른 것은 이 신뢰성의 부분이다. 대표적인 신뢰성 시험 규격으로서 JASO, KS가 있다. 온도, 진동, 전기적인 각종 서지, 전자파 노이즈 등 각종 다양한 규격이 정해져 있다(그림 33-18).

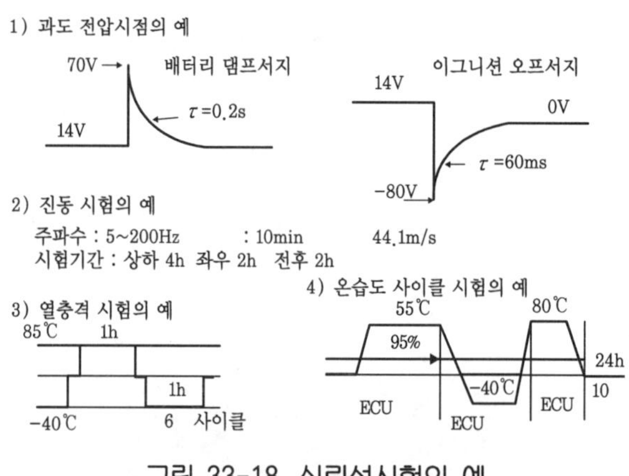

그림 33-18. 신뢰성시험의 예

6.1 EMC 노이즈

차량에는 여러 종류의 노이즈가 존재하므로 ECU의 내노이즈성이 높은 설계를 할 필요가 있다고 하는 것은 설명하였으나 역으로 ECU가 노이즈를 발생하는 부분도 있다.

ECU가 부하를 펄스 구동할 경우에 발생하는 비교적 저주파(~1MHz)의 노이즈와 특히 CPU의 블록을 기본으로 한 고주파 노이즈로 크게 나누어진다. 특히 후자는 설계가 어려운 부분이고 완성품으로서의 검사가 중요하다. 이 때문에 그림 33-19에 나타내는 EMC 노이즈를 측정하는 장치가 보급되어 왔다. 이 측정결과와 설계값을 조합하는 데 따라 적절한 노이즈설계를 한다.

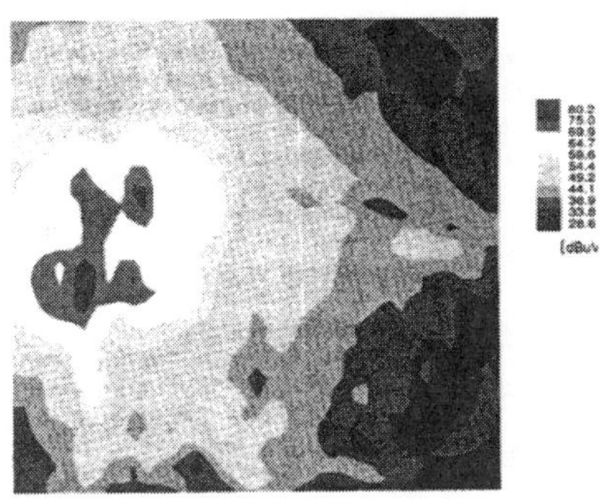

그림 33-19. EMC 노이즈 측정

7. 금후의 기술동향

해마다 진보되어 온 엔진제어는 앞으로도 지구환경 보전을 향하여 이에 달성을 위한 정밀제어가 진척되어 나가고 있다. 그리고 하이브리드차, 연비향상을 위한 자동 MT, 트랙션제어도 보급되어 갈 것이다. 그중에서 ECU는 고속네트워크를 사용, 각 제어모듈의 사령탑으로서의 총합제어를 담당하는 역할로 되어 있다. 이것을 실현하기 위하여 반도체 실장, 소프트웨어, 시스템에 걸친 폭넓은 기술분야에 있어서 ECU에 적용하는 기술의 개발은 계속적으로 이루어져 나갈 것이다(그림 33-20).

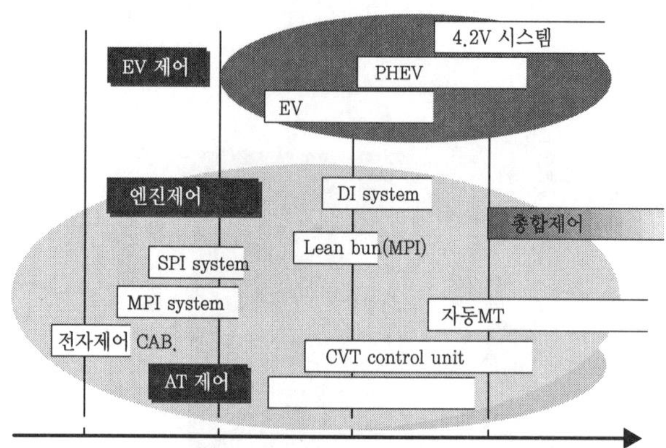

그림 33-20. 앞으로의 기술 동향

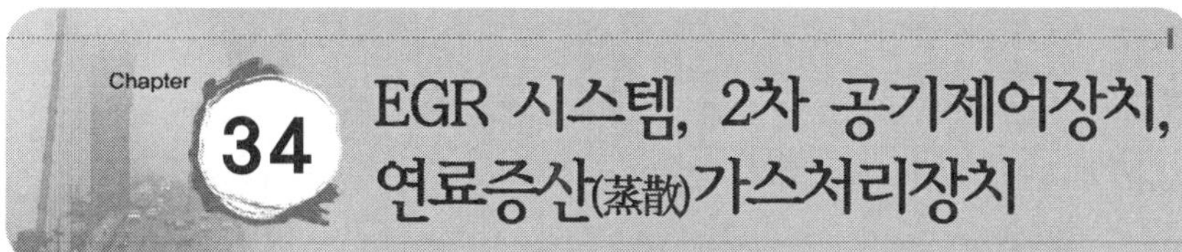

EGR 시스템, 2차 공기제어장치, 연료증산(蒸散)가스처리장치

1. 머리말

환경문제에 대한 관심이 높아지고 또한 자동차의 배출가스규제도 세계규모로 해가 거듭될수록 강화되어 가고 있다. 그리고 많은 카메이커는 그들의 규제가 시행되기 전에 엔진본체, 후처리장치의 개량 등 경쟁적으로 개선하고 있고 배출가스의 개선도 일진월보의 상황에 있다.

제34장에서 가솔린엔진용의 대표적인 에미션 대책장치인 EGR(Exhaust gas recirculation : 배기가스 재순환) 시스템, 2차 공기제어장치, 연료증산가스처리장치에 대하여 그 구성과 효과를 기술한다.

2. EGR 시스템

2.1 EGR의 효과

2.1.1 NO_x의 저감

NO_x의 저감기술로서는 연소 후에 처리를 하는 환원촉매나 연소시의 발생을 억제하는 EGR 시스템이 있다. NO_x는 약 2,000℃ 이상의 연소에 의하여 공기에 함유되어 있는 질소(N_2)가 산화반응을 일으킨 것으로 경제적 연비가 얻어지는 영역에서 발생농도가 높아지고 완전한 연소반응에

서 발생농도가 높아지고 완전한 연소반응에서 저감되는 CO, HC와는 상반되는 발생커브(그림 34-1)를 그린다. 그림 34-2에 나타나는 것과 같이 EGR 시스템은 산소함유량이 극히 적은 불활성인 배출가스의 일부를 흡입공기에 혼입시켜 연소온도를 억제하는 것으로서, NO_x의 발생을 저감하는 시스템이고 EGR 밸브는 배출가스의 환류량을 엔진의 운전조건에 맞추어서 고정도를 조절하는 디바이스이다.

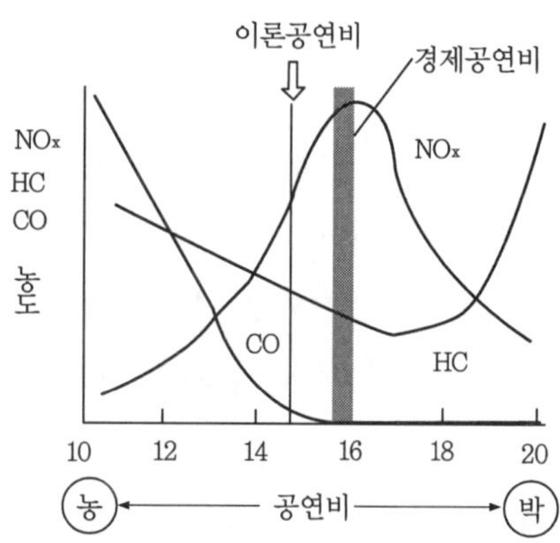

그림 34-1. 공연비와 배출가스성분

2.1.2 연비향상

EGR의 효과로서 종래의 NO_x 저감만이 아니고 새로운 연비개선의 수단으로서 쓰이는 케이스가 증가되기 시작하였다.

EGR의 도입은 연료변동의 증대에 따라 유효사이클을 감소시키거나 연소속도를 늦추어서, 등용도를 나쁘게 하는 등의 연비에 대한 마이너스면은 있는 법, 펌프손실의 감소, 작동가스량이 증가, 가스의 조성변화에 의한 사이클 효율의 향상이라고 하는 플러스면이 크고 결과로서 연비가 개선됨을 알 수 있고, 이들의 플러스면을 끌어내기 위하여 대량의 EGR

이 실시가능한 연소방식이나 엔진의 운전상태에 상응하는 EGR량을 공급 가능한 제어시스템이 확립되어 있다.

2.2 EGR 시스템

배출가스의 규제대책이나 연료개선을 목적으로 하는 용도에는 종래에 비하여 넓은 운전영역에서 EGR을 할 필요가 있다. 그림 34-2에 나타낸 종래의 EGR 시스템에서는 스로틀밸브 하류의 흡기관내에 발생하는 부압을 구동원으로 한 다이어프램식의 EGR 밸브가 주류이었다. 그런데 高 EGR율을 넓은 운전영역에 적응시키면 스로틀밸브의 개도가 큰 영역에서는 부압의 발생이 작아지게 되고 적정히 EGR 밸브를 작동시키는 것이 불가하다.

또한 펌핑손실의 저감은 스로틀밸브 하류의 부압을 저하시키는 결과가 되어 이 용도에는 적합하지 않는 상황으로 되어 있다.

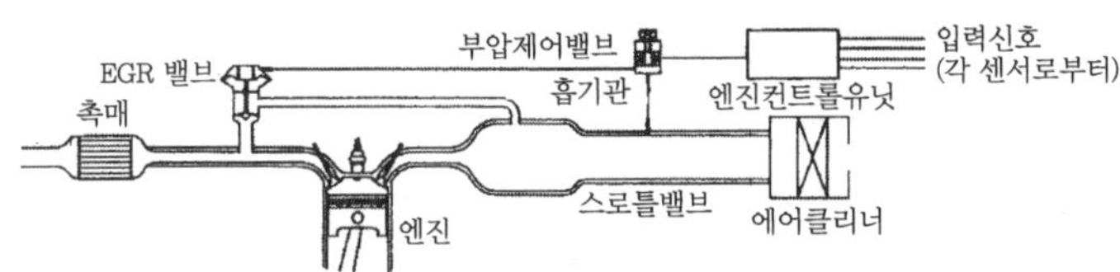

(a) 다이어프램식

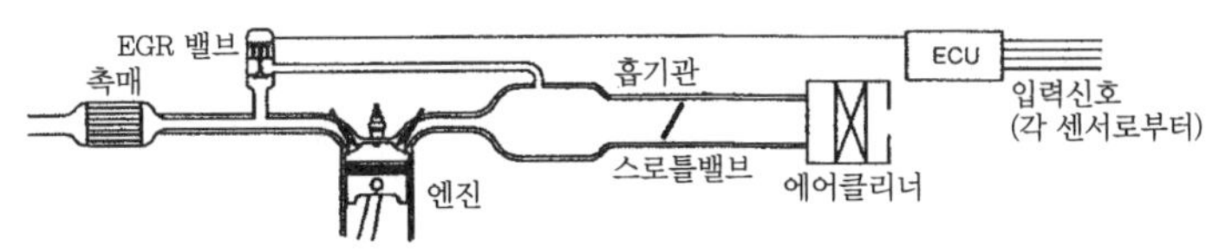

(b) 스텝퍼모터식

그림 34-2. EGR 시스템

2.3 EGR 밸브의 전동화

위에서 기술한 용도에의 대응으로서 EGR 밸브의 전동화가 불가결함은 명백한 사실이고 근년에는 스텝퍼모터 등 전기를 구동원으로 한 EGR 밸브가 주류로 되어가고 있다.

2.3.1 스텝퍼 모터식 EGR 밸브의 특징

표 34-1은 EGR 밸브로서 적용이 가능한 전기식 액튜에이터의 비교이다. 표에 나타내는 것과 같이 EGR 밸브로서 구해지는 요건에 대하여 스텝퍼 모터구동, DC모터구동이 좋다고 하는 것은 이미 알고 있다. 구동력이 상대적으로 크다.

- 배기맥동 등의 외력에 대하여 개도가 안정되고,
- 부압제어에 비하여 시스템 구성이 간편하다.

특히 카본이나 오일슬러지를 함유하는 배가스를 유통시키기 때문에 밸브베어링 등에 부착되어 작동성 악화에 대한 내성을 가지는 것이 대단히 중요하고 또 리니어솔레노이드 구동에 비하여 스텝퍼 모터식의 경우는 3~4배의 유량제어가 가능하다.

표 34-1. 전기식 액튜에이터의 비교

	구동력	밸브열림각도 안전성	위치검출 요불요	코스트
스텝퍼모터 구동	○	◎	불요	○
리니어 솔레노이드 구동	×	△	요	△
DC서보모터 구동	◎	◎	요	△

2.3.2 구 조

그림 34-3 및 표 34-2에 가솔린 엔진용 스텝퍼 모터식 EGR 밸브의 구조와 성능의 재원을 나타낸다. 그림 34-3 (a)는 통상의 엔진용을, (b)는 직분 가솔린엔진용을 나타낸다. 간소한 구조를 채용하고 종래의 시스템(부압방식 시스템)과 가격면에서도 등가이고 채용수가 증가하는 경향에 있다.

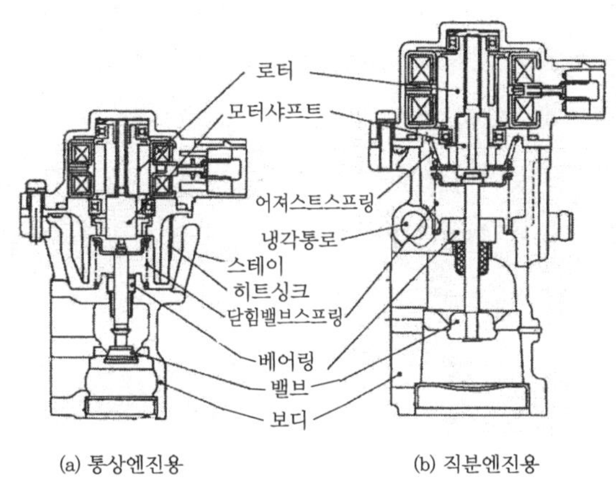

그림 34-3. 엔진용 EGR-V

표 34-2. 통상과 직분엔진용 모터의 비교

항 목	통상의 엔진용(구동력)	직분 엔진용(코스트)
모터 타이프	PM형	PM형
모터 극수	48	48
모터토오크[N·m]	0.035	0.095
소비전력[W]	13	19.2
최대스트로크[mm]	5	8.5
최대유량*[L/min]	200	800
최소분해능[L/min]	4	9
정도[%]	8	8

특징적인 구성으로서 밸브의 열리는 방향을 종래의 위쪽으로 끌어올리는 방식이 아니고 아래쪽으로 밀어서 여는 방식이다. 로터의 회전에 의하여 상하로 움직이는 모터 샤프트와 밸브의 샤프트부가 떨어진 구조를 채용하고 있다.

직분 가솔린엔진용의 경우는 통상의 것에 비하여 3~5배 정도의 유량이 구해지고 보다 큰 구동력이 필요하다. 그 때문에 모터사이즈를 크게 하고 이와 함께 모터부하를 경감하도록 밸브닫음용 스프링의 하중과 상반 방향으로 어저스트 스프링을 부설, 밸브의 닫힘 후로 어시스트 스프링이 밸브로부터 떨어져서, 밸브의 닫히는 힘을 확보할 수 있도록 구성되어 있다. 모터는 어느 것이나 4상 PM형이고, 로터의 암나사와 모터샤프트의 숫나사로 회전-직동변환을 하고 개폐밸브의 응답성을 확보하기 위하여 1회전 48step에서의 풀스트로크의 동작을 하는 구성으로 되어 있다.

2.4 금후의 동향

위에서 기술한 바와 같이 stepper motor식 EGR 밸브의 등장으로 엔진 운전상태에 좌우되지 않는 치밀한 EGR 제어가 실현될 수 있도록 되었으나, 다시 높은 정확도, 대유량, 고응답성의 요구도 점차 높아져가고 있는 현상에서 DC모터 등 새로운 고기능의 전자제어식 EGR 밸브도 등장할 날이 가까울 것으로 생각되어진다.

3. 2차 공기제어장치

3.1 목 적

엔진으로부터 배출되는 배출가스에 함유되는 유해 성분에는 앞서 논의한 바 있는 NO_x 외에 탄화수소(HC) 및 일산화탄소(CO)가 있다. HC는 미연소의 연료성분이고 불완전연소 등의 연료가 정상으로 연소하지 못한 경우나 정상으로 연소하여도 연소실에의 벽면이나 실린더나 피스톤의 틈새 등에 잔존하고 있던 미연연료로서 배출된다. CO는 연료와 공기의 연소에 의한 반응에 의해, 또 HC의 산화반응에 의해 발생된다.

이들의 정화는 산화반응을 촉진시켜 대기로 방출되는 양을 저감하는 촉매시스템이 일반적으로 채용되고 있으나, 촉매가 반응을 개시하는 온도이하일 때에는 그 효과는 대단히 크다. 촉매의 온도가 낮은 냉간시동부터 촉매반응을 개시하는 온도로 상승할 때까지는 그 효과를 얻지 못한다. 또한 냉간 후 난기까지는 일반적으로 공연비를 리치(Rich)로 설정하고 있기 때문에 산화에 필요한 산소가 부족하여, HC와 CO 반응이 불충분하게 되고 대기로의 배출량이 증가되어 버린다. 2차 공기공급장치는 그 냉간시동시에 엔진의 배기관에 산소를 공급하는 데 따라 배기되는 HC와 CO의 산화반응을 촉진시켜서 배기가스를 정화하고 대기로 방출시키는 배기가스 정화시스템이다.

3.2 장 치

엔진의 배기포트에서 촉매입구까지의 배기관에 2차 공기를 공급하는 2차 공기공급방법으로서 2종류의 장치가 있다.

그림 34-4에 배기관내가 부압일 때 공기가 흡입되는 자연 흡입방식을, 그림 34-5에 펌프에 의한 강제공급방식의 시스템의 일례를 나타낸다.

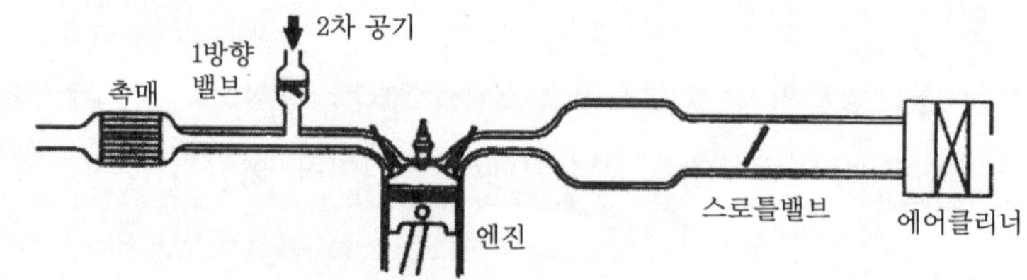

그림 34-4. 2차 공기자연흡입방식

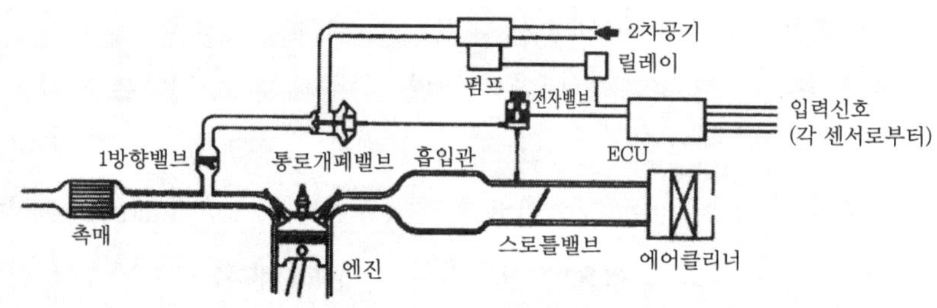

그림 34-5. 2차 공기강제공급방식

3.2.1 자연흡입방식

자연흡입방식은 배기맥동에 의하여 배기관내가 －압력측인 경우는 밸브가 열려서 공기가 흡입되고 ＋압력측의 경우는 밸브가 닫혀서 배출가스의 유출을 방지하는 것이 가능하도록 구성된 한 방향밸브를 사용한다.

이 방식은 장치는 제조원가가 저렴하게 제조하는 것이 가능하나 2차 공기가 필요하여도 정압으로 되면 공기가 흡입되지 않기 때문에 공기량의 제어가 곤란하게 되고, 다량의 2차 공기가 필요한 경우에는 밸브장치를 크게 하지 않으면 안 된다.

3.2.2 강제공급방식

강제공급방식은 펌프를 사용하므로, 배기관내 압력이 펌프의 최대토출

압력 이하가 아니면 정압일 경우에도 2차 공기량의 공급은 가능하고 펌프를 제어함으로써 2차 공기량의 조정도 가능하다. 그러나 펌프 외에 펌프용 릴레이, 1방향 밸브 및 2차 공기통로 개폐밸브가 필요하고 장치전체의 코스트가 고가로 된다.

1) 강제공급방식의 작동

그림 34-5에 나타내는 것과 같이 구성된 2차 공기공급장치로는, 냉각 시동시 펌프에 전압을 공급하는 릴레이와 전자밸브가 ON된다. 전자밸브가 ON됨으로써 압력이 통로 개폐밸브에 가하고, 통로 개폐밸브가 열려서 펌프로부터 토출된 공기가 1방향 밸브를 개폐시켜서 배기관에 공급된다. 2차 공기 공급이 종료되면 릴레이를 OFF하여 펌프를 정지시키고 전자밸브를 OFF하여 통로 개폐밸브를 닫는다.

2) 각 부품의 역할

펌프는 2차 공기를 공급하기 위한 것으로, 모터로 구동하는 원심식이나 와류식 등이 사용되고 있다.

통로 개폐밸브는 펌프가 작동하는 공기를 공급할 때만 밸브가 열리고, 배기관내 압력이 부압일 때에는 펌프내부를 통과하여 대기로부터 공기를 흡입하는 일이 없도록 펌프를 작동시키지 않으면 밸브를 닫는다.

1방향 밸브는 펌프 작동중에 주행을 개시하여 배기관내 압력이 높아지고, 펌프의 최대토출압을 웃돌게 되는 경우에는 밸브를 닫아서 배출가스의 역류를 방지하는 것이다. 이 밖에 통로 여닫이밸브에 밸브의 열림을 위한 내부압을 인가하는 전자밸브, 펌프로의 전압을 인가하는 릴레이가 시스템으로서 사용되고 있다.

3.3 제 어

3.3.1 공급타이밍

배출가스 측정주행모드에 있어서 HC는 냉간시동부터 100초 정도의 사이에 모드주행 중에 총배출량의 약 90% CO도 약 70%가 배출되고 있다.

이것은 냉간시동부터 난기까지는 공연비를 rich로 설치하고 있기 때문에 이로 인하여 엔진부터의 배출량이 많고, 또한 촉매가 반응하는 온도에 도달하고 있지 않기 때문에 미처 정화되지 않은 HC와 CO가 배출되고 있는 사실 때문인 것으로 여겨진다.

따라서 냉간시동시의 HC와 CO의 정화율을 상승시켜 배출량을 저하시킴으로써 전체의 배출량은 크게 저하되기 때문에 2차 공기는 냉간시동시에 촉매가 반응을 개시하는 온도까지 공급하도록 제어되고 있다.

3.3.2 공급량과 효과

2차공기의 공급량이 적을 경우 HC와 CO의 산화반응이 충분히 이루어지지 않아서 정화율은 작아지나 공급시간이 지나치게 길어지거나, 시간당의 공급량이 지나치게 많아지게 되면, 공급하는 2차공기의 온도가 낮기 때문에 촉매의 입구의 배출가스온도가 떨어지게 되어 정화율의 저하를 초래하게 된다.

그림 34-6에 2,500cc의 엔진에 있어서의 2차 공기공급에 의한 HC와 CO의 저감률을 측정한 결과의 한 예를 나타낸다. 그래프는 X축에 2차 공기공급량을 취하고, Y축에 각각의 공급량에 있어서의 HC와 CO의 총배출량을 기입하고 있다.

2차 공기공급량 200L/min 정도에서 최대의 저하율이 되며 HC가 최대 약 20수%, CO도 20% 저하되고 있음을 읽을 수 있다.

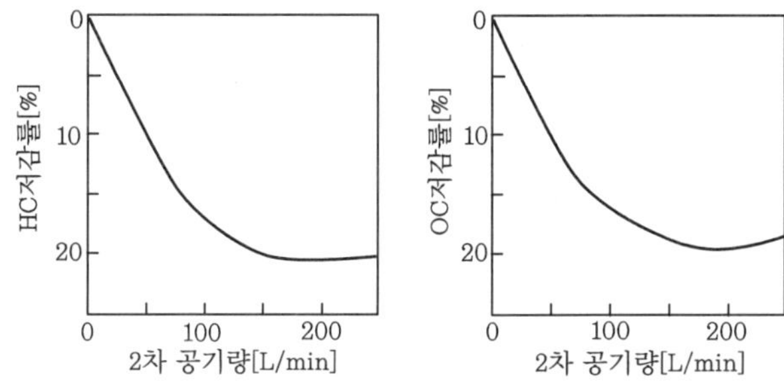

그림 34-6. 2차 공기공급에 의한 HC, CO 저감효과

3.4 과 제

2차공기 공급장치를 사용하는 데 있어서 아래의 내용이 과제로서 거론된다.

- 펌프는 필요한 유량을 확보하기 위하여 어느 정도의 크기를 갖고 있는 배기관까지 2차 공기통로를 구성하여야 하고 차량에의 탑재 레이아웃이 곤란한 경우가 많다.
- 구성부품이 많고 시스템 구성이 복잡화하고 냉간시동시에는 사용하지 않는데서 코스트가 비교적 높아진다.

4. 연료증산가스처리 시스템

4.1 목 적

자동차로부터 배출되는 유해가스의 종류로서 배출가스 외에 연료탱크내에서 발생하는 연료증산가스를 들 수 있다.

하절기 등 날씨가 너무 더울 때 차량을 방치하면 연료탱크내의 압력상승에 의하여 연료탱크의 파손이 염려된다. 이것을 방지하기 위하여는 대기개방에 의하여 감압할 필요가 있으나 직접 대기개방할 경우 탱크내에서 발생한 HC를 주성분으로 한 연료증산가스가 대기중에 방출된다. 따라서 연료성분을 제외하고 대기개방할 필요가 있다. 아래는 연료탱크내에서 발생하는 연료증산가스의 처리시스템에 대하여 기술한다.

4.2 연료증산가스처리

4.2.1 시스템 개요

그림 34-7은 연료증산가스처리 시스템을 나타낸다.

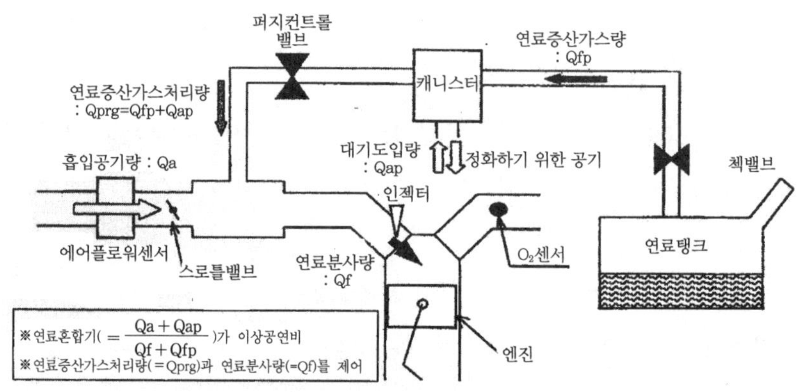

그림 34-7. 연료증산가스처리 시스템

연료탱크의 대기개방은 캐니스터를 거쳐서 이루어진다. 캐니스터 내부에는 활성탄이 충전되어 있고, 연료증산가스가 캐니스터 내부를 통과할 때 연료성분이 활성탄에 흡착되는 것으로 정화된 공기가 캐니스터의 대기개방 구멍으로부터 대기로 방출된다.

그리고 연료탱크와 캐니스터 사이에 첵밸브를 장착하고, 탱크내압을 탱크강도에 영향이 없는 수 kPa 레벨의 낮은 정압으로 보존함으로써 연료탱크내의 연료증산가스의 발생을 억제하는 것도 가능하다.

다만, 활성탄의 흡착능력에는 한계가 있고, 흡착능력을 초월하면 연료증산가스가 대기중으로 방출되어 버린다. 그러므로 캐니스터와 엔진의 흡기관을 접속함으로써 엔진동작중에 흡기관내의 부압을 써서 캐니스터의 대기개방공으로부터 대기를 도입, 활성탄에 흡착된 연료성분을 빼내어 연료증산가스로서 엔진내에 들어가는 처리를 하고 있다.

이때 흡기관내에 도입처리된 연료증산가스량을 억제하는 것이 퍼지컨트롤(purge control) 밸브이다.

4.2.2 연료증산가스의 처리유량제어

가솔린엔진의 경우는 액셀페달에 연동하는 흡입공기량을 조정하는 스로틀밸브가 있고, 에어플로센서로 흡입공기량을 계측하여 연료 혼합기가 이상 혼합비가 되도록 인젝터의 연료분사량을 피드백제어하고 있다. 이 상태에서 흡기관내에 농도의 불분명한 연료증산가스를 무조작으로 도입시키면 공연비가 변화하고 연소효율의 악화 및 배출가스 중의 유행성분의 증가를 초래한다.

엔진의 연소상태는 배기가스중의 산소의 농도에 의하여 검지하는 것이 가능하다. 일반적으로 산소 농도 검출 수단으로서 O_2센서가 사용되고 있다. 따라서 O_2센서로 연소상태를 모니터하면서 인젝터의 연료분출량에 더하여 퍼지컨트롤 밸브의 연료증산가스처리량을 피드백 제어하는 데 따라 연소상태의 악화를 초래하는 일 없이 연료증산가스를 최대한으로 효율적인 처리를 하는 것이 가능하다. 또한 퍼지컨트롤 밸브의 제어로직에 대하여는 각 자동차 메이커의 노하우에 따르는 곳이 크고 연소효율의 악화를 초래하는 일 없이 어떻게 효율적으로 연료증산가스를 엔진에서 처리하는가 하는 것이 본 시스템의 키포인트이다.

4.2.3 퍼지컨트롤(Purge Control) 밸브

흡입공기량이 적은 아이들 상태에서 흡입공기량이 많은 풀스로틀 상태까지 모든 엔진 동작상황에 효율적으로 연료증산가스를 처리하기 위해서는 퍼지컨트롤 밸브의 기능으로서 매분 수백cc 레벨의 미소유량에서 수 10L의 큰 유량까지 제어신호에 대하여 리니어 그리고 높은 정확도를 제어 가능할 것이 요구된다. 따라서 종래 퍼지컨트롤 밸브는 흡기관의 부압을 사용, 작동하는 다이어프램식 On-Off 밸브가 사용되고 있었으나 현재는 솔레노이드 방식이 일반적이다.

그림 34-8에 솔레노이드식 퍼지컨트롤 밸브의 구조 개략도를 나타낸다. 솔레노이드 방식은 코일에 통전하면 전자력에 의하여 통로가 열리도록 되어 있고 통전 및 비통전 신호에 의하여 통로의 개폐변환제어를 가능하게 한 것이다. 일반적인 제어방식으로서 DUTY제어가 있다. 이것은 통전, 비통전의 신호를 수십 Hz의 주파수로 번갈아 인가하여, 그리고 통전시간도 비통전시간의 비율(DUTY비)를 변화시키는 데 따라 단위시간당의 평균유량을 가변제어가능하도록 한 것이다.

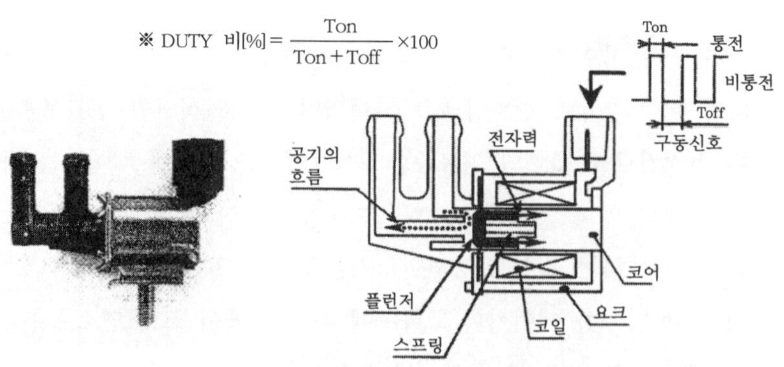

그림 34-8. 솔레노이드식 퍼지커트롤 밸브의 구조

4.3 자기고장진단

현재 차량의 각종 시스템에 관하여 자기고장진단시스템의 정비가 법규제에 의하여 의무적으로 하도록 되어 있다. 예를 들면 북미에서는 OBD-Ⅱ규제(ON Board Diagnosis-Ⅱ Regulation)이 그것에 상당한다. 연료증산가스처리장치에 관해서는 시스템상에 누설이 생기면 그대로 대기오염으로 이어지기 때문에 배관을 포함, 각 구성 디바이스로부터 누설 검출이 대상 항목으로 되어 있다. 누설검출 수단의 한 예로서 부압 또는 정압을 시스템내에 도입 보지하고 그 보지압력의 변동량에 의하여 누설의 유무를 검출하는 방법이 있으나 앞으로는 규제의 강화에 따라 누설검출정확도에 대한 요구치가 엄해지기 때문에 누설검출정확도 향상을 시야에 넣는 새로운 시스템의 구축이 구해지고 있다.

4.4 금후의 동향

연료증산가스 배출량에 대한 규제는 해마다 엄해지고 있고 2005년 전후의 가까운 장래, 북미 캘리포니아쪽의 차량 규제치는 최종 도달목표와 배출량 제로가 된다(제로 이베포레이션(Evaporation) 규제). 규제의 강화에 동반, 연료증산가스의 처리효율 및 시스템으로부터의 누설검출 정확도를 높일 필요가 있음은 이미 기술하였다. 그러나 본 규제에 있어서는 연료공급계통 및 연료증산가스처리 시스템에 사용하는 고무호스 및 수지부재료부터의 연료투과량도 무시될 수 없게 된다. 따라서 고무배관의 금속배관화, 구성부품간의 접속개소의 저감을 목적으로 하는 그림 34-9에 나타내는 것과 같은 모듈화로의 이행이 필연적으로 되어가고 있다.

그리고 해마다 강화되는 자동차의 배출가스 규제에 대하여 배출가스처리장치도 치밀한 제어가 요구되고 있다. 이들 시스템의 방향성은 액튜에이터 전제화에 의한 고응답, 고정확도화가 최근의 트랜드이고 액튜에이터 성능이 배출가스 성능을 좌우하는 키디비아스로 되어가고 있다.

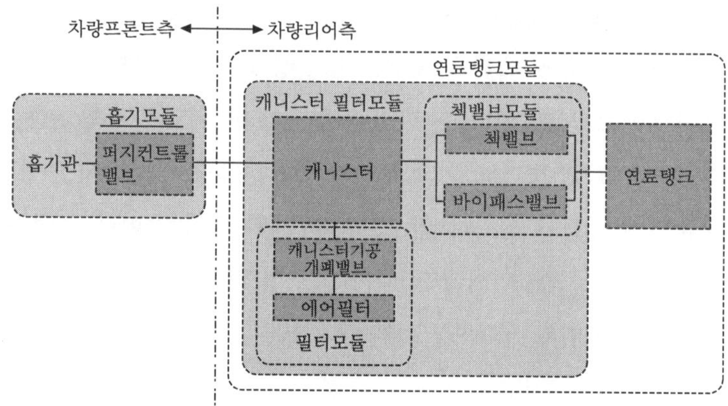

그림 34-9. 연료증산가스처리 시스템 모듈 구상

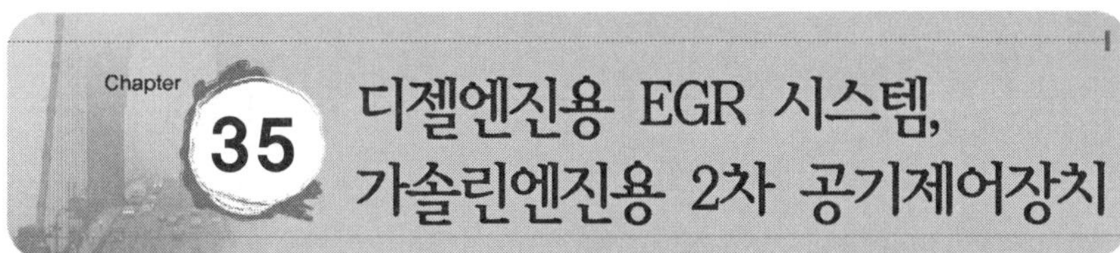

Chapter 35 디젤엔진용 EGR 시스템, 가솔린엔진용 2차 공기제어장치

1. 머리말

21세기는 '환경의 세기'라 하여 지구온난화문제, 대기오염문제, 에너지문제 등의 심각화가 더욱 절실해지고 있고 자동차관계의 일을 담당하고 있는 우리들로서는 중요한 문제이다. 각국의 에미션 규제에 대해서도 해가 거듭될수록 엄해지고 디젤 차에 대하여는 NO_x 규제가, 가솔린 차에 대해서는 HC, CO의 규제가 더욱 엄해져 가고 있다. 이러한 가운데 보다 클린한 엔진의 개발이 필요하고 따라서 저에미션의 엔진을 개발하기 위한 테크노로지로서 각종 에미션 저감용 디바이스의 개량이 일진월보하고 있다.

여기서도 디젤엔진용의 NO_x 저감 디바이스로서 EGR 밸브를, 그리고 가솔린엔진용의 HC, CO 저감 디바이스로서 2차 공기제어장치에 대하여 그 구성과 효과를 중심으로 기술한다.

2. EGR 시스템

2.1 근년의 디젤엔진

디젤엔진은 특히 유럽에서는 그 연비가 좋아서 대폭적으로 사용범위를 확대하고 있다. 그리고 그 인기의 요인에는 연비가 좋다라는 것뿐 아니라 코먼레일을 비롯하여 많은 에미션 저감기술에 의한 클린화가 대폭으로 향상된 것에 의한 것이 크다.

다음은 디젤엔진용 NO_x 저감 디바이스로서 EGR 밸브를, 가솔린엔진용의 HC, CO 저감 디바이스로서 2차 공기제어장치에 대하여 그 구성과 효과에 대하여 기술한다.

2.2 디젤엔진 에미션 저감기술

2.2.1 유럽 에미션 규제 동향

그림 35-1에 유럽 규제와 대응 기술을 나타낸다. 여기에 나타내는 것과 같이 여러 가지의 에미션 저감기술의 적용에 의해 앞으로 더욱 엄하게 규제될 NO_x, PM(Particulate matter)을 대폭으로 동시 저감시킨다.

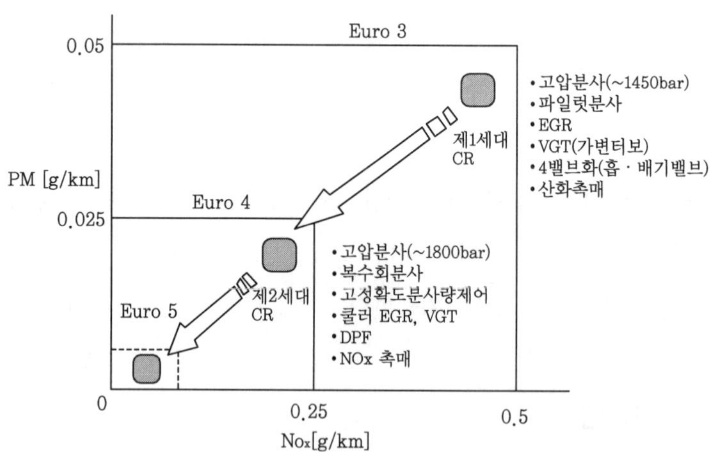

그림 35-1. 유럽 배기가스 규제에의 어프로치 수법(디젤 승용차)

2.2.2 에미션 저감기술

그림 35-2에 디젤엔진 매니지먼트 시스템을 나타낸다. 주된 에미션 저감기술에는 분사계에서는 코먼레일 시스템에 의한 고압화, 분사패턴의 최적화, 후처리로서는 촉매와 DPF(Diesel Particulate Filter)가 추가된다. 이것들과 합하여 EGR 시스템 전자제어화 및 크루트 EGR 등을 사용한 EGR량의 대량화에 의해 종래보다도 미세하고 광범위하게 EGR 가스를 제어하는 시스템으로 개선함으로써 새로운 에미션 저감에 공헌한다.

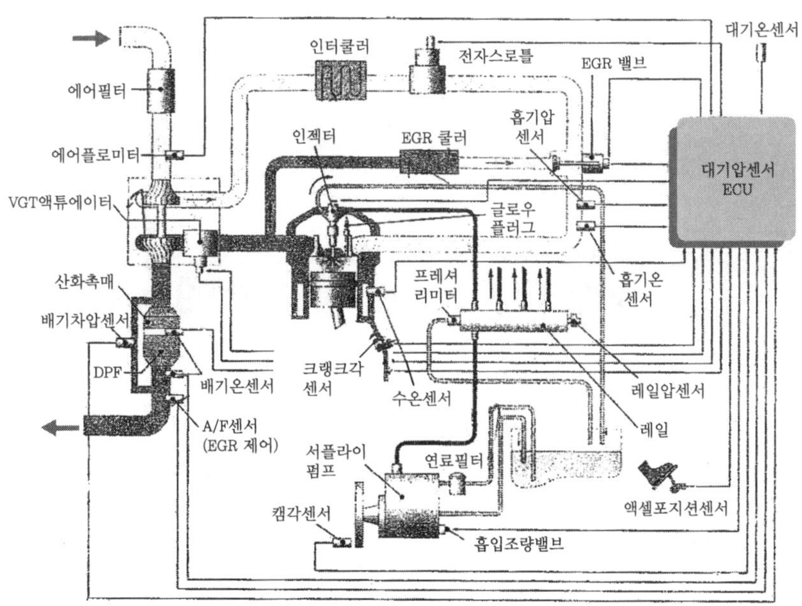

그림 35-2. 디젤엔진 매니지먼트 시스템

2.3 EGR 시스템

2.3.1 EGR의 효과

EGR 시스템은 흡입공기중에 배기가스의 일부를 재순환시킴으로써, 연소온도상승을 억제시켜 연소시의 그 열에 의해 질소와 산소가 반응하여 발생시키는 NO_x를 억제하는 시스템이다(그림 35-3). 디젤엔진은 흡입공기 과다의 상태에서 연소시키므로 가솔린엔진보다도 EGR에 의한 NO_x 저감효과는 높고 EGR 시스템은 디젤엔진에 있어서 앞으로 엄격해지는 에미션 규제에 대응하기 위한 열쇠가 될 것이다.

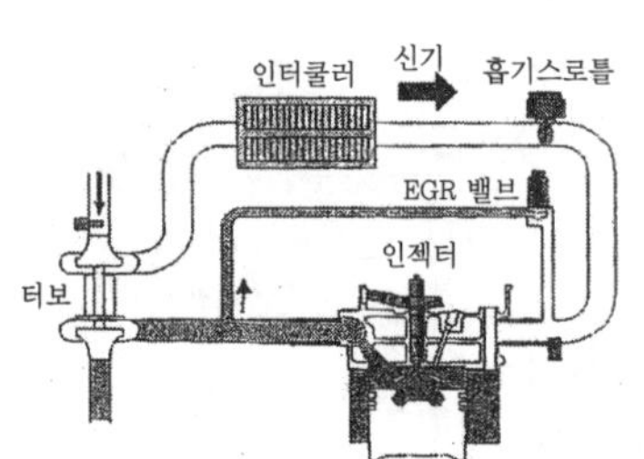

EGR OFF : 대기를 100% 흡입하므로 연소온도가 높아진다(=NOx 최대).

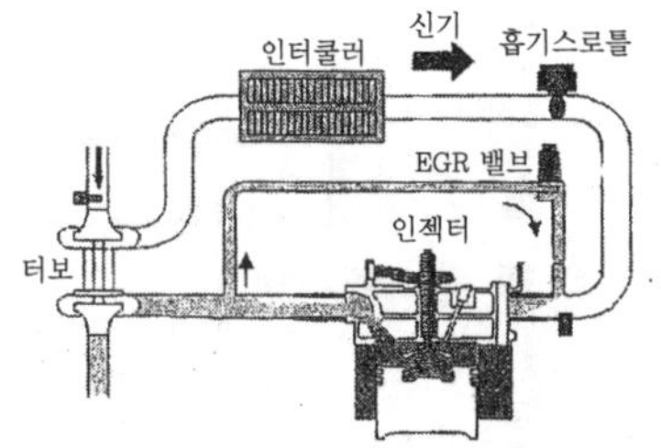

EGR ON : 흡입중에 배기가스를 일부 도입하기 때문에 산소농도가 저하, 연소온도가 낮아진다(=NOx 최소).

그림 35-3. EGR 시스템 구성

2.3.2 EGR 시스템의 동향

디젤엔진은 앞으로의 규제강화에 따라 대폭적인 NO_x 발생을 억제하여야 한다. 이를 위하여 종래에 비하여 대량의 EGR을 실시하고 NO_x 발생을 더욱 저감시킬 필요가 있다. 이를 위한 EGR 시스템에 대하여는 다음과 같은 개선을 하여야 한다.

2.3.3 EGR량의 확대

NOx 발생을 보다 억제하기 위한 EGR량의 확대에 대하여는 "EGR 가스량 자체의 증대"와 "EGR 가스온도의 저감에 의한 질량 EGR율의 증가"의 두 가지 방법이 있다.

1) EGR량 확대

EGR의 대유량화 수법으로 스로틀을 스로틀링하는 수법이 있으나 그때는 펌핑로스 증가에 따른 연비악화라 하는 디메리트를 고려하여야 한다.

여기에서 EGR가스량 자체를 증대시키기 위하여서는 EGR통로, EGR 밸브 등을 저압손하하여 많은 EGR 가스를 흐르게 하여야 한다.

2) 질량 EGR율의 증가

질량 EGR의 증가에 대하여는 EGR통로에 EGR가스쿨러를 추가함으로써 EGR 가스의 온도를 저감시켜 충진효율의 향상을 도모할 수 있다. 이렇게 함으로써 질량 EGR율을 증가시키는 것이 가능하고 보다 NO_x의 발생을 억제시킬 수가 있다.

이렇게 EGR 시스템의 변경에 대응하여 EGR 밸브에 대한 요구가 다음과 같이 변화하게 되었다.

2.4 EGR 밸브

2.4.1 EGR 밸브의 요구

EGR 밸브의 움직임은 배기가스를 흡기계에서 필요한 유량으로 환류시킴으로 그를 위하여 최대유량, 제어정도, 리스펀스(응답성)가 중요하다.

1) 최대유량

앞으로의 에미션 저감시스템은 더욱더 NO_x 발생을 억제하는 방향으로 진행되므로 큰 유량화에 대응해야 한다.

2) 제어정도

밸브의 제어정도 향상에 따라 제품품질의 불균일에 의한 PM(Particulate Matter)의 악화를 초래할 수 있으므로 EGR율을 더욱 증가시킬 수 있다. 이 때문에 제어정도를 요구하게 된다.

3) 리스펀스(응답성)

EGR 밸브가 요구하는 리스펀스에 대하여는 예를 들어 급속시에 EGR을 하지 않고 운전영역에 들어갈 때 곧바로 EGR 컷을 할 것을 요구하게 된다. 가장 빠르게 리스펀스가 요구되는 운전상황을 일정 주행에서 EGR량이 많은 상태에서 급격하게 전개 가속으로 이동하는 경우이고, EGR컷이 늦어질 경우 PM(P0articulate Matter)이 발생한다. 앞으로는 1)항에서 설명한 것과 같이 EGR량을 증대시키기 위한 EGR 밸브에 대한 리스펀스의 향상이 요구된다.

2.4.2 전기식 EGR 밸브

앞에서의 EGR 밸브의 요구, 특히 제어정도 향상, 리스펀스 향상에 대응하기 위하여, 앞으로 EGR 밸브는 다이어프램식으로부터 전기식이 주류를 이룰 것이다.

EGR 밸브의 액튜에이터로서 대단히 유효하게 될 것으로 생각된다.

그와 같은 사실로서 디젤엔진용 전기식 EGR 밸브의 액튜에이터로서 리니어 솔레노이드식을 채용한다.

1) 리니어 솔레노이드식

EGR 밸브의 특징으로는 전기식 액튜에이터로는 리니어 솔레노이드식 외에 스텝핑모터식, DC모터식 등이 있다. 이들 전기식 액튜에이터의 비교를 표 35-1에 나타낸다.

표 35-1. 디젤엔진용 EGR 밸브 전기식 액튜에이터 비교

액튜에이터	응답성	구동력	정확도 (분해능)	페일 세이프 (단선시 밸브닫힘)
리니어 솔레노이드	◎	△	◎	○
스텝핑모터	△	○	△	○
DC모터	○	◎	◎	△

응답성으로는 리니어 솔레노이드식이 가장 우수하고 스텝핑모터식이 가장 늦다. 구동력에 대해서는 리니어 솔레노이드식이 가장 작다. DC모터식은 응답성도 빠르고 또한 구동력도 크다. 그러나 포핏밸브와의 조합으로는 단선시 밸브가 닫힌다고 하는 것이 페일 세이프(fail safe)가 과제이다. 앞으로 이 점이 해결되면 응답성이 빠르고 더구나 구동력도 큰 DC모터식이 EGR 밸브의 액튜에이터로서 대단히 유효하게 될 것으로 생각된다.

그와 같은 사실로부터 디젤엔진용 전기식 EGR 밸브의 액튜에이터로서 리니어 솔레노이드식을 채용한다.

2) 구 조

그림 35-4에 리니어 솔레노이드식 EGR 밸브의 구조를 나타낸다.

솔레노이드의 헤드부에는 리프트 센서가 있고 목표의 개도와 실제 개도와의 차이를 검출하여 피드백제어가 가능하도록 된 구성으로서 제어 정확도의 향상을 도모하고 있다.

밸브 부분은 디젤엔진에 리니어 솔레노이드식이 사용될 수 있도록 포핏밸브를 2장 가진 구조(더블 포핏 밸브)로서 배기압력을 없앨 수 있도록 구성이 되어 있다.

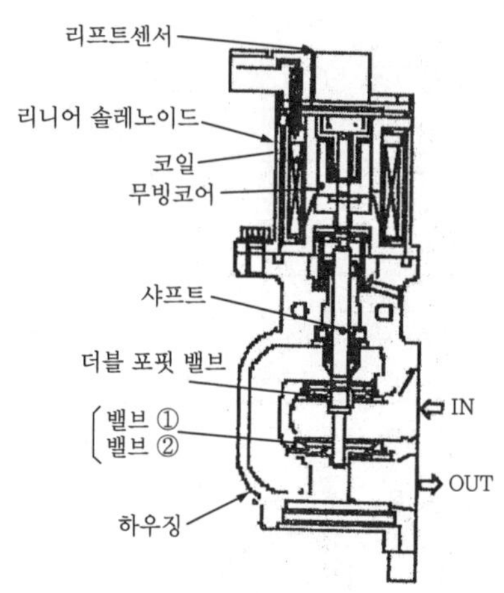

그림 35-4. 리니어 솔레노이드식 EGR 밸브

이 압력캔슬에 대하여 상세하게 설명하면 1개의 밸브는 밸브의 열리는 방향으로 배기압력을 받고 또 1개의 밸브는 밸브의 닫히는 방향으로 배기압력을 받아서 서로의 힘을 상쇄하는 구조로 되어 있다. 이 효과에 의해 리니어 솔레노이드에서 발생하는 힘을 배기압력에 관계없이 밸브를 열고 닫는데만 이용되어 리니어 솔레노이드의 소형화가 가능하도록 되어 있다. 그리고 배기압력의 영향을 잘 받지 못하는 구성으로 되어 있다.

이들에 의해 대량 EGR과 EGR의 높은 응답성을 실현하여 NO_x와 PM의 동시저감을 하는 데 따라 EURO4뿐만 아니라 EURO5도 시야에 들어오는 저에미션화가 가능하다.

2.4.3 앞으로의 동향

자동차엔진에 대한 에미션 저감의 요구는 앞으로도 한층 엄해져 가고 이것에 동반하여 에미션 저감기술도 보다 한층 진화되어가고 있으며 그것을 구성하는 컴포넌트에 대하여도 새롭고, 또한 더욱 엄해지는 요구가 나올 것으로 생각되고, 또한 앞으로 더욱 진화된 EGR 시스템, EGR 밸브 등이 등장될 것으로 추측된다.

3. 2차 공기제어장치

3.1 목적과 시스템 구성

가솔린엔진에서 배출가스규제의 내용은 각 나라마다 다르다. 그림 36-5에 나타내는 것과 같이 해가 거듭될수록 더욱 엄해져가고 있다. 그러는 가운데 배출기는 측정주행모드에 있어서 가솔린엔진은 냉간시동으로부터 2분간에 전모드주행의 대부분의 HC, CO가 배출되고 있다(그림 35-6).

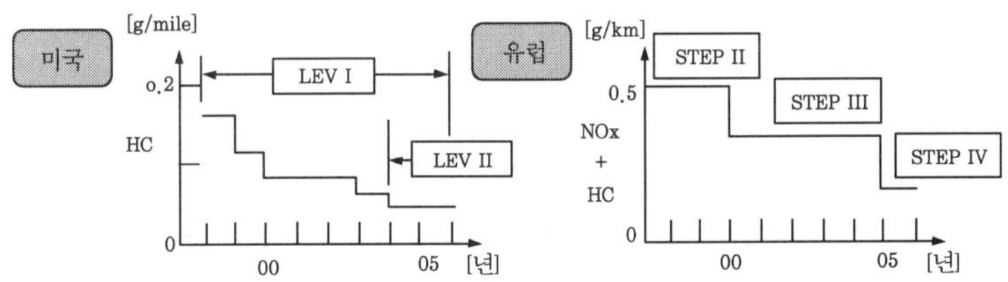

그림 35-5. 배기가스 규제동향(가솔린차)

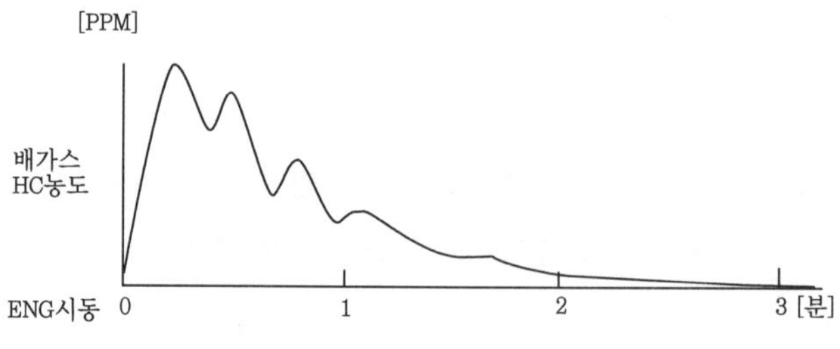

그림 35-6. 모드주행중의 HC 배출

그 원인으로는 2가지가 있다. 하나는 냉간시동시에는 엔진의 안정화를 위하여 온기까지의 공연비를 Rich 측에 설정시키기 위하여, 미연소의 HC, CO가 그대로 배기관으로 나온다. 두 번째는 HC, CO, NO_x를 정화하는 3원촉매가 냉간시에는 반응하고 온도까지 도달하지 못하고 저감효과를 기대할 수 없기 때문이다. 즉, 가솔린엔진의 HC, CO 대책은 촉매가 더워질 때까지의 엔진시동 후 2분간에 결론이 난다.

HC 저감기술로는 크게 나누어 연소개선과 배기가스정화의 두 가지 방향으로 각각에 대응하는 기술개선 및 신기술개발을 한다. 금번 소개하는 2차 공기제어는 배기가스정화에 관한 기술의 하나이나, 특히 큰 배기량의 엔진에서는 유효하고 앞으로도 채용이 점점 증가할 것이다.

2차 공기공급장치는 냉간시동시에 엔진의 배기관이 산소를 공급함으로써 배출되는 HC, CO의 산화반응을 촉진시켜서 배기가스를 정화하는 시스템(그림 35-7)이다.

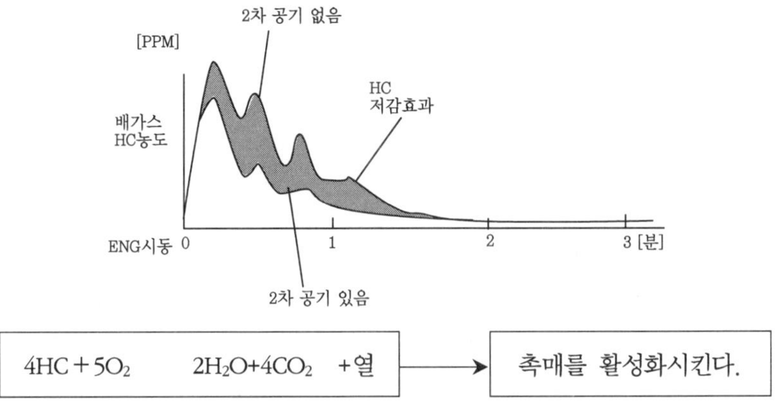

$4HC + 5O_2$ $2H_2O + 4CO_2$ +열	→	촉매를 활성화시킨다.

그림 35-7. 2차 공기도입의 효과

또, 2차 공기를 도입시킨 미연소 HC를 연소시킴으로써 배기온도가 상승하므로, 촉매를 조기에 난기시켜 촉매가 반응하는 온도까시 상승한다. 그렇게 함으로써 3원촉매의 움직임이 시동 직후로부터 기대가 되고 HC, CO 이외에 NO_x에 대하여도 저감시킬 수 있는 큰 메리트가 있다.

시스템 구성은 그림 35-8과 같이 되어 있고 시동 직후에 전동기에서 펌프를 작동시켜 강제적으로 대기로부터 공기를 배기관으로 보내어 미연소의 HC, CO를 배기관내에서 태우는 작용을 한다. 통로개폐밸브는 에어펌프로부터의 공기의 흐름을 제어, 1방향 밸브는 배기관으로부터 배기가스가 에어펌프 쪽으로 역류하는 것을 방지하는 역할을 한다. 이 통로개폐밸브와 1방향 밸브는 반드시 세트로 배치되고 어느 쪽이 고장이 발생하여 열린 상태가 되어도 또다른 한쪽에서 배출가스의 유출을 방지하도록 2중으로 고장방지기구는 되어 있다.

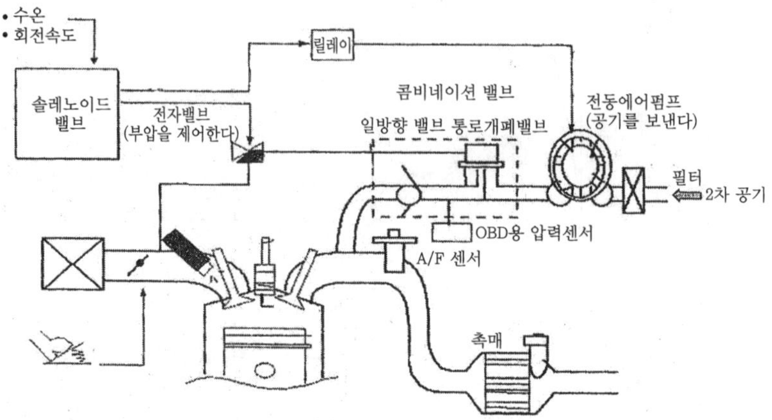

그림 35-8. 2차 공기제어 시스템 구성

3.2 자기고장진단 시스템

현재 자동차의 배기가스 저감시스템에 대하여 자기고장진단 시스템이 법규제에 의하여 의무가 점차 부가되어 있다. 특히 북미에서는 엄한 OBD-Ⅱ규제(On Board Diagnosis-Ⅱ Regulation)이 실시되고 있다. 2차공기제어장치도 각 부품의 고장이나 배관이 이완되어 2차 공기가 공급되지 않는 경우는 대기오염으로 이어진다고 하는 데서 램프점등 등으로 고장을 알리고 있다. 2차 공기 제어 부품의 고장진단은 주로 에어펌프, 통로개폐밸브 등 부품의 쇼트, 단선 체크 및 2차 공기 도입시의 Air flow 센서의 출력변화로 하고 있다. 앞으로는 규제의 강화에 동반, 2차 공기도입배관 도중에 압력센서나 에어플로센서를 배치, 2차 공기량이 필요유량 이상 얻어지는지의 여부를 직접 진단하는 방법으로 변화되어 가고 있다.

3.3 전동에어펌프

3.3.1 구조, 원리

펌프방식으로서는 체적식과 비체적식으로 대별된다. 지금까지 자동차용 2차 공기용 전동에어펌프로서는 비체적식으로는 와류실 펌프와 원심식 펌프, 체적식으로는 베인식펌프가 상용화되고 있다. 여기서 소개하는 2차 공기용의 전동에어펌프는 비체적식의 와류식 펌프이다.

와류식 펌프의 구조는 그림 35-9에 나타내는 것과 같이 회전력을 발생시키는 전동기(모터)와 이 회전력을 이용하여 공기를 압송하는 날개차와 하우징으로 구성된다.

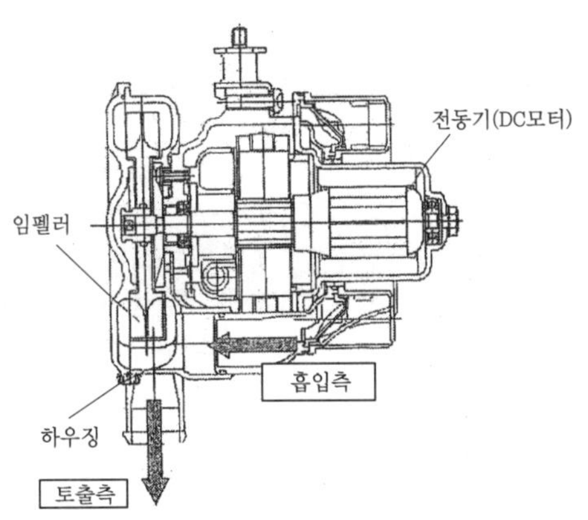

그림 35-9. 전동에어펌프의 구조

날개차는 그림 35-10과 같은 형상으로 원주둘레의 가장자리에 다수의 홈이 마련된 원판이다. 하우징의 일부에 마련된 격벽에 의하여 날개차외주의 공기통로를 끊으면서 격벽의 앞뒤에 공기의 출입구가 마련되어 있다.

입구로부터 들어온 공기는 압력에 저항, 날개차에 붙어서 돌고 격벽에 막히면서 출구로부터 토출된다.

작동원리는 그림 35-10에서와 같이 1개의 날개 홈 중의 공기는 돌면서 원심력에 의하여 밖으로 방출되어 그 운동에너지를 하우징내의 공기에 전파, 점차 압력을 높여 나간다.

방출된 공기의 뒤에는 하우징으로부터 임펠러에 공기가 들어감으로 결국 공기의 흐름은 흡입구에서 토출구까지의 사이에 수많은 와류(swirl)운동을 하는 것이 된다. 다수의 날개(blade wheel)에 의해 연속적으로 와류를 일으키고, 그 축적된 에너지에 의해 압력이 높아진다. 즉 1개의 날개차로 다단의 원심 펌프작용을 한다. 이와 같은 생각에서 와류펌프(vortex pump)라고 이름지어진 것이다.

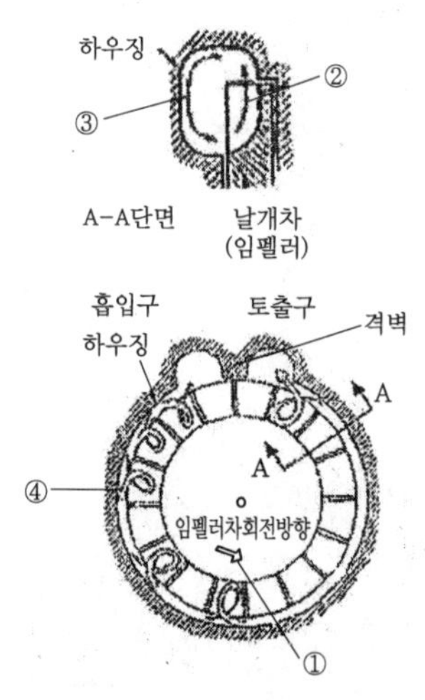

① 하우징 내부에서 임펠러회전
② 날개홈속의 공기가 원심력으로 외주로 유출
③ 하우징의 벽에 따라 다시 날개의 근원으로 유입(선회류의 발생)
④ ①~③의 반복함으로써 다단으로 압축된다.

그림 35-10. 와류펌프의 작동원리

3.3.2 특 징

와류식 펌프는 다른 방식과 비교하여 1개의 날개차(blade wheel)로 높은 토출압을 발생시킬 수 있기 때문이다. 자동차용의 2차 공기용으로 요구되는 소요량을 만족시킬 수 있는 높은 토출압이 또한 소형 펌프로서 적합하다고 생각할 수 있다.

3.3.3 앞으로의 동향

배기가스 규제가 금후 더욱 엄해져 가고 있는 데 따라, 2차 공기제어로서 앞으로 요구되는 아이템은 시스템의 많은 토출량화인 것으로 생각된다. 특히 엔진의 높은 출력화 및 미국에서의 고지(高地)배기가스 규제 대응에는 시스템의 많은 토출량화가 불가결할 것으로 생각된다. 따라서 앞으로 전동에어펌프로서는 새로운 많은 토출량화를 도모하기 위하여 펌프효율의 향상과 탑재성 향상을 위한 소형화의 요구가 증가될 것으로 생각된다.

3.4 통로개폐밸브(콤비네이션 밸브)

3.4.1 구조 · 원리

통로개폐밸브에는 현재 다이어프램을 사용하는 자기밸브열림식, 부압식과 솔레노이드를 사용한 전기식의 3종류가 있고 각각의 비교를 표 35-2에 종합하였다.

자기밸브열림식은 에어펌프압에 의해 밸브가 열리는 것은 에어펌프압이 상응하기까지는 밸브가 열리지 않고 시동 직후부터의 2차 공기도입의 효과가 나타나지 않는다. 그리고 부압식에 대해서는 고지에서의 대기압의 낮은 상태에서는 엔진부압과의 차압이 적어지게 되고 밸브가 열리지 못하는 문제가 있다. 시동시의 HC 저감규제가 강화되는 등 현재는 동력의 확보를 쉽게 할 수 있는가에 따라 전기식이 주류로 되어가고 있다.

표 35-2. 통로개폐밸브의 방식비교

	자기밸브열림식	부압식	전기식
구 조	에어펌프 다이어프램 액튜에이터 에어펌프압력으로 밸브를 개폐	에어펌프 인마니 부압 대기 다이어프램 액튜에이터 기압(다이어프램)으로 밸브를 개폐	에어펌프 솔레노이드 전기(솔레노이드)로 밸브를 직접 개폐
유량의 확보	△	○	○
응답성	△	○	○
고지(高地)에서의 작동	○	△	○
부품점수	○	△	△

다음은 전기식(솔레노이드식) 콤비네이션 밸브에 대하여 구조를 설명한다.

컴비네이션 밸브는 통로개폐밸브와 1방향 밸브 일체화되어 있고 그림 35-11에 나타낸 것과 같은 단면형상으로, 솔레노이드에 의해 개폐하는 포핏밸브, 1방향 밸브(Reed Valve)에 의해 구성된다. 전동에어펌프가 작동한 2차 공기의 도입시는 솔레노이드에 통전, 포핏밸브를 전자력에 의하여 끌어올려 통로를 여는 구조로 되어 있다.

포핏밸브와 1방향 밸브의 기밀을 유지시키는 재질은 중요하고, 고온에 견디며 또한 신뢰성의 밸브를 일체화한 점이다. 배기계에 쓰여지고 있는 개폐밸브로서 오픈 고장은 배기가스가 외부에 누출, 환경오염으로 이어진다. 따라서 이 더블 페일 세이프(double fail safe) 기구가 고신뢰성을 요구하는 2차 공기제어장치로서는 적합한 것으로 생각된다.

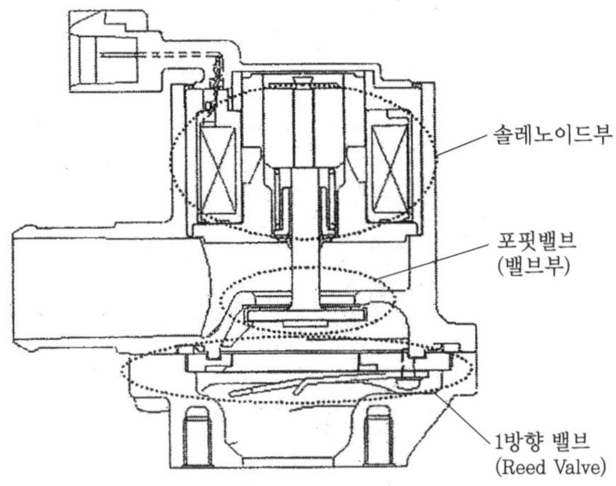

그림 35-11. 통로개폐밸브(컴비네이션 밸브)의 구조

또 지금까지 설명한 전기식 컴비네이션 밸브는 표 35-2로부터 알 수 있는 것과 같이 전기로 직동식인 것으로부터 높은 신뢰시의 엔진부압이 낮은 경우에는 작동이 가능하다고 하는 것이 좋은 점이다.

3.4.2 앞으로의 동향

높은 신뢰성(더블 페일 세이프 기능)을 확보하면서 밸브 특성(통기저항이나 실(seal)성)을 유지 향상시키면서 소형·경량화가 얻어지고 있다. 에어펌프와 같이 저코스트, 고퍼포먼스가 달성된다고 하면 시장의 수요는 더욱 증량될 것으로 생각된다.

3.5 2차 공기도입제어의 시스템, 부품에 대한 과제

앞으로 각국의 배기규제가 더욱 엄해질 것이 예상되는 데 따라 보다 대유량의 전동에어펌프가 필요하게 될 것으로 생각된다.

또한 앞의 항에서 설명한 것과 같이 자기진단 시스템의 추가가 필요하게 되고 시스템이 보다 복잡화되고 있다. 그리고 2차 공기공급장치는 냉간시동시 이외는 사용되지 않는데도 불구하고 구성부품이 많고 코스트가 높다. 그 때문에 항상 다른 배기저감 디바이스와 비교되고 있다. 앞으로 2차 공기제어장치가 확대되기 위해서는 보다 부품 코스트의 저감과 고장진단을 포함하는 시스템의 코스트 저감이 필요한 지경에 도달되고 있다.

배기정화촉매 (Automotive Emission Purification Catalyst)

1. 머리말

미국에서는 1974년, 일본에서는 1975년부터 자동차배출가스촉매가 사용되기 시작한 이래 엔진제어기술이나 담체(担體)의 진보, 연료의 품질 개선과 함께 크게 진척되어 가솔린차의 배출가스는 대기보다도 청정한 제로에미션 레벨까지 도달되고 있다. 그리고 디젤차에 대하여도 엄해지고 있는 규제강화의 흐름 속에서 크게 달라지고 있다.

다음은 촉매의 기본과 자동차촉매의 특징을 설명하고, 가장 표준적인 가솔린차의 3원촉매를 비롯한 여러 가지 촉매기술의 기초를 소개한다.

2. 배 경

미국, 일본, 유럽을 중심으로 배출가스의 규제는 해가 거듭될수록 엄해지고 있으며, 그림 36-1은 그 규제강화의 상황을 나타낸 것이다. 그밖의 지역은 미국이 유럽의 규제를 뒤따라가는 형국으로 보면 된다. 한편 지구온난화대책으로서의 CO_2 저감의 흐름속에서 자동차의 연비향상의 움직임은 더욱 활발해지고 있다. 이를 위한 대책이 미국의 기업평균연비규제(CAFE규제), 유럽의 CO_2량 배출규제, 일본의 연비규제나 자동차클린납세제도 등이 있고, 연비개선은 앞으로 중요한 과제가 될 것이다.

■ 가솔린승용차의 배출가스 규제 비교

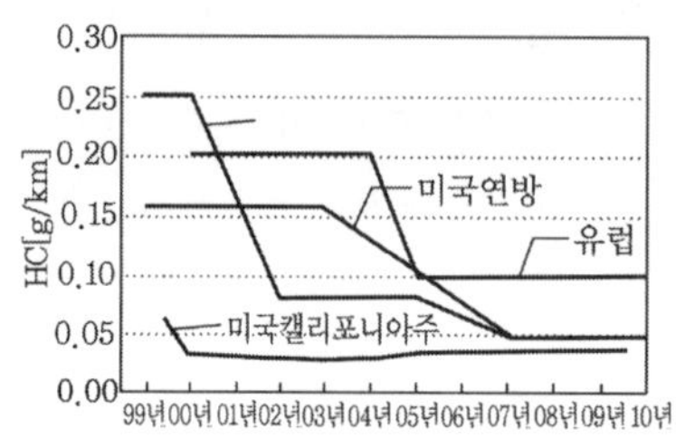

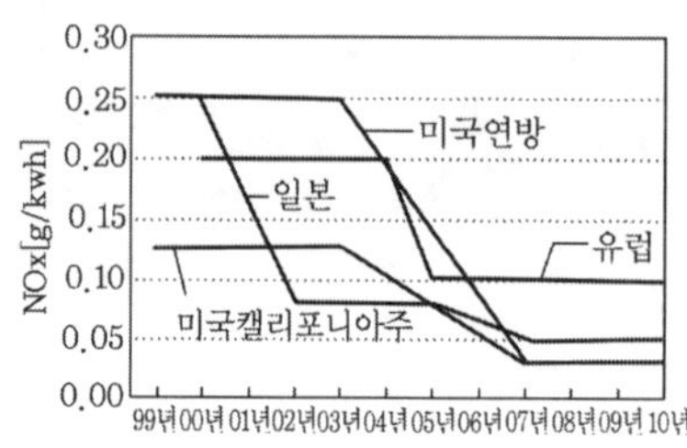

■ 디젤중량 트럭의 배출가스 규제비교

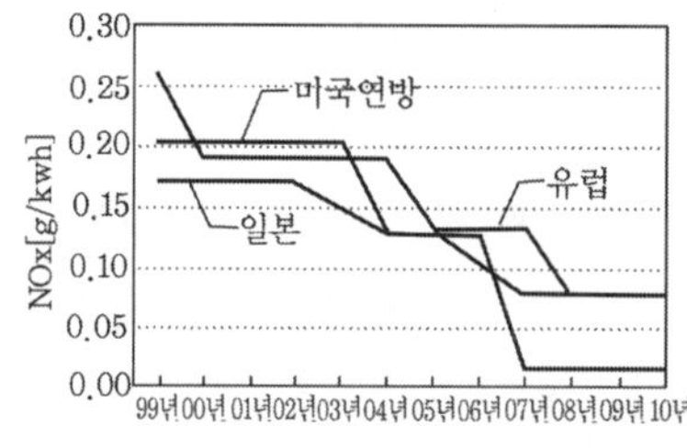

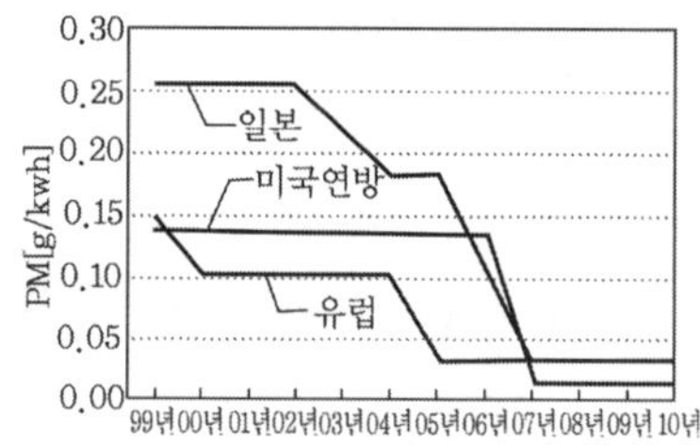

그림 36-1. 세계의 배기가스 규제 동향

3. 촉 매

Wi Ostwald의 정의에 의하면 "촉매란 화학반응의 최종생성물에 나타나는 일 없이 그 반응의 속도를 변화시키는 물질이다" 통상, 원계(반응물질)와 생성계(생성물질)에서는 그림 36-2에 나타내는 것과 같은 포텐셜 에너지가 존재한다. 촉매로 이 에너지를 변화시키는 일은 없고 반응과정의 에너지장벽인 활성화에너지(그림 중 Ea(hom))를 저감시키는(그림 중 Ea(cat)로의 변환) 데 따라 반응속도를 높인다.

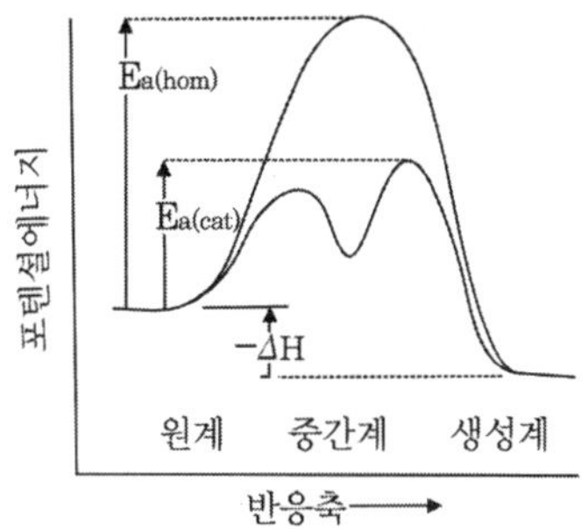

Ea(hom) : 무촉매반응의 활성화에너지
Ea(cat) : 촉매반응의 활성화에너지
ΔH : 반응열

그림 36-2. 화학반응에 있어서 에너지 관계

자동차촉매에 있어서의 반응은 배출가스라고 하는 기상과 촉매라고 하는 고상(固相)과의 반응이므로 불균일촉매반응이라 하고 그림 36-3과 같은 과정으로 반응이 진행된다.

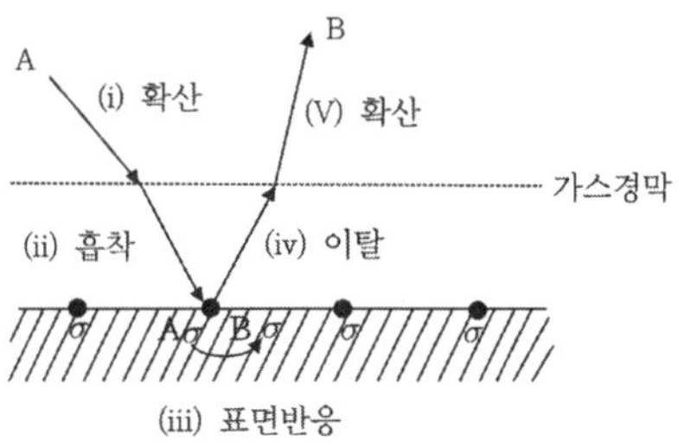

그림 36-3. 촉매반응의 과정

즉, ① 반응물질의 촉매근방으로의 확산, ② 촉매표면에의 흡착, ③ 화학반응(원자의 조직변환), ④ 생성물질의 촉매표면으로부터의 이탈, ⑤ 확산의 5가지의 과정이다. 촉매표면반응이 흡착종끼리 진행하는 Longmuir-Hinshel wood 기구와 흡착된 반응물이 기체상태의 가스와 반응하는

Rideal-Eley기구로 진행되는 경우도 있다. 반응이 진행하는 (위의 ③의 과정) 고체표면은 통상 활성점이라 하고, 자동차촉매에서는 귀금속인 경우가 많다. 3원촉매에 있어서 바람직한 반응을 그림 36-4에 나타낸다.

$$CO + 1/2O_2 \rightarrow CO_2$$
$$HC + O_2 \rightarrow CO_2 + H_2O$$
$$2NO + 2CO \rightarrow 2CO_2 + N_2$$
$$NO + HC \rightarrow CO_2 + H_2O + N_2$$
$$2NO + 2H_2 \rightarrow 2H_2O + N_2$$
$$CO + H_2O \rightarrow CO_2 + H_2$$
$$HC + H_2O \rightarrow CO_2 + H_2$$
$$H_2 + 1/2O_2 \rightarrow H_2O$$

그림 36-4. 자동차촉매상에서의 화학반응

각각의 반응은 위에서 기술한 것과 같이 몇 개의 과정(반응)으로 성립되고 그 중에서 가장 반응속도가 늦은 과정을 율속단계라 부르고 그것은 반응전체의 속도를 지배한다. 촉매는 그 율속단계의 반응속도를 높이는 것이 된다(율속단계 : 화학반응이 여러 단계를 거쳐 진행할 때 그 중에서 변화속도가 가장 느린 반응단계).

그리고 반응은 그림 36-5에 나타내는 것과 같이 온도의 영향을 크게 받는다. 그림 36-5의 Y축은 전화율이고, 반응물중에서 생성물에 전화한 물체의 비율을 나타낸다. 온도가 낮으면 반응은 진행하지 않으나, 온도의 상승에 따라 반응이 개시되고 전화율이 급격하게 상승한다. 이것을 촉매의 활성화라 하며, 그때의 온도가 활성화온도이다. 보다 활성화온도가 낮고 활성화 후의 전화율이 높은 촉매가 고성능 촉매이다.

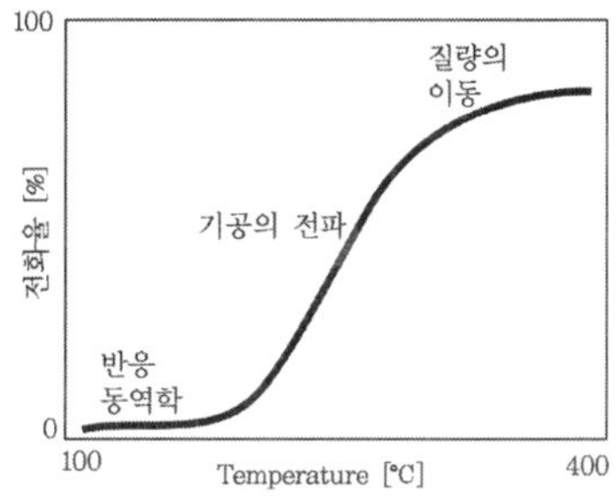

그림 36-5. 화학반응에 있어서의 온도의 영향

반응의 기본적인 파라미터의 관계를 표 36-1에 간단히 종합하였다.

표 36-1. 자동차촉매에 있어서의 파라미터

파라미터	이론	영향인자	관련되는 촉매특성
반응가능성 → 반응의 전제	(열역학적) 평형론	온도 가스농도(조성)	용량, 귀금속량, 귀금속분산도 보지재표면적, 보어구조, 산염기특성, OSC(산소저장능력), 트랩능력, 셀밀도 / 벽두께, 열용량
활성화온도 → 조기착화성	반응속도론	온도 가스량(공간속도) 가스농도(조성) 가스확산속도 선속도	
전화율 → 정화효율			

화학반응에 있어서 중요한 이론은 ① '열역학적 평형론'과 ② '반응속도론'이다. 평형론은 위에서 기술한 에너지론이고 반응이 진행되는가의 여부를 결정한다. ②의 반응속도론에 의해 반응속도에 대한 온도와 가스농도, 가스량, 확산속도 등의 영향이 이론화되어 있다. 그리고 촉매의 특성으로서는 용량과 귀금속량, 열용량 등이 반응속도에 영향을 미친다.

자동차촉매가 화학공업용 촉매 등과 크게 다른 점은 시동, 아이들링, 정속, 가감속 등 각운전 모드하에서 촉매반응의 기본인자인 가스조성, 가스량, 온도 등이 항상 크게 변화하는 것이다. 또한 연료나 윤활유에 유래하는 피독물질에 의한 영향이 운전조건 등에 좌우되는 형태로 영향을 미친다. 또한 자동차촉매는 신차부터 폐차에 이르기까지 교환하지 않으므로 그 내용연수가 길다. 자동차촉매는 이와 같은 여러 가지 요구조건에 맞추어서 제작을 하여야만 한다.

4. 자동차 촉매의 구성

자동차촉매는 세라믹이나 알루미나 등의 매트 혹은 금속메쉬를 거쳐서 금속이나 주물로 된 컨버터에 케이싱되어 배기관에 설치, 사용된다. 자동차 촉매 그 자체는 세라믹이 금속으로 된 허니컴담체와 그 표면에 코팅된 촉매성분에 의해 구성된다. 그림 36-6에 4각셀의 담체와 촉매코드(와시코트 ; washcoat)의 예를 나타낸다(그림 36-6).

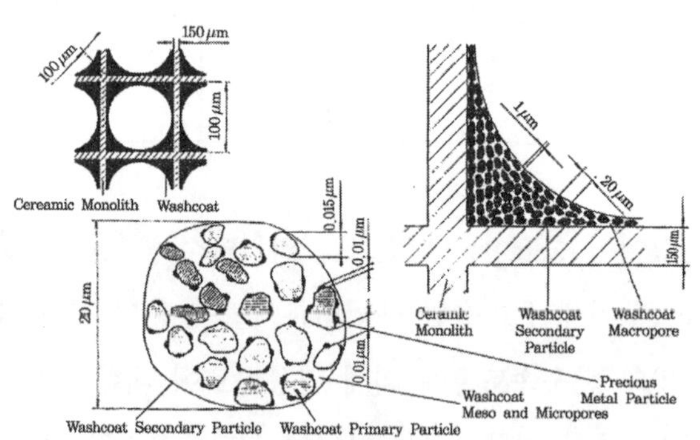

그림 36-6. 허니컴담체상의 와시코트

촉매코팅은 1차입자라 불리우는 결증자와 그의 응집체인 2차 입자로 성립된다. 1차입자 사이와 2차 입자간에 여러 가지 크기의 보어(공공)가 형성, 가스가 확산된다. 그리고 촉매코드는 귀금속종류나 촉매 매기능마다로 나누어져서 단층이나 복층으로 구성된다.

4.1 담 체

허니컴담체는 촉매성분을 벌집형상의 구멍의 벽표면에 보존, 유지시키기 위한 재료이다. 구멍을 셀이라 하고 그 수는 1평방인치당으로 카운팅되며, 벽의 두께는 미리인치를 의미하는 밀(mil)이 단위로 표시한다. 종래는 300~600셀/in^2 벽두께 4~6mil이라고 하는 고밀도 박벽담체가 실용화 되고 있다. 최근에는 규제강화에 대응하기 위하여 900~1200셀/in^2, 두께 2~3mil로써 고밀도 박벽담체가 실용화되고 있다.

그림 36-7에 승용차용 담체의 예를 나타낸다. 셀밀도를 높이는 데 따라 담체의 기하학적 표면적이 높아지고 가스와 촉매성분과의 접촉이 초진된다. 한편 벽두께를 얇게 하는 데 따라 열용량이 저감, 난기성이 향상되어 배압이 절감된다.

그림 36-7. 허니컴담체

재질로서는 코디라이트(Cordierite, $2Al_2O_3 \cdot 5SiO_2 \cdot 2MgO$)가 많이 쓰여지고 있으나 Fe-Cr-Al 등의 메탈도 사용되고 있다. 메탈허니컴은 승온성이 좋고 또한 배압의 낮다고 하는 메리트가 있다.

4.2 촉매코드재료

주된 촉매성분인 귀금속은 고가이고 귀중한 것으로 효율적으로 사용하기 위하여 다공질이고 높은 표면적의 알루미나 등의 코드 보존재로 분산담지하여 노출표면적을 높힌 것이 사용된다. 또한 촉매반응을 도와주는 산화세리움(CeO_2)나 Ba 화합물 등의 보조촉매성분도 사용된다.

그리고 지오라이트 산화알루미늄(Al_2O_3)와 산화실리콘(SiO_2)을 중심으로 하는 복합산화물이고 결정성의 알루미노게이산염이다. 결정수를 포장하고 있는 작은 세공이 결정수를 잃어버리면 여러 가지 기체분자를 흡착하고, 또한 지오라이트의 세공이 분자오더의 치수를 가진다고 하는 특징이 있으므로 배출가스중의 HC 등을 지오라이트에 흡착시키는 방법이 오래전부터 시도되고 있다.

5. 자동차촉매의 개요

자동차 촉매는 배출가스의 특성에 상응하여 그 정화방법이 다르고 촉매의 설계방법도 다르다. 기본적으로는 공기와 기화된 연료의 연소팽창에 의하여 엔진은 작동한다. 연소에 공급되는 공기와 연료의 질량비를 공연비(A/F)라 한다. 공연비에 대한 배출가스 중의 CO, HC 및 NO_x의 농도변화의 양상을 그림 36-8에 나타낸다. 이론적으로 완전연소하는 이론공연비는 가솔린 연료의 경우 A/F=14.7 부근이고 이 공연비를 "스토이키오(stoichio : 화학식대로의 화합물)"라 부른다.

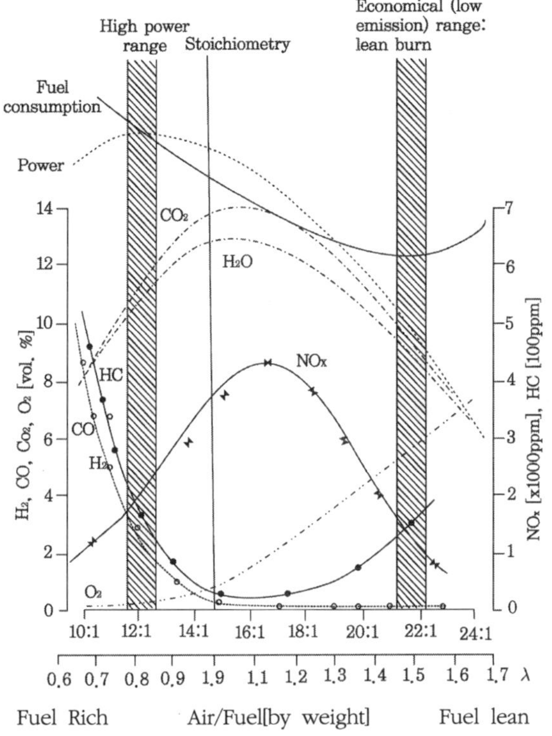

그림 36-8. 배기가스중의 각 성분농도

보다 연료의 농후한 영역(A/F<14.7)이 리치(:Rich)영역이고, HC나 CO의 양이 증가한다. 한편 보다 연료의 희박한 영역(A/F>1.47)이 린(:lean)영역이고 CO는 거의 없어지고 극도의 린에서는 실화 등으로 HC가 증가된다. NO_x는 연소온도가 높을수록 많이 발생하므로 연소효율의 가장 좋은 스토이키오 부근에서 많아진다.

공연비가 보다 린으로 운전을 하게 되면 연료소비가 억제되어 연비가 향상된다.

배출가스 대응의 관점에서 엔진의 종류는 가장 표준적인 스토이키오 운전의 가솔린엔진, 린번운전의 가솔린엔진, 디젤엔진의 3가지로 나누어진다. 다음은 각 엔진으로부터의 배출가스 대응촉매에 대하여 개략적으로 설명한다.

6. 가솔린차용 촉매

가장 표준적인 가솔린엔진은 스토이키오를 중심으로 컨트롤되며 촉매로서는 3원촉매나 그 발전형인 HC 흡착촉매가 사용된다. 가솔린린번엔진은 스토이키오와 린(A/F=~60)의 사이에서 운전됨으로 린에서의 NO_x 정화가 문제로 된다.

6.1 3원촉매

Pt, Pd, Rh 등의 귀금속은 3원촉매에 있어서 활성성분이다. Pt, Pd는 CO나 HC의 산화반응의, Rh는 NO_x의 환원반응과 CO, HC의 산화반응의 활성을 갖고 있기 때문에 Pt와 Rh 또는 Pd와 Rh와 같이 조합시켜서 사용된다.

그리고 Pd는 기본적으로 NO_x의 환원활성도 갖추고 있고 내구성 등이 개량된 Pd만의 촉매도 실용화되고 있다.

3원 촉매에 있어서 대표적인 조촉매가 OSC(Oxygen Storge Component)이다. OSC는 CeO_2를 포함, 그의 산화환원반응(식 36-1)에 의해 산소를 흡수 방출하는 기능을 가지며 그것에 의해 스토이키오를 중심으로 한 A/F의 변동을 흡수하여 촉매반응에 바람직한 조건을 보존할 수 있다.

$$CeO_2 \Leftrightarrow CeO_2 - x + 1/2xO_2 \quad \cdots\cdots 36\text{-}1$$

당초는 단지 CeO_2가 사용되어 그 열내구성을 향상시키도록 첨가물 등에 의한 개량이 이루어져 왔다. 그후 정방정의 산화질코니움(ZrO_2) 결정구조내에 CeO_2를 녹여 넣는 것에 의해 그 열내구후의 OSC 기능이 크게 향상됨을 알 수 있고 3원촉매의 성능향상에 크게 공헌하고 있어서 현재의 OSC의 주류로 되어 있다.

3원촉매에 의한 각 성분의 정화성능과 A/F와의 관계를 그림 36-9에 나타내는 것과 같고 A/F가 리치측으로 치우치면 HC, CO의 정화율이 저하되고 린측에 치우치면 NO_x 정화율이 저하된다. 스토이키오 부근에서 3성분이 함께 가지런히 되면서 높은 정화율을 나타내고 있는 범위를 "윈도우"(Window)라 하고 이 범위가 넓은 촉매가 바람직한 것으로 여겨져 왔으나, 근년에는 제어 정확도의 향상에 보다 핀포인트에서도 성능이 높은 촉매를 구할 수 있게 되었다.

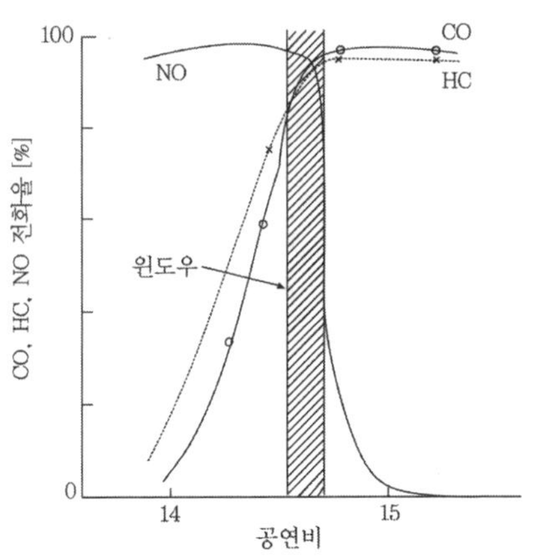

그림 36-9. 3원촉매에 있어서 반응정화 효율

그리고 최근에는 산화환원분위기에 상응하여 Pd가 패로푸스가이드형 복합 산화물의 결정구조로부터 출입하여 그 분산성을 높게 유지한다. 종래보다도 수명을 오래하는 "자기재생형 촉매"가 보고되어 실용화되고 있다.

6.2 HC 흡착촉매

통상 촉매가 활성화된 후에는 HC 정화는 거의 문제되지 않고 이루어지나 엔진의 시동으로부터 수십 초 이내의 사이는 3원촉매의 활성화가 용이하지 않다. 미국의 표준적인 FTP테스트모드에 있어서는, 그 사이에 배출되는 HC량이 모드 전체의 70% 이상을 차지하기 때문에 엄한 규제 강화에 대응하기 위해서는 이 냉간시동시의 HC를 어떻게 억제하는가 하는 것이 과제로 된다.

몇 개의 방안이 제안되어 있다. 그 중에는 HC 흡착촉매에 의한 정화법이 있다. HC 흡착촉매는 겹으로 싸인 복층구성을 취하여 하층에 지오라이트 등의 흡착제를 그리고 상층에 3원촉매 등의 산화촉매층을 배치하여 만들었다. 그 작동상황을 그림 36-10에 나타낸다.

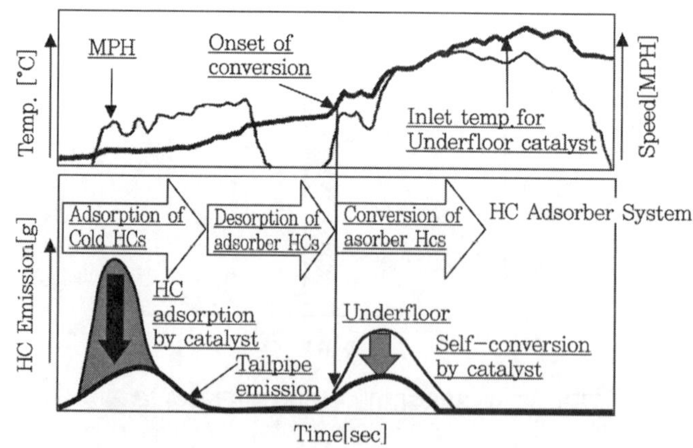

그림 36-10. HC 흡착촉매에 의한 콜드 HC 저감

크게 3가지의 스텝으로 이루어진다.

① 엔진시동 직후부터의 배출HC의 흡착
② 흡착재에 축적된 HC의 온도상승이나 풍량 변화 등에 의한 이탈
③ 흡착재로부터 이탈된 HC의 상층산화촉매층에서의 정화이다.

이탈HC와 효율적인 정화는 이탈움직임과 산화정화움직임을 어떻게 시간적으로 동기화시키는가에 해결할 문제이다. 제오라이트의 흡착능력의 내열성은 향상되어 있으나, 열내구 후의 이탈의 빠르기와 산화활성에 대하여는 아직 개량의 여지가 남아 있는 것으로 생각된다.

6.3 린 NO_x 정화촉매

Ir은 린 분위기하에서도 HC가 공존하면 NO_x를 환원하는 것이 가능하다. 높은 HC/NO_x 비율이 필요하나, SO_2 존재하에서도 NO_x 정화성능이 대부분 영향을 받지 않는다. Ir에 의한 선택환원촉매는 가솔린 린번 엔진 차용으로서도 실용화되고 있다.

린으로 NO_x를 초산염의 형태로 일단 축적되어, 어느 빈도에서 리치조건을 도입, 축적된 NO_x를 이탈 환원시켜 정화하는 NO_x 방취(防臭)촉매가 가솔린 린번차용으로서 실용화되고 있다. Ba 등의 알카리 토류금속산화물이나 K 등의 알칼리 금속산화물이 방취재로서 알려져 있다.

그 반응기구는 그림 36-11과 같이 표현된다. 그림 36-12로부터 K는 Ba와 비교하면 고온측에서의 NO_x 방취정화에 우수함을 알 수 있다. K는 Ba보다도 염기성이 강하고 NO_x 트랩능력이 높으나 고온에서는 불안정하게 되고, 허니컴 담체와 상호작용하거나 비산하는 등 촉매성능이 저하되는 경우가 있다. 유럽 등지의 고속주행에 대한 대응이나 연비확보등을

위해서는 고온내구성이 요구되어지는 가운데 이 문제를 해결하기 수법으로 제안되고 있다.

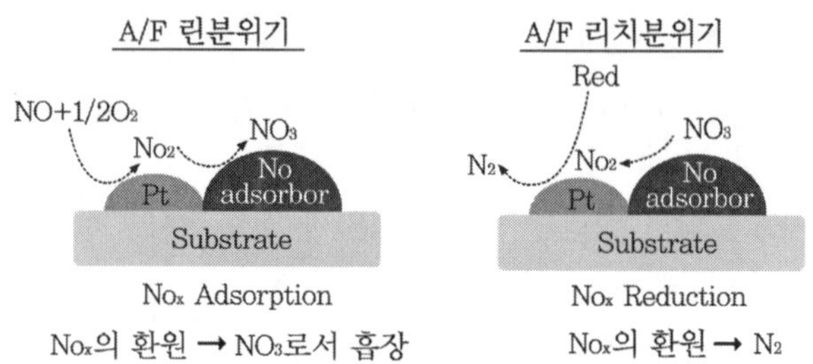

그림 36-11. NO_x 트랩촉매의 반응 기구

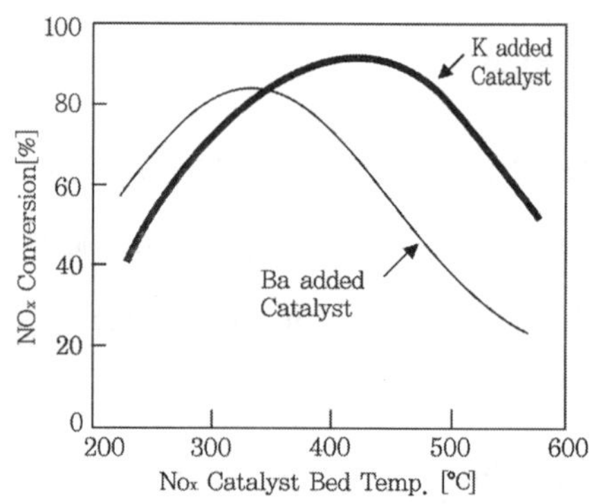

그림 36-12. NO_x 정화움직임에 대한 방취재의 영향 Fuel Cut 내구=800℃×32시간

7. 디젤차용 촉매

디젤엔진은 가솔린엔진에 비해 압축비가 높고, 공기의 비율이 높기 때문에(A/F=20~80) 열효율이 높고 배기온도가 낮다. 그리고 경유 등 가격이 비교적 저렴하나 기화가 잘 안되는 저질연료일지라도 연소가 가능하여 경제성은 우수하다.

그러나 PM(파티큐레이터마다 입자상물질) 등 가솔린엔진의 경우는 문제로 되지 않는 유해물질을 배출하는 문제가 있다. PM은 고체로 된 그을음(탄소, 검댕)을 핵으로 하고 그 주위에 미연소된 연료나 윤활유에 기인하는 액상의 탄화수소, 설페이드(황산염)가 부착되는 것이다. 이 중에서 탄화수소는 유기용매에 가용되는 성분이다. SOF(Soluble Organic-Fraction)라 불리운다. 이 PM배출의 저감과 린 분위기하에서의 NO_x 배출의 저감을 양립시키는 것이 중요과제이다.

7.1 PM 저감촉매

디젤차에 있어서는 PM을 어떻게 저감시키는가 하는 것이 가장 중요한 과제이다. 산화촉매에는 PM중의 SOF을 효율적으로 제거하는 것이 요구된다.

촉매성분으로는 저온활성이나 가스상태의 HC, CO의 정화에 우수한 Pt나 설페이드 생성억제에 우수한 Pd 등이 사용된다. 저온영역에서는 SOF분은 일단 흡착되어, 배기온도의 상승에 의해 촉매가 활성화하여 산화된다. 고온역에서는 SO_2가 산화되어 설페이드가 생성되기 때문에 PM저감에는 역효과이다.

높은 SOF 정화성능과 설페이드 생성 억제를 양립시키는 산화촉매가 제안되어 실용화되고 있다.

앞으로 경유중의 유황농도 저하에 동반하여 설페이드 생성억제를 중요시하게 되면 총합적으로 산화촉매의 성능 향상이 기대된다.

한편 PM중의 입자상물질(Soot)을 저감하는 방법으로서 기공률이 높은 프로우슬타입의 허니컴담체를 사용한 촉매도 제안되고 있으나 PM을 보다 높은 레벨에서 저감하기 위해서는 파티큘레이터필터(DPF)에 의해 입

자상 물질을 포집하는 방법이 효과적이다. 필터를 생각하는 데 있어서의 포인트는

① 포집효율과 압력손실의 밸런스
② 포집된 PM의 재생효율
③ 내구성이나 메인터넌스 등이다.

포집재로서는 월-프로 모노리스라 불리우는 그림 36-13(b)와 같은 허니컴담체의 양끝을 번갈아 막은 것이 대표적이다. 배출가스는 10 μ정도의 세공을 가진 다공질세라믹의 얇은 벽을 통과, 고체성분인 그을음이 벽면에서 포획된다. 재질로서는 코지라이트가 기공률의 면에서는 유리하나 내열성에 있어서는 SiC인 편이 유리하다.

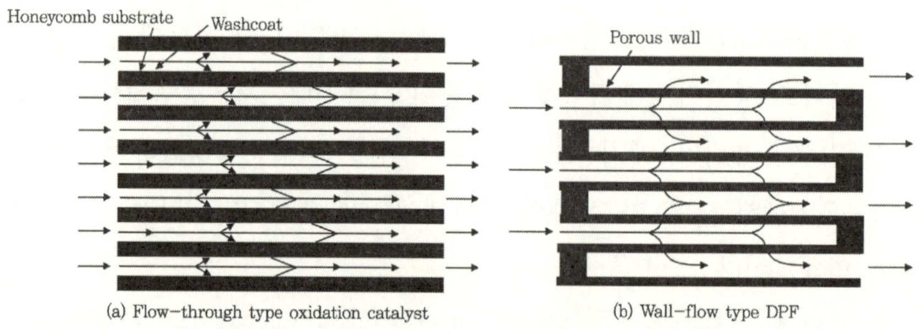

그림 36-13. 디젤차용 촉매에 있어서의 담체

이 DPF를 계속적으로 사용하기 위해서는 포집된 그을음을 적당하게 제거하는 것이 필요하고 이것을 재생이라 한다. 일반적으로 그을음을 산화(연소)시켜 제거하는 것은 쉽지 않다. 배출가스중의 산소로 그을음을 산화제거하는 데는 550~600℃ 정도의 온도가 필요하다. 그러나 이것은

시가지주행조건에 있어서의 배기온도보다도 200℃ 이상 높고 그 빈도가 지극히 낮다.

또한 그을음의 연소에 의해 벽면온도는 국소적으로 1,000℃(hot spot)를 초과하는 고온에 달하고 세라믹 담체의 파손이나 용손을 일으키는 경우가 있다.

따라서 보다 코스트가 저가이고 효율적으로 재생하기 위해서는 그을음의 산화연소온도를 저하시키는 방법이 검토되고 있다. 그을음은 산화촉매위에서는 보다 저온에서 연소되므로 산화촉매를 필터 위에 도포하는 CDPF(Coated DPF)촉매가 검토되어 실용화되고 있다. 이 방법은 핫스포트 발생도 억제될 수 있는 등 열적부하의 경감도 기대된다.

그러나 배압상승을 초래하기 때문에 그 밸런스를 감안하여 여러 가지 코팅방법이 시도되고 있다.

그리고 NO_2를 산화제로서 사용하는 데 따라 그을음의 연소온도를 더욱 저감시켜서 400℃ 이하부터 연속재생하는 CRT 방식도 검토되고 있다.

7.2 NO_x 정화촉매

디젤엔진 배기가스에 있어서는 HC의 반응성이 낮고 그 함유율이 낮아서 선택적으로 NO_x를 환원하는 것이 대단히 곤란하다. 그림 36-14에 나타내는 것과 같이 2차 경유를 첨가하여도 NO_x 정화율은 최대로 30% 이하이다. 이 첨가 경유를 최소한으로 억제, NO_x 정화율과 PM 정화율을 최대로 발휘하는 촉매가 제안되기에 이르렀다.

한편 보다 높은 레벨에서의 NO_x 저감을 위해서는 가솔린 린번차에서 실용화되고 있는 NO_x 랩 촉매시스템이 유력하다. 디젤차에 적용한 때의 과제로서, 리치조건을 만들기 어렵고 CO나 HC 등의 환원 물질이 적은 것, 배온이 낮은 것 등이 있다. 다만, 근년의 엔진개량은 눈부시고, 코먼레일 연료분사장치에 의하여 리치분위기를 만들어내는 것도 가능하게 되고 그 실현성이 높아지고 있다.

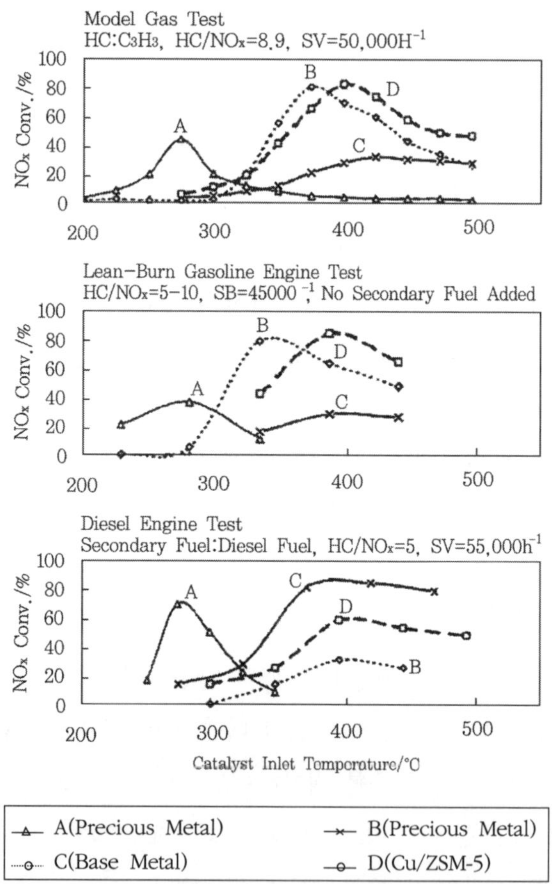

그림 36-14. 각종 배기가스 중에서의 NO_x 정화움직임

또한 최근에는 그림 36-15에 나타내는 것과 같이 NO_x 트랩촉매를 DPF에 담지하여 NO_x와 PM을 동시에 제거하는 DPNR(Diesel Particulate NOx Reduction) 방식이 있다. 그 외 암모니아(NH_3)를 환원제로 하는 SCR(Selective Catalyst Reduction) 방식이 있다. 이 암모니아를 사용한 선택환원 탈초 기술은 일본에서 개발되어 1970년대부터 고정발생원대책으로서 사용되어 왔다. 촉매는 티타니어(TiO_2)나 바나지아(V_2O_5) 등의 비금속계 산화물을 혼연하여 허니컴성형하거나, 촉매 활성성분을 세라믹제 허니컴 담체에 담지하든지 하여 형성된다.

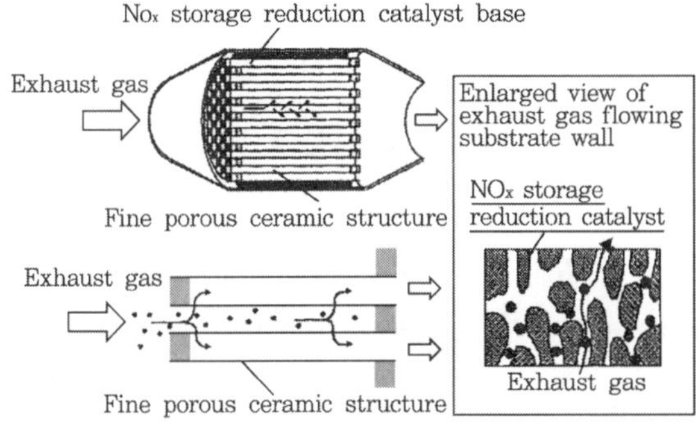

그림 36-15. DPNR촉매의 구조

또한 암모니아는 취급하기 어려움으로 요소를 수용화하여 적용하는 방법이 일반적이나 보급을 위해서는 요소첨가시스템이나 공급인프라의 정비가 전제로 된다. 특히 유럽에서 정력적으로 검토되어 왔다.

8. 열 화

자동차 촉매에 있어서의 열화움직임을 해명하고, 그 억제를 도모하는 것은 중요하다. 주된 열화요인으로서는 열, 피로, 진동 등을 들 수 있다.

8.1 열 열화

엄한 배기가스규제에 대응하기 위하여 촉매를 엔진에 가까이하는 것은 활성화를 빠르게 하고 동시에, 촉매가 보다 고온에 접하는 것을 의미한다. 또한 고속주행시에 있어서 촉매 등에 대한 열부하를 저감시키기 위한 "연료냉각"도 근년의 연비개선의 요청에서 멀리하려고 하는 수요자들의 요구가 높아지고 특히 유럽 등 고속주행이 많은 지역에서는 그와 같은 시도가 이루어져서 오늘날에는 1000℃를 초과하는 내열성도 필요하게 되었다.

8.2 피독열화

연료중이나 윤활유중에 함유되는 화학물질이 여러 가지 형태로 촉매에 부착, 활성점 등을 덮어서 활동을 잃게 하는 실화하는 것이 인정되고 있다. 그 화학물질로서는 납(Pb), 인(P), 유황(S), 칼슘(Ca), 마그네슘(Mg), 아연(Zn) 등을 들 수 있다. 피독현상에는 크게 2가지가 있다. 일시적으로 작용하는 가역적 피독과 영구적으로 작용하는 비가역피독이 있다. 가역적 피독으로서는 SO_2에 의한 것을 들 수 있다. 경우에 따라서는 H_2S의 형으로 방출된다. 한편 S에 의한 귀금속에 대한 비가역적인 피독의 영향은 Pd > Rh > Pt의 순으로 알려져 있다.

Pd의 경우는 고온리치에 있어서, Pd-S의 상호작용에 의한 비가역적 열화가 일어나는 것이 보고되고 있다.

린 NO_x 트랩촉매에 있어서는 SO_2에 의한 피독은 중요하다. SO_2의 화학적 특성은 NO의 그것과 서로 통하고 있고, SO_2는 귀금속 상에서 SO_3에 산화되어 알칼리 금속이나 알칼리토류금속과 반응하여 황산염을 생성한다. 문제는 초산염보다도 황산염쪽이 안정하다는 것이다. 이 피독은 기본적으로는 일시적인 것으로, 고온의 리치분위기에 접하는 데 따라 탈 S가 가능하다. 일반운전조건하에서는 이 조건을 만족하는 것이 쉽지 않고 연료중의 S 농도 저감이 필요한 것으로 일컬어지고 있다. 이것은 특히 디젤차에 있어서 중요하고, 배기온도의 낮은 것에 기인하여 S 퍼지의 곤란함이 과제로 되어 있다.

9. 앞으로의 과제

배기가스 저감은 그림 36-16에서 보는 바와 같이, 엔진측에서의 배출 저감이 되는 전처리기술과 촉매에 의한 후처리기술로 나눌 수 있다. 앞으로 연료와 전자제어기술과 전처리, 후처리의 전체를 묶은 토털시스템으로 배기가스 저감을 고려하여 보다 더 코스트와 정화성능의 최적화가 요구되어진다.

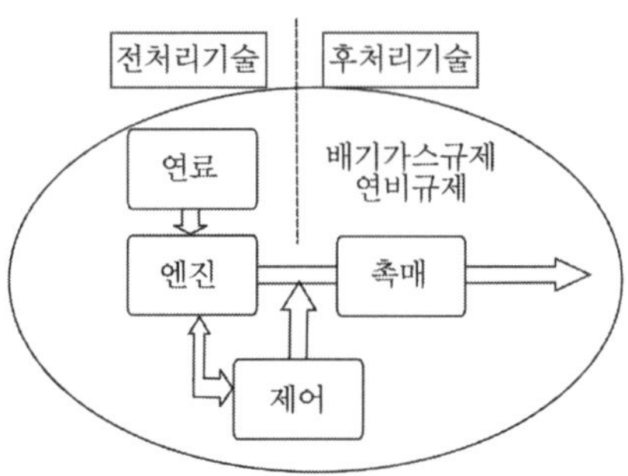

그림 36-16. 배기가스 저감기술

더욱이 앞으로 중국 등의 나라에 대규모로 자동차를 보급함에 있어서 환경악화와 귀금속사용량 확대가 문제시되므로 대응이 절실한 문제가 있다.

Chapter 37 디젤 파티큘레이터 필터 (Diesel Particulate Filter)

1. 머리말

각종 연소기관으로부터 배출되는 CO_2 가스가 지구환경 온난화 문제에 심각한 영향을 주고 있고, 또한 사회적으로 크게 문제시되고 있는 것은 이미 절감하고 있는 사실이다. 그러면서 한편으로는 연비가 좋고 CO_2 배출량이 적은 동력기관의 이용이 세계의 추세이다. 따라서 희박연소방식의 가솔린엔진이나 디젤엔진의 확대사용, 보다 나은 엔진으로의 개발이 이 때문이다. 디젤엔진은 앞에서 기술한 바 있는 코먼레일에 의한 연료의 고압분사 방식의 실용화로 리스펀스, 진동, PM(Particulate Matter)을 사용하므로 CO_2 가스의 배출량저감 등이 획기적으로 개선되어 환경대책 엔진으로서의 인지도가 크게 높아져 가고 있다.

한편 디젤엔진에는 불균일혼합연소에서 생기는 PM이라고 하는 큰 문제외에 압축점화연소라고 하는 그 연소원리에서 NO_x의 환원이 어렵다고 하는 문제가 수반된다.

디젤엔진에도 가솔린엔진의 3원촉매와 같은 시스템과 후처리가 융합된 배기가스 정화시스템이 절실히 요망되고 가까운 장래에 CO, HC, NO_x에 더하여 PM도 처리될 수 있는 4원촉매 시스템의 개발이 강력하게 추진될 것으로 믿어진다.

그와 같은 배경에서 2000년에 PM문제를 완전하게 해결하는 DPF(Diesel Particulate Filter) 시스템이 유럽에서는 장착된 디젤승용차가 실용화되고 있다. 이 시스템은 코먼레일엔진에 있어서 포스트 인젝션과 연료기원촉매(Fuel Born Catalyst)나 산화촉매에 의한 촉매적 반응의 조합에 의해 구성되었다. 이 시스템에는 다공질 SiC를 사용한 눈막힘 허니컴형의 DPF가 사용된다.

2. 디젤 파티큘레이터 필터

2.1 PM이란

그림 37-1은 디젤엔진으로부터 배출되는 PM의 모식도이다. 대기중의 부유입자상물질(SPM : 입경이 10㎛ 이하의 부유분진)에는 환경기준이 설정되어 있고 이렇게 주요발생원으로서는 여러 가지 공장과 디젤엔진을 들 수 있다. 또한 탄화수소나 황산은 광화학반응을 일으키는 2차생성입자의 원인이 되기도 한다.

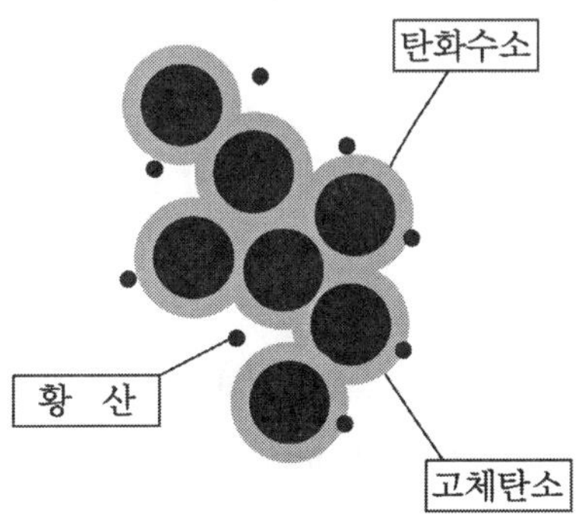

그림 37-1. 디젤엔진으로부터 배출되는 PM의 모식도

그림 37-2에 디젤엔진으로부터 배출되는 PM의 TEM(투과형 전자현미경)상을 나타낸다.

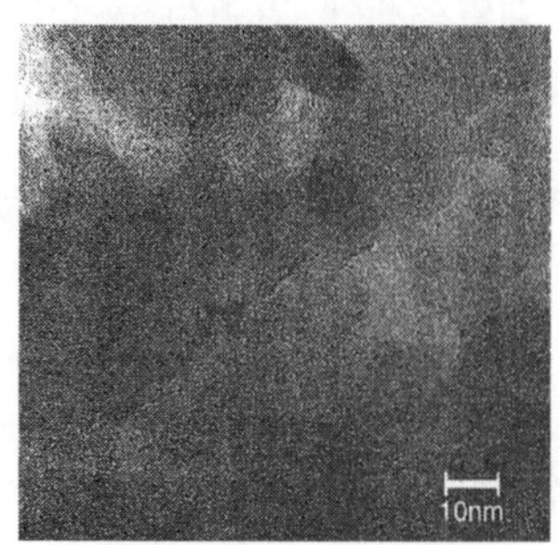

그림 37-2. 디젤엔진으로부터 배출된 PM의 TEM
(투과형 전자현미경/사진 16만 배)

흑연은 sp2 혼성결합을 취하는 6방망목구조를 규칙적으로 쌓아올린 적층구조로부터 되나 디젤로부터 배출되는 PM의 고체탄소는 6방망목구조가 랜덤으로 배향하고 있는 무정형 탄소이다. TEM상으로부터도 그 무정형 구조가 관찰된다.

통상 그 흑연화율은 5%정도로 알려져 있다. 그림 37-3에는 조성분석 결과를 나타낸다. 물론, 그 조성은 엔진, 연료, 운전조건에 따라 크게 달라지나 다음의 4종류로 분류된다.

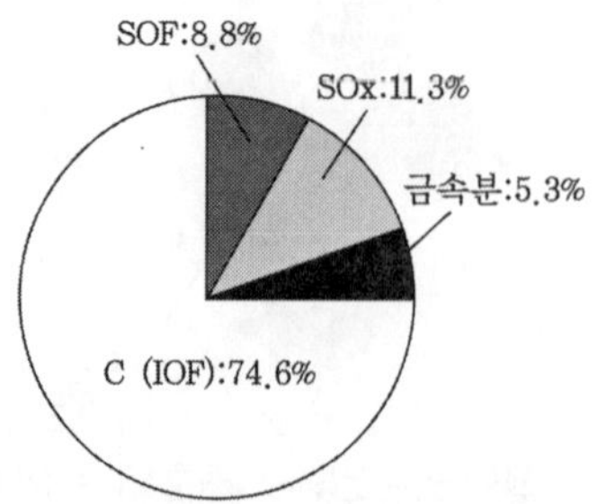

그림 37-3. 디젤엔진으로부터 배출된 PM의 분석결과

① IOF(Insoluble Organic Fraction)-흑연 : 연소실의 안에서 산소와 만나지 못한 탄화수소가 거칠게 커져서 생성된다.

② SOF(Soluble Organic Fraction)-연소실에 부착된 연료가 연소하지 못하는 것 또는 배기에 혼입된 윤활유에서 생성된다.

③ SO_x-연료나 윤활유에 포함되는 유황분에서 생성되는 것으로 수분과 반응, 황산을 생성하거나 금속분과 반응하여 황산염을 생성한다.

④ 금속분-윤활유중에 마멸억제, 중화제로서 들어가 있다. 주로 Ca, Mg 등이나 피스톤의 마멸이나 배기관의 녹 등으로부터 생기는 Fe, 연료촉매를 도입할 경우는 Ce 등이 있다.

그림 37-4에 디젤엔진으로부터 배출된 PM의 입자지름 분포를 나타낸다. 100nm 부근에 중심을 가지는 정규분포이고, 이 100nm 이하의 초미립자는 폐세포에 침착하기 쉽고 건강에 주는 리스크가 크다. 현재의 규제는 중량 규제이나 1㎛의 입자 1개의 중량은 0.1㎛의 입자의 1,000개분이고, 앞으로는 입경규제를 하려고 하는 움직임도 있다.

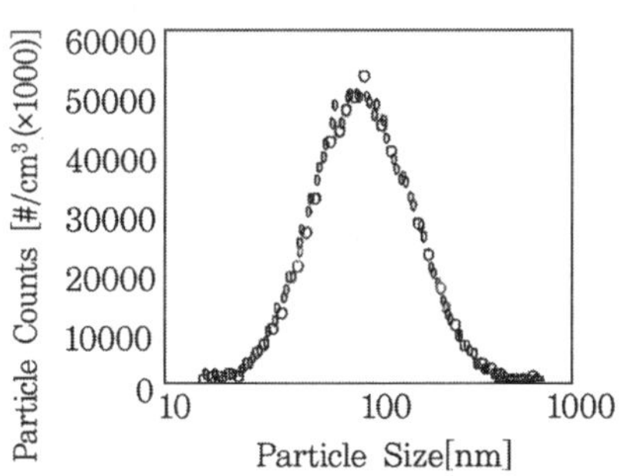

그림 37-4. 디젤엔진에서 배출된 PM의 입자지름 분포

2.2 DPF란

DPF란 약 20년 동안의 개발역사를 가지고 있다. 1986년 미국의 디젤 승용차 배출가스 규제에 대응하기 위하여 DPF 시스템을 탑재한 승용차가 등장하였으나 판매부진 등의 이유로 일단 시장에서 소멸되었다.

1994년의 대·중형 디젤상용차의 북미배출가스 규제를 만족시키기 위하여 여러 가지의 시스템 제안이 등장하였다. 그러나 북미 디젤시장이 쇠퇴하여서 일단 시장에서 소멸되었다. 2000년 유럽 PSA사에서 승용차에 대하여 DPF 시스템이 표준탑재되어 세계에서 처음으로 실용화에 성공하였다.

그리고 근년 기획양산차 외에도 터널내의 작업차, 옥내 포크리프트(지게차) 등 폐공간의 환경대책으로서, 혹은 노선버스나 청소차 등 대도시에 있어서의 환경대책으로부터도 일부 DPF가 실용화되고 있다.

DPF기술은 지금 겨우 긴밤이 깨어난 때와 같다.

그림 37-5에 월플로우허니컴형 DPF의 구조를 나타낸다. 서로 교차하는 방식으로 눈막힘되어 상류와 하류는 여과벽에 의하여 분리되고 배기가스는 반드시 이 벽을 통과하는 구조로 되어 있다.

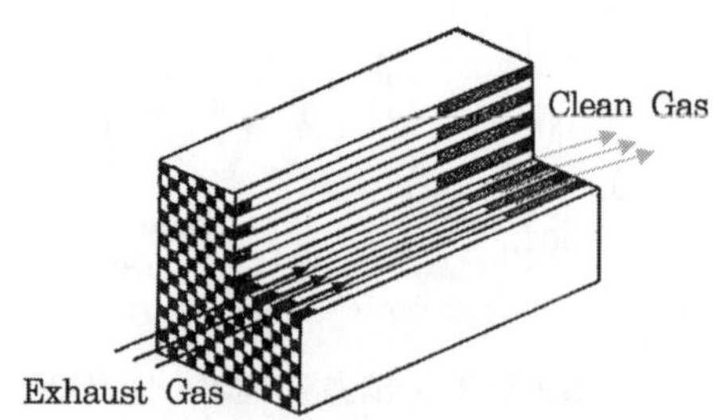

그림 37-5. 월허니컴형 DPF의 구조

그림 37-6에 SiC제 DPF의 여과벽을 나타낸다. 그림 37-7에 PM을 포집한 필터를 절단한 사진을 나타낸다. 유입측의 셀에 PM이 퇴적, 사진에 검게 나타나 있는 것이 관찰된다.

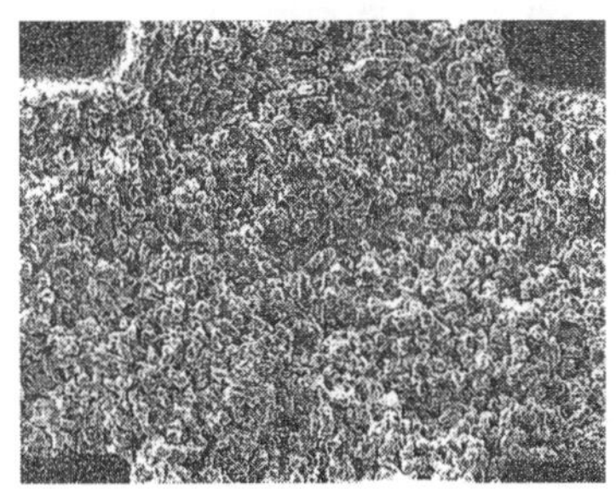

그림 37-6. 여과벽

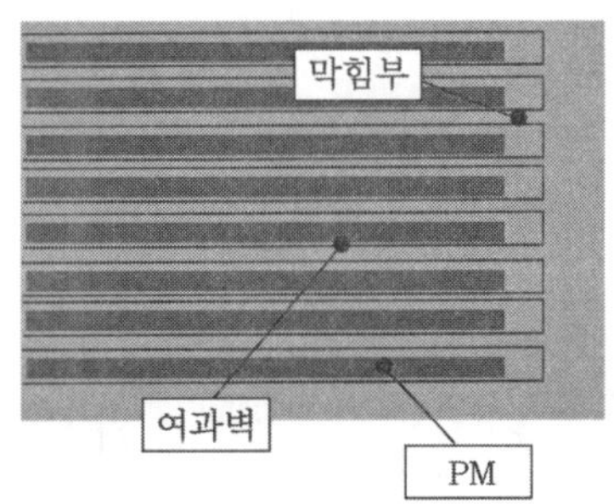

그림 37-7. 여과포집의 양상

3. DPF에 요구되는 특성

3.1 DPF의 재생

DPF 시스템에는 그림 37-8에 나타내는 재생이라 일컫는 특징적 조작이 있다. 포집된 PM이 필터내에 퇴적되는 데 따라, 배기계의 배압이 경시적으로 증가한다.

배기계의 배압증가는 엔진의 연비열화를 가져오기 때문에 퇴적된 PM을 연소 등의 방법으로 정기적으로 제거한다. 이 행위를 재생이라고 한다. 재생시스템은 DPF 시스템중에서도 가장 중요하고 또한 신뢰성, 코스트의 점에서 어려운 문제이다.

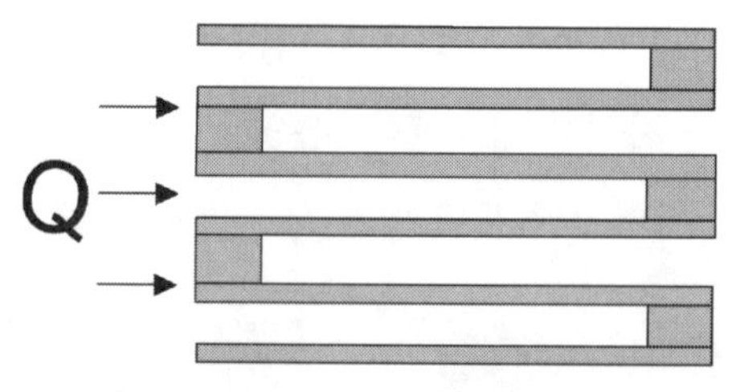

$C + O_2 = CO_2 + 94.1\text{kcal}$ ………………… (1)

$K = A \cdot [\,C(s) \cdot P[\,O_2]\, e^{-\frac{E}{RT}}$ ………… (2)

k : rate constant
A : frequency factor
$[C(s)]$: concentration on activate site
$P[O_2]$: partial pressure of O_2
E : energy of activation
R : gas constant

그림 37-8. DPF의 재생

PM이 연소되는 온도는 통상 630℃ 정도이다. 디젤배기가스는 시내주행에 있어서 150℃정도로 아무 것도 하지 않으면 반응식 (1)은 진전이 없다. 재생에는 강제적으로 열량 Q를 공급하는 방법(액티브 시스템)과 촉매에 의하여 (2)식의 활성화 에너지 E를 작게 하는 방법(패시브 시스템), 및 그 양쪽을 사용하는 방법이 있다. 표 37-1에 나타내는 방법이 현재까지 검토되어 왔다.

표 37-1. DPF의 분류

•액티브 시스템

<table>
<tr><th>시스템</th><th>최적온도</th><th>유리한 점</th><th>불리한 점</th></tr>
<tr><td>전기히터</td><td rowspan="2">저회전
저유속</td><td rowspan="2">낮은 온도로 컨트롤되는 시스템</td><td>이니시얼코스트가 높다.
차량장착시 전기용량이 지나치게 커진다.</td></tr>
<tr><td>디젤연료 버너</td><td>이니시얼코스트가 높다.
안정성 확보에 필요한 것이 많다.</td></tr>
</table>

역세시스템	전영역	Ash(재)가 퇴적되지 않는다.	이니시얼코스트가 높다. 시스템이 대단히 복잡하다.
포스트 인젝션	전영역	최신의 생각법, 여러 점에서 현재 가장 우수한 방법이다.	기존차에 대한 후부착(레트로피트 : Retrofit)

•패시브 시스템

시스템	최적온도	유리한 점	불리한 점
연료기원 촉매	>350℃	기구적으로 심플	연료에 혼합해 두거나 방울져 떨어지는 시스템이 필요, 필터에 애쉬(Ash)의 퇴적이 있다.
촉매담지 필터	>375℃	기구적으로 심플 퇴적물에 문제가 없다.	그을음이 많으면 효과가 없다. edging(테두리)에 의하여 촉매가 제역할을 못한다.
NO_2 생성 CTR™	250~450℃	퇴적물에 문제가 없다. 퇴적범위가 넓다.	저 황의 연료가 필요 C/NO밸런스가 취해진 엔진이 필요

3.2 최신의 재생시스템

그림 37-9에 최신의 DPF 시스템 탑재차를 나타낸다. 액티브 재생인 포스트 인젝션이라 하는 방법과 패시브 재생이 교묘하게 조합되어 있다.

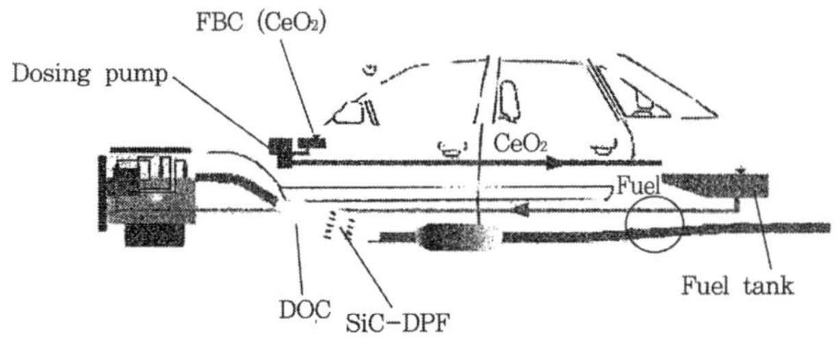

그림 37-9. 최신 DPF 시스템 탑재 승용차

포스트 인젝션(그림 37-10)이란 1990년대 후반에 실용화된 코먼레일 분사방식을 이용하여 개발된 재생방법이고, 메인분사 후에 포스트 인젝션이라 불리우는 배기온도를 높이기 위해 분사를 한다. 또 이와 같은 다단분사 외에 EGR 조작이나 흡기스로틀링 등, 배기온도를 상승시키는 여러 가지의 방법이 있고 이들을 총칭하여 엔진 매니지먼트에 의한 재생이라 하는 경우가 있다.

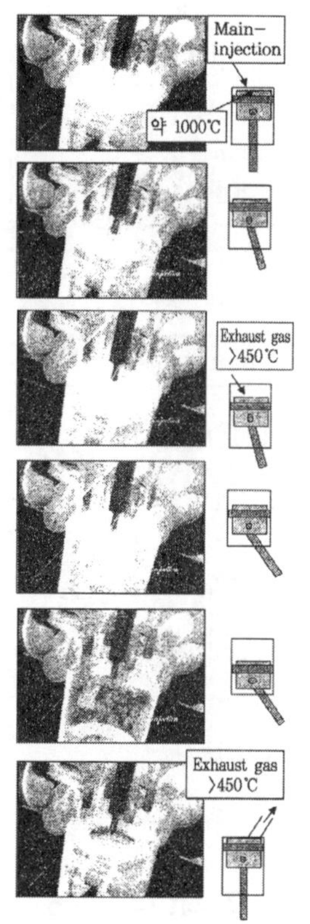

그림 37-10. 포스트 인젝션

패시브 재생에서는 촉매반응을 이용하여 DPF의 앞쪽에 DOC(Diesel Oxidation Catalyst : 산화촉매)를 배치, 배기가스 중에 함유되는 CO, HC를 산화처리함과 함께, 포스트 인젝션 중에 그 열을 다시 배기온도를 상승시키기 위해 이용하고 있다. 이 시스템의 경우는 연료에 첨가된 FBC(Fuel Born Catalyst : 연료기원촉매)도 중요한 역할을 한다. FBC는 오래 전에는 Fuel Additive (연료첨가제)라 하였다. 최근에는 C와의 촉매반응에 의해 재생온도가 낮아지는 것을 의식하기 때문에 FBC라 부르는 때가 많다. 이 FBC(대표적인 FBC로는 CeO_2가 있다)는 매급유마다 연료탱크에 처음부터 탑재되어 있는 연료기원촉매탱크로부터 적정량을 자동적으로 첨가하여 연료중에 분산되어, 엔진의 실린더내에 분사, 연료가 압축착화되어 연소한다. 그때 생기는 PM중에 CeO_2가 분산되어 배기라인을 통해 필터 위에 여과 포집된다.

CeO_2는 PM과 직접 접촉하고 있고 촉매작용을 발현하는데는 바람직한

상황이 달성된다.

DPF상의 촉매반응을 나타낸다.

$$4CeO_2 + C \rightarrow 2Ce_2O_3 + CO_2$$

$$2Ce_2O_3 + O_2 \rightarrow 4CeO_2$$

이와 같이 CeO_2는 총괄반응식에 있어서는 환원, 산화되어 원래의 상태로 되돌아가 있다. 즉 반응에 관여하여 활성화에너지를 변화시키고 있으나 그것 자신은 변화되지 않는다. 즉, 촉매이다.

3.3 요구되는 기능

이와 같은 시스템에 있어서 필터의 요구되는 기능은

1) 입자상 물질을 여과하는 기능
2) 재생에 견될 수 있는 기능
3) 압력손실을 낮게 유지하고 엔진운전을 방해하지 않는 기능

이 대표적인 것이다.

입자상물질을 여과하는 기능으로서는, 90% 이상의 여과효율이 바람직하다. 그림 37-11에 SMPS(Scanning Mobility Particle Sizer)에 의한 여과 입자수의 결과를 나타낸다.

재생에 견딜 수 있는 기능으로서 재생 전에 얼마만큼의 그을음량을 필터에 저장할 수 있는가 하는 것이 중요한 특성이 된다.

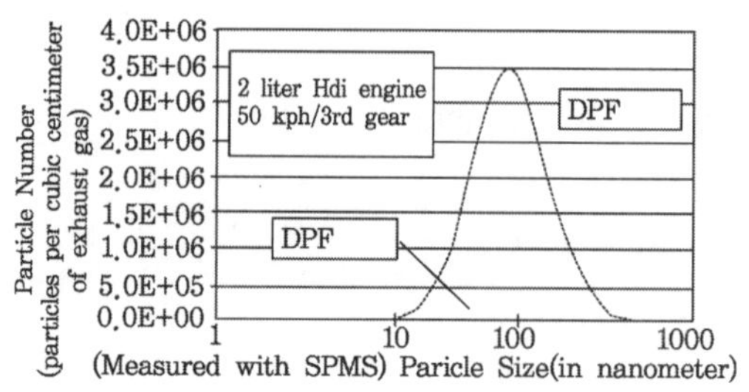

그림 37-11. DPF의 여과성능

차량 가운데에는 가스유량, 온도에 있어서 여러 가지의 조건이 있으나 가장 크리티컬한 조건에 있어서 한계그을음량을 찾아내면 된다. 그림 37-12에 재생한계시험방법을 나타낸다. 이것은 uncontrolled regeneration을 모의한 시험방법이다.

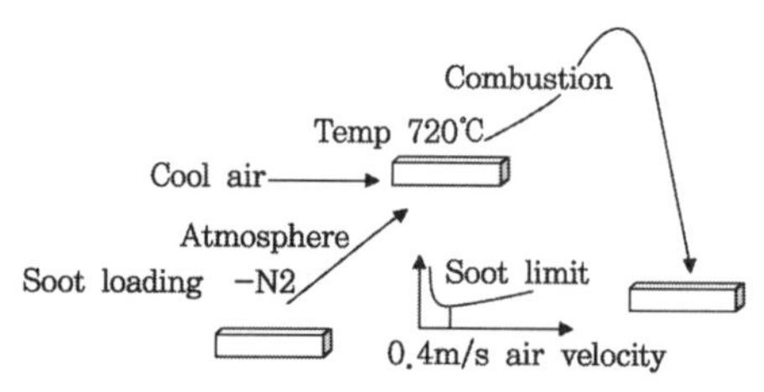

그림 37-12. 재생한계 시험방법

즉 가장 위험한 조건이란, 오르막 길을 오르고 있을 때 온도는 높게 유지되나 산소농도가 낮고 C의 산화조건이 만족되지 못하고 PM이 퇴적되어가고 있다. 다음에 오르막길의 꼭지점을 지났을 때 부하가 경감, 저유량, 저온도, 고산소농도의 배기가스가 필터에 유입된다. 이때 필터내의 PM은 급격하게 연소하고 필터를 파괴에 이르게 한다. 그을음량의 한계를 균열이 발생되었는가의 여부를 시험 후에 판정하는 데 따라하게 된다.

그림 37-13에 결과를 나타낸다. 유량과 함께 재생한계는 급격하게 감

소하고 최하점에 이르며 그후 서서히 상승한다.

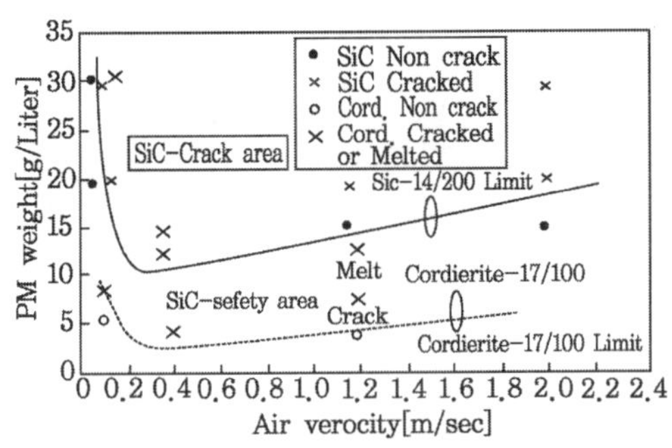

그림 37-13. 재생한계시험 결과

최하점보다 좌측이 산소농도율속영역이고 우측이 가스흐름에 의해 생기는 온도율속영역이다.

이 최하점을 재생한계라 하고 주목할 것은 그 파괴모드이다. 재료에 따라 용손, 크랙 등의 파괴모드가 관찰되나 내열성이 높은 재료를 사용하면 크랙만의 파괴모드로 된다. 그리고 재생시의 최고온도도 대단히 중요한 팩터이다. 촉매담체와는 다르고 DPF에 있어서는 필터내에서 PM이 산화연소하므로 재생시에 발생하는 열을 확산할 능력이 DPF에 있어서는 대단히 중요하다. 저열전도 재료를 사용하는 경우, 같은 양의 그을음을 사용하여 같은 조건으로 재생하여도 재생온도에 차이가 난다. 고열전도 재료를 사용한 편이 100~200℃ 낮게 유지할 수 있다. 또한 다공질체의 열전도율은 기공률의 함수로 되어 있다. 기공률이 커지게 되면 그 열전도율은 지수함수적으로 감소하여 열의 확산능력을 저하시킨다. 기공률을 크게 할 때에는 기본재료의 열전도율에 대해서의 음미하는 것이 중요하게 된다.

압력 손실은 정성적으로 그림 37-14에 나타내는 요인으로 표시된다.

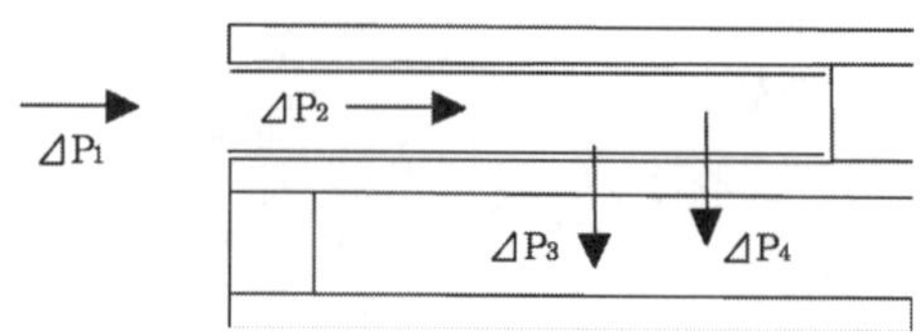

$P = \Delta P_1 + \Delta P_2 + \Delta P_3 + \Delta P_4$

ΔP_1 : Due to aperture
ΔP_2 : Due to wall friction
ΔP_3 : Due to wall permeability
ΔP_4 : Due to soot permeability

그림 37-14. 압력손실과 원인

① 가스유체가 필터에 유입할 때 들어가는 개구(입구)가 작아지는 데 따라 생기는 손실

② 가스유체가 지름이 작은 관로를 통과할 때 생기는 손실

③ 가스유체가 다공질벽을 통과할 때 생기는 손실-다공질의 기공지름, 기공율 등으로 결정되는 침투성(Permeability)을 사용한 함수로 표시된다.

④ 가스유체가 PM층을 통과할 때 생기는 손실-③과 같다. PM층의 침투성에 의해 결정된다. 통상 PM의 가스침투성은 대단히 나쁘고 PM이 퇴적되었을 때는 6~7배의 압력손실의 증가가 될 수 있다. PM이 퇴적하였을 때 생기는 압력손실을 저감시키는데는 필터의 셀 밀도를 증가시키는 등 하여 여과면적을 증가시키는 방책이 유효하다.

그리고 DPF의 압력손실에 있어서도 차량의 서비스라이프전역에 걸치는 애쉬컨트롤(Ash control)이 대단히 중요하다. DPF의 속에 퇴적된 PM에는 그림 37-3에 나타내는 것과 같은 금속분이 있다. 그 금속분은 엔진오일 중에 함유되어 있는 청정제, 중화제, 마멸억제제로서 함유되어 있는 금속을 기원으로 한 것과 FBC를 사용한 경우는 연료에 첨가한 금속분을 기원으로 한 것이 있다. 당연히 FBC를 사용한 경우는 그 양은 많아지고 필터의 서비스 라이프에 걸쳐서 체적을 검토하여야 한다. 또한 FBC를 사용하지 않는 경우도 애쉬분은 의외로 많고 그 청정, 필터의 체적을 검토해 두지 않으면 안 된다. 또 하나의 중요한 것은 그을음의 재생조건에 의해 애쉬의 퇴적형태가 다르다는 것이다. 애쉬의 퇴적형태에 따라 필터내에서의 유효체적과 그 디멘젼이 결정되므로 크게 압력손실에 영향을 준다.

그림 37-15에 전형적인 2개의 모드에 있어서 애쉬의 퇴적형태를 나타낸다.

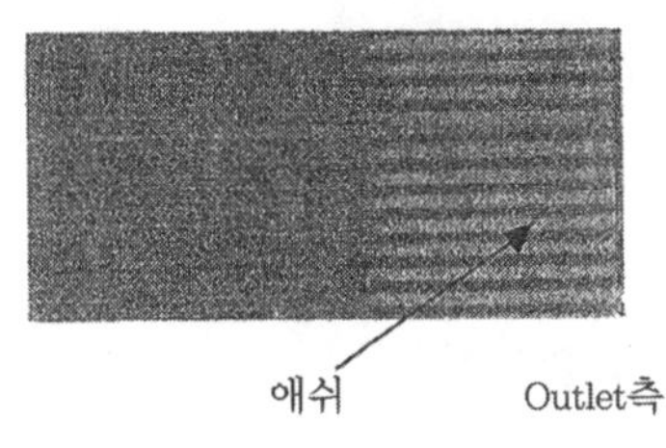

(a) 포집-재생 사이클시의 애쉬 포집형태

Intet	Middle	Outlet

(b) 연속재생시의 애쉬 포집형태

그림 37-15. 재생조건의 상이함에 따른 애쉬의 포집형태

(a)는 포집, 재생의 사이클을 반복한 것이고 필터의 후방으로부터 애쉬가 빌드업되어 있는 양상이 관찰된다. (b)는 연속재생한 것이다. (a)와는 다르고 애쉬가 여과벽에 퇴적되어 있는 양상이 관찰된다. 재생의 컨셉트나 운전조건에 따라 애쉬의 형태가 달라져 있기 때문에 차량의 서비스라이프전역에 의한 애쉬컨트롤이 대단히 중요함을 쉽게 관찰된다.

그밖의 필터에 요구되어지는 기능으로는 다음과 같은 것이 있다.

4) 배출가스중에 함유되어 있는 화합물과의 반응에 견뎌낼 수 있는 기능

5) 차량의 진동이나 캐닝시의 압입 등 배기관에 적합시켜 얻을 수 있는 기계적 요건 배출가스 중의 화합물은 DPF의 경우 애쉬로어필터에 퇴적하므로 접촉시간이 길어서 충분한 검토가 필요하다. 그림 37-16에 대표적 화합물과의 반응시험결과를 나타낸다.

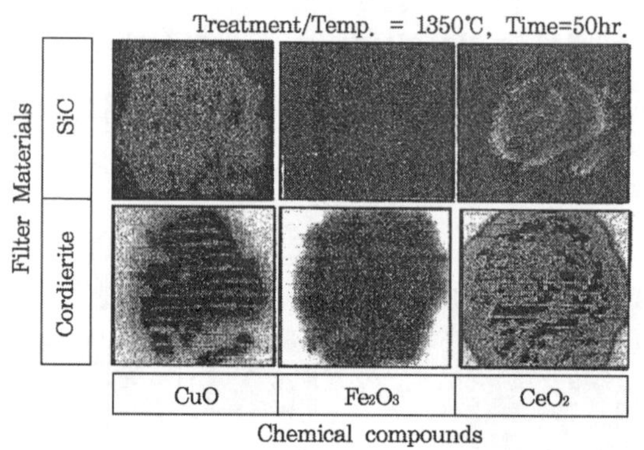

그림 37-16. 화합물 반응 시험결과

디젤차량의 서비스라이프는 일반적으로 24만km이므로 그 사이에 반복되는 진동이나 재생에 견뎌내기 위한 강도피로도 중요하다.

4. 필터기술

4.1 DPF 재료와 구조

표 37-2에 재료의 분류를 나타낸다. 크게 나누어서 허니컴 구조와 그것 이외로 분류될 수 있다.

표 37-2. 각종 DPF 재료와 그 특징

재료	필터구조	대표메이커	특 징
코디에라이트 세라믹	모노리스 허니컴형	미국 코닝 일본가이시	가솔린 엔진용의 3원촉매 담체에서 파생된 것이다. 다공질의 코디에라이트의 밀어내기 하니컴의 입구, 출구를 번갈아가며 눈 막음한 월풀모형의 필터, 이 형은 투과벽이 다공질이 모든 고포집효율이 높다. 코디에라이트재료는 열팽창률이 낮고 높은 열충격성을 가지나 열전도율과 융점이 낮고 연소재생시에 과제가 많다.
다공질 SiC	모노리스 허니컴형	이피덴 NOTOX	구조는 상기의 것과 거의 같다. 소결에 의해 기공을 생성하기 때문에 그 분포를 대단히 작게 할 수 있다. 그 결과 높은 포집효율을 갖고 있으므로 압력손실을 작게 할 수 있다. 열전도율도 상기의 수십 배 있고 연소열을 확산하는 능력이 우수하다. 이피덴은 열팽창률이 크고 크랙이 생기는 문제로 한 변이 약 34mm의 직방체를 조합시킴으로써 해결하고 있다.
소결금속	모노리스 허니컴형	독일 SHW사	와이어와 분말금속(Cr, Ni계)를 혼합소결한 판 모양의 것을 겹쳐서 필터로서 한 것이다. 클랙이 발생될 문제는 없으나 포집효율은 세라믹스월허니컴보다 약간 낮다. 메탈계이므로 무겁다.
금속 다공체	3차원 망목구조	스미토모 금속	크랙이 발생될 문제는 없으나 초기의 포집효율이 낮다.
세라믹 파이버	파이버 적층	3M사 이스즈 자동차	3M사제의 세라믹스 파이버를 스테인리스 다공관에 감아붙이거나 천모양으로 짠 것을 감아 붙이고 캔들타입으로 한다. 또 이스즈는 SiC파이버의 부직포를 엘리먼트 모양의 필터로 하여 자사의 버스에 채용하고 있다.

허니컴 구조는 다공질벽에 의해 PM을 여과하는 것으로 여과효율이 높은 것이 특징이다. 그리고 여과벽의 면적은 대단히 크고 그림 37-17에 나타내는 필터에 있어서 자리(라다미) 2.4조분의 면적이 있다. 이 면적

위에 PM이 퇴적된다고 생각하면 쉽게 알 수 있다. 이것은 허니컴 구조가 표면적을 취하는 구조이어서 얼마나 효율적인가를 알 수 있다. 이와 같은 사실은 3원촉매담체로서의 추세를 보면 명백하다. 그리고 여과효율의 높은 필터는 일반적으로 재생이 어렵다. 이것은 단위시간당의 PM 여과량이 많고 그 PM이 재생되므로 필터에 대한 부하가 커지기 때문이다.

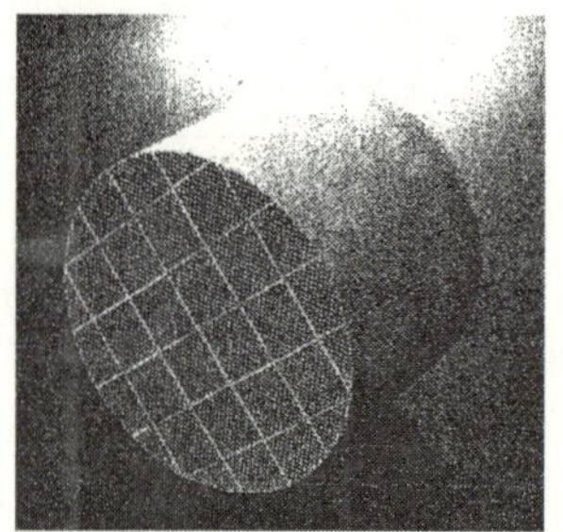

그림 37-17. SiC-DPF(4.5Liter)

허니컴 구조의 필터재료로서 대표적인 것으로서 탄화규소(SiC)와 코디에라이트가 있다.

SiC의 특징은 고강도, 고열전도율, 고내열성이고 선팽창계수가 코디에라이트보다도 크다고 하는 결점이 있다(세라믹 중에서는 충분히 작은 부류에 들어간다). 그 때문에 열충격에 의해 크랙이 생긴다고 하는 문제가 있다. 이와 같은 사실로부터 1개의 필터의 체적을 작게 하고 열응력의 발생을 작게 하는 데 따라 그 열충격파괴를 방지한다고 하는 유닛구조형이 제안되고 있다. 그 수법은 유닛필터를 탄성지지될 수 있는 접착제로 결합하여 1개의 필터를 형성한 것으로 접착제의 역할도 대단히 중요하다.

그리고 그 내열성, 반응성, 열전도성, 탄성 등 모든 요건이 요구를 만족하지 않으면 안 된다. 또 유닛구조형은 DPF에 요구되는 가혹한 조건과 24만km라고 하는 거리 및 시간에 걸치는 신뢰성 확보에 있어서 중요한 역할을 하고 있다. 그림 37-18에 고의로 재생한계의 3배가 되는 PM을 포집하고 재생하여 파괴에 이르게 한 모양을 나타낸다. 사진에서 관찰되는 바와 같이 그 균열의 진전은 접착제층에서 분단되어 연속되지 않는다. 그리고 30g/L까지는 외표면에도 나타내지 않는 치명적인 링 오프 크랙을 방지하고 있다. 이와 같이 오랫동안에 있어서 PM의 배출을 억제한다고 하는 기본적인 요건을 만족시키기 위해 한계를 초과하였을 때의 거동 안정성도 DPF에는 구해진다.

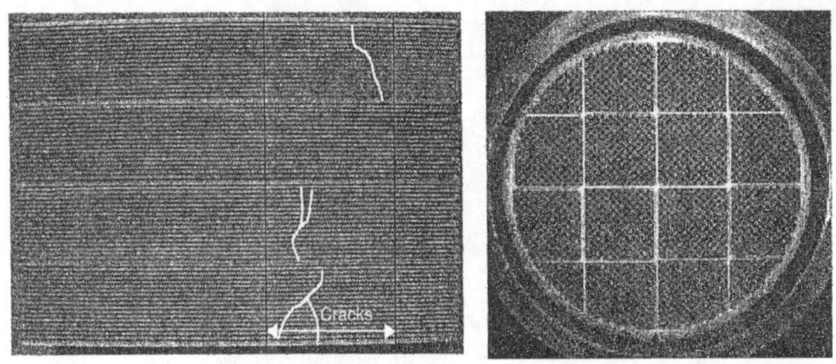

그림 37-18. 한계상(그을음량 30g/L) 파괴시험(컨트롤 재생)

4.2 기공형성기술

SiC재는 SiC입자를 재결정법이라 불리워지는 소결방법에 의하여 입자 사이를 체적확산시키는 방법으로써 결합하고 있다. 그 때문에 구상의 입자가 연결하여 기공구조를 형성하고 있다. 이렇게 하여 요구기능에 적합한 기공구조가 되면서 여과기구를 설계될 수 있다. 그림 37-19(a)는 비교적 작은 입자에 의해 기공을 형성한 경우의 여과기구를 나타낸다. PM은 벽위에 퇴적, 완전한 표면여과가 달성되어 있다. (b)는 (a)의 입자를 그대로 크게 한 기공구조이다. PM이 침투되어 있고 심층여과와 표면여과가 섞여서 혼재하고 있다. (c)는 (a)의 기공구조에 구멍을 조성하는 조공재를 도입시켜 대기공을 고의로 형성한 것이다. 표면에 凹凸이 형성되어 표면 가까이의 대기공 중에도 PM이 퇴적하는 양상이 관찰된다. 이와 같은 포집형태와 성능과의 관계는 흥미가 깊다.

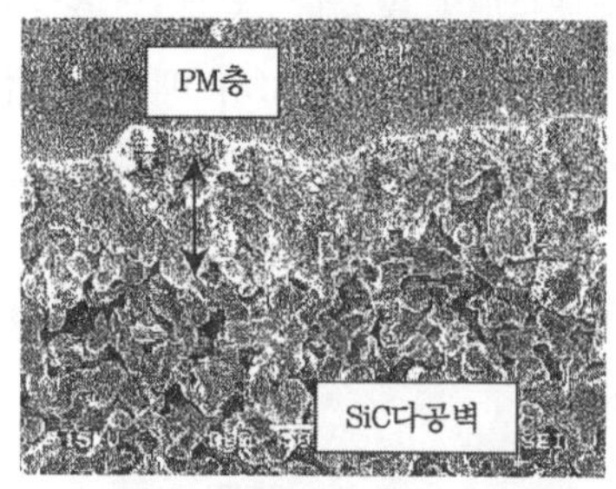

(a) 입자경 10 μm, 기공경 9 μm
기공률 42% 완전표면 여과

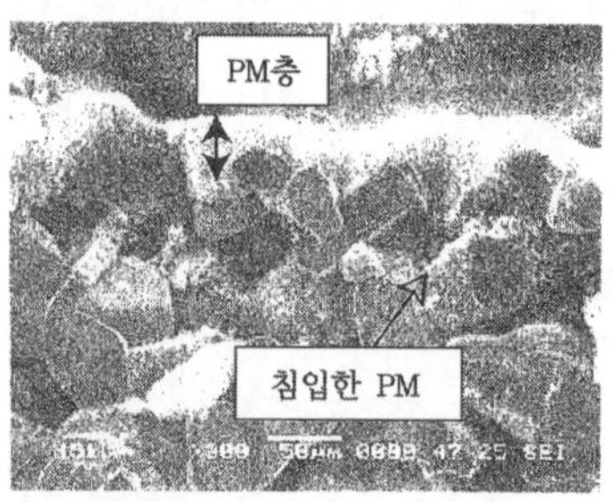

(b) 입자경 30 μm, 기공경 30 μm
기공률 50%(표면여과+심층여과)

(c) 입자경 10 μm, 기공경 20 μm
기공률 60%(표면여과+심층여과)

그림 37-19. 기공구조와 여과기구

4.3 촉매코팅

디젤의 배기가스정화시스템에는 산화촉매나 앞으로 NO_x 처리촉매, 그을음 연소촉매 등의 여러 가지 촉매를 사용하려는 움직임이 있다. 그 때문에 DPF도 촉매를 코팅할 유효한 장소로서 이용하려고 하는 움직임이 당연히 있다.

DPF에 PM을 여과하는 기능에 더하여 CO, HC, NO_x를 처리하는 기능도 가지도록 하는 것으로 디젤 후처리용 4원촉매 컨셉트이다. 기능을 어느 정도 분할하여 생각하는 방법과 그 방법을 완전히 집약시키는 컨셉트이다.

3원촉매의 경우 그림 37-20(a)에 나타내는 것과 같이 벽 위에 촉매코팅을 한다. 그러나 DPF의 경우는 가스유체는 벽 속을 통과하므로 벽내에 코팅을 담지하는 편이 효율이 좋다. SiC의 경우 입자가 구상이고, 그 표면적인 여과벽의 100여 배가 되므로 코팅층이 얇게 될 수 있다. 그림 37-20(b)에 실제로 SiC 표면에 코팅층을 균일하게 담지한 예를, 그림 37-21에 그 효과를 가스정화특성으로 나타낸다.

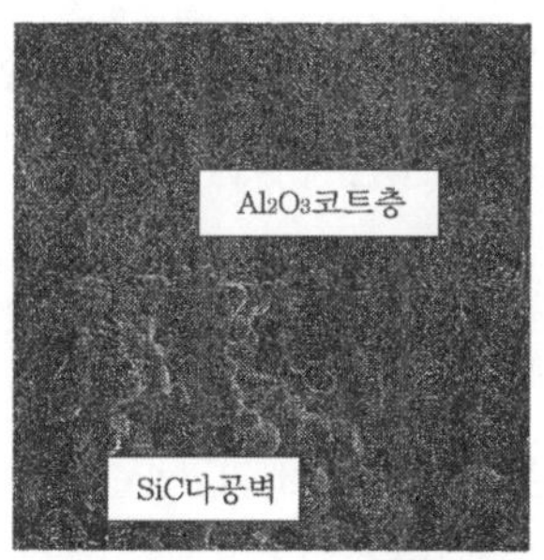

(a) 종래코팅

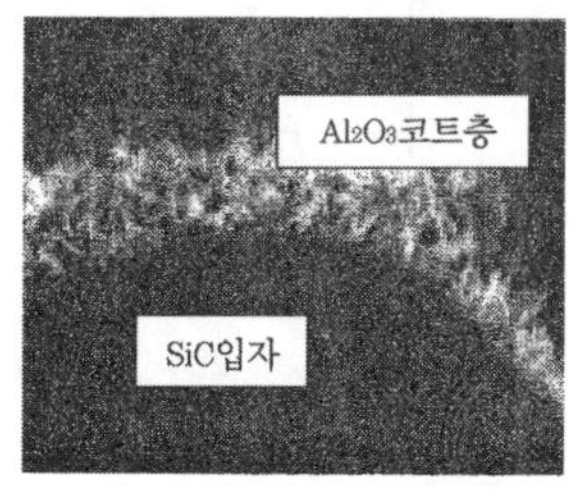

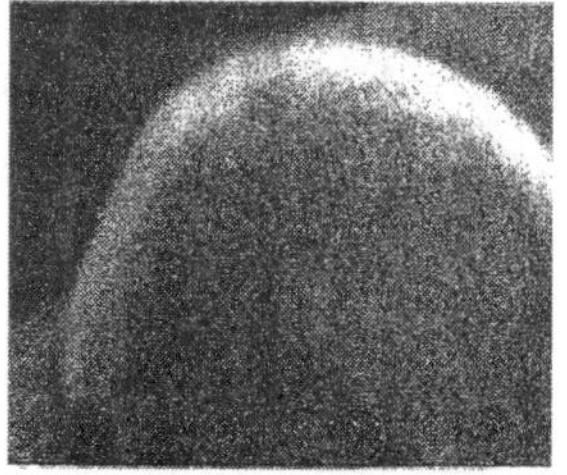

(b) 입자상 코팅

그림 37-20. SiC 입자상에서의 코팅

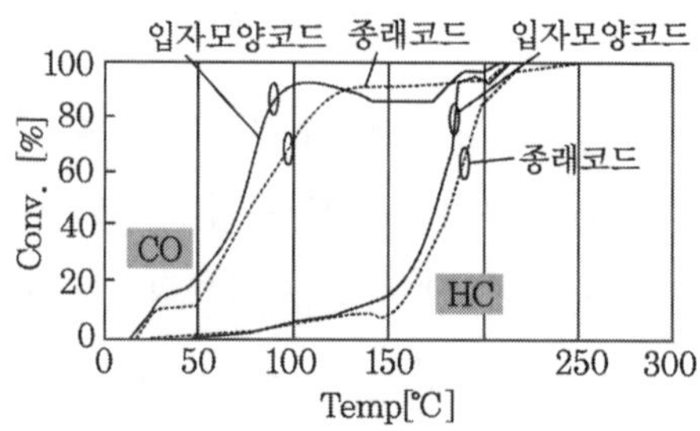

그림 37-21. 유럽에 있어서 배출가스 규칙과 대응기술

5. 디젤차에 있어서 배출가스 대응 기술

표 37-3에 미연소 가스에 있어서의 가솔린과 디젤에 대하여 배출가스 특성의 차이를 나타낸다. NO_x, CO, HC 배출레벨에 있어서 미연소가스의 상태에서는 가솔린엔진이 디젤엔진보다도 청정한 엔진으로 일컬어지는 것은 3원촉매와 산소센서의 출현에 의한 것이다. 즉, 가솔린과의 차이는 연소방식 그것 때문인 것이 아니고 배출가스 대책기술을 포함한 엔진시스템으로서의 현시점의 차이다.

표 37-3. 가솔린과 디젤의 배기가스 특성차이(미연소가스)

성분	가솔린	디 젤
공연비	14.7	20~60
NO_x	500~1500ppm	400~1300ppm
CO	1000~3000ppm	300~3000ppm
HC	300~800ppm	40~200ppm
PM	–	20~500mg/m^3
SO	220ppm	50~200ppm
O_2	0.2~0.5%	6~16%
CO_2	~12%	~7%
H_2O	~13%	~10%

그림 37-22에 DPF를 사용하였을 때의 배출가스 대응방침을 나타낸다. PM과 NO_x의 트레이드 오프의 곡선상에서 DPF를 사용하면 완전히 PM의 문제는 해결될 수 있다.

트레이드 오프의 한 요인을 완전히 배제될 수 있는 것은 엔진기술에 있어서 다른 자유도를 현저하게 증가시키는 것으로 이어진다.

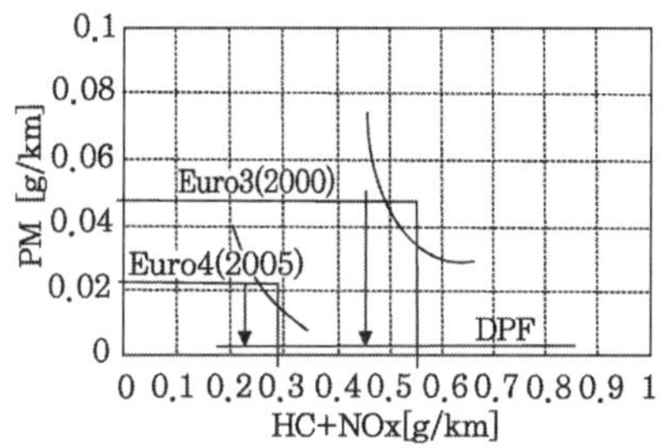

그림 37-22. 코팅방법의 차이에 의한 라이트오프 특성의 차이

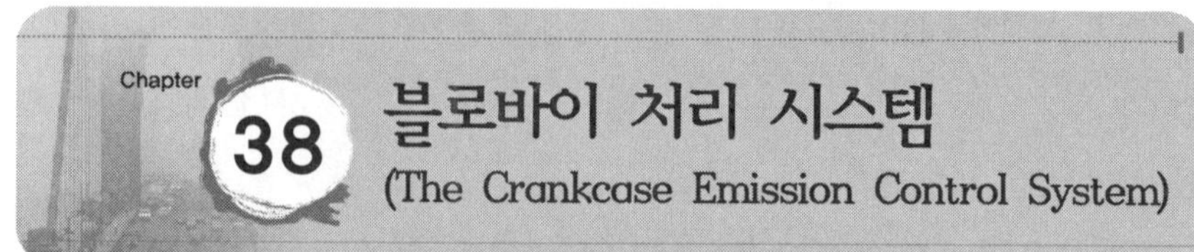

Chapter 38 블로바이 처리 시스템 (The Crankcase Emission Control System)

1. 머리말

화석연료자원의 고갈이나 지구온난화방지에 대응하기 위하여 자동차의 자원에너지 절약과 에미션 저감이 중요한 과제로 되어 있다. 엔진의 블로바이 처리 시스템은 이들의 요구에 대응하기 위하여 에미션이나 엔진오일의 열화억제에 크게 기여하는 중요한 기술이다.

2. 크랭크 케이스 벤틸레이션 시스템

블로바이 처리 시스템이란 크랭크 케이스 벤틸레이션 시스템과 오일세퍼레이터 시스템의 2개의 시스템의 총칭이다. 먼저 크랭크 케이스 벤틸레이션 시스템에 대하여 설명한다.

2.1 크랭크 케이스 벤틸레이션 시스템의 역할

연소실에서 피스톤과 실린더벽의 틈새를 통해 크랭크 케이스 내로 유입되는 가스를 블로바이 가스라 한다. 이 가스의 조성은 약 70%가 미연소가스(흡입혼합기 혹은 부분산화를 받은 탄화수소), 약 30%는 배기가스이다(그림 38-1).

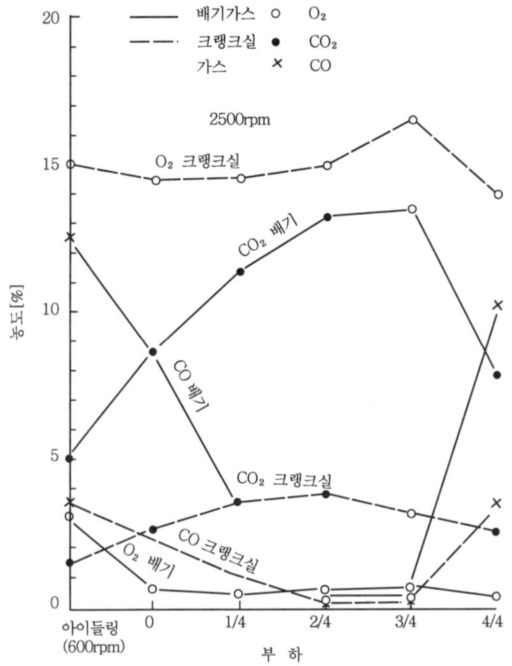

그림 38-1. 배기와 크랭크실 가스성분 비교

미연소 HC가 대기오염의 원인이 되는 것이 확인되었기 때문에 블로바이 가스의 대기방출을 멈추게 하며, 연소실로 환원시켜 연소처리하는 크랭크 케이스 벤틸레이션(PCV : Positive Crankcase Ventilation) 시스템의 장착이 의무화되고 있다. 또 다음에 기술하는 엔진오일의 열화를 억제한다고 하는 역할도 가지고 있다. 이것에는 다음과 같은 타입이 있다.

1) 오픈타입(Open type)
2) 쉴드 타입(Shield type)
3) 클로즈드 타입(Closed type)

2.2 타입과 특징

1) 오픈 타입(그림 38-2(a))

크랭크케이스 내에 공기도입구를 마련하여 여기로부터 도입된 공기, 즉 블로바이 가스를 함께 실린더 헤드커버로부터 인테이크 매니폴드에 흡입시켜 연소시킨다. PCV 시스템으로 블로바이 가스의 흡인량을 무리하게 증가시키면 엔진성능을 저하시키는 요인이 된다. 이 때문에 가스유량을 조정하는 컨트롤밸브(이하 PCV / Valve)를 마련하고 있다. 이 타입은 고부하시에 PCV / Valve의 흡입능력을 저하시키고, 흡입되지 않는 블로바이 가스가 공기 도입구에서 대기중에 방출되는 결점이 있다.

2) 쉴드(Shield) 타입(그림 38-2(b))

실린더 헤드커버와 에어클리너를 호스로 결합하여 블로바이 가스를 에어클리너 엘리먼트를 통해 흡입시킨다. 이 타입은 블로바이 가스가 대기중으로 방출되지 않고 구조도 간단하고 값이 저렴하다. 그러나, 신선한 공기 도입이 되지 않으므로 크랭크 케이스 내의 환기가 불가하고, 오일이 열화되기 쉽다고 하는 결점이 있다.

3) 클로즈드(Closed) 타입(그림 38-2(c))

이 타입은 오픈 타입과 쉴드 타입의 이점을 합해서 가지고 있다. 블로바이 가스의 유량제어와 신선한 공기에 의한 크랭크 케이스 내의 환기가 가능하고 엔진성능에의 영향이 적고 대기중에의 가스방출도 없다. 현재의 가솔린엔진의 경우는 대체로 이 방식을 채용하고 있다.

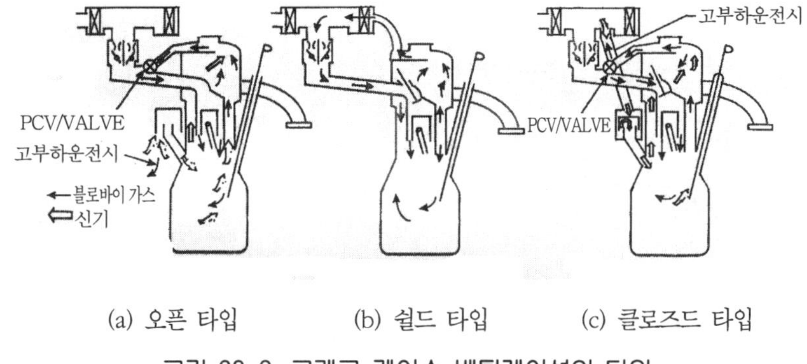

(a) 오픈 타입 (b) 쉴드 타입 (c) 클로즈드 타입

그림 38-2. 크랭크 케이스 벤틸레이션의 타입

2.3 PCV / Valve 유량 특성

PCV / Valve는 밸브보디에 밸브와 스프링이 조립된 것으로 흡기관과 엔진본체계 부품과의 사이에 장착되어 엔진의 운전상태에 의해 블로바이 가스의 흡입량과 신선한 공기 도입량을 그림 38-3과 같이 제어한다.

PCV / Valve는 2개의 오리피스(Orifice)부가 있어서 그 사이를 스프링을 사용하여 유량특성을 변화시키는 것으로 생각하면 된다. 흡기관 부압이 낮을 때에는(고부하시) 스프링의 하중에 의해, 밸브는 블로바이 가스 입구부근에 위치하고 있다. 흡기관 부압이 높을 때(저부하시)는 흡기관의 부압력으로 밸브를 흡기관 쪽으로 이동, 유량제어를 하고 그림 38-3과 같이 유량특성을 나타내고 있다. 단, 블로바이 가스유량은 실린더내 압력, 즉 엔진부하에 의하여 크게 영향을 받으며 엔진부하가 높은, 즉 흡기관 부압이 낮을수록 유량은 커진다.

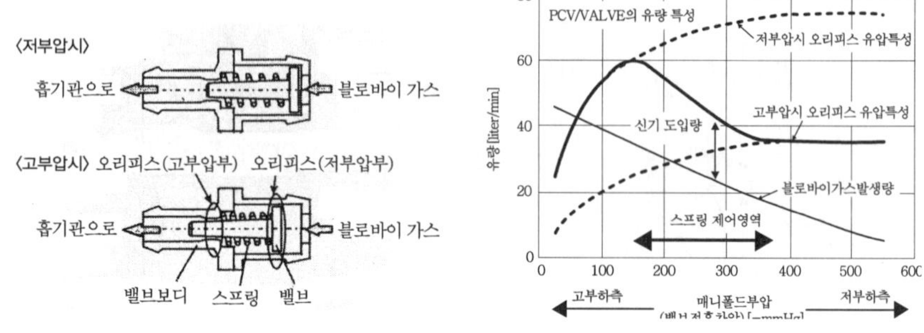

그림 38-3. PCV/VALVE 구조와 유량 특성

저부하측의 PCV / Valve 유량은 블로바이 가스량보다도 많아지도록 설계된다. 그 유량의 차이가 엔진내의 신선한 공기 도입유량이 되고 신선한 공기 도입량이 많아질수록 크랭크 케이스 내의 환기율은 향상된다. 크랭크 케이스 내의 환기율을 향상시키기 위해서는 PCV/Valve의 유량을 많아지게 하면 흡입혼합기의 공연비는 희박해지는 것으로 아이들 회전속도를 높일 것을 필요로 한다.

그 때문에 PCV / Valve는 2개의 오리피스부가 있고, 저부하측의 유량의 저감을 도모하고 있다.

3. 오일열화의 메커니즘

가솔린엔진의 오일열화는 고온에서의 산화반응에 의한 열화와 저온에서의 산화반응에 의한 열화의 2가지로 분류된다. 고온에서의 산화반응은 기유의 탄화수소의 자동산화이고, 온도가 10℃ 상승할 때마다 반응속도가 거의 2배로 된다.

고온에서의 오일의 열화는 오일 중의 극성화합물이 중합, 축합하여 슬러지(sludge)로 된다. 한편으로, 저온에서의 산화열화는 엔진의 크랭크실, 실린더 헤드 커버 내에 기름이 끈적끈적하고 조밀한 슬러지, 즉 저온 슬러지가 퇴적된다.

따라서 엔진 내의 환기율이 저온에서의 오일열화에 미치고 영향이 커진다. 여기서는 저온 슬러지 발생의 메커니즘과 엔진 운전조건에 의한 영향에 대하여 설명한다.

3.1 저온 슬러지 생성 메커니즘

그림 38-4에 저온 슬러지의 발생 메커니즘을 나타낸다. 저온 슬러지는 연소가스 중의 연소생성물, 특히 NO_x와 물이 반응하여 초산, 아초산으로 되어 오일 중에 혼입되고 또한 미연소연료와 반응하여 슬러지 바인더 프리커서(Sludge Binder Precursor)가 된다. 그 후 오일 중에 산화, 중합에 의해 슬러지 바인더로 되고, 다시 오일 중의 불용해분, 수분, 연료 등과 결합, 오일이 가열되는 데 따라 슬러지가 생성되는 것으로 생각된다.

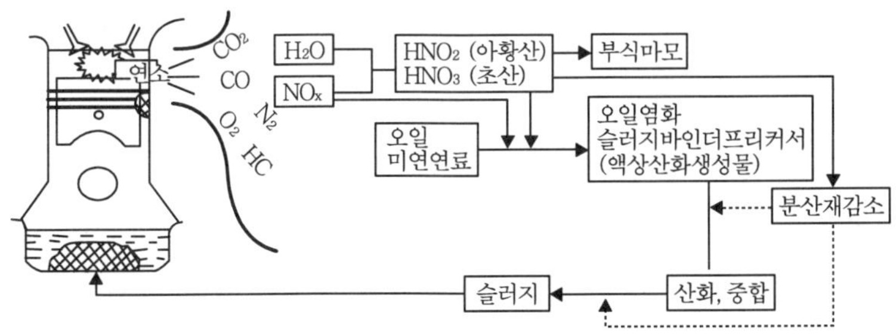

그림 38-4. 저온 슬러지 생산 메커니즘

3.2 NO_x의 혼입경로와 혼입량

슬러지 생성에 크게 영향을 끼치는 요인인 연소가스 중의 NO_x 혼입경로에 대하여는 아래에 기술하는 경로(그림 38-5)가 생각된다.

① 실린더 벽의 유막 및 피스톤 링의 홈의 오일을 통하여 혼입하는 경로
② 크랭크 케이스, 실린더헤드커버 내의 가스로부터 오일에 혼입하는 경로

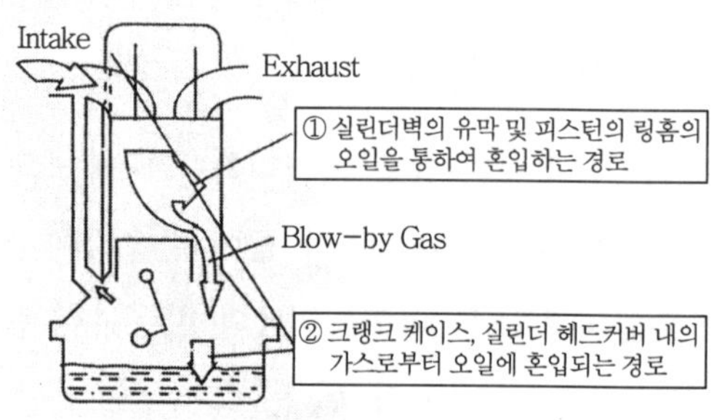

그림 38-5. NO_x의 혼입경로

연소가스 중의 NO_x는 연소~배기 행정중에 실린더 벽의 유막에 접촉하고, 또 연소가스가 연소실에서 크랭크 케이스로 분출될 때에도 피스턴의 링홈의 오일에 접촉한다.

①은 이들 양방으로 접촉하는 경로를 생각케 한다. 블로바이로서 크랭크 케이스, 실린더 헤드커버 내에 유입된 NO_x는 오일팬, 실린더 헤드커버 내의 오일과 접촉한다. ②는 여기서 혼입하는 경로를 생각케 한다. 크랭크 케이스 내의 NO_x 농도를 변화시켰을 때 오일 중의 초산, 아초산, 이온농도의 변화를 그림 38-6에 나타낸다. 크랭크 케이스 내의 NO_x 농도가 0ppm일 때 아초산 이온농도를 그동안 알려져 있는 여러 가지 지식

으로부터 추측하여 구할 때에는 거의 0ppm이 된다. 따라서 오일 중에서 아초산 이온이 되고 NO_x는 경로 ②에서 혼입하는 것으로 생각되어진다.

한편 초산 이온농도는 크랭크 케이스 내의 NO_x 농도가 0ppm이 되면 그림 38-6에 나타내는 것과 같이 약 14ppm이 된다. 따라서 오일 중에서 초산이온이 되는 NO_x는 경로 ①에서 혼입된다. 또 초산 이온농도는 크랭크 케이스 내의 NO_x 농도의 증가에 대하여도 아초산 이온농도의 증가에 가까운 증가율로 증가되고 오일 중에서 초산이 되는 NO_x는 경로 ②로부터도 혼입되는 것으로 생각된다. 크랭크 케이스 내의 NO_x 농도가 110ppm일 때 오일 중의 초산 이온농도는 21 ppm이다. 경로 ①에서 14ppm이 혼입되므로 경로 ②로부터의 혼입량은 7ppm이다.

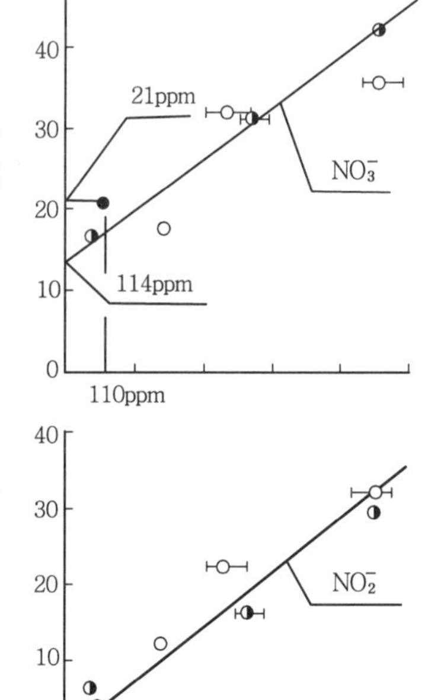

따라서 오일 중에서 초산 이온으로 되는 NO_x는 주로 경로 ①에서 혼입된다고 생각된다.

3.3 엔진의 온도조건이 NOx의 혼입량에 주는 영향

엔진오일의 온도와 실린더 벽의 온도를 동시에 변화시켰을 때의 오일 중의 초산, 아초산 이온농도를 그림 38-7에 나타낸다. 초산 이온농도는 엔진오일의 온도와 실린더 벽의 온도에 대하여 거의 일정하다. 아초산 이온농도는 온도의 저하와 더불어 증가한다. 특히 실린더 헤드커버 안쪽의 표면온도가 29℃ 부근부터 급증하고 있다.

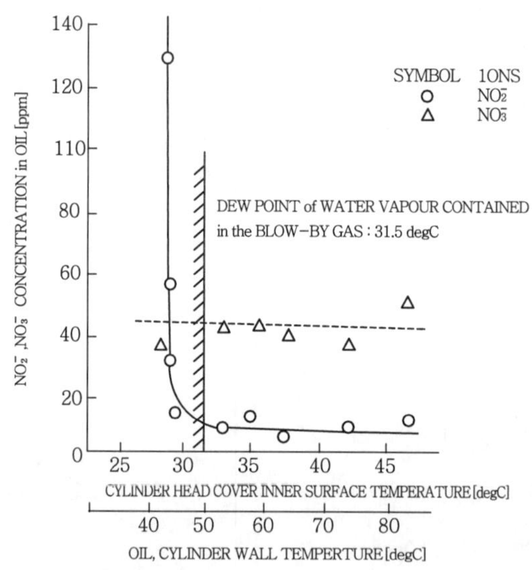

그림 38-7. 오일온도와 오일 중의 초산, 아초산 이온농도

크랭크 케이스 내의 가스성분으로부터 가스 중의 수분의 노점(이슬맺힘점 : dew point)을 계산하면 31.5℃이다.

따라서 엔진오일의 온도, 실린더 벽의 온도 저하, 즉 엔진 전체의 온도 저하에 의하여, 크랭크 케이스 내의 가스 중 수분이 응축되고 그곳에 NO_x가 흡수되어 물과 함께 오일에 혼입되기 때문인 것으로 생각된다.

또 벤치테스트에서 엔진의 각 부품의 온도의 경향을 그림 38-8에 나타낸다. 실린더블록, 실린더 헤드의 온도는 엔진오일의 온도와 동등한 온도이나 실린더 헤드커버, 엔진 프론트커버의 부품은 실린더블록, 실린더 헤드의 온도보다도 10~20℃정도 낮은 경향을 가지고 있다. 이것은 외기온도의 영향을 받기 쉽기 때문이고 실차의 경우도 같은 경향인 것으로 생각된다.

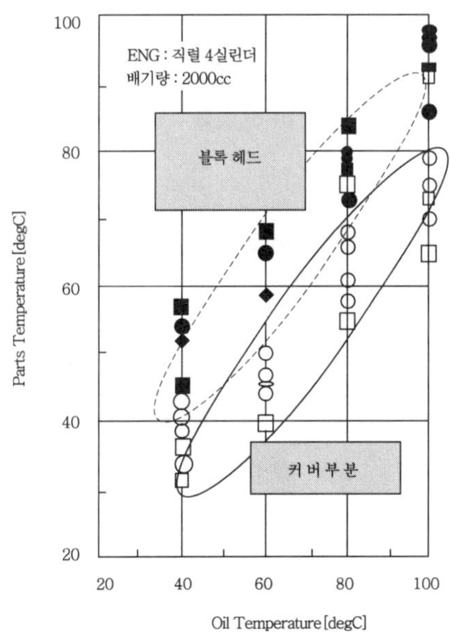

그림 38-8. 오일온도와 엔진 각부의 온도

따라서 가스 중의 수분응축에 의한 엔진오일 중에 NO_x 혼입은 먼저 실린더 헤드커버나 엔진 프론트커버의 온도가 가스 중의 수분의 노점(이슬맺힘점) 이하가 된다. 그로부터 NO_x가 흡수되어, 물과 함께 오일에의 혼입이 이어지는 것으로 생각된다.

3.4 주행조건이 NOx의 혼입량에 주는 영향

오일의 열화도는 주행조건에 이해 크게 달라진다. 일반적으로 발진과 정지를 반복하는 운전은 저온에서의 슬러지 생성을 촉진하는 것으로 알려져 있다.

그림 38-9는 주행거리와 오일 열화도를 나타낸다. 사용되는 방법에 따라 3그룹으로 나눌 수 있다. 경찰에서 사용하는 차(주로 패트롤카)는 장시간의 아이들링, 전부하에서의 고속주행이나 발진과 정지를 반복하는 운전이 많은 것이 특징이고, 일반적으로 운행하는 자동차와 비교하여 오일의 수명이 짧다. 택시 등 영업용 차량은 장시간의 아이들링 상태로 사용하나 패트롤카와 같은 고부하운전을 하지 않으므로 중간에 위치하는 것으로 생각된다.

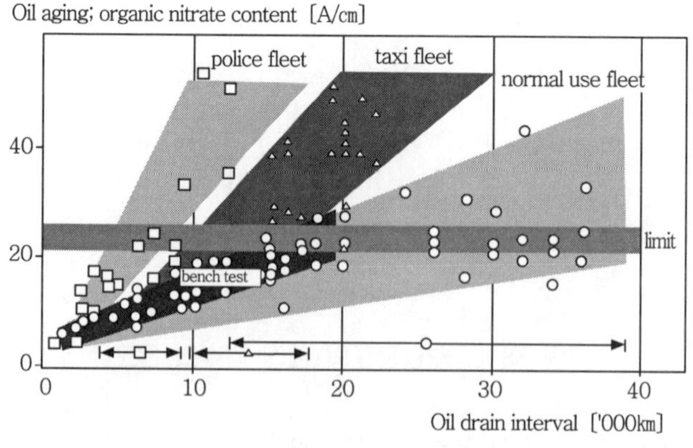

그림 38-9. 시장에서의 오일수명

이것은 아이들링 상태에서는 엔진 전체의 온도가 낮으므로 NO_x가 오일 중에 다량으로 혼입되어 간다. 그 후 발진, 가속을 동반하는 엔진오일의 가열에 의해 슬러지 바인더 프리커서(Sludge Binder Precursor)로 되어 다시 산화, 중합을 반복하는 데 따라 슬러지가 생성된다. 따라서 패트롤카는 이 운전을 반복하기 때문에 일반적으로 운행하는 자동차와 비교하여 오일의 수명이 짧아진다.

4. 벤틸레이션에 의한 오일열화에의 영향

4.1 엔진 내의 환기율의 영향

크랭크 케이스, 벤틸레이션 시스템의 오픈 타입과 크로스드 타입은 신선한 공기를 엔진내에 도입하여, 환기하는 것이 가능하다. 그림 38-10에 엔진 내의 환기율을 변화시켰을 때의 NO_x 이온농도의 변화를 나타낸다. 여기서 엔진 내의 환기율의 대용특성으로서 블로바이 가스 중의 성분 CO_2 농도를 사용한다. 실린더 헤드커버 내의 CO_2 농도와 크랭크 케이스 내의 CO_2 농도를 저감시킴으로써 오일중의 NO_x 이온농도를 감소시킬 수 있다.

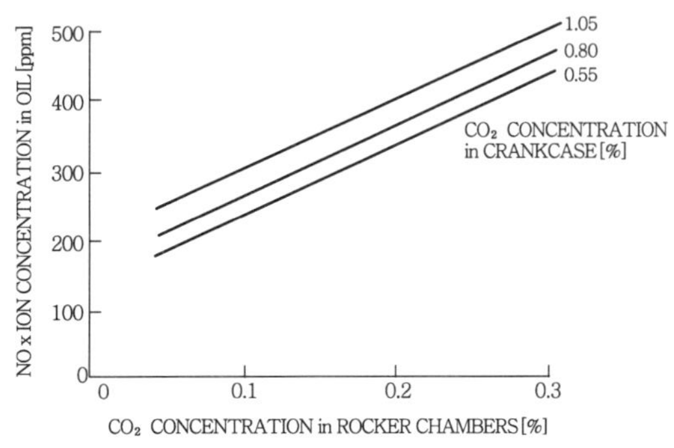

그림 38-10. 환기율과 오일 중의 NO_x 이온흡입량

실린더 헤드커버 내의 CO_2 농도를 0.1% 저감하는 것으로 오일 중의 NO_x 이온농도를 약 100ppm 저감시킬 수 있다. 이것은 크랭크 케이스 내의 CO_2 농도를 0.1% 저감하는 효과에 대하여 약 10배의 효과가 있다.

이것은 실린더 헤드커버의 온도가 크랭크 케이스(실린더블록)의 온도보다도 낮기 때문이다.

또 실린더 헤드커버에 PCV/Valve를 장착한 경우의 실린더 헤드커버 내의 CO_2 농도의 분포를 측정한 결과를 그림 38-11에 나타낸다. 신선한 공기의 도입구 부근의 A, B, C, D는 CO_2 농도가 낮게 되어 있으나 블로바이 가스를 흡인하고 있는 PCV/Valve 부근의 E, F, G, H의 CO_2 농도는 높게 되어 있고 크랭크 케이스 내의 농도와 동등하다.

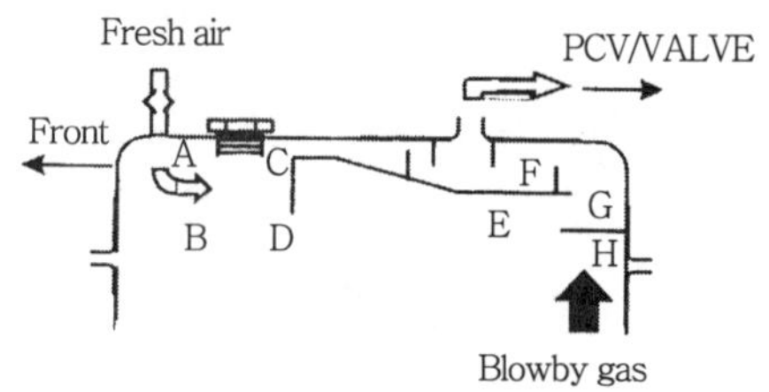

(a) CO_2 농도의 측정위치

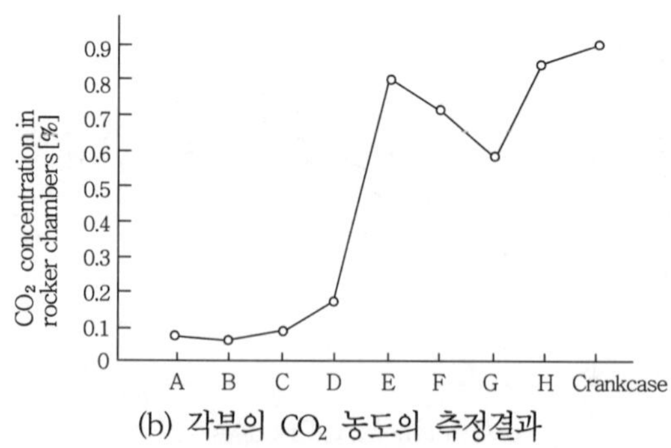

(b) 각부의 CO_2 농도의 측정결과

그림 38-11. 실린더 헤드커버에 PCV/Value를 장착한 경우 CO_2 농도의 분포

따라서 오일 중의 NO_x 이온농도를 저감시키기 위해서는 실린더 헤드 커버 내의 CO_2 농도를 저감시키고, 즉 블로바이 가스의 환기율을 향상시키는 것이 중요하다. 또 실린더 헤드커버 내의 CO_2 농도는 부위에 따라 불균일이 커질 가능성이 있기 때문에 되도록 균일하게 되도록 하는 설계상의 주의가 필요하다.

다음 오일 중의 NO_x 이온농도를 변화시켰을 때의 저온슬러지가 발생하는 시간의 변화를 그림 38-12에 나타낸다. 오일 중의 NO_x 이온농도를 100ppm 저감함으로써 저온 슬러지가 발생하기까지의 시간을 약 1.3배 연장할 수 있다. 즉, 실린더 헤드커버 내의 CO_2 농도를 0.1% 저감하는 것으로 저온 슬러지의 발생시간을 1.3배 연장시킬 수 있다고 하는 것이다.

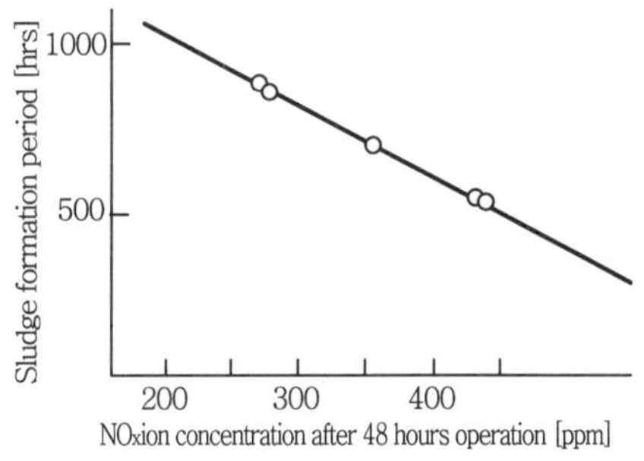

그림 38-12. 오일 중에 NO_x 혼입량과 저온 슬러지 발생시간

4.2 클로즈드 타입의 환기 종류

엔진 내의 환기율을 향상시키는 방책으로서는 ① PCV/Valve의 흡인유량을 증량시킨다. ② 블로바이 가스 발생량을 저감시킨다. ③ 블로바이 가스가 엔진 내에 확산하기 전에 흡인하는 3가지 방책을 생각할 수 있다. ①은 흡인혼합기의 공연비가 희박해지거나 아이들 회전속도를 빠르게 할 필요가 있게 되어 엔진 성능이 크게 급등한다. ②는 피스턴링의

절개구 틈새를 작게 하는 등의 방책이 있으나 극저온시의 신뢰성을 고려하여 신중히 설계할 필요가 있다. 여기서는 ③에 대하여 기술한다.

기본적으로 생각할 수 있는 방법으로는 PCV/Valve의 흡인위치를 2종류로 대별할 수 있다(그림 38-13). 신선한 공기의 도입구의 설정위치는 실린더 헤드커버 내에 신선한 공기를 적점 도입하는 것을 목적으로 실린더 헤드커버에 설정한다. 또 에어덕트와의 사이를 호스로 연결하므로 실린더 헤드커버에 신선한 공기 도입구를 설정하는 편이 레이아웃을 설정함에도 용이하다. 그림 38-13(a)는 크랭크 케이스에 PCV/Valve의 흡인구를 설정한 예이다. 연소실에서 크랭크 케이스 내에 누설되는 블로바이 가스가 바로 흡인될 수 있다고 하는 장점이 있고, 환기율에 대한 효율은 대단히 좋다. 단, 흡기관에서 크랭크 케이스까지 호스로 이어주는 레이아웃의 설정이 어려워지고, 원가절감 측면에서 어려운 것 및 오일세퍼레이트실로의 오일유입량이 많아지고, 기액분리 성능면에서 어렵다고 하는 등의 단점이 있다. 그림 38-13(b)는 PCV/Valve의 흡인구를 실린더 헤드커버에 설정한 예이다. 이러한 타입으로의 장점, 단점은 앞에서의 그림 38-13(a)와는 반대가 된다.

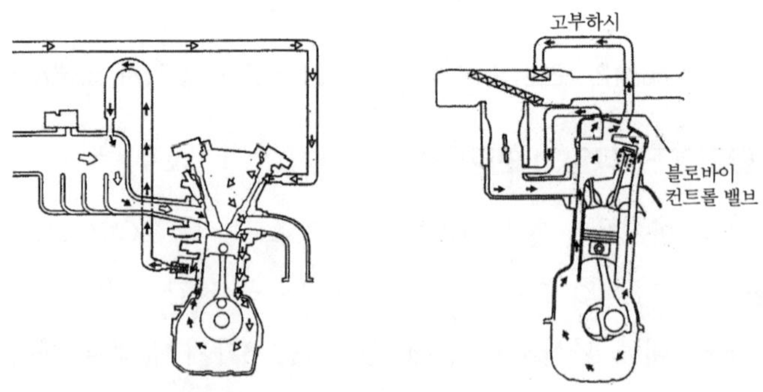

(a) 크랭크 케이스로부터의 흡인 예 (b) 실린더 헤드커버로부터의 흡인 예

그림 38-13. PCV/value의 흡인 위치

따라서 벤틸레이션 시스템을 개발할 때에는 목표로 하는 오일수명, 블로바이 발생량, PCV/Valve 유량, 레이아웃 요건 및 코스트 등을 고려하여 종합적으로 밸런스가 우수한 타입을 설계해 나갈 필요가 있다.

5. 오일세퍼레이터 시스템

벤틸레이션 시스템에서 엔진과 인테이크 매니폴드, 에어덕트 사이를 호수로 이어주는 경우에, 호스를 접속하면 엔진 내의 오일이 흡기계로 끌려들어 간다. 밸브에 침전되고 에어클리너에의 오일부착에 의한 필터막힘 등의 문제가 발생한다. 따라서 엔진오일이 흡기계에 끌려들어가지 않도록 하기 위해서는 호스와의 접속부분에 오일세퍼레이터를 설정할 필요가 있다. 또 PCV/Valve 쪽에만 설정하는 것이 아니고 고부하시에는 블로바이 발생유량이 PCV/Valve 흡인유량을 상회하므로 신선한 공기 도입구 쪽에도 설정할 필요가 있다. 이것을 오일세퍼레이터 시스템이라 한다.

5.1 오일세퍼레이터의 방식

그림 38-14에 오일세퍼레이터의 종류를 나타낸다. 그림 38-14(a)는 충돌판 방식이고, 오일세퍼레이터 실내의 가스 흐름의 속도를 변화시킴으로써 오일미스트를 충돌판에 충돌시켜, 기액분리를 하고 오일미스트를 회수하는 방식이다. 이 타입은 실린더 헤드커버 등에 일체로 형성하는 것이 가능하고, 낮은 원가로 대응이 가능한 메리트가 있다. 그림 38-14(b)는 사이크론 방식이다. 세퍼레이터 실내에 유입되는 오일미스트를 원심력으로 가스와 오일로 분리, 오일을 벽에 충돌시켜 기액분리를 한다. 이 타입은 엔진 본체의 바깥쪽에 설정되기 때문에, 회수된 엔진 내

에 되돌리기 위한 호스가 필요하기 때문에 충돌판 방식에 비교하여 코스트가 높다. 오일세퍼레이터의 형상변경, 개발이 필요하게 되나 사이클론식의 경우는 그와 같은 영향을 받지 않는 등의 메리트가 있다. 그림 38-14(c)는 전기식의 오일세퍼레이터이다. 세퍼레이터 실내로 유입된 오일 미스트에 전위를 가지게 하여 오일세퍼레이터실의 바깥면에 부착시키는 원리이다. 본 구조는 오일미스트의 포착효율이 약 100%에 가깝고, 충돌판 방식이다. 사이클론 방식의 50~70%와 비교하여 포착효율이 우수하다. 또 구조상 압력손실이 작은 것도 특징이나, 코스트가 높은 것이 불리한 요인이다. 본 타입은 최근에 고안되어 있다.

현재의 채용사례로는 충돌판 방식이 가장 많이 채용되고 있다.

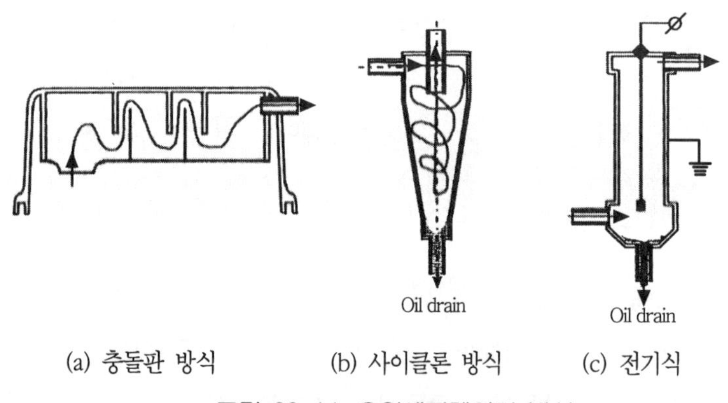

(a) 충돌판 방식 (b) 사이클론 방식 (c) 전기식

그림 38-14. 오일세퍼레이터 방식

5.2 오일미스트의 입경분포

오일세퍼레이터에 유입하는 오일미스트의 입경분포의 측정방법으로서는 배기가스 중의 더스트 입경분포의 측정에서 사용하는 계측기기인 개스킷 임펙터를 응용한 사례가 알려져 있다.

6종류의 가솔린이나 디젤엔진의 입경분포를 측정한 결과를 그림 38-15에 나타낸다. 엔진 내에서 발생하는 오일미스트의 입경은 1㎛ 전후가 가장 많다고 하는 것을 알 수가 있다. 이것은 엔진회전속도, 부하에 따르지 않은, 특성을 그림 38-15에 보여주고 있다.

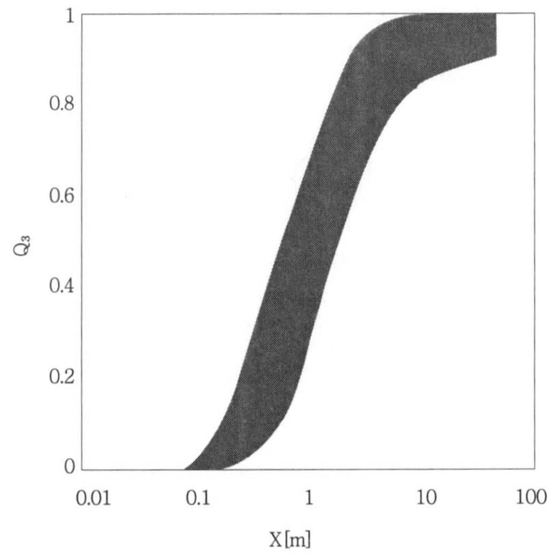

그림 38-15. 오일미스트 입경분포 측정결과

상이한 엔진인 경우도 동일한 측정방법으로 실시한 결과가 그림 38-16과 같은 특성을 얻을 수 있음을 확인하고 있으나, 오일미스트의 질량은 상이하다. 이것은 오일세퍼레이터실의 가스 흡입구의 위치에 따라 오일미스트의 발생량이 상이한 때문인 것으로 생각된다.

5.3 오일세퍼레이터의 설계방법

오일세퍼레이터는 1㎛ 전후의 오일미스트를 효율적으로 포집할 수 있는 것이 중요하다. 그렇게 하기 위해서는 가스흡입구의 위치를 오일미스

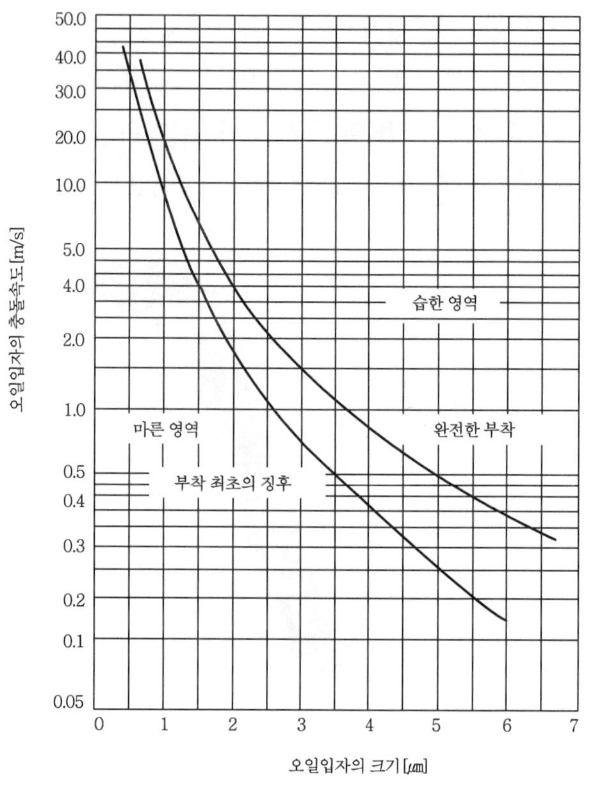

그림 38-16. 오일미스트 부착성능

트가 적은 위치에 설치하는 것이 중요하다. 오일미스트의 적은 위치란 실린더 헤드커버에서 캠로브 근방을 피하는 부분이라는 것을 경험적으로 알고 있고 크랭크 케이스는 오일미스트량도 많고, 흡입구를 설정하는 데 적합하지 못하다. 또 오일세퍼레이터의 개발을 실험평가에 따라 이론적인 기술의 축적도 어렵기 때문에 설계방법, 사양은 각 회사에 따라 다르다. 일반적으로 고려할 사항은 오일미스트의 부착성능 그림 38-16으로 판단함이 가능하다. 이것은 오일의 입자크기와 그것이 벽에 충돌되었을 때 벽에 부착하기 위해 필요한 충돌 속도와의 사이에 관계가 있고 오일의 입자가 작아질수록 부착이 어렵다. 또 속도가 클수록 부착이 쉬워진다. 이 충돌속도와의 관계가 어렵다. 또 속도가 클수록 부착이 쉬워진다. 이 충돌속도의 생각하는 방법은 오일세퍼레이터 실내의 각부분의 유속을 설계하여 실시하고 있다. 또 이것을 근본으로 CFD 해석을 실시한 예도 보고 되고 있다. 금후 이 분야의 기술축적이 진전되어 나갈 것으로 생각된다.

6. 뒷 글

블로바이 처리 시스템을 개발하는데는 오일세퍼레이터나 PCV/Valve라고 하는 부품단위로 검토하는 것은 아니고 엔진 전체에서의 최적화 설계가 중요하다. 특히 저온 슬러지 생성의 메커니즘을 충분히 이해하여 블로바이 처리 시스템이나 관련부품의 연구나 개발이 되어 있는 것만으로 가능하다.

Chapter 39 연료(가솔린, 경유) (Automotive Fuel Gasoline and Diesel Fuel)

1. 머리말

현재의 우리들 생활에 있어서 내연기관을 동력원으로 하는 자동차의 존재는 떼려야 떼지 못할 것으로 되어 있다. 근년 환경문제나 에너지 문제가 주목받고 있는 가운데 내연기관을 동력원으로 하는 자동차가 장래에 있어서 그 편의성이나 우위성을 계속 이어나가기 위해서는 그를 위한 성능향상, 환경에의 부하저감 및 에너지효율의 향상 등이 필요로 하게 되어진다.

일반적으로 승용차를 비롯한 소형차에는 가솔린 차, 트럭 등의 대형차에는 디젤 차가 이용되고 있고, 각각 연료로서 가솔린 및 경유가 사용되고 있다. 석유제품인 가솔린이나 경유는 원유에서 증류, 정제, 분해 혹은 개질(改質)에 의해 제조되고 있다. 그들의 품질은 자동차의 성능과 밀접하게 이어져 있는데 자동차용 연료로서 사용하고 있으므로 경우에 따라서는 여러 가지 요구를 만족시켜 주는 것이 중요하다.

여기서는 원유에서 가솔린이나 경유 중 제조하는 기술과 나라에 따라 자동차용 연료로 요구되는 품질이나, 그 규제동향에 대하여 언급함과 동시에 장래의 가솔린, 경유의 제조품질의 방향성에 대하여 기술한다. 석유정제에 관해서는 원유의 성생이나 제품수용구성이 제유소의 장치 구성이나, 그 가동률에 영향을 미치기 때문에 그들에 대하여도 간단히 기술한다.

2. 자동차용 연료의 수요와 그 동향

일본의 가솔린 판매량은 모터리제이션의 발전에 따라 가솔린차의 보유대수가 꾸준히 이어져서 근년에까지 이어지고 있다. 근년에까지 신장되고 있어서 2002년도에 있어서 가솔린 판매량은 전년도대비 +0.8% 증가이고 5,900만 킬로리터(KL)에 달할 것으로 예측된다. 한편 디젤차량에 주로 사용되는 경유판매량은 1997년도보다 감소되는 경향이 이어지고 있다. 트럭수송의 합리화나 가솔린차의 시프트 등의 영향을 받고 있는 것으로 생각된다.

그림 39-1에 가솔린과 경유의 국내판매량의 실적과 장래소비량을 승용차 및 화물차의 보유대수의 추이와 함께 나타내고 있으나, 이와 같은 상황은 금후에도 이어질 것으로 보아진다.

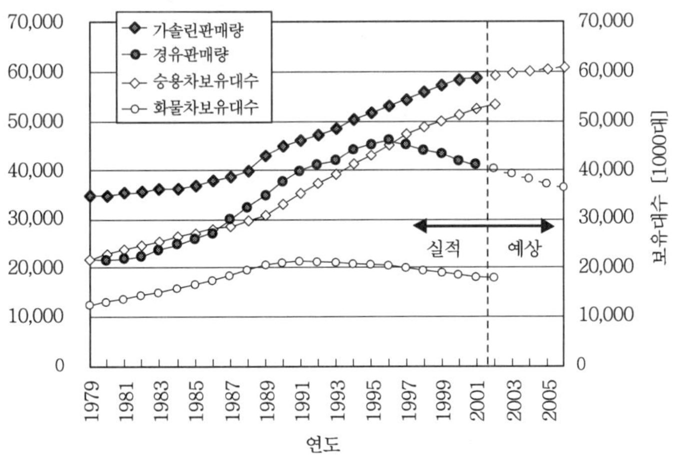

그림 39-1. 가솔린·경유의 일본내 판매량과 자동차 보유대수

3. 원유로부터의 연료유 정제 프로세스

일본은 미국에 다음가는 세계 제2위의 석유소비국이고 전 세계의 소비량의 8.3%를 소비하고 있다.

그리고 일본의 석유전체의 소비는 유럽 주요국과 비교하여 가솔린 등의 경질유분의 비율이 적고 등유나 경유의 비율이 높아져 있다.

석유자원을 가지지 않는 일본에서는 석유소비량의 99% 이상을 수입에 의존하고 있다. 2001년도의 원유수입량은 약 2억 4천만 킬로리터에 도달하고, 그 중 중동에의 의존도가 약 88%에도 달한다.

그림 39-2에 일본에서 수입하고 있는 주요원유의 API비중과 유황분을 나타낸다.

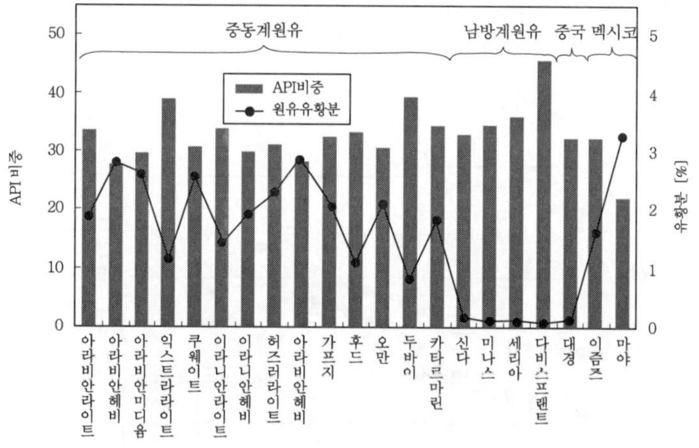

그림 39-2. 일본의 주요수입원유의 성상

API비중이란 그 원유가 중질인가 경질인가를 나타내는 지표이다. 그 수치가 낮으면 중질임을 나타낸다. 중동계의 원유는 일반적으로 중질이고, 유황분이 높다. 또 원유 중에 포함되어 있는 탄화수소의 분자구조에 따라 분류하면 중동계의 원유는 그 대부분이 혼합기라 불리우는 파라핀기 원유와 나프텐, 방향족기 원유가 혼합된 것이다.

이상과 같은 원유를 수입하여 이것을 정제하여 가솔린이나 경유 등 석유류제품을 제조하는 제유소는, 2001년 7월 현재 일본에 33개소가 있고, 합계하여 495만 2610배럴/날의 원유처리 능력을 가지고 있다.

그림 39-3에 일반적인 석유정제공정도를 나타낸다.

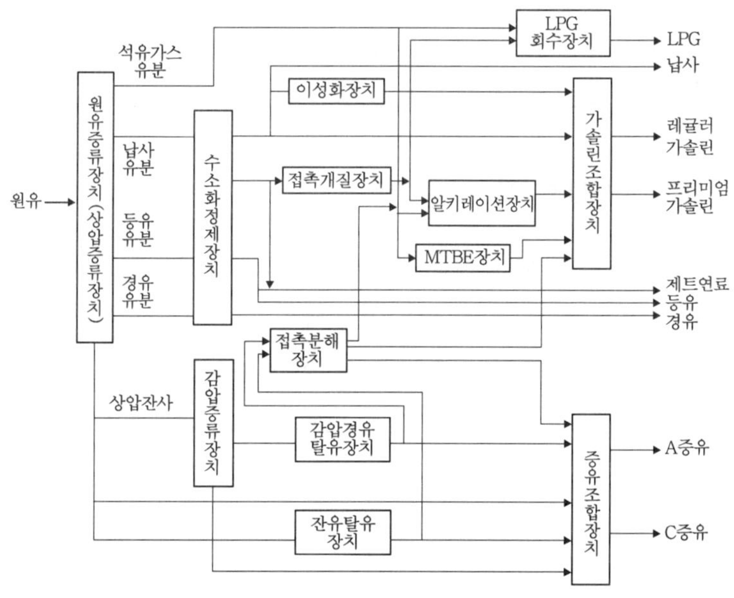

그림 39-3. 석유정제공정도

원유는 장치의 부식방지를 위해 탈염된 후, 가열되어 상압증류장치로 보내진다. 여기서는 비점의 차에 의해 석유가스, 납사유분, 등유유분, 경유유분 및 상압잔사로 나누어진다. 상압잔사의 일부는 감압증유장치에 보내져 감압경유 등이 회수된다. 이들 유분은 그대로 석유제품으로서 사용되는 일은 거의 없다. 자동차 연료인 가솔린이나 경유를 제조하는 경우는, 그 엄격한 품질규격을 만족하기 위하여 각각의 유분을 수소화 탈유처리하여, 다시 이성화, 개질, 분해하여 사용한다.

또한 원유로부터 1종류의 석유제품만을 생산하는 것은 불가능하고 가솔린, 등유, 경유, 중유 등의 제품이 동시에 생산된다. 각각의 제품생산량의 원료유에 대한 비율은 득률이라 한다. 득률은 원유종, 제유소의 장치구성, 정제조건 등에 의하여 달라진다. 따라서 각제품을 안정적으로 공급하기 위하여는 각국의 수요구성에 맞추어진 원유의 선택과 정제방법 및 수출입으로 수급조정을 할 필요가 있다.

3.1 가솔린의 제조방법

일본의 가솔린에는 뒤에 기술하는 옥탄가로 구별되는 프리미엄 가솔린과 레귤러 가솔린의 2종류가 있다. 요구되는 옥탄가나 증류특성 등에 따라서 기재의 선택과 그 배합비율의 조정이 이루어진다.

표 39-1에 사용되는 기재의 특징과 대체적인 그 배합비율을 나타낸다.

표 39-1. 가솔린 기재의 성상과 배합량(예)

	RON	RVP kPa@37.8℃	방향족량 Vol. %	올레핀량 Vol. %	탈황분량 mass ppm	알루미아 가솔린 배합량	레귤러 가솔린 배합량
부탄	98	400	0	<1	<10	수%	수%
라이트납사	69	87	2	<1	<250 or <1	-	약 10%
라이트 FCC 가솔린	95	100	1	55	<15	약 40%	-
FCC 가솔린	92	48	20	40	<50	-	약 50%
라이트 리포미트	80	95	<1	1	<1	수%	약 20%

헤비리포미트	105	5	90	<1	<1	약 40%	약 10%
알키리드	96	53	<1	<1	0	약 10%	–
MTBE	118	64	0	0	0	–	–

가솔린의 기재에는 부탄, 경질직유 납사, 접촉개질 가솔린(리포미터), 접촉분해 가솔린(FCC 가솔린), 알키리드, 이성화 가솔린 등이 있다. 부탄은 상압증류장치나 2차 장치의 가스로부터 분리되어, 주로 증기압(RVP) 조정용으로서 사용된다. 경질직류 납사는, 상압증류장치에서 얻어지는 경질분을 탈황한 것으로 옥탄가가 낮기 때문에, 그 배합량은 조금 적게 하고, 프리미엄 가솔린의 경우는 대부분 사용하지 않는다. 리포미터는 옥탄가가 낮은 중질직류가솔린을 촉매에 의하여 개질(탈수소, 환화)한 것으로, FCC 가솔린은 중질 경유분이나 감압경유를 촉매가 있는 상태에서 분해하는 것으로 제조한 것이다. 함께 옥탄가를 향상시킨 기재이다. 또한 리포미터 중에 포함되는 벤젠은 그 유해성에서 제거되어 있다. 알키리드는 탄소수가 3 혹은 4의 올레핀, 이소부탄을 알킬화하고 탄소수 7 혹은 8의 측쇄를 가지고 탄화수소를 주체로 한 것이고 고옥탄가이기 때문에 프리미엄 가솔린에 배합되어 있다. 또 이성화 가솔린은 경질납사를 이성화시킨 것이고 옥탄가가 높은 기재이다. 또한 2002년 초두까지 함산소화합물인 메틸타샤리브칠에틸(MTBE)도 일부의 프리미엄 가솔린에 사용되고 있었으나 현재는 사용되고 있지 않다.

또 자동차용 연료로서의 품질을 충분히 만족시키기 위하여 일본의 가솔린에는 산화방지제, 청정제, 방청제, 착색제 등 여러 가지의 첨가제가 첨가되어 있다.

3.2 경유의 제조방법

경유는 상압증류장치에서 얻어지는 직류경유유분을 주된 원료로 하고, 이것을 수소화정제장치에서 탈황하여 제조된다. 또 감압경유탈유장치는 진유탈유장치 혹은 분해장치로부터도 증류성상이 경유에 걸맞는 유분이 얻어지기 때문에, 이것들은 직류경유와 수소화 정제장치에 있어서 함께 처리하는 경우도 있다. 또한 일본의 경유는 출하되는 지역, 계절에 의하여 5종류로 분류된다. 특히 겨울철의 경유에는 저온에서의 유동성을 확보할 목적으로 탈유처리된 등유유분이 배합되고 또한 유동성 향상제가 첨가되어 있다.

경유를 연료로 하는 디젤엔진의 연료분사펌프의 일부에는 연료를 윤활제로 이용하는 것도 있다. 본래 경유유분 중에는 연료의 윤활성에 기여하고 성분이 함유되어 있으나 탈유처리를 함으로써 그들의 성분도 제거되어 버린다. 그러므로 일본에서는 경유의 유황분이 500ppm 이하로 저감된 1994년 이후 윤활성을 보상하기 위하여 윤활성 향상제가 첨가되어 있다.

또 판매량은 약간이나 프리미엄 경유가 판매되고 있고 그것들에는 세탄가 향상제와 청정제가 첨가되어 있다.

4. 자동차용 연료에 요구되는 품질

가솔린 차량이나 디젤차량의 성능향상, 환경부하저감 및 에너지 효율의 향상 등을 위하여 그들의 연료인 가솔린이나 경유에는 여러 가지 품질이 요구된다. 여기서는 가솔린, 경유에 요구되어지는 몇 가지의 품질과 차량성능과의 관계에 대하여 기술한다. 그리고 일부의 품질에 대하여는 뒤에 기술하는 장래 연료품질의 동향에 대하여 기술한다.

4.1 가솔린에 요구되는 품질

4.1.1 안티노크성

가솔린의 중요한 품질의 하나는 옥탄가이다. 가솔린 엔진은 스파크 플러그로부터의 불꽃에 의해 가솔린과 공기의 혼합기를 착화시켜 화염이 연소실 전체에 전파하는 것에 따라 에너지를 얻어내고 있다. 이 화염이 전파하기 전에 가솔린 공기의 혼합기가 자기착화해 버리면 대단히 급격한 연소에 기인하는 충격파에 의하여 쉽게 이야기하는 노킹음이 발생된다. 옥탄가라고 하는 것은 이 노킹에 대한 저항성을 나타내는 지표이다. 옥탄가가 높으면 노킹이 일어나기 어려운 것을 나타낸다. 가솔린차에는 레귤러 가솔린을 사용하는 차와 프리미엄 가솔린 사용차가 있다. 각각의 옥탄가 요구값이 다르다. 2000년에 실시된 옥탄가 요구값 조사결과에 의하면 정표준연료(옥탄가를 측정할 때의 표준연료이고, 노멀헵탄과 이소옥탄의 혼합연료이고 이소옥탄의 용량 비율은 옥탄가라고 한다)를 사용한 옥탄가 요구값의 10%, 50%, 90% 충족률을 레귤러차에 있어서 각각 88.91~93.6이고 프리미엄차에 대하여는 각각 95.0, 97.0, 98.9이었다.

4.1.2 휘발성

가솔린에 있어서 적당한 휘발성을 가질 것이 중요한 조건의 하나이다. 가솔린은 자동차 탱크에 급유되고 펌프를 이용 흡인과 동시에 연료파이프를 통해 분사노즐에서 흡기 매니폴드에 분사된다. 분사된 가솔린은 기화되어 공기와 적절한 혼합기가 만들어져서 연소실에 도입되어 연소된다. 이 계통내의 어느 부분이라도 휘발성이 부적당하면 트러블이 생길 가능성이 있고 그 발생개소는 외기조건, 일기조건, 운전조건 혹은 엔진의 설계에 의해 다르다. 그 때문에 가솔린에는 자동차의 운전성을 충분히 발휘될 수 있도록 적절한 범위의 휘발성이 요구된다.

가솔린은 지극히 많은 탄화수소의 혼합물이다. 따라서 증발온도의 범위가 넓다. 가솔린을 가열하여 종축에 온도, 횡축에 그때의 유출비율을 잡으면 그림 39-4에 나타내는 것과 같은 매끄러운 증류곡선이 얻어진다. 그림 39-4에는 가솔린의 증류곡선에 더하여 가솔린의 휘발성과 가솔린 자동차의 실용성능과의 관계에 대하여 정리하였고 다음은 개요를 기술한다.

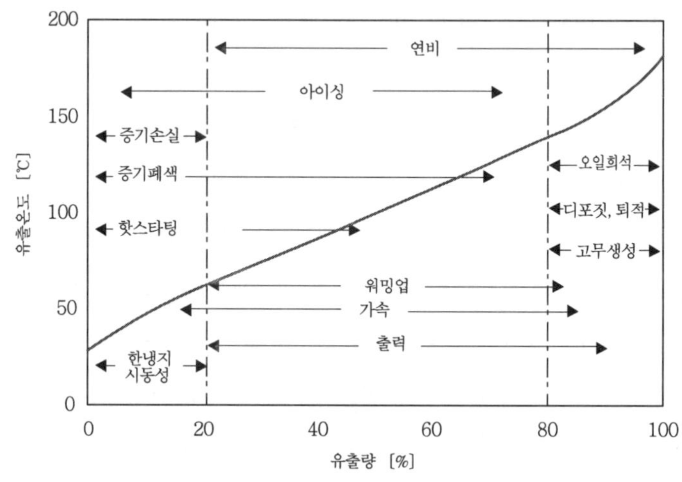

그림 39-4. 증류성상(휘발성)과 실용성능의 관계

가솔린의 리드증기압(RVP), 10% 유출온도(T 10%), 70℃ 유출량(E70)이라고 하는 경질측에서의 요구성상에 관하여 먼저 저온시의 시동성을 들 수 있다. 이들의 지표에서 나타내어 지는 휘발성이 지나치게 낮으면(저 RVP, 고 T10%, 저 E70), 연료의 기화가 충분하지 못하게 되고 불꽃점화가 가능한 혼합기가 되지 않으면, 시동이 곤란하게 된다. 한편 하절기 등의 고온시에는 휘발성이 지나치게 높으면(고 RVP, 저 T10%, 고 E70), 연료공급계통에 다량의 연료증기가 발생하여, 고출력운전이 불가능하게 되거나, 기화기나 연료탱크에서 증발된 연료가 대기중에 방출되어 증발에미션으로서 대기오염을 시키는 경우도 있다. 또 저온고습도의 조건일지라도 휘발성이 지나치게 높으면 가솔린의 기화에 따라 증발잠열되어 흡입공기 중의 수분이 빙결상태로 석출(아이싱)되어 기화기 중의 공기의 흐름을 방해하여 엔진부조를 일으키는 경우가 있다.

50% 유출온도(T50%)라고 하는 중질분의 성상에 대하여도 가속성이나 난기성이라고 하는 자동차 성능과 관계가 깊다. 특히 저온시에 현저하고 50% 유출온도로 표시되는 휘발성이 낮으면(고 T50%) 시동 후 가속성이 양호해질 때까지 시간이 많이 걸리든지 시동 후 가속성이 나빠지거나 하는 경우가 있다.

가솔린의 운전성을 나타내는 지표의 하나로서 증류성상에서 산출되는 Driveability Index(DI)가 미국에서 사용되고 있다.

$$DI(\text{화시 °F}) = 1.5 * T10\% + 3 * T50\% + T90\%$$

DI는 그 값이 낮은 편이 가속성이나 응답성에 우수하고, 드라이버의 만족도가 높은 것으로 일컬어지고 있다.

식으로부터도 알 수 있는 것과 같이 50% 유출온도의 영향도가 크다. 한편 50% 유출온도가 지나치게 낮아도 위에서 기술한 증기에 의한 연료공급라인의 폐색이나 아이싱의 문제가 생긴다.

가솔린의 고 비등점 유분의 지표인 90% 유출온도(T90%)로 표시되는 휘발성에 관하여서는 T90%가 지나치게 높으면 엔진오일을 희석시키는 경향이 높아지거나 흡기계, 연소실에서의 디포짓 퇴적이 조장되는 등하여 바람직하지 않다.

4.1.3 산화 안정성

가솔린을 어느 정도의 기간 보존하여 두어도 열화, 변질을 일으키지 않는 성질을 통상 산화안정성이라 하고 가솔린의 중요한 성질의 하나이다. 가솔린의 산화에 의해 고무질의 생성, 옥탄가의 저하, 색상의 열화 등을 가지게 하는 경우가 있다. 여기서 고무질이란 통상 가솔린에 녹아져 있으나 가솔린을 증발시키면 고체 혹은 타르모양으로 분리되어 가는 물질의 것이고 자동차 부품에 악영향을 미친다. 국내의 자동차용 가솔린은 고무질의 양이나 산화에 대한 내성을 나타내는 저장안정성의 지표에 의해 관리되고 있다.

4.2 경유에 요구되는 품질

4.2.1 착화성

경유를 연료로 하고 디젤엔진의 경우 압축에 의하여 고온이 된 공기 중에 분사된 연료는 점화되는 일 없이 자기 스스로 자연착화에 의하여 연소를 개시한다. 착화에 이르기 위해서는 분사된 연료의 액적이 휘발하여 가연성의 혼합기를 형성할 필요가 있다. 이 연료가 분사되고부터 착화에 이르기까지의 기간을 착화지연기간이라 하고 연료의 휘발성이나 점도라고 하는 물리적인 인자와 연료자체의 화학조성이라고 하는 화학적 인자에 의해 결정된다. 경유의 착화성은 실제의 엔진에 의해 구해지는 세탄가라고 하는 지표로 표시된다. 세탄가가 낮으면 소음의 증대, 저온시 동성의 악화, 백연의 증대 등이 나타나는 경우가 있다. 국내에서 경유의 세탄가는 거의 55정도이고, 미국 등에서 판매되고 있는 경유에 비하여 양호한 값을 나타내고 있다. 그리고 세탄가의 측정은 번잡하기 때문에 세탄가와 상관관계가 높은 세탄지수가 쓰여지는 경우가 많다. 세탄지수는 증류성상이나 밀도로부터 구해지는 계산값이고 다음의 식에 의하여 산출한다.

세탄지수 = 45.2 + (0.0892)(T10N) + (0.131 + 0.901B)(T50N) + (0.0523 − 0.420B)(T90N) + (0.00049)((T10N))2 − (T90N)2 + 107B + 60B2

여기서 B = exp(− 3.5*(D − 0.85)) − 1
D = 밀도@15℃
T10N = T10% − 215
T50N = T50% − 260
T90N = T90% − 310

세탄가와 연료의 화학조성에 관하여는 그림 39-5에 나타내는 것과 같이 일반적으로 파라핀계의 탄화수소가 높고 방향족 탄화수소는 세탄가가 낮다. 또 탄소수가 증가되면 세탄가도 높아진다.

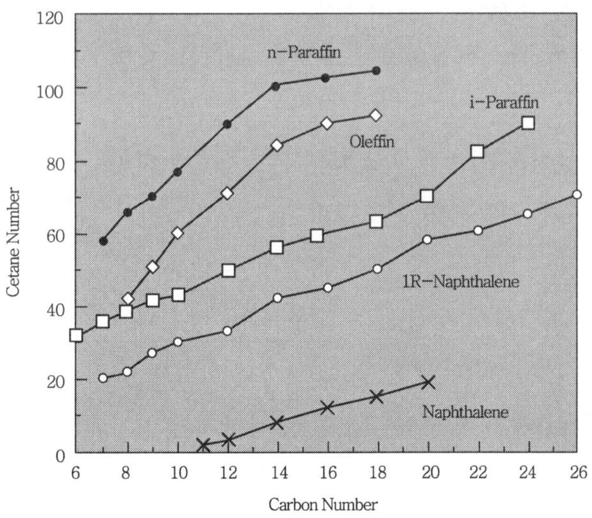

그림 39-5. 탄화수소구조 및 탄소수와 세탄가의 관계

4.2.2 점 도

디젤엔진의 경우는 압축행정의 후기에 연료를 연소실 내에 분사하여 공기와 혼합시킨다. 이 경우에는 연료의 무화특성이 중요하고 유적이 미세하고 균일하게, 적당한 위치까지 고분산되어야 할 필요가 있다. 이들의 특성과 연료의 점도는 크게 관계된다. 분무의 문제 외에 점도는 연료분사펌프나 분사노즐 등의 접동부분의 윤활성에도 관련된다. 디젤엔진의 일부(특히 소형)의 연료분사펌프는 경유자체에 의해 윤활되고 있고 점도가 지나치게 낮으면 윤활불량으로 되는 경우가 있다. 이것들을 고려하여 경유의 점도는 어느 정도의 범위에 있을 것이 필요하다.

4.2.3 저온유동성

경유는 저온시에 왁스를 석출하기 때문에 경우에 따라서는 디젤차의 연료공급 시스템 중의 각 필터를 폐색하여 엔진스톱 등의 트러블을 불러 일으키는 경우가 있다.

그림 39-6에 왁스결정성장의 개념과 트러블 발생개소에 대하여 도시한다.

흐림점에 있어서 석출된 왁스핵은 온도저하에 따라 판모양으로 성장하고 더욱 온도가 저하되면 판모양의 결정은 3차원적 강목구조를 가지며 내부에 유분을 포함하는 데 따라 유동성을 상실한다. 큰 판모양 결정 왁스는 필터를 폐색하여 유동성을 잃게 되는 경우에는 라인 폐색 등을 불러 일으키게 된다. 이와 같은 왁스 거대화에 따른 여러 가지의 트러블은 왁스 성장억제효과가 있는 저온유동성 향상제의 첨가에 의하여 회피되는 경우가 많고, 경유에 따라서는 500㎛정도의 프레필터의 폐색이나 라인 폐색을 회피할 수 있도록 품질설계가 되어 있다.

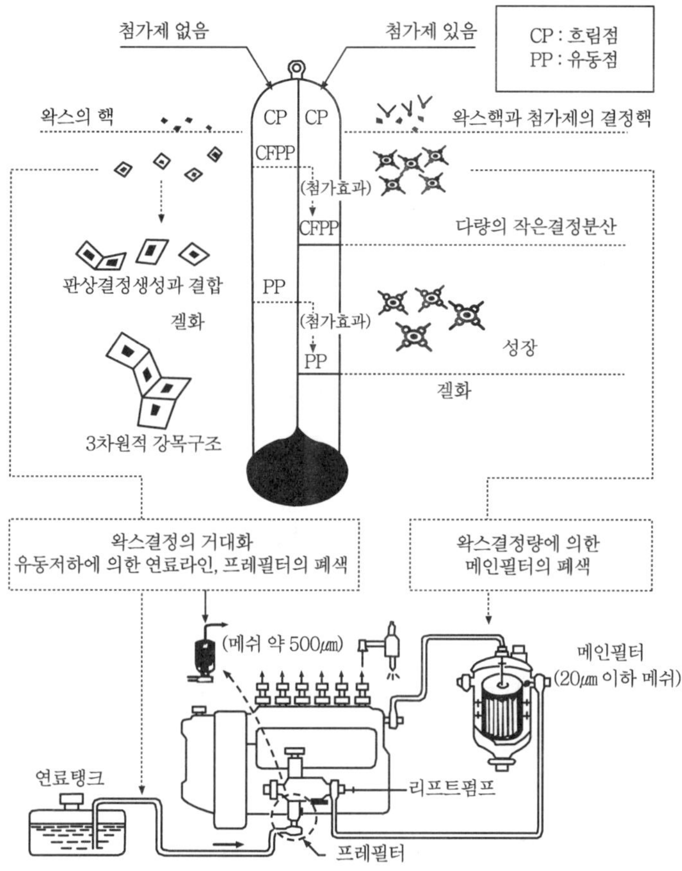

그림 39-6. 저온시의 WAX석출과 디젤차량의 불구합 발생개소

한편 연료공급시스템 중에는 메인필터가 설치되어 있으나 이러한 필터의 메쉬는 20㎛ 이하로 대단히 미세한 것이므로 왁스는 통과할 수 없다. 따라서 메인필터 폐색을 회피하려면 경유 중의 왁스량을 컨트롤하거나 필터에 걸러진 왁스가 용해되기 쉬운 상황을 만들어내는 것이 중요하다. 따라서 메인필터 폐색은 연료의 왁스량이나 흐림점, 필터용량, 통유량, 필터 승온속도 등에 크게 영향을 받게 된다. 이와 같은 관점에서 경유의

저온유동성을 유지하기위한 흐림점, 눈막힘점, 유동점, 왁스량 등을 제어하여야 한다.

한편 디젤차의 저온 운전성에 관하여는 그 연료공급 시스템에도 크게 영향을 끼치는 셈이다. 수년간 자동차 배기가스 규제 대응에 의해 디젤차의 개량이 진척되고 연료공급 시스템도 대폭적으로 변화되고 있다. 최신형의 디젤차량에는 망의 눈 크기가 수십㎛로 대단히 미세한 펌프 내부 필터의 설치나 메인필터의 소형화 등에 의하여 저온운전성에 대하여 엄격한 상황이 되어 있다고 하는 것이 보고되고 있다.

4.2.4 윤활성

경유를 연료로 하고 디젤차의 연료분사펌프의 일부는 경유자체를 윤활제로서 사용하기 때문에 경유에는 충분한 윤활성이 요구된다. 경유의 윤활성을 평가하는 방법으로서 경유 중에 금속구(ball)를 금속판에 소정의 조건하에 미끄럼운동시켜 생겨난 마모타경을 계측하는 HFRR시험을 석유학회법으로서 규정하고 있다.

5. 자동차용 연료의 규격과 그 동향

일본에서 판매되고 있는 가솔린이나 경유의 품질은 '환경', '안전', '성능'인 3가지의 품질요소를 만족해야 할 것을 필요로 하고 있으며 규격에 규정되어 있다. 표 39-2에는 가솔린과 경유의 KS규격과 2002년 시장에서 샘플링 된 제품의 성상의 한 예를 나타내고 있다.

5.1 가솔린의 규격과 동향

가솔린은 옥탄가에 의하여 프리미엄과 레귤러 가솔린으로 분류되어 있다. 국내에서 판매되고 있는 가솔린은 KS 규격을 충분히 만족하는 것이고 그 성상도 안정되어 있다. 장래 자동차 배기가스 규제의 강화에 따라 연료인 가솔린의 규격도 강화될 예정에 있고 유황분이나 RVP의 저감이 요구되고 있다. 또한 프리미엄 가솔린의 유황분은 이미 10ppm 이하로 세계적으로 보아도 대단히 낮은 레벨이다. RVP에 대하여는 하절기의 증발 에미션을 저감할 목적으로 2001년부터 업계자체기준에 따라 72kPa 이하로 하고 있다. 또 고무성분의 발생이 의심이 있는 것으로 여겨지는 벤젠에 대하여는 1999년부터 1% 이하로 삭감되었다.

5.2 경유의 규격과 동향

경유는 계절지역에 따라 5종류로 분류되어 있고 특 1호 경유는 하절기, 1호 경유는 춘・추, 2호 경유는 동절기에 판매된다. 3호, 특3호 경유는 한랭지에서 사용하는 경유이다. 국내에서 판매되고 있는 경유의 성상은 안정되어 있다. 장래 배기가스규제의 강화에 따라 경유에 대하여도 그 규격이 강화될 예정이고 유황분의 삭감이 검토되고 있다. 또한 일부 대도시에서 사용되는 경유 중의 유황분은 50ppm 이하까지 저감시킨 초저유황 경유가 공급되고 있고 2003년 4월 이후 규제에 앞서서 유황분 50ppm 이하의 초저유황 경유를 전국으로 판매 개시할 예정이다.

6. 장래의 연료유 품질의 방향성과 정제기술

자동차용 연료인 가솔린이나 경유는 위에서 기술하는 바와 같이 자동차의 여러 가지 성능과 밀접한 관계가 있다. 근년 환경문제가 클로우즈업되고 있는 가운데 자동차의 배기가스도 강화되고 있고 연료 품질에도 새로운 개선이 요구되고 있다. 연료 중의 유황분은 연소하여 유황산화물을 배출할 뿐 아니라 배기가스를 저감하는 자동차 후처리 촉매에 피해를 입히므로 저감 혹은 유황분 프리화(10ppm 이하)가 강하게 바람직하다. 여기서는 석유정제기술에 의한 가솔린이나 경유의 저유황화에 대하여 논의함과 함께 유황분을 포함하지 않는 합성연료기술에 대하여 논하였다.

6.1 가솔린의 저유황화

가솔린의 자유황화에 있어서 가장 중요한 과제는 FCC 가솔린의 저유황화이다. FCC 가솔린의 저유황화에는 주로 유동접촉분해장치의 FEED이다. 중질경유나 감압경유를 탈유하는 전처리과정을 들 수 있다. 이것은 국내에서 실시되고 있고 FCC 가솔린을 주기재로 하고 레귤러 가솔린의 경우에도 유황분이 약 10~70ppm 정도로서 유럽 여러 나라에 비해 낮다. 즉 저유황화에 대하여는 전처리과정의 시비아리티 업에 더하여 FCC 촉매에 탈유기능을 부가하거나 FCC 가솔린을 탈유하는 후처리과정이 생각되어진다. 다만, FCC 가솔린을 탈유할 경우 유황분뿐 아니라 옥탄가 성분이 높은 오우레핀 등도 수소화 처리되어 버리기 때문에 FCC 가솔린의 옥탄가가 함께 저하된다. 현재 이 문제를 해결하기 위하여 여러 가지의 촉매와 프로세스 기술이 검토되고 있다.

6.2 경유의 저유황화

경유는 200℃~360℃ 정도의 상압경유 유분을 수소화 탈유처리를 함으로써 정제하고 있다. 일본에서는 사용되고 있는 중동계의 원유를 증류하는 경우 경유 유분에는 1~1.5% 정도의 유황분이 포함된다. 그 대부분이 벤젠환과 치오펜환이 결합한 벤조치오펜이나 지펜조치오펜이다. 그 중에서도 메탈기가 치환된 지메틸 지펜조치오펜은 메틸기가 입체장해가 되고 평면구조의 구석에 위치하는 유황원자에 촉매의 반응활성점이 접촉하는 것을 저해하기 때문에 대단히 탈류되기 어려운 성분으로서 알려져 있다. 그림 39-7에 유황혼합물과 그 탈유반응성을 나타낸다.

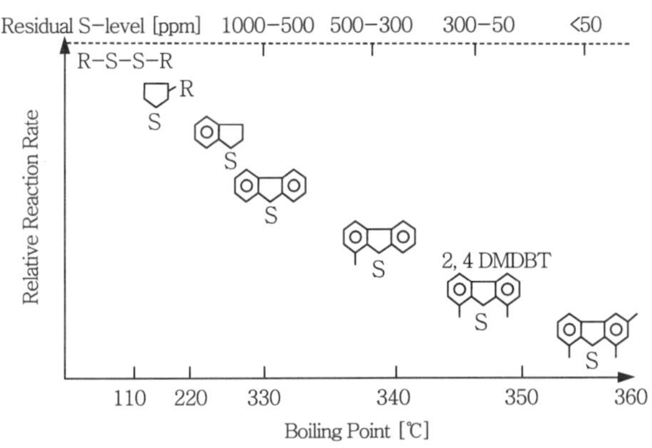

그림 39-7. 유황화합물과 그 탈유반응성

일본의 경유는 1997년에 유황분을 500ppm 이하로 저감하고 있고, 500 ppm 이하의 경유 중에 잔존하는 유황분의 대부분은 탈유처리가 어려운 물질이다. 이와 같은 탈유처리가 어려운 물질은 비등점이 높은 유분에 많이 포함되고 새로워지는 저유황화에는 ① 탈유촉매의 활성화 향상, ② 수소분압의 증가, ③ LHSV의 저감, ④ 원료유의 저감 등의 방책이 생각되어지나 장치설비의 증강, 증설 혹은 석유제품의 밸런스 변화 등 과제가 많다.

6.3 합성연료

주목되고 있는 장래의 연료중 하나에 GTL(Gas To Liquids)가 있다. GTL은 천연가스, 석탄, 바이오매스 등을 개질하여 얻어지는 CO와 H_2의 혼합물이다. 합성가스로부터 Fischer-Tropsch 반응에 의한 탄화수소 연료를 합성시킨 것이 있다. GTL은 유황분, 방향성분을 포함하지 않고 세탄가가 높기 때문에 특히 경유의 대체연료나 기재로서 기대되고 있다. 현재 일본에서는 북해도에서 GTL을 합성하고 실증화 플랜트가 가동중이다. 그리고 앞서부터 일본에서의 GTL유의 제조에 성공하고 있다. 앞으로 기술개발이 기대된다.

7. 맺음말

자동차용의 연료인 가솔린이나 경유에는 자동차의 성능이나 환경부하 저감을 위해 여러 가지의 품질이 요구된다. 그것들과 동시에 연산품인 석유제품을 안정적으로 공급하기 위하여는 그 나라의 수요구성에 맞추어진 원유선택, 제조방법 및 수출입에 의한 수급조정이 필요하게 된다. 이들에 대응하여 자동차용 연료의 에너지로서의 가치를 높여 나가기 위하여는 석유정제 및 연료합성기술의 개발, 발전을 보다 높이는 연료설계 기술이 요구될 것이다.

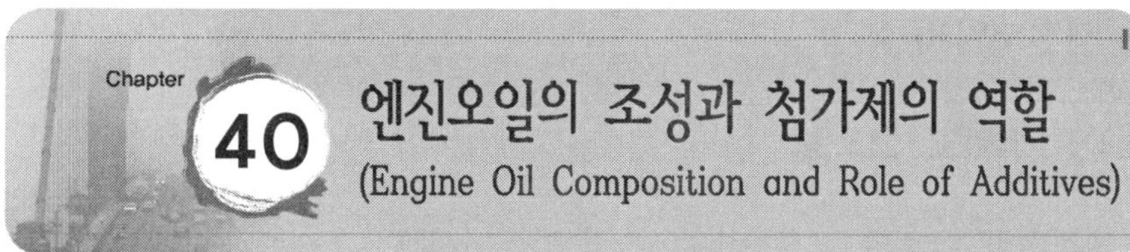

엔진오일의 조성과 첨가제의 역할 (Engine Oil Composition and Role of Additives)

1. 머리말

엔진오일은 자동차의 고성능화, 고출력화 등의 진보에 맞추어지는 맞춤형으로 성능향상이 도모되고 있다. 최근에는 환경보호나 경제성의 측면에서 자동차에는 한층 엄격한 배출가스 규제나 연비규제가 깔려있고 엔진 쪽에서의 대응만으로는 해결이 불가능한 문제가 있고 엔진오일에 대한 요구는 다양화되고 있다. 엔진은 그 구조에 의해 4스트로크 사이클 가솔린 엔진(4T : T는 독일어의 Takt의 머리말 문자로 스트로크를 의미), 2스트로크 사이클 가솔린엔진(2T) 및 디젤엔진으로 대별된다.

이들 엔진에는 윤활기구 및 연료가 다르므로 윤활에 의해 생기는 여러가지 현상이나 문제점을 오일 종류마다 특징적 또는 특이적인 사실로 나타난다. 따라서 윤활유에는 각각 다른 조성이 요구된다.

제40장에서는 엔진오일의 개발에 대한 진척법을 통하여 오일의 조성(구성), 첨가제의 종류와 그 역할 등 기본적 사항을 개략적으로 설명함과 함께 엔진오일 조성으로부터 연비향상의 기술에 대하여 논한다.

2. 엔진오일의 조성

2.1 가솔린엔진오일

엔진오일 개발의 진척방법에서 예를 들어서 그 조성에 대하여 소개한다. 윤활의 문제점을 해결하기 위하여는 엔진오일 조성을 최적화할 필요가 있다. 요구에 걸맞는 기유, 첨가제의 배합기술이 기본이고 거기에도 여러 가지의 엔진시험결과와 실험실 시험결과를 기본으로 통찰력을 활용하여 보다 좋은 조성을 도출할 필요가 있다. 엔진오일은 윤활이론이나 산화열화기구 등의 이론 등에서 용이하게 그 성능을 찾아내야 하는 것도 사실이다. 따라서 실제로 오일의 개량이 필요한 것으로 생각되는 엔진을 이용, 문제가 되는 오일의 현상을 재현시키는 시험방법을 개발하여 그 시험에 기초를 두고 엔진오일의 조성을 달리하여 가장 적합한 처방을 찾아내는 것이 중요하다. 또한 신규개발엔진이나 배출가스 규제 대응 엔진에 대한 엔진오일의 적합성을 평가하기 위하여 자동차 메이커의 협력이 없이는 불가하다.

이 때문에 자동차 메이커와 공동으로 엔진오일의 개량이나 개발에 착수하는 것이 일반적이다.

엔진오일의 개발에서 일반적인 진행방법은 4T유를 예로 하여 그림 40-1에 나타낸 것과 같다. 자동차 메이커로부터의 요구나 시장요구(오일 교환기간의 연장 등) 또는 오일메이커 자신의 상품성능 위치 정하기 등으로 상품 설계를 하고 최초로 SAE 점도 그레이드나 API성능을 결정한다. 점도설정(예를 들면 10W-30) 및 4T유의 증발성 규격(NOACK값)에 따라 기유(용제 정제 광유, 수소화 분해광유 또는 합성유)를 선정하여 기유점도를 결정하고, 다음에 성능, 코스트, 제조상의 적합성 등을 감안하여 점도지수 향상제를 선정한다. 동시에 API성능(예를 들면 SJ)에 적합한 첨가제(산화, 마멸방지제나 청정제 등)를 선정한다.

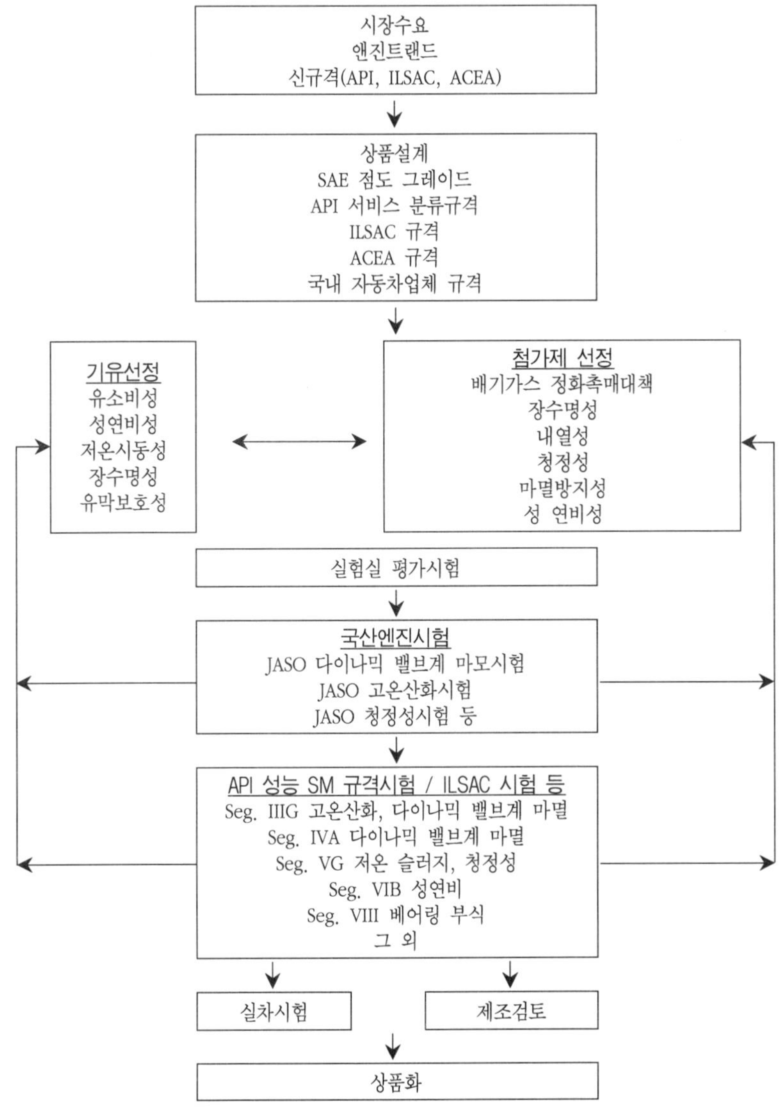

그림 40-1. 4사이클 엔진오일의 개발 및 진행과정

표 40-1에 나타나는 것과 같이 4T유에는 여러 가지의 첨가제를 넣으나 설정된 API 성능 품질에 따라 각각의 첨가제의 첨가량을 결정한다(경험상 어느 정도 추측이 가능). 예를 들면 SJ에서는 엔진오일의 린량이 배출가스 대책의 촉매수명연장을 목적으로 0.10mass% 이하로 억제되기 때문에 최초에 린량의 설정을 한다. P를 포함하고 지알킬 지오린산아연(ZDTP)에서 Zn의 유산회분량을 구하고, 오일 전체의 유산회분량의 설정값으로부터(SJ에서는 약 1mass%의 오일이 많다), Zn의 유산회분량을 뺀 유산회분량을 금속계 청정제의 뺀 분이라 한다.

표 40-1. 엔진오일의 조성

<table>
<tr><th colspan="2">엔진오일의 종류</th><th>4사이클 가솔린
엔진오일</th><th>육상
디젤엔진오일</th><th>2사이클 가솔린
엔진오일</th></tr>
<tr><td colspan="2">베이스오일(기유)</td><td colspan="2" rowspan="2">광유
폴리α올레핀(PAO)
에스텔(알킬벤젠)</td><td rowspan="2">폴리브덴
광유
에스텔 희석제</td></tr>
<tr><td colspan="2">첨가제기능</td></tr>
<tr><td>마멸방지제
산화방지제
(ZDTP)</td><td>마멸방지
베어링부 부식방지
산화방지</td><td>○</td><td>○</td><td>×</td></tr>
<tr><td>금속계청정제
과염기성</td><td>고온와니스 생성방지
산중화</td><td>○</td><td>○</td><td>×</td></tr>
<tr><td>염기성</td><td>청정성향상
녹방지</td><td>△</td><td>△</td><td>○</td></tr>
<tr><td>무회분산제</td><td>슬러지 분산성
저온슬러지 생성억제</td><td>○</td><td>○</td><td>○</td></tr>
<tr><td>무회산화방지제</td><td>산화방지</td><td>○</td><td>△</td><td>×</td></tr>
<tr><td>점도지수향상제</td><td>점도-온도 특성개량</td><td>○</td><td>○</td><td>×</td></tr>
<tr><td>유동점하강제</td><td>유동점 강화</td><td>○</td><td>○</td><td>○</td></tr>
<tr><td>소포제</td><td>포립방지</td><td>○</td><td>○</td><td>△</td></tr>
<tr><td>마찰조정제</td><td>마찰저감</td><td>△</td><td>△</td><td>×</td></tr>
</table>

표중기호의 의미 ○ … 통상 첨가한다 × … 통상 첨가 안한다 △ … 첨가할 경우도 있다

• 점도지수향상제 중에는 유동점 강하제의 기능을 겸하는 것도 있다.

이 유산회분량에 기초하여서는 금속계 청정제를 Ca계 단독으로 할 것인가, Mg계와의 병용으로 할 것인가를 결정하여 오일 중의 금속원소량을 구한다. 또 슬로포 세트, 페네트 등의 화합물 타입 및 염기성을 어느 정도로 어떻게 맞추어서 넣는가를 검토하여 각각의 금속계 청정제의 원소량 부담 비율을 결정하고 첨가량을 구한다. 그리고 무회분산제를 요구성능에 걸맞는 몇 종류의 타입으로 처방할 것인가를 검토하고 각각의 첨가량을 결정한다. 또한 최초의 4T유의 일반적인 조성으로서는 Sec, ZDTP, 과염기성 Ca 슬루포네트, 고분자양형 포리프데닐코하크산이미드(일부 아미드)이고 특히 저온 슬러지 억제에 역점을 두어야 한다.

이 밖에 무탄계산화방지제, 소포제, 항유화제, 금속불활성화제, 마찰조정제 등을 품질설정에 따라 첨가한다. 이상과 같이 고품질의 4T유의 경우는 10종류 이상의 첨가제를 포함하는 것도 진귀하지 않다. 이와 같이 첨가제 처방의 조합은 무수히 있기 때문에, 엔진시험을 실시하는 데 앞서 처방선정을 위해 여러 가지 실험실 시험을 하는 것이 일반적이다.

그러나 과거에 제안되어 있는 실험실 시험에 의한 평가결과는 엔진시험 결과와 반드시 상관관계가 좋다고는 할 수 없다. 그것은 각 시험방법의 목적이 산화방지성, 마모방지성 등의 평가로서 상호독립되어 있고 그 시험방법에 특유한 화학적, 물리적 작용과 현실적으로 엔진에서 일어나는 작용이 일치하지 않는 데 있다. 엔진의 경우는 실험실 시험에 쓰여지는 부품과 재질이 다른 것이나 오일열화에 미치는 연료 및 연소생성물의 영향 등이 더하여지고 여러 가지 요소가 복잡하게 짜여진다. 이 때문에 엔진오일에는 그림 40-1에 나타나는 것과 같이 실용 엔진을 사용하여 평가를 실시하고 있다. 엔진의 시험 중 하나의 시험에도 불합격이 된 경우에는 처방을 수정하게 되고 처음부터 스타트가 된다. 이 때문에 엔진오일의 개발에는 막대한 비용과 시간을 소비하게 된다.

그리고 최초의 엔진유시험법, 환경개선을 향한 엔진 및 엔진오일의 조합상황을 소개한 해설이 나와 있으니 참고로 하기 바란다.

2.2 디젤엔진오일

디젤엔진오일의 조성은 표 40-1에 나타난 것과 같이 기본적으로는 4T유와 같은 종류의 첨가제계로 성립되어 있다. 디젤엔진은 압축공기 중에 경유를 분사하여 착화시키는 연소방식이다. 가솔린엔진에 비해 ① 그을림이 발생되어 오일에 혼입된다. ② 연료에 유황분이 많다. ③ 연소온도가 높고 피스턴 주변의 온도가 높다고 하는 특징이 있다. 연소하여 생기는 유산 중화로 인하여 과염기성 금속계 청정제의 배합량이 많다. 따라서 유산회분량이 CD (혹은 CF)유나 CF-4유인 경우는 1.5~1.8mass%와 4T유에 비하여 높은 값으로 되어 있다. 또 분산제로서는 열안정성, 고온청정성에 뛰어난 성능의 타입인 것이 쓰여진다. 그러나 국내에서는 연료 중의 유황함량이 1992년 10월에 0.5mass% 이하에서 0.2mass% 이하로, 1997년 10월부터는 0.05mass% 이하로 인하되었다. 그런데 2004년 말에는 0.005mass%로 될 예정이기 때문에 황산중화라는 점에서는 고회유의 필요성이 희박해지고 있다. 한편 NO_x 저감을 위해 대량 콜드 배기가스 재순환(EGR)장치가 검토되고 있기 때문에 저회유로 하는 경우에 흡기계통 부품이나 피스턴링, 실린더 라이너의 부식성을 확인할 필요가 있다. 또 디젤 퍼티큘레이터 필터(DPF)를 장착하게 되면 필터의 막힘을 피하기 위하여 저회유가 바람직하게 되어 황산회분량에 관한 금후의 향방이 주목된다.

2.3 2사이클엔진유

2T유는 앞에서 기술한 엔진유와는 그 조성이 다르다. 2T엔진에는 흡기밸브, 배기밸브 등의 밸브작동계 기구나 오일팬이 없고, 윤활유는 가솔린과 공기의 혼합기에 동반되면서 크랭크 케이스에 들어가서 베어링부나 피스턴 실린더의 윤활을 하는 한편 실린더에 열려져 있는 소기공에서 연소실로 들어가서 연소실에서 연료와 함께 연소되고 엔진 밖으로 배출된다. 이와 같이 원스슬레이의 윤활이기 때문에 ZDTP와 같은 산화방지제를 필요로 하지 않는다(이 종류의 첨가제는 오히려 청정성을 저하시키는 경우가 많다). 연소실(점화플러그 포함) 침적물, 프리이그니션, 배기공폐색을 방지하기 위하여 엔진오일유 중의 유산회분량을 낮게 억제할 필요가 있고(4T유의 약 1/10로 0.1~0.2mass%), 금속계 청정제로서는 염기성이 낮은 것이 사용된다. 또 피스턴 청정성 향상, 특히 저온운전시의 피스턴 청정성 향상을 위해 무회분산제가 첨가된다. 선박 이외 장비에는 금속계 청정제의 회분퇴적에 의한 점화플러그 오손을 방지하기 위하여 무회분산제만의 첨가제 처방도 많이 볼 수 있다. 그리고 2T유에는 가솔린과의 혼합성을 높이기 위하여 배기연을 내릴 것을 목적으로 등유의 잔유분의 희석제가 광유계유로 ~10%정도, 저배기연유로 ~30%정도 더 가해지는 것이 일반적이다. 2T유의 경우는 첨가제만이 아니고 이렇게 희석제를 함유시킨 기유의 조성이 엔진오일의 성능에 강하게 영향을 미친다.

연소가스를 혼합기로 추출시키기 위하여 환경에의 미연소유의 배출은 피하지 못하고, 모터사이클의 경우는 대기오염, 선박과 같은 장비인 경우는 수질오염의 원인이 된다. 배기연을 저감시킨 기유로서 폴리브텐이 사용되나 이것은 폴리브텐이 고점착성이기 때문에 배기가스 중에 미립자로서 동반되기 어려운 것과, 광유에 비해 열분해되기 쉽고 배출유로서의 절대량이 작아지기 때문이다. 폴리브텐에 대신하는 합성유로서 폴리알키링리콜도 검토되고 있다. 생분해성의 기유로서는 에스텔류가 쓰여지나 에스텔의 산기가 직쇄의 것이 생분해성에 우수하고 단쇄의 것이 열안정성에 우수하다.

3. 첨가제의 종류와 그 역할

앞에서 기술한 바와 같이 엔진오일에는 요구되는 성능에 따라서 많은 첨가제가 필요하게 되다. 그 중에도 ZDTP, 금속계 청정제, 무회분산제의 3종류가 오일의 기본성능을 결정하는 중요한 첨가제이고, 이들이 혼합된 것을 일반적으로 Detergent and Inhibitor Package(DI 패키지)라 부르고 있다. 다음에는 엔진오일 성능과의 관련함에 있어서 이들의 첨가제에 대하여 설명한다. 그리고 멀티그레이드유를 조제하는 데 불가결한 점도지수 향상제에 대하여도 소개한다.

3.1 ZDTP

ZDTP는 산화방지제 및 마모방지제로서 엔진오일에 필수 첨가제로서 쓰여지고 있다. 합성법으로는 통상 알코올 또는 페놀을 P_2S_5와 반응시켜 세치오린산을 만들어, 이것에 산화아연을 중화시킨다. 일반으로 그림 40-2와 같이 나타내어지나, 원료 알코올의 R로 나타내는 탄화수소기의 구조에 의하여 그 성능이 다르다. 가솔린엔진오일에는 주로 탄소수 3~6의 세컨드리 알킬기(sec)가 사용되나, 이것은 오버헤드 캠샤프트(OHC) 형 밸브 작동계의 캠샤프트 및 로커암마다의 닿는 면의 스커핑(scurfing 때)

발생 방지에 특히 유효하기 때문이다. 디젤엔진오일에 관하여는 국내시장에서는 열, 산화 안정성이 sec, ZDTP보다 우수한 탄소수 4~8의 프라이머리 알킬기(prim) ZDTP가 주로 쓰여지고 있다. 이 ZDTP의 구조는 고속 액체 크로마토그래피(HPLC)에 의한 방법으로 해석되고 있고 ZDTP의 산화, 열분해에 의한 구조변화는 31P-NMR에 의한 방법으로 구해진다.

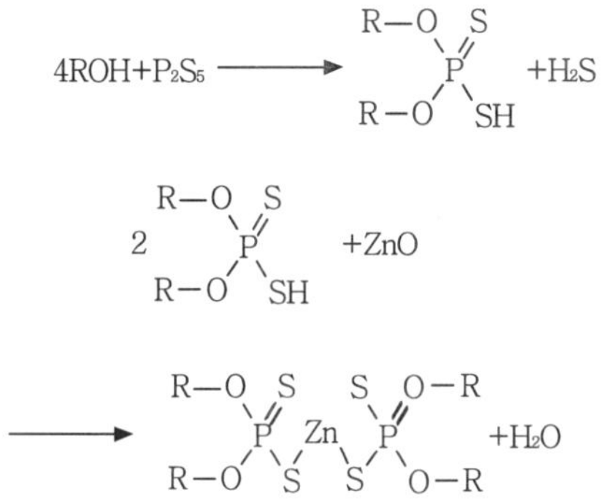

$$4ROH + P_2S_5 \longrightarrow (R{-}O)_2P(=S)SH + H_2S$$

$$2\,(R{-}O)_2P(=S)SH + ZnO$$

$$\longrightarrow (R{-}O)_2P(=S)S{-}Zn{-}SP(=S)(O{-}R)_2 + H_2O$$

그림 40-2. ZDTP 제조법

3.2 금속계 청정제

오일열화에 의해 생성되는 불용성 화합물은 피스턴 주변과 같은 고온부에 다시 중합하여 바니스를, 또 탄화하여 카본디포짓을 생성한다. 이 고온에서의 디포짓(deposit, 침적물) 부착을 방지하여 엔진 각부를 청정하게 유지하는 기능이 청정성이다.

금속계 청정제의 대표적인 종류를 그림 40-3에 나타낸다. 일반적으로 청정제는 유용성의 중성청정제분자, 알칼리 입자 및 희석유로부터 만들어진다. 중성청정제는 유기산의 종류에 의하여 슬보네트, 사리시레이트, 페네트 및 나프데네트라 불리고 있다. 알칼리 입자로서는 알칼리토류 금속에 따라 탄산칼슘, 탄산마그네슘이 일반으로 쓰이며, 그림 40-4에서와 같이 중성청정제와 금속수산화물을 탄산화함으로써 중성청정제 중에 알칼리 입자를 콜로이드상으로 분산시킨 과염기성 첨가제가 얻어진다.

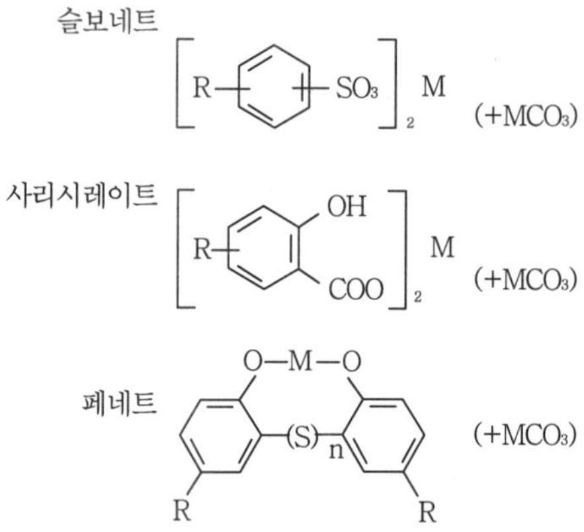

슬보네트

$$\left[R-C_6H_4-SO_3 \right]_2 M \quad (+MCO_3)$$

사리시레이트

$$\left[R-C_6H_3(OH)COO \right]_2 M \quad (+MCO_3)$$

페네트 (O—M—O, (S)$_n$, R, R) (+MCO_3)

그림 40-3. 주요 금속계 청정제의 종류

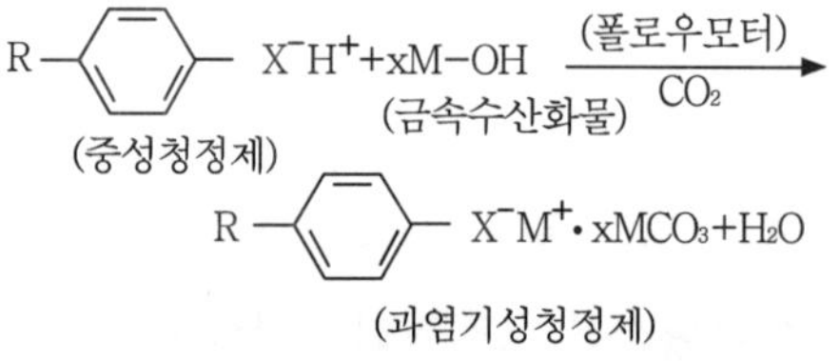

$$R-C_6H_4-X^-H^+ + xM-OH \xrightarrow[CO_2]{(폴로우모터)} R-C_6H_4-X^-M^+ \cdot xMCO_3 + H_2O$$

(중성청정제) (금속수산화물) (과염기성청정제)

그림 40-4. 금속계 청정제의 합성법

금속계 청정제의 성능비교를 표 40-2에 나타낸다. 기타의 첨가제로서의 조합에 있어서는 반드시 이 성능순위가 성립되는 것은 아니며 요구성능에 따라서 편의상 나누어 사용된다.

표 40-2. 금속계 청정제의 성능 비교

성능항목	시험방법	평가항목	Ca 슬보네트	Ca 페네트	Ca 사리시레이트
고온청정성	핫튜브 시험	디포짓 부착	△	○	◎
산화안정성	ISOT	염기가 유지	△	○	◎
저온청정성	엔진 청정성시험	로커암 커버슬러지	◎	△	○
내수성	가수분해시험	염기가 유지	△	○	◎
저마찰	모터링 마찰시험	마찰토크	○	△	◎
산중화성	농유산 중화	산화가스발생 압	◎	△	○
	농유산 중화	PH저하	△	◎	○
코스트	–	–	◎	○	△

우 ◎〉○〉△ 열

3.3 무회분산제

무회분산제는 가솔린엔진 내에서 생성되는 저온 슬러지의 억제에 효과가 있다. 또 디젤엔진의 경우는 그을음 혼입에 의한 점도 증가를 억제하고 무회분산제의 종류에는 고하크산이미드, 고하크산에스텔, 벤질아민, 무회 포스포네트가 있으나, 고하크산이미드가 엔진오일용으로 가장 많이 쓰여지고 있다. 그림 40-5에는 폴리브테닐코하크산이미드의 합성방법을 나타낸다. 머레인화폴리브텐의 폴리브텐원료이고 최근에는 다이옥신 발생방지를 위해 염소를 포함하지 않은 비닐덴기를 많이 포함하는 고반응성 폴리브텐이 쓰여지도록 되어 있다. 또 에틸렌 폴리아민으로서 테트라에틸레벤타민(N기 5개)이 일반적이다. 이 폴리브테닐고하크산이미드의 상세한 구조해석은 초고분해능 NMR을 사용하여 이루어진다.

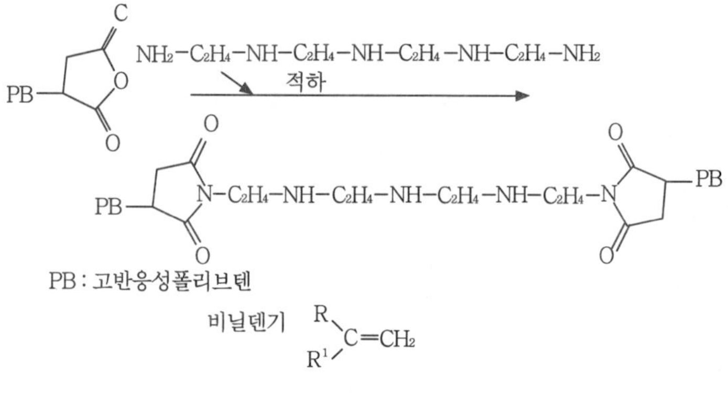

그림 40-5. 비스폴리프테닐코바크산이미드의 합성

또 고하크산이미드는 열화하게 되면 에틸렌 폴리아민 부분이 산화하여 그림 40-6에 나타나는 것과 같이 아미드화 됨을 알 수 있다. 주석분산성은 이미드구조인편이 높아서 열화 후도 분산기능은 줄어들지 않는 다는 것으로 보고되고 있다.

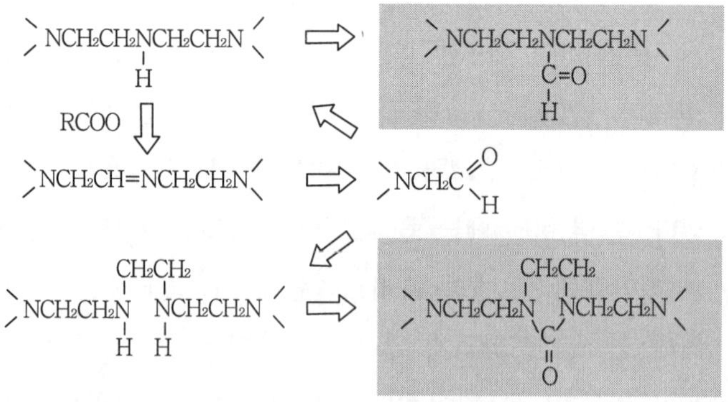

그림 40-6. 분산제의 열화

3.4 점도지수(VI) 향상제

엔진오일에는 저온시동성이 좋고 고온에 있어서도 적정한 유체윤활을 갖도록 요구된다. 이 때문에 온도에 대한 점도변화가 적은 것(고점도지수)이 바람직하다. 기유의 고점도지수화로 써는 PAO 및 에스텔의 VI가 120~140, 고도수소화 분해유의 VI가 120~135정도이고 이 이상의 VI 향상에는 점도지수 향상제(VII)의 첨가가 필요하다. VII의 종류로서는 에틸렌-프로필렌 공중합체(EPC), 스틸레인지엔코폴리머(SDC)의 올레핀코폴리마(OCP) 및 폴리메터클리레이트(PMA)가 대표적인 것이다. 가솔린 엔진에 있어서 공랭터보차져가 탑재되었을 때에는 히트쇼크시에 터빈측 벽의 온도가 340℃에도 달하고 오일의 탄화(디포짓 생성)에 의한 유로 폐색 등의 문제가 생긴다. 이 디포짓는 고온의 벽면에서 엔진오일 중의 경질기유가 휘발하고, 잔류한 VII가 열분해되어 탄화하는 것이 원인이었다. 디포짓 감소를 위해서는 점도를 높이고 효과가 큰 OCP인 편이 PMA보다 유효한 것이나 염가인 것으로부터 10W~30 혹은 5W~30에 널리 사용되고 있다. 그러나 5W~20, 0W~20과 같은 저점도성연비유의 경우에는 PMA의 선정되는 경향이 있다. 이것은 고점도 지수기유가 사용되므로 VII의 정미첨가량이 적어도 되기 때문이며 PMA의 쪽이 OCP에 비하여 저온점도특성, VI향상에 우수하기 때문이다. 최근에는 PMA에서도 코킹이 어려운 화학구조의 물건이 개발되어 있다.

4. 성연비상승화에의 취급

엔진오일의 최근 규격 동향에 대하여는 많은 해설이 나와 있으므로 참조를 바란다. 여기서는 가솔린엔진오일에서 가장 중요한 과제로서 취급되는 오일 중에서의 연비상승화에 대하여 기술한다.

그림 40-7에는 엔진윤활상태와 마찰손실의 관계를 나타낸다. 통상의 운전조건에서는 베어링 및 피스턴계는 유체윤활조건하에 있고, 충분한 유막이 형성되어 있고, 이때의 마찰은 오일의 점성저항, 즉 점도로 결정된다. 접동부의 높은 미끄럼 속도하에 있어서 실효점도, 즉 고전단 점도가 낮을수록 마찰이 저하되고 그림 40-8에 나타나는 것과 같이 연비가 개선됨을 알 수 있다.

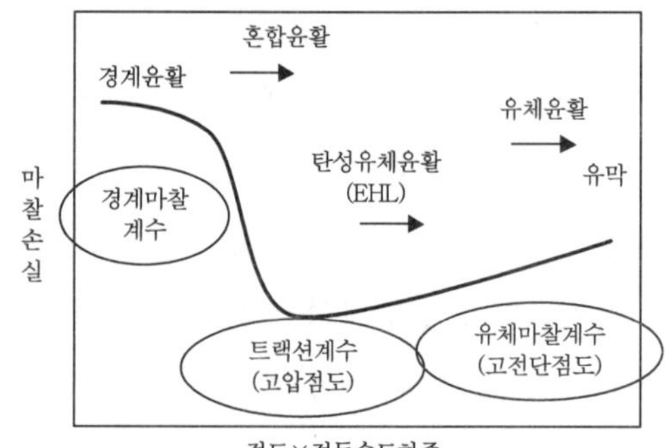

그림 40-7. 윤활상태와 마찰손실의 관계 및 엔진마찰을 결정하는 바로미터

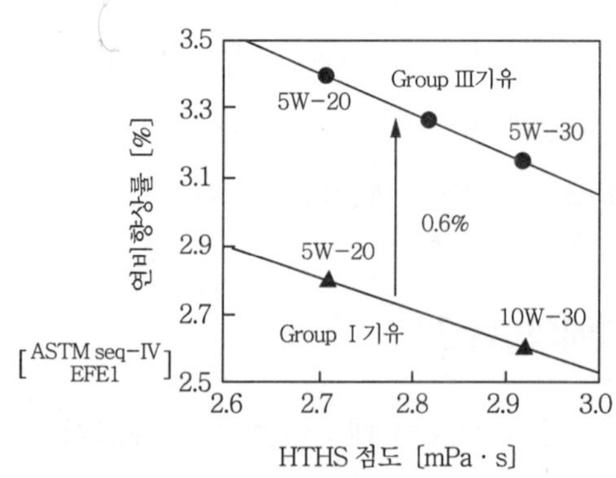

그림 40-8. ASTM Seq. VI의 연비에 미치는 기유의 영향

탄성유체윤활(EHL : Elasto-Hydrodynamic Lubrication) 영역에서 고하중의 접촉영역에 있어서 접촉부분이 탄성변형을 하면서 고압하에서 현저하게 점도가 상승하여 유막에서 윤활되고 있다. EHL조건에 있어서 마찰계수를 트랙션계수라고 부른다. 엔진오일에 쓰여지는 기유는 표 40-3에 나타나는 것같이 분류되어 있으나 캠과 폴로우의 접촉압력(수백 MPa)에 있어서는 그룹 Ⅰ보다 그룹 Ⅲ가 될수록, 그룹 Ⅳ가 될수록 고압점도가 낮아지고(그림 40-9) 트랙션계수가 내려간다.

그리고 윤활조건이 엄하게 되면 혼합윤활에서 경계윤활조건으로 된다. 경계마찰을 감소시키기 위해서는 마찰조정제(FM : Friction Modifier)를 첨가하는 것이 효과적이다. FM에서는 에스텔계나 아민계의 유성제나 몰리브덴지치오커버미트(MoDTC)로 대표되는 유용성 금속염이 있으나 그 중에서도 MoDTC가 가장 효과가 높다. MoDTC의 마찰저감 기준에 대하여는 마찰 후의 마모분에서 수많은 MoS_2의 단층결정시트가 확인됨으로써 비교적 약한 전단력으로 MoS_2의 시트가 끊어지는 것을 마찰저감의 원인으로 생각된다. 또 MoDTC로 ZDTP가 소실되면 마찰저감성이 없어지게 되고, 이것은 생성된 산화열화물이 MoDTC의 윤활피막의 생성을 저하하는 것, MoDTC의 효과를 지속하기 위하여는 페놀계 산화방지제나 유황계 산화방지제의 첨가가 효과적인 것이 보고되고 있다. 아무튼 MoDTC의 저마찰수명은 시장주행에 있어서 현재의 기유 및 첨가제 배합기술로는 1만km~1.5만km 정도인 것으로 알려져 있다.

이상과 같이 연비상승 기술을 받아들인 MoDTC 함유 저점도 엔진오일은 외국의 자동차 메이커의 공장충진유로서 채용되고 있다. 점도 그레이드는 전체적으로 5W~30이 주로 사용되고 있으나, 최근에는 5W~20 혹은 0W~20과 같은 초저점도유도 채용되기 시작하였다. 한편 순정유나 오일

메이커의 서비스 스테이션 오일은 10W~30이 주체이고, 일부에 연비상승을 추구한 5W~30이 판매되고 있다.

표 40-3. 아메리카 석유협회(API)의 기유분류

분류	유황분, %	포화분, %	점도지수
Group I	＞0.03 and /or	＜90	80~119
Group II	≦0.03 and	≧90	80~119
Group III	≧0.03 and	≧90	≧120
Group IV	폴리-α-올레핀 PA(O)		
Group V	상기 이외(에스텔 등)		

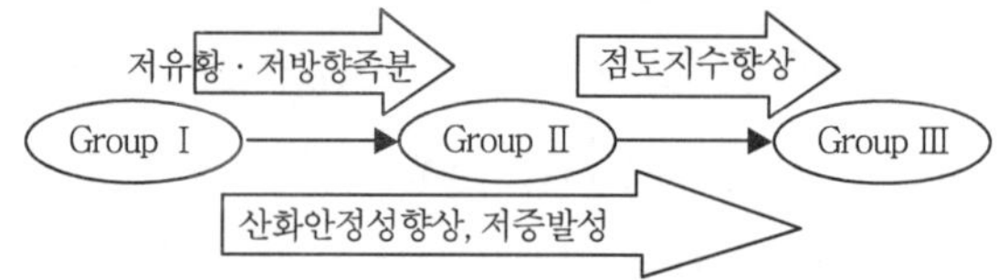

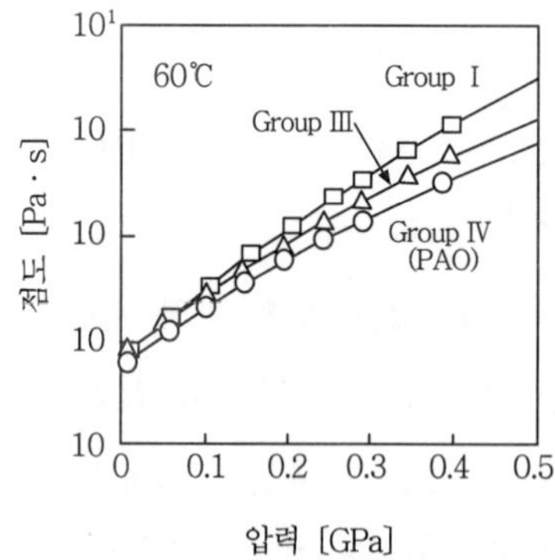

그림 40-9. 기유의 고압점도

디젤엔진오일에의 MoDTC의 적용성에 관한 연구가 이루어지고 있고, 황산회분량(탄산칼슘)이 많을수록 MoDTC의 마찰저감효과를 잃게 되고, 그림 40-10에 나타나는 것과 같이 통상의 황산회분량인 1.6mass%에서는 효과가 없어지고, 오일 중 있는 그을음은 FM의 윤활피막을 연삭하기 때문에 주석 1mass% 이상에서 FM의 효과가 소실되는 것이 보고되고 있다.

외국의 자동차 메이커의 공장 충진유인 경우 연비상승을 고려하여 헤비듀티엔진인 경우에도 10W~30을 채용하고 있다는 메이커가 있으나, 5W~30 등의 저점도유는 승용차엔진에 쓰는 것을 제외하고 채용하지 않는다.

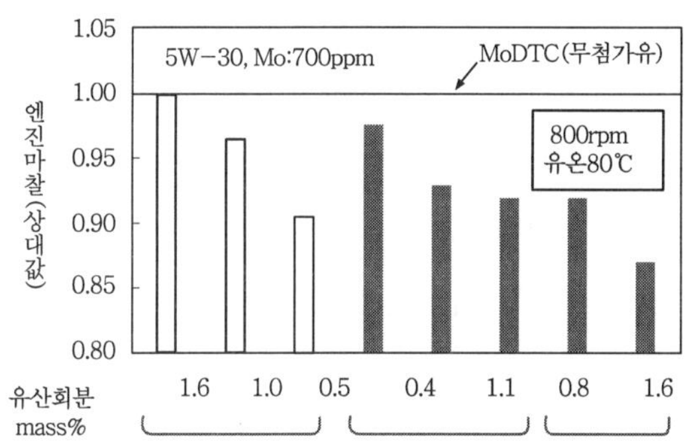

그림 40-10. MoDTC의 마찰저감성에 미치는 유산회분의 영향(직렬 4실린더, 배기량 1.5L, 미끄럼타입 밸브작동, 모터링크 구동)

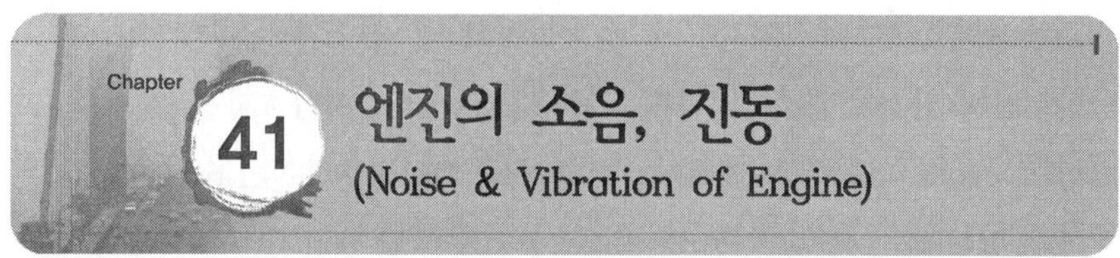

Chapter 41 엔진의 소음, 진동 (Noise & Vibration of Engine)

머리말

엔진의 진동소음은 발생하는 주파수역에 따라 현상이 다르며, 크게 나누면 엔진과 트랜스미션 등을 결합한 파워플랜트를 강체로 하여 생각할 수 있으며 저주파수의 강체진동영역과 탄성체로 생각할 수 있다. 비교적 고주파수의 탄성진동영역과는 대별된다. 그 밖에 엔진으로부터의 진동소음현상으로서 흡기계 소음이나 배기계 소음도 포함되나 여기서는 일단 제외키로 한다.

1. 엔진의 기진력

이들의 진동현상의 기진력은 주로 엔진의 피스턴, 커넥팅 로드의 왕복운동에 의한 관성력과 관성우력, 실린더 내의 연소압력과 관성력에 의한 토오크 변동으로 분류된다.

1.1 왕복관성력과 관성우력

그림 41-1에 나타나는 단실린더에 대하여 엔진회전2차의 관성력을 생각한다.

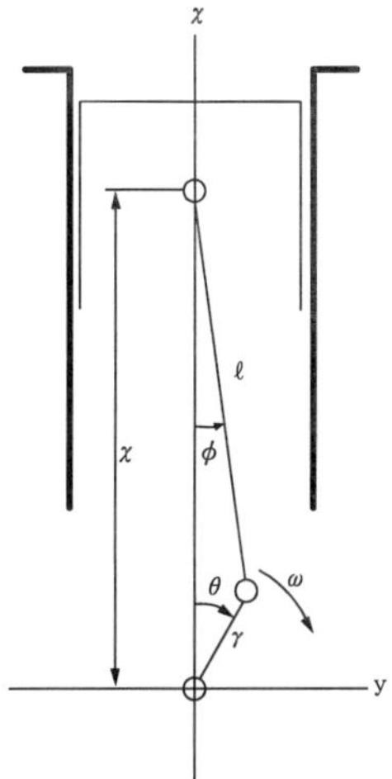

그림 41-1. 피스턴 · 크랭크 기구

피스턴의 변위 x는 $\lambda = r/1$ 이라고 하면

$$x = r[\cos\theta + \frac{1}{\lambda}\sqrt{1-\lambda^2\sin^2\theta}] \quad \cdots\cdots 41\text{-}1$$

제2항을 급수전개하여 정리하면

$$x = r\left[\frac{1}{\lambda} + \cos\theta + \sum_{n=0}^{\infty} A_{2n}\cos 2n\theta\right] \quad \cdots\cdots 41\text{-}2$$

근사적으로 $d\theta/dt = \omega$(일정)으로 보면
가속도는

$$\ddot{x} = -r\omega^2\left[\cos\theta + \sum_{n=1}^{\infty} 4n^2 A_{2n}\cos 2n\theta\right] \quad \cdots\cdots 41\text{-}3$$

피스턴, 커넥팅 로드의 왕복질량은 m_{re}라 하면 엔진에 작용하는 관성력 F_{re}는

$$F_{re}=-m_{re}\ddot{x}$$

$$=-m_{re}r\omega^2\left[\cos\theta+\sum_{n=1}^{\infty}4n^2A_{2n}\cos2n\theta\right] \quad \cdots\cdots 41-4$$

로 되고, 2차의 관성력은 $\lambda3$ 이상을 무시하면

$$F_{re}=-m_{re}r\omega^2\lambda\cos2\theta \quad \cdots\cdots 41-5$$

가 된다.

따라서 직렬 4실린더 엔진의 관성력 F는 회전각 θ를 π의 위상차로 4실린더 분을 더하면

$$F=-m_{re}r\omega^2\lambda\sum_{i=0}^{3}\cos2(\theta-\pi i)$$

$$=-4m_{re}r\omega^2\lambda\cos2\theta \quad \cdots\cdots 41-6$$

실린더 수가 달라지는 경우는 각 실린더의 회전각 θ의 위상차는 π가 아니므로 실린더 안에서 관성력을 소거, 이와 같은 회전 2차의 관성력이 발생되는 것은 실린더 수가 3 이상의 경우 직렬 4실린더 엔진뿐이다.

4실린더 엔진에서는 크랭크축의 2배의 회전으로 회전하는 평형축을 추가하여 회전 2차의 관성력을 제거하는 방법이 많이 쓰여지고 있다.

1.2 토크 변동

엔진회전방향의 기전력으로서 엔진 회전변동이 있다. 그림 41-2와 같은 피스턴 · 크랭크 기구에서 피스턴에 가해진 가스력 F_g는 가스압력을 P_g, 피스턴면적을 S라고 하면

$$F_g = P_g \cdot S \quad \cdots\cdots 41\text{-}7$$

이 된다. 왕복질량을 m_p, 크랭크 반경을 r, 크랭크 각속도를 ω라고 하면 2차의 항까지의 관성력 F_1은

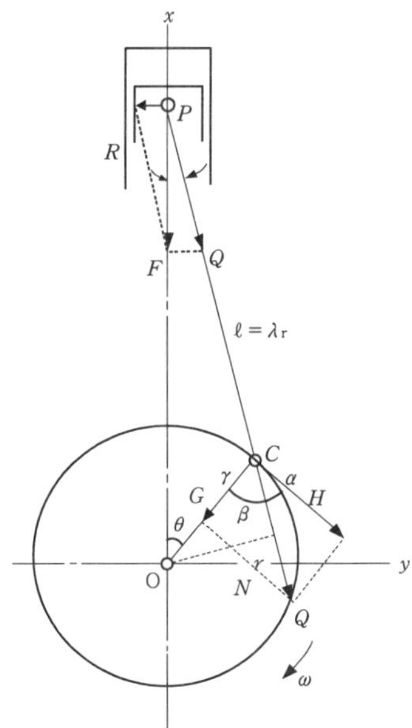

그림 41-2. 피스턴 · 크랭크 기구

$$F_1 = -m_p r\omega^2\left[\cos\theta + \frac{1}{\lambda}\cos 2\theta\right] \cdots\cdots 41\text{-}8$$

이 된다. 따라서 피스턴에 가해지는 힘의 총합 F는

$$F = F_g + F_1 \cdots\cdots 41\text{-}9$$

F는 피스턴의 운동방향과 직각방향의 힘 R와 컨로드방향의 힘 Q은 분해된다. Q는 다시 크랭크의 방향분력 G와 이것에 수직의 분력 H로 분해된다. 이 H가 크랭크를 회전시키는 힘이 된다. 따라서 이 경우의 토크 T는

$$T = H \cdot r \cdots\cdots 41\text{-}10$$

이 된다. 또 식 41-7～41-9로부터

$$T = F \cdot r\sin\theta\left[1 + \frac{\cos\theta}{\sqrt{\lambda^2 - \sin^2\theta}}\right] \cdots\cdots 41\text{-}11$$

이 된다.

다실린더엔진의 경우는 다실린더의 크랭크 각 위상을 고려하여

$$T = \sum_{i=1}^{n} T_i(\theta + i\pi) \cdots\cdots 41\text{-}12$$

로서 나타낼 수 있다.

그림 41-3에 6실린더, 4사이클 엔진의 합성토크의 예를 나타낸다.

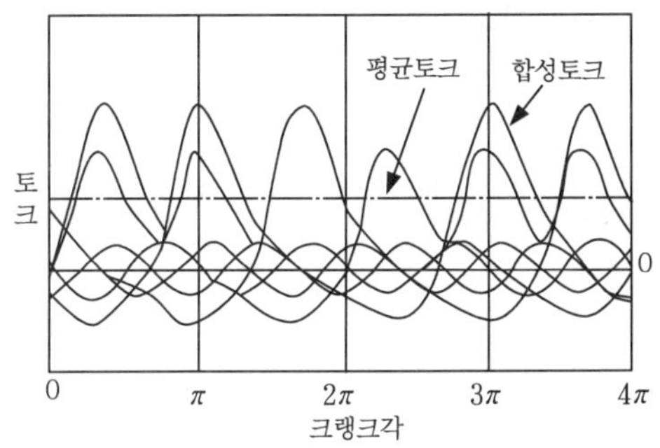

그림 41-3. 6실린더 4사이클 엔진의 합성토크

토크 변동을 저감하는 수단으로서 비틀림 기구붙이 플라이휠이 사용하는 경우가 있다. 특히 토크 변동이 큰 디젤엔진의 경우는 일반적으로 사용되어 트랜스미션에 전달되는 회전변동을 대폭으로 저감시키는 것이 가능하다.

1.3 하프 차수 엔진진동

차실내 소음 및 파워플랜트 진동에는 2차나 4차성분과 나란히 하여 2.5차, 3.5차 등의 하프성분이 비교적 높은 레벨에서 생기고 있다.

하프차수의 원인은 주된 것에 크랭크 축의 굽힘 공진이 실린더 마다에 다른 진폭으로 여진되어 그 결과로서 2회전 1주기의 진폭변조를 받은 진동이 발생하는 크랭크축에 의한 증폭이 있고 이 진동을 주파수축으로 보면 하프차 성분을 포함한다. 이 밖에 파워플랜트의 굽힘 공진이나 밸브 작동계 관성력, 기진모멘트에 의한 비틀림 등이 있다. 이상과 같은 하프 차수의 진동은 실내음으로서는 데굴데굴 굴러가는 느낌으로 되어서 나타나기 때문에 되도록 작게 하는 것이 일반적이다.

1.4 실린더 내의 연소압력

1.1~1.3에서는 비교적 저주파 구역의 진동현상에 대하여 설명한 것이고, 저차(低次)의 폭발차수 기진력에 대하여는 발생메커니즘을 설명하였다.

이 밖에 연소압력에 의한 가진력도 발생하고 피스턴 실린더 블록, 실린더 헤드 등을 직접 가진한다. 그림 41-4에 디젤엔진과 가솔린엔진의 연소압력의 주파수 분석 결과를 비교한다.

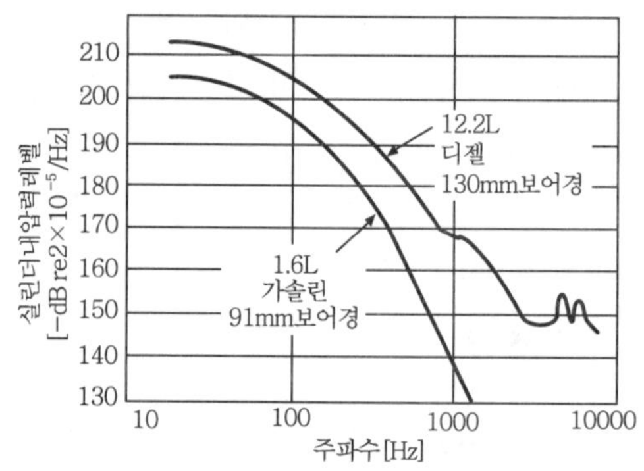

그림 41-4. 연소실내 압력의 주파수분석

디젤엔진과 가솔린엔진은 연소방식이 다르므로 연소실내 압력의 주파수 성분이 다르고 디젤엔진은 가솔린엔진보다도 특히 고주파 성분이 높다.

이상의 가진력을 받는다. 직렬 4실린더 가솔린엔진의 파워플랜트의 진동의 예를 그림 41-5에 표시한다. 이것은 대표점에 있어서 진동을 주파수와 회전속도의 변화로 나타낸 것이다.

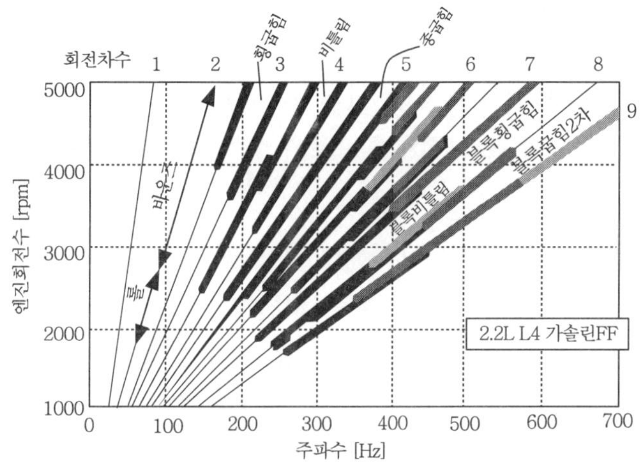

그림 41-5. 파워플랜트 진동

폭발의 차수로 회전 2차, 4차, 6차 및 하프차수에서 설명한 정수차의 기진력이 발생, 파워플랜트의 각 공진주파수와 겹치는 때에 진동현상이 발생하고 있음을 알 수 있다. 200㎐ 이하의 주파수역에서는 강체진동이라 불리우는 롤, 바운스가 발생, 200㎐ 이상에서도 탄성진동이라 불리우는 굽음, 비틀림 혹은 복합된 진동이 발생하고 있다.

2. 엔진의 강체진동

2.1 엔진 셰이크(Engine Shack)

엔진, 차체, 서스펜션의 연성계에 있어서 차체의 강체진동 영역에서 주로 엔진계의 강체 공진에 의해 7~20㎐ 대 구역에서 저주파 진동이 발생되는 경우가 있고 이것을 엔진셰이크라 부른다.

2.2 아이들 진동

아이들 회전상태에서 플로어, 시트 및 스티어링 휠에 약 20~50㎐의 저주파 진동이 유기된다. 그렇게 함으로써 승차원에 불쾌감을 주는 경우가 있다.

이 현상을 아이들 진동이라 한다. 엔진, 보디계의 일반적인 공진주파수를 그림 41-6에 나타낸다. 아이들 회전영역(500~1000rpm)에 각 부위의 공진주파수가 존재하고 있고 엔진, 배기관계의 공진과 보디계의 공진이 겹치면 보다 큰 진동이 된다. 현상으로서는 다음의 3가지로 분류된다.

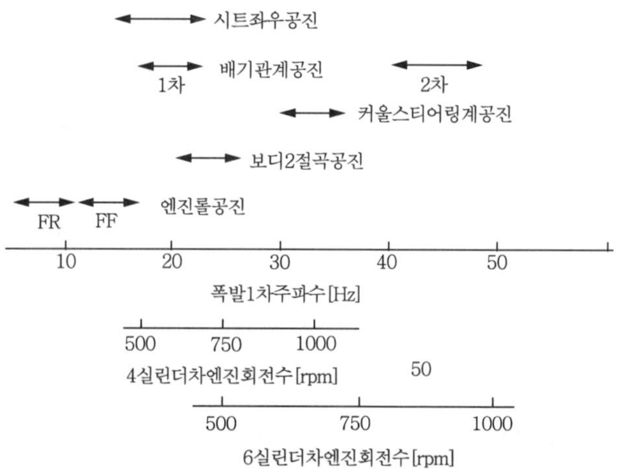

그림 41-6. 엔진보디계의 공진주파수

1) 떨림진동

강제력이 엔진 폭발 1차 성분에서 정상적으로 발생하는 떨림현상의 진동이다. 시프트 위치가 A/T의 D렌지나 쿨러컴프레서 작동상태 등 엔진의 부하가 클 때보다 발생되기 쉬워진다.

2) 크게 흔들리는 진동

사이클 간의 연소불균일에 의하여 정상적으로 발생하는 크게 흔들리는 진동으로 주파수는 5~10㎐이다.

3) 소곤거리는 듯한 진동

실린더간의 연소불균일에 의하여 비정상으로 발생하는 소곤거리는 듯한 진동이다.

2.3 크랭킹진동

엔진 시동 직후에 보디, 시트가 5~15㎐의 주파수로 부릉부릉하는 진동한다.

2.4 고속으로 분명치 못한 소리

엔진의 왕복관성력에 의해 발생한 기전력은 주로 엔진마운트에서 보디에 전달되어 고속의 음이 발생한다.

2.5 엔진 마운트

이상과 같은 파워플랜트의 강체진동은 엔진 마운트를 거쳐서 보디에 전달되기 때문에 엔진 마운트의 배치나 특성을 연구함으로써 보디에의 진동전달을 저감하는 것이 가능하다.

일반적인 FF차의 엔진 마운트의 배치 예를 그림 41-7에 나타낸다. 그림 41-8에 액봉입식 엔진 마운트의 예를 나타낸다. 액봉입식 엔진 마운트는 고주파의 차내 소리의 저감과의 저주파 진동의 저감은 양립을 꾀한 것이다. 그리고 주행 상태마다 마운트 특성을 최적화하고 액티브제어도 일부의 차량에 쓰여지고 있다.

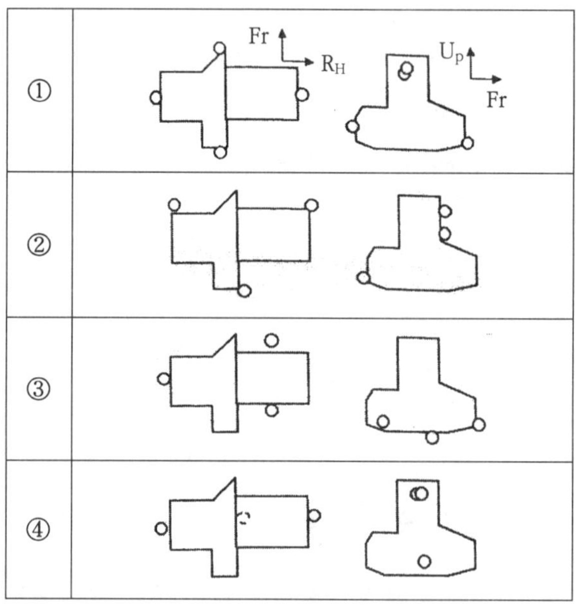

그림 41-7. FF차의 엔진 마운트 배치(예)

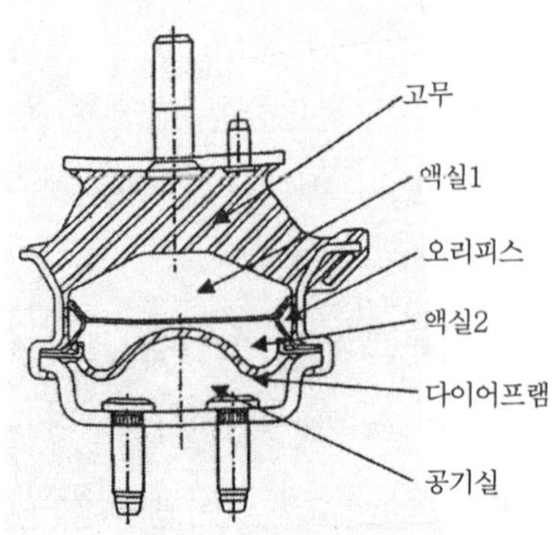

그림 41-8. 액봉입식 엔진 마운트

3. 엔진의 탄성진동

차 실내의 진동소음에 큰 영향을 주는 요인의 하나가 엔진의 탄성진동이다. 앞에서 설명한 기진력이 파워플랜트계 전체와 그것을 구성하는 주요부품(크랭크축, 실린더 블록 등)을 가진하여 나타내고 진동현상과 그 대책방법에 대하여 기술한다.

3.1 파워플랜트계 진동

파워플랜트의 공진계에 엔진 기진력이 작용, 실제가동의 모드가 관측된다.

정확한 공진모드는 헤머링 등의 가진시험에 의하여 측정된다.

그림 41-9는 직렬 4실린더 FF엔진의 파워플랜트를 가진 실험에 의하여 구한 결과이다. 250㎐ 이상에서 다수의 공진이 존재하고 있고 이것들은 좌우 굽음, 상하 굽음, 비틀림 및 그들의 연성된 모드로 되어 있음을 알 수 있다.

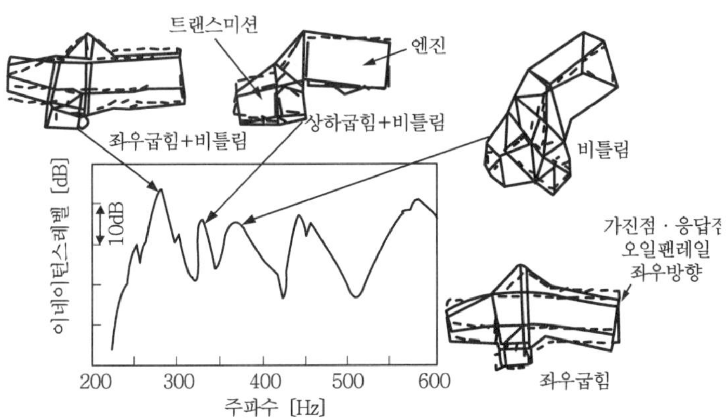

그림 41-9. 파워플랜트 진동과 이네이턴스레벨

최근에는 3차원 CAD모델을 이용하여 파워플랜트 전체관계되는 모델을 작성하여 고유값을 해석하는 데 따라 고유진동수와 그것에 대응하는 모드를 정확도 좋은 계산이 될 수 있도록 되었다. 실린더 블록, 실린더 헤드, 오일팬, 트랜스미션 등의 골격부품은 FE요소의 솔리드 요소나 셀 요소를 사용, 모델화되었으나 보기류의 에어컨디셔너용의 컴프레서, PS Pump, 얼터네이터 등은 질점을 사용, 모델화하고는 경우도 있다. 그림 41-10에 L4FF엔진의 FE모델 예를 나타낸다. CAD데이터는 없으나 물건이 존재하는 경우는 실험모델해석에 의해 실험모델을 작성하여 FEM 계산에 이용할 수도 있다.

그림 41-10. 파워플랜트 모델 예

3.2 피스턴 진동

엔진에서 발생하는 소음현상의 하나에 피스턴운동이 원인인 것이 있다. 팽창행정에서 폭발 직후에 피스턴이 실린더의 반대스러스트 쪽에서 스러스트 쪽으로 이동한다. 이때 스러스트 쪽에서 피스턴과 실린더 보어가 충돌하여 음이 발생한다. 그 주된 가진력은 실린더 내 연소압력과 관성력이고 그림 41-11에 피스턴에 작용하는 힘을 보여준다.

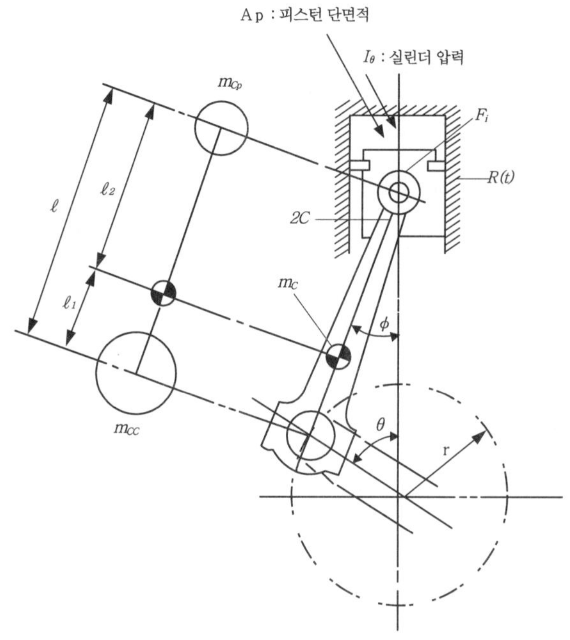

그림 41-11. 피스턴에 움직이는 힘

그림 41-11에서 피스턴에 작용하는 마찰의 영향을 무시하면 옆방향의 운동방정식은

$$R(t) = (F_g + F_1)\tan\phi - Qd^2\phi/dt^2\cos\phi \quad \cdots\cdots\cdots \quad 41\text{-}13$$

여기서 F_g : 실린더 내 연소압, F_1 : 관성력,
Q : 커넥팅로드 수정모멘트, m : 피스턴 전질량

이 운동방정식으로부터 피스턴이 실린더라이너에 충돌하는 에너지를 구하면

$$K \cdot E = \frac{1}{2} \cdot m\left[\int_{t_0}^{t_1} \frac{R(t)}{m} dt\right]^2 \quad \cdots\cdots 41\text{-}14$$

t_0는 지금까지 접촉하고 있던 라이너로부터 피스턴이 떨어지는 시각, t_1은 피스턴이 실린더 라이너에 충돌하는 시각이다.

그림 41-12에 식 41-13에서 구한 피스턴 사이드 포스의 계산결과를 나타낸다. 그림 41-13에는 식 41-14에 의한 계산결과를 실린더 블록 표면의 가속도응답을 나타낸다.

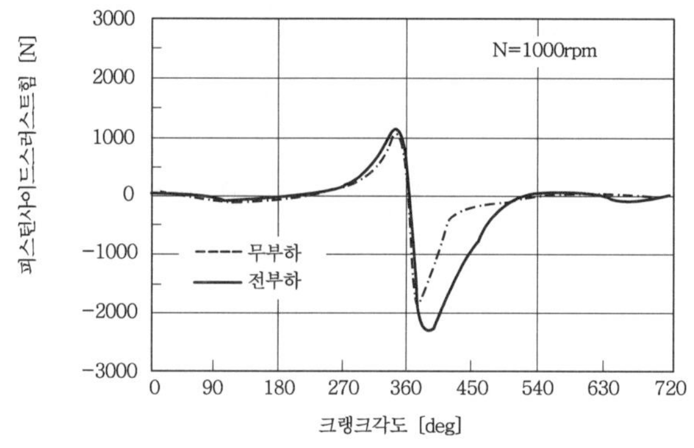

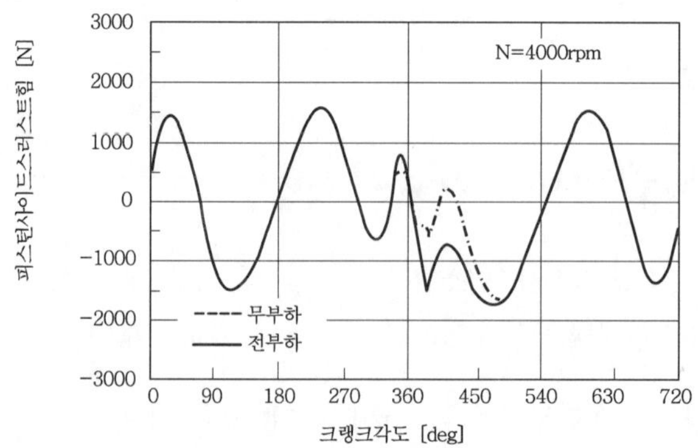

그림 41-12. 피스턴사이드포스의 계산결과

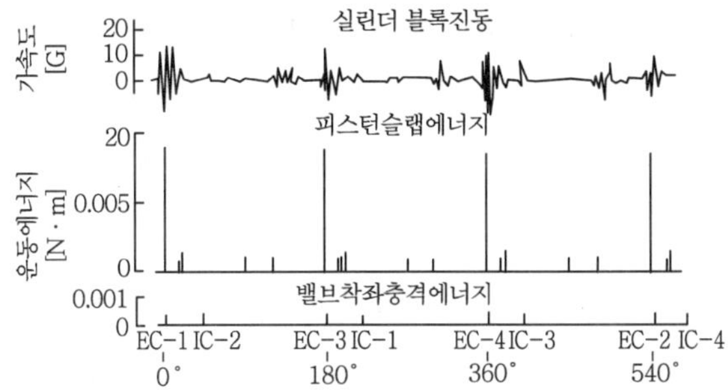

그림 41-13. 피스턴 슬랩과 밸브시트에 닿을 때 충돌에너지와 실린더 블록 표면화 속도 응답의 관계

이들의 해석결과로부터 피스턴슬랩의 가진력은 그 충돌에너지에 착안하면 좋음을 알 수 있다. 또 1,000rpm의 저회전과 4,000rpm의 고회전력에서는 그 움직임이 다르고 일반적으로 저회전시에 발생하는 단일횟수의 충돌은 피스턴 슬랩, 고회전시에 발생하는 복수회의 충돌은 피스턴타음이라 부른다.

3.3 크랭크축 진동

크랭크축 진동은 파워플랜트 진동을 발생시키는 중요한 요소의 하나이다. 일반으로 크랭크축의 후단에는 질량이 큰 토크컨버터나 플라이휠이, 그리고 앞쪽 끝에는 플라이휠보다 경량인 크랭크풀리가 부착된다. 이 때문에 크랭크축은 휨이나 비틀림의 공진을 반드시 동반하게 된다.

크랭크축은 몇 개의 크랭크저널에 의하여 보지되기 때문에 비틀림의 마디가 크랭크저널부에 있거나 또는 그것 이외에 있는가에 따라 크랭크베어링에 끼치는 영향이 다르다. 즉 비틀림의 마디가 크랭크저널부 이외에 있는 경우는 비틀림진폭이 어느 한도를 넘으면 크랭크저널이 크랭크

베어링을 타격하여 실린더 블록에 진동이 현저하게 전달된다.

크랭크축의 굽음진동도 비틀임진동과 같이 특정의 엔진회전속도에서 발생하는 공진이 문제가 된다. 진동모드로서는 크랭크축 선단을 복부로 하는 모드나 플라이휠 쪽을 복부로 하는 모드가 있고 각각 크랭크베어링에 진동이 전달되어 실린더 블록 격벽의 개폐진동을 불러일으켜서 실린더 블록이 가진된다. 이밖에 크랭크축은 종진동(축방향진동)도 굽힘진동에 의하여 유발된다. 이때 크랭크계의 스러스트 베어링 위치나 플라이휠의 중심위치를 지점으로하여 축 방향의 진동이 발생한다. 그러나 이 종진동은 굽힘이나 비틀림 진동에 비하여는 기여도는 작다.

크랭크축에 회전n차의 굽힘 또는 비틀림 진동이 발생된 경우 크랭크베어링은 회전(n±1)차로 가진된다. 그 기구를 이하에 설명한다. 크랭크축이 각속도 $\boldsymbol{\omega}$로 회전하고 진폭 δ, 각속도 nw의 비틀림 진동이 중첩되고 있을 때의 크랭크축 각변위 θ는

$$\theta = \omega t + \delta \sin n\omega t \quad \cdots\cdots \; 41\text{-}15$$

이 크랭크축 핀부에 가해지고 관성력 F는 다음식으로 주어진다.

$$F(\text{수평분력}) = m r\omega^2[\cos \omega t - (\delta/2)(n-1)^2 \cos(n-1)\omega t + (\delta/2)(n+1)^2 \cos(n+1)\omega t] \quad \cdots \; 41\text{-}16$$

$$F(\text{수직분력}) = m r\omega^2[\sin \omega t + (\delta/2)(n-1)^2 \sin(n-1)\omega t + (\delta/2)(n+1)^2 \sin(n+1)\omega t] \quad \cdots \; 41\text{-}17$$

식 41-15~41-17로부터 크랭크축 회전 n차의 비틀림 진동은 크랭크 베어링부를 회전(n±1)차로 가진함을 알 수 있다. 같이하여 크랭크축 회전 n차의 굽음변형에 의하여도 회전(n±1)차의 가진력이 생긴다. 따라서 크랭크축에 굽힘 또는 비틀림 공진이 발생되면 크랭크축이 크랭크베어링을 거쳐서 회전(n±1)차의 진동수로 실린더 블록을 가진하여 엔진 각부에 진동이 전달된다.

이상 기술한 바와 같이 크랭크축은 엔진의 폭발기본차수와 그 고주파로 가진되므로 그 가진주파수의 어느 것과 크랭크축의 비틀림이나 굽힘의 고유진동수가 일치하는 엔진 회전속도에 있어서 크랭크축 공진현상이 발생한다.

크랭크 풀리에의 다이나믹댐퍼 장착으로 종래부터 비틀림 진동 대책으로 사용되고 있고 싱글매스댐퍼 또는 제진효과가 높은 더블 댐퍼가 일반적이다.

그림 41-14는 적절한 토셔널 댐퍼를 장착함으로써 소음저감이 도모된 예이다. 이들은 가진원에 직접 작용하므로 효과도 크고 소형 경량화를 위해 효과가 좋은 대책이다.

최근에는 크랭크축 및 그 베어링 둘레의 제원을 검토하기 위하여 크랭크축계와 블록계와의 연성해석이 이루어지고 있다. 그때 크랭크축과 베어링 사이의 유막을 모델화하여 유체(HD)윤활을 사용하여 계산되는 경우도 많다.

위에서와 같은 유막모델을 이용하여 크랭크축의 회전을 고려한 크랭크계와 블록계의 연성해석을 하는 것으로서 엔진 마운트 진동들이 예측 가능하다.

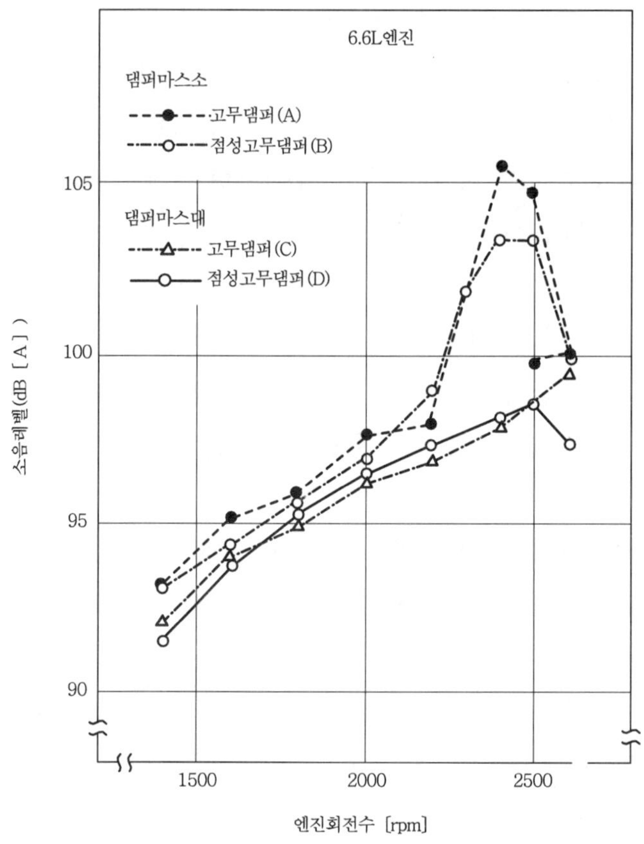

그림 41-14. 비틀림 진동에 의한 엔진소음의 발생 예

이와 같은 해석은 통상 MBD(Multi Body Dynamic)와 MBS(Multi Body Simulation)이라 불리운다. 이 해석에 의해 엔진 마운트 진동에의 크랭크계의 영향이 파악된다.

3.4 실린더 블록 진동

실린더 블록은 파워플랜트의 강성에 크게 기여하는 외에 헤드커버, 오일팬, 그 밖의 보기에의 가진원으로서의 기여가 크므로 강성향상이 필요하다. 한편, 경량화에 대한 요구도 해가 거듭될수록 높아지고 실린더 블록의 강성을 향상, 또한 경량화에 대한 요구도 해마다 높아지고 있다. 이 때문에 실린더 블록의 진동모드해석이나 유한요소법등을 사용한 시뮬레이션 해석에 의한 경량화, 고강성화의 연구가 이루어지고 있다. 실린더 블록으로 부터의 방사음을 저감하는데는 실험적으로 대상의 방사음 주파수를 특정, 대응하는 실린더 블록의 진동모드를 실험적 혹은 유한요소법을 사용하여서 정하고, 구조 변경의 효과를 확인, 최후에 경계요소법을 사용하여 특정위치의 방사음을 예측하는 것이 일반적인 수법이다.

한편, 계산정확도가 향상되는 데 따라 실린더 내압, 크랭크축 진동, 베어링부로부터의 진동전달, 실린더 블록 표면진동, 경계요소법을 사용한 방사음 예측, 특정위치의 음의 레벨예측까지가 일련의 계산으로 예측가능하게 되어 있다.

3.5 밸브 작동계의 진동 · 소음

여기서는 DOHC를 포함 OHC 형의 밸브 작동계에 대하여 그 운동현상을 설명하고 진동, 소음의 대책에 대하여 기술한다.

3.5.1 밸브작동계의 운동과 진동, 소음에 영향을 미치는 인자

진동, 소음에 영향을 미치는 밸브작동계의 구성부품의 주된 인자는

i) 캠프로필 : 완충부와 양정부로 나누어지고 각각 저회전시, 고회전시의 현상에 크게 영향을 미친다.
ii) 캠샤프트 : 주로 그 굽힘 및 비틀림 강성이 문제로 된다.
iii) 태핏 : 질량, 진동특성이 밸브의 운동외에 소음에도 영향을 미친다.

iv) 밸브 스프링 : 스프링 정수, 세트하중은 물론 스프링 자신의 고유 진동수도 고회전시의 이상운동에 크게 영향을 준다.

v) 실린더 헤드 : 여러 가지 운동부품을 지지하기 위하여 그 강성이나 정확도가 문제로 된다.

vi) 실린더 헤드커버 및 인테이크 매니폴드 : 밸브 작동계의 운동에 직접 영향을 미치는 일은 없으나 소음 방사원으로서의 영향은 지극히 크다.

그림 41-15에는 이상의 밸브 작동계 부품에 의하여 발생된 밸브 작동계의 진동이 소음으로서 발생하는 데까지의 전달메커니즘을 가리킨다.

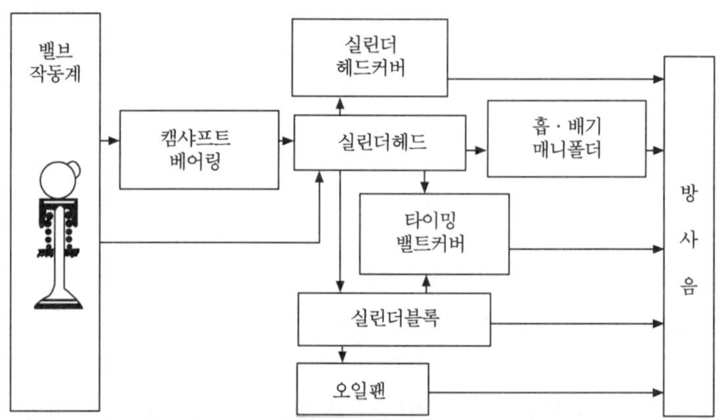

그림 41-15. 밸브작동계 소음의 발생 메커니즘

3.5.2 밸브 작동계의 여러 가지 현상과 소음

1) 저회전시의 소음

태핏음과 밸브 착좌음이 현저하게 거슬리기 쉽다. 태핏음은 캠과 태핏

(밸브리프터, 로커암 등)과의 사이에 열팽창이나 마찰 등에 의한 경시변화에의 대응으로서 클리어런스를 마련하고 있기 때문에, 밸브가 열리고 순간적으로 캠과 태핏이 충돌하여 발생하는 충격음으로 캠의 충격부 형상 태핏의 구조가 지배적인 인자로 된다. 태핏음은 특히 다른 소음이 작은 엔진의 저회전시에 두드러지고 고회전이 되면 다른 소음이 커지기 때문에 비교적 두드러지지 않게 된다. 밸브착좌음은 밸브가 닫혀질 때 발생하는 음으로 밸브와 밸브시트의 충돌에 의한 충돌음이다. 따라서 태핏 클리어런스가 과대하게 설정되어 있는 등 하여 밸브의 착좌속도가 커지게 되면 착좌음도 커진다.

2) 고회전시의 소음

캠의 회전이 빨라지면 가속도가 커지고 캠과 밸브 사이에 큰 강제력이 반복작용하게 되어 실린더 헤드와 그 밖의 각부의 진동을 일으켜서 소음이 된다.

여기서는 대표적인 현상인 밸브스프링의 서징과 밸브의 점프, 바운스에 대하여 기술한다.

점프와 바운스로 밸브의 "춤추기"로 되는 경우가 있으나 점프와는 밸브의 열려 있는 기간 중 태핏이 캠으로부터 한순간 떨어지고 현상, 또 바운스는 점프 등의 영향에 의해 일단 닫혀진 밸브가 다시 뛰어올라서 다시 열리는 현상이다(그림 41-16). 그림 41-17은 가솔린엔진의 밸브작동계 소음에 대하여 진동 전달성분(Structure-borne)과 공기 전파음 성분(Air-borne)와를 분리한 결과이다. 이로부터 알 수 있는 것과 같이 비교적 저회전에서는 진동 전달성분이 지배적이고 고회전에서도 공기전파음 성분이 커진다. 즉 진동 전달성분도 영향이 커짐을 알 수 있다.

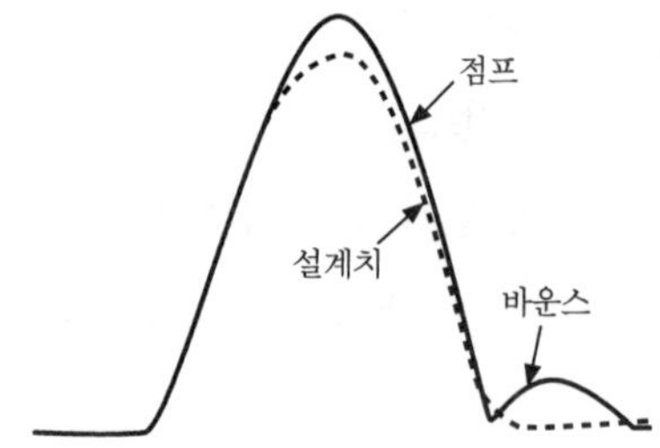

그림 41-16. 밸브의 점프와 바운스

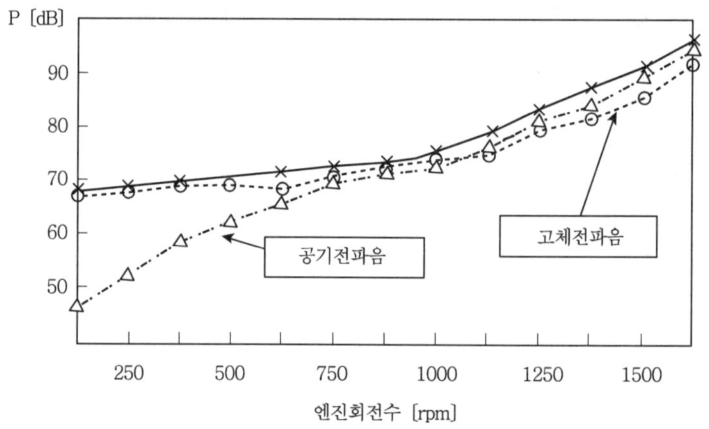

그림 41-17. 밸브작동계의 공기전파음과 고체전파음

4. 엔진 연소소음

연소소음은 실린더 내의 연소압력이 강제력이 되어 엔진을 구성하는 각부를 경유하여 증폭, 감쇠되어 실린더 헤드, 실린더 블록 등에서 음으로서 방사되는 현상이다. 그림 41-4에 나타나는 것과 같이 디젤엔진은 가솔린엔진에 비해 연소방식의 차이로부터 실린더 내의 연소 압력이 높고 연소소음이 문제로 되기 쉽다. 특히, 가솔린엔진에 비해 고주파수역의 연소압이 높고 연소소음도 고주파역이 현저하다. 연소소음과 실린더 내의 연소압력과의 사이에는 각 주파수 성분에 있어서 다음에 나타나는 관계가 성립하는 것으로 알려져 있다.

연소소음 = 전달함수(구조감쇠) × 실린더 내의 연소압력

즉 동일한 엔진의 경우 연소소음의 평가로서 실린더 내 압력으로 평가가 가능함을 나타내고 있다. 연소소음이 직접 측정되지 못할 경우 연소소음 평가치로서 많이 쓰여지고 있다.

한편 엔진에는 연소에 의한 가진력 외에 기계소음의 원인이 되는 피스턴 슬랩이나 연료분사계의 가진력도 존재한다. 그림 41-18은 2,000rpm에 있어서 엔진부하와 엔진소음의 레벨, 연소소음, 기계소음, 연료부사펌프나 체인계 등의 엔진 부하에 영향을 끼치는 기계소음의 기여를 나타낸 것이다.

저회전 부근에서 연소소음의 기여가 높고 고속회전이 되는데 따라 부하에 의한 소음(주로 분사시스템)이 증가된다.

또 직접분사식은 부실식에 비하여 열효율이 좋고 연비나 고출력화에도 대단히 유리하기 때문에 본방식에의 이행이 많은 디젤엔진에서 현저하다. 연소압력의 증가에 의해 혼합기 형성이 촉진되어 예혼합연소량이 증가하고 그 결과 실린더에 압력은 그림 41-19와 같이 증가된다.

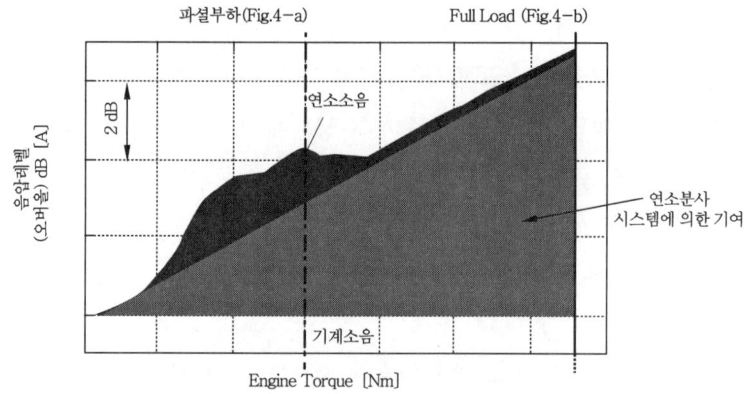

Fig.3 Contributions of noise components (2000rpm)

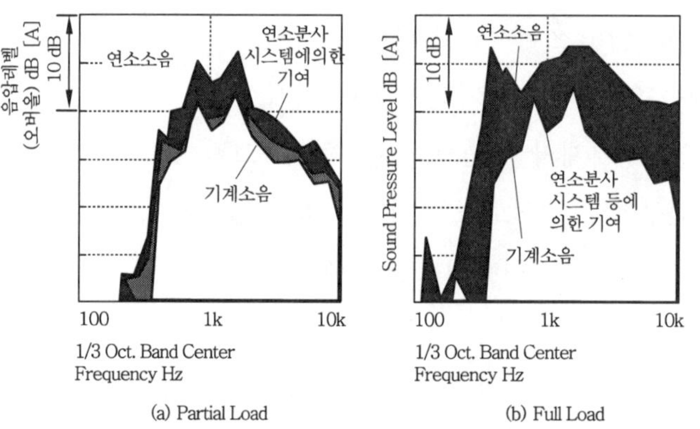

그림 41-18. 연소소음의 기여

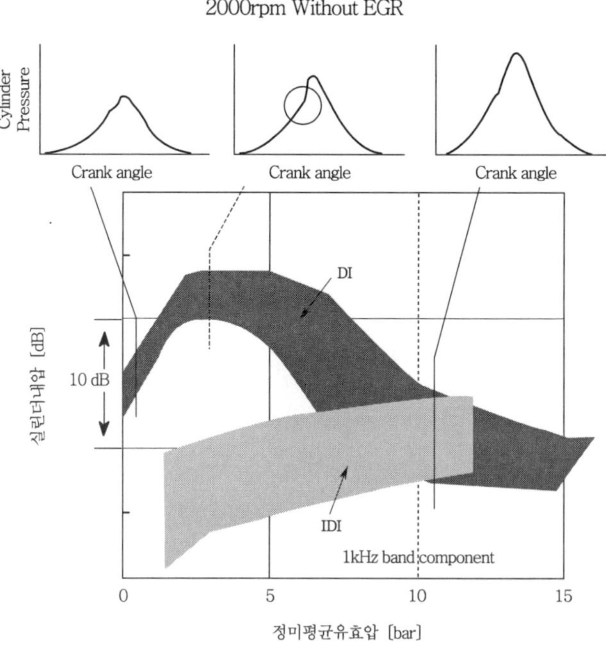

그림 41-19. 부실식과 직분식의 실린더 내압 비교

연소가진력을 직접분사식(DI)와 종래의 부실식(IDI)를 비교하면 특히 저부하역에 있어서 직접 분사방식의 연소압력이 10dB만큼이나 높아지고 연소소음에는 불리하게 되어 있다. 그러나 근년 인젝터 제어 정밀도 기술의 향상이 메인 분사 전에 연소소음의 주요인의 하나이다. 착화지연기간의 단축을 목적으로 하여 소량의 연료분사(파일럿분사)를 실시하는 것은 가능하게 되었다. 메인분사와 파일럿분사의 분사량 및 인터벌을 조합시킴으로써 파일럿분사 그것의 연소형태를 평온하게 하고, 또한 파일럿분사의 연소에 의한 열량이 메인분사의 착화지연기간을 단축, 메인분사의 연소전까지 지속하여 메인분사의 착화지연기간을 단축시켜 연소소음을 저감시키는 것이 가능하게 되었다.

최신 내연기관공학(Ⅱ)

2010년 12월 10일 초판 인쇄
2010년 12월 15일 초판 발행

편저자 조 진 호
발행인 한 점 덕
발행처 學 硏 社

등 록 1976년 12월 23일 제12-6호
주 소 서울시 영등포구 문래1가 39번지 센터플러스 814호
TEL : 2164-3311~3 / FAX : 2164-3314
E-mail : hypub@chol.com

ISBN 978-89-8060-479-1 94550
978-89-8060-477-7 94550 (세트)

값 22,000원